농림축산식품부주관
한국산업인력공단 시행

최신판

2 농산물품질관리사

證

자격증series ; 사마만의 證시리즈
證; [증거 증],
밝히다. 깨닫다.
최고의 실력을 證명하다.

품질관리실무와 품위판정

감수 윤종하

전년도까지의 기출문제 적용
2단편집/기출문제 분석과 반영
본문내용에 맞춰 기출문제삽입

사마출판
booksama.com

머리말

　수입농산물이 국내시장에 유통되면서 국내산 농산물로 둔갑되고 있는 현실에서 정부가 농산물의 출하 유통과정을 보다 엄격히 관리하여 품질좋고 안전한 농산물이 소비자에게 공급될 수 있도록 하기 위하여 농산물 품질관리사 제도를 정착시켜 원산지 표시위반, 유전자 변형농산물의 표시위반에 대하여는 처벌규정을 대폭 강화하여 국가가 정책적으로 원활한 농산물유통을 제도화하고 있으며 2013년까지 우수농산물 생산의 목표 달성의 해로 정하여 안전한 농산물이 생산단계에서 소비단계까지 유통될 수 있도록 적극 지원하고 있다.

　농산물 품질관리사는 임무에서 명시하였듯이 농산물의 출하시기 조절, 품질관리기술에서부터 등급판정, 선별·포장 및 브랜드개발에 이르기까지 실로 그 업무는 막대하다 하겠다. 또한 정부가 농산물 품질관리사를 고용하는 산지 소비지 유통시설의 사업자에게 필요한 자금의 일부를 지원할 수 있는 법적 근거(품질관리법 제29조 7항)를 두고 있어 전문자격자로서의 역할과 전망은 매우 밝다고 하겠다. 또 공무원 채용시험에 응시할 경우 가산점을 받을 수 있으며 우수농산물(GAP) 인증기관을 설립할 수 있고 인증기관의 심사원으로 채용될 수 있으며 수입농산물 원산지 표시위반과 국내산 농산물의 잔류농약 허용기준 등이 소비자들의 불안심리가 점차 확산되고 있는 현실임을 감안하면 농산물 품질관리사 자격제도는 정책적으로 아주 바람직한 제도이며 생산자나 소비자 입장에서 품질보증서 역할을 할 것으로 기대된다.

농산물 품질관리실무와 품위판정……

 단답형과 서술형 주관식 시험인 2차 시험은 4지선택 객관식 시험인 1차 시험과 달리 수험생들이 어렵게 느끼고 있는 바, 이에 사마출판은 2차 기출문제를 철저히 분석하여 1차 시험에 합격한 수험생은 누구나 쉽게 합격할 수 있도록 「제2차 시험대비 품질관리실무」를 펴내게 되었습니다.

 아무쪼록 본 교재를 통해서 농산물 품질관리사 2차 시험에 합격하여 농산물 품질관리사로서의 역량을 발휘하시기를 빕니다.

편자 저

차 례

 농산물 품질관리사 소개 / 6

 제 1장 | 농수산물품질관리법령 / 13

01 총 칙	/ 15
02 농수산물의 표준규격화	/ 19
03 농산물 우수관리	/ 21
04 이력추적관리제도	/ 31
05 지리적 표시 등록제도	/ 37
06 농수산물의 안전성	/ 46
07 유전자변형 농수산물의 표시	/ 54
08 농산물의 검사 및 검정	/ 57
09 보 칙	/ 64
10 벌 칙	/ 70
농수산물 원산지표시에 관한 법률	/ 75
기출문제와 예상문제 연구	/ 113

 제 2장 | 농산물표준규격해설 / 121

01 표준규격의 고시내용	/ 123
02 농산물별 등급규격	/ 150

 제 3장 | 수확후의 품질관리기술 / 293

　　01 성숙과 수확　　　　　　　／ 295
　　02 수확 후의 생리작용　　　　／ 299
　　03 품질구성과 평가　　　　　／ 308
　　04 세척과 선별　　　　　　　／ 312
　　05 예 냉　　　　　　　　　　／ 314
　　06 저장 전처리　　　　　　　／ 318
　　07 포 장　　　　　　　　　　／ 321
　　08 저 장　　　　　　　　　　／ 327
　　09 수확 후의 장해　　　　　　／ 331
　　10 안전성　　　　　　　　　　／ 333
　　11 콜드체인시스템　　　　　　／ 334
　　12 수 송　　　　　　　　　　／ 336
　　13 신선 편이 농산물　　　　　／ 338
　　기출문제와 예상문제 연구　　　／ 341

 부록1 | 농산물 검사·검정의 표준계측 및 감정방법 / 353

부록2 | 기출문제 / 375

농산물 품질관리사 소개

개 요

농산물 원산지표시 위반행위가 매년 급증함에 따라 소비자와 생산자의 피해를 최소화하며 원산지표시의 신뢰성을 확보함으로써 농산물의 생산자 및 소비자를 보호하고 농산물의 유통질서를 확립하기 위하여 도입됨

농산물 품질관리사의 필요성

❶ 전국 각지의 농산물 품질 인증·원산지 표시·등급 표시로 유통 신뢰성 확보 시급
❷ 농산물의 품질 향상과 유통의 효율화로 생산자와 소비자 보호의 필요성
❸ 모든 농산물관련 기업에 적용될 농산물품질관리법 개정 시행으로 농산물품질관리사의 수요 급증
❹ 국가 및 공공기관에서 인정하는 표준규격의 도입으로 유통질서 확립이 시급
❺ WTO 출범과 함께 연차별 이행 계획에 따라 관세인하·시장 접근물량 증가 등 수입개방대책 강화 시급

농산물 품질관리사의 주요 업무

❶ 농산물의 등급 판정
❷ 농산물 출하시기 조절·품질관리기술에 관한 조언
❸ 농산물의 생산 및 수확 후의 품질관리기술(안전관리를 포함) 지도
❹ 농산물의 선별·저장 및 포장시설 등의 운용·관리
❺ 농산물의 선별·포장 및 브랜드 개발 등 상품성 향상 지도
❻ 포장 농산물의 표시사항 준수에 관한 지도
❼ 농산물의 규격 출하 지도

농산물 품질관리사의 직무 범위의 확대

최근 수많은 수입 농산물이 국내 농산물로 원산지가 둔갑되어 농산물의 거래 질서를 혼란시키고 있어, 소비자의 피해가 늘어나며 식품의 안전성 문제가 대두됨에 따라 소비자와 생산자의 피해를 최소화하여 농산물과 식품의 유통질서를 확립하기 위해 정부의 많은 지원이 예상된다. 또한 농산물과 식품 유통이 도매시장 위주에서 유통업체, 직판장을 통한 직거래 등으로 다양화됨에 따라 직무범위가 대폭 확대되고 있다.

그러나 농산물품질관리사의 의무 채용에 필요한 인력은 20,000여 명(2006년 추산) 정도 추산되는 가운데 제13회까지의 합격인원이 3,785명이고 이 중 약 60% 정도가 현직 농협 직원이고 보면, 농산물품질관리사의 채용 의무화의 법적 근거인 기본 인력이 현저하게 부족한 실정이다.

농산물 품질관리사의 특전

○ 농 협
- 승진고과 가점(2008년 8월 농협 인사규정 개정)
- 비정규직 → 정규직으로 전환
- 기능직 직원으로 1년 이상 근무한 자가 농산물품질관리사의 자격취득 시 영농지도직 6급으로 전환 가능(2008년 8월 농협 인사규정 개정)

○ 국가 공무원 : 농업관련 직종 응시 시 가산점 3점
- 9·7급 농업직 공무원
- 농촌지도사

○ 관련업체에서 자격증 소지자 채용 시 채용업체에 자금 지원
 (1억 5천만원)(농산물품질관리법 제31조)

농산물 품질관리사의 취업 예정처

농수산물의 생산 이후 저장, 등급판정부터 유통·가공까지 농수산물이 움직이는 전 과정이 취업 대상처이다.

- 농 협
- 농수산물 품질 인증기관의 검사원
- 농수산물 산지 유통센터(APC)
- 농수산물 유통회사
- 영농조합법인
- 대형할인매장, 백화점의 농수산물 코너
- 식품업체(오뚜기 식품, 목우촌, 보성녹차, 무화과 생산 단지 등)
- 농촌진흥청 등 농산물과 관련된 공기업
- 우수 농산물(GAP) 인증기관 설립

농산물 품질관리사의 활용 실태

국가공인 농산물품질관리사 제도의 도입

○ 합격 인원

- 2002년 12월 27일 - 법률 제6816호 공포 농산물품질관리법 개정으로 국가공인 농산물품질관리사제도 도입
- 2003년 11월 20일 - 제1회 국가공인 농산물품질관리사제도 자격시험 시행계획 공고
- 2004년 1회 합격(88명)
- 2005년 2회 합격(110명)
- 2006년 3회 합격(304명)
- 2008년 4회 합격(334명)
- 2009년 5회 합격(449명)
- 2009년 6회 합격(297명)
- 2010년 7회 합격(437명)
- 2011년 8회 합격(455명)
- 2012년 9회 합격(412명)
- 2013년 10회 합격(268명)
- 2014년 11회 합격(179명)
- 2015년 12회 합격(269명)
- 2016년 13회 합격(183명)
- 2017년 14회 합격(39명)
- 2018년 15회 합격(155명)
- 2019년 16회 합격(171명)
- 2020년 17회 합격(234명)
- 2021년 18회 합격(166명)
- 2022년 19회 합격(153명)
- 국가공인 농산물품질관리사 자격증소지자는 현 4,664명

○ 합격 인원의 약 60%가 농협 직원

○ 산지유통조직에 200여 명 근무

○ 도매시장법인, 국가기관 및 지자체, 품질인증기관, 유통업체 등에 근무

농산물 품질관리사의 연관 자격증

○ 관련 직종
- 작물 : 농사, 작물시험장 연구원, 농업직 공무원
- 원예 : 과수원, 화원, 꽃재배, 채소재배, 원예시험장 연구원, 원예협동조합 직원
- 임업 : 양묘업, 산림경영, 산림계 공무원, 산림보호직, 임업직 공무원, 영림서 공무원, 임업시험장 연구원, 특수임산물연구소, 버섯재배, 조경사
- 축산 : 목장경영, 축산업협동조합 직원, 축정계 공무원, 종축장 연구원, 인공수정사, 수의사, 양봉업, 양봉협동조합직원

농산물 품질관리사 자격시험 안내

실시기관(시행) 및 소관부처(주관)

- 한국산업인력공단 http://www.q-net.or.kr
- 농림수산식품부 http://www.mifaff.go.kr

취득방법

- 1차시험 : 객관식(4지 선택형), 총 100문항(과목당 25문항)
- 2차시험 : 주관식필답형 시험으로 단일화

시험과목 및 출제범위

시험구분	시험과목	출제범위
1차 시험 (4과목)	• 농수산물품질관리관련법령(농수산물품질관리법, 농수산물유통 및 가격안정에 관한 법률, 원산지표시에 관한 법률)	• 농수산물품질관리법·시행령·시행규칙 • 농수산물유통 및 가격안정에 관한 법률·시행령·시행규칙 • 농수산물의 원산지 표시에 관한 법령
	• 원예작물학	원예작물학
	• 수확후품질관리론	수확 후의 품질관리론
	• 농산물유통론	• 농산물 유통구조 • 농산물 시장구조 • 유통기능 • 농산물마케팅
2차 시험	주관식 필기시험(필답형)	• 농수산물품질관리법(법, 시행령, 시행규칙) • 농수산물의 원산지 표시에 관한 법령 • 농산물표준규격 • 수확 후 품질관리기술 • 등급, 품종, 고르기, 크기(길이, 지름) 및 무게, 결점과, 착색비율 등의 감정 및 측정 • 표준규격 출제대상(전 품목)

농산물 품질관리사 응시자격·시험과목·합격자결정기준

❶ 응시자격 : 제한없음

❷ 제1차 시험은 선택형 필기시험으로 각 과목 100점 만점으로 각 과목 40점 이상의 점수를 취득한 자 중 평균점수가 60점 이상인 자를 합격자로 한다.

시험구분	시 험 과 목	문항수	합격자 결정기준
1차 시험 (선택형 필기)	• 농수산물품질관리관련법령(농수산물품질관리법, 농수산물유통 및 가격안정에 관한 법률, 원산지 표시에 관한 법률) • 원예작물학 • 수확후품질관리론 • 농산물유통론	100문항 (과목당 25문항 /120분)	과목별 100점 만점에 40점 이상 취득한 자 중 평균점수가 60점 이상인자

❸ 제2차 시험은 제1차 선택형 필기시험에 합격한 자를 대상으로 농산물 품질관리사 직무수행에 필요한 실무를 시험과목으로 하여 100점 만점에 60점 이상인 자를 합격자로 한다. 이 경우 제2차 시험에 합격하지 못한 자에 대하여는 다음 회에 실시하는 시험에 한하여 제1차 선택형 필기시험을 면제한다.

시험구분		시 험 과 목	문항수	합격자 결정기준
2차 시험 (주관식)	단답형	• 농수산물품질관리관련법령 (법·시행령·시행규칙)	10문항	100점 (단답형과 서술형/80분) 만점에 60점 이상인 자
	서술형	• 농산물 표준규격고시 • 수확 후 품질관리기술		
	서술형	• 등급·품종·고르기·크기(길이, 지름) 및 무게·결점과 착색비율 등의 감정 및 측정 ※ 출제대상품목 : 농산물 표준규격 전 품목	10문항	

MEMO

제1장
농수산물품질관리관련법령

MEMO

농산물 품질관리사 대비

제1장 | 농수산물품질관리관련법령

01 총칙

❶ 목적

농수산물품질관리법은
1) 농수산물의 적절한 품질관리를 통하여
2) 농수산물의 안전성을 확보하고 상품성을 향상하며
3) 공정하고 투명한 거래를 유도함으로써
4) 농어업인의 소득증대와 소비자보호에 이바지함을 목적으로 한다.

❷ 정의

(1) 농산물

✓ 농산물

농산물 : 「농업·농촌 및 식품산업 기본법」 제3조제6호가목의 농산물

(2) 생산자단체

"생산자단체"란 「농업·농촌 및 식품산업 기본법」 제3조제4호, 「수산업·어촌 발전 기본법」의 생산자단체와 그 밖에 농림축산식품부령 또는 해양수산부령으로 정하는 단체를 말한다.

✓ 생산자단체

① 「농업협동조합법」에 의한 조합 및 중앙회
② 「산림조합법」에 의한 조합 및 중앙회, 수산업협동조합, 엽연초생산협동조합 및 그 중앙회
③ 「농어업경영체육성 및 지원에 관한 법률」에 따른 영농·영어조합법인

> **참고**
>
> - 농산물품질관리사 2차 시험의 법령 출제 대상은 1차와 마찬가지로 '농수산물품질관리법령'의 내용 중 농산물에 관한 내용만 출제된, '농수산물품질관리법령'의 수산물에 관한 내용은 제외했습니다.(수산물품질관리사제도는 별도 실시 예정)
> 또한, 법령의 출제 비중은 100점 만점에 15점 정도이니, 큰 내용 위주로, 꼭 써 보는 훈련을 하시길 바랍니다.

> **참고**
>
> - 농수산물품질관리법의 최종목적
> 1) 농어업인의 소득증대
> 2) 소비자 보호

④ 「농어업경영체육성 및 지원에 관한 법률」에 따른 농업·어업회사법인
⑤ 농산물을 공동으로 생산하거나 농산물을 생산하여 이를 공동으로 판매·가공 또는 수출하기 위하여 농업인 5인 이상이 모여 결성한 법인격이 있는 전문생산자조직으로서 농림축산식품부장관 또는 해양수산부장관이 정하는 요건을 갖춘 단체

(3) 표준규격

표준규격이란 농산물의
1) 포장규격과
2) 등급규격을 말한다.

(4) 유전자변형농산물

인공적으로 유전자를 분리 또는 재조합하여 의도한 특성을 갖도록 한 농산물을 말한다.

(5) 물류표준화

농수산물의 운송·보관·하역·포장 등
1) 물류의 각 단계에서 사용되는 기기·용기·설비·정보 등을 규격화하여
2) 호환성과 연계성을 원활히 하는 것을 말한다.

(6) 농산물우수관리

농산물의 안전성을 확보하고 농업환경을 보전하기 위하여
1) 농산물의 생산, 수확 후 관리(농산물의 저장·세척·건조·선별·절단·조제·포장 등을 포함한다) 및 유통의 각 단계에서
2) 작물이 재배되는 농경지 및 농업용수 등의 농업환경과
3) 농산물에 잔류할 수 있는 농약, 중금속, 잔류성 유기오염물질 또는 유해생물 등의 위해요소를
4) 적절하게 관리하는 것을 말한다.

(7) 이력추적관리

농수산물의 안전성 등에 문제가 발생할 경우
1) 해당 농수산물을 추적하여 원인을 규명하고 필요한 조치를 할 수 있도록
2) 농수산물을 생산단계부터 판매단계까지 각 단계별로 정보를 기록·관리하는 것을 말한다.

TIP

- 유전자변형농산물
  1) 인공적으로 유전자를 분리 또는 재조합한 농산물
  2) 인간이 의도한 특성을 갖도록 한 농산물

5회 기출문제

농산물의 물류 표준화란 농산물의 운송·보관·하역·( ) 등 물류의 각 단계에서 사용되는 기기·용기·( )·정보 등을 규격화하여 호환성과 연계성을 원활히 하는 것을 말하며, 표준규격이라 함은 ( )과 등급규격을 말한다. (3점)

▶ 1. 포장 2. 설비 3. 포장규격

10회 기출문제

물류표준화란 농산물의 운송·보관·하역·포장 등 물류의 각 단계에서 사용되는 기기·용기·설비 등을 ( )화하여 ( )과 ( )을 원활히 하는 것을 말한다. (3점)

▶ 규격화, 호환성, 연계성

(8) 지리적표시

농수산물 및 그 농수산가공품의 명성·품질, 그 밖의 특징이
1) 본질적으로 특정지역의 지리적 특성에 기인하는 경우
2) 해당 농수산물 및 그 가공품이 그 특정지역에서 생산·제조 및 가공되었음을 나타내는 표시를 말한다.

(9) 동음이의어(同音異義語)지리적표시

동일한 품목에 대한 지리적 표시에 있어서
1) 타인의 지리적 표시와 발음은 동일하지만
2) 해당지역이 다른
지리적 표시를 말한다.

(10) 지리적 표시권

이 법에 따라 등록된 지리적 표시(동음이의어 지리적 표시를 포함한다)를
1) 배타적으로
2) 사용할 수 있는 지식재산권을 말한다.

(11) 유해물질

"유해물질"이란 농약, 중금속, 항생물질, 잔류성 유기오염물질, 병원성 미생물, 곰팡이 독소, 방사성물질, 유독성 물질 등 식품에 잔류하거나 오염되어 사람의 건강에 해를 끼칠 수 있는 물질로서 총리령으로 정하는 것을 말한다.

(12) 농수산가공품(대통령령)

1) 농산가공품 : 농산물을 원료 또는 재료로 하여 가공한 제품
2) 수산가공품 : 수산물을 대통령령으로 정하는 원료 또는 재료의 사용비율 또는 성분함량 등의 기준에 따라 가공한 제품

> **TIP**
>
> - **지리적 표시권**
>
>   농수산물품질관리법에 따라 등록된 지리적 표시(동음이의어 지리적 표시를 포함)를 배타적으로 사용할 수 있는 지식 재산권

❸ 농수산물품질관리심의회

(1) 농수산물품질관리심의회의 의의와 설치

이 법에 따른 농수산물 및 수산가공품의 품질관리 등에 관한 사항을 심의하기 위하여 농림축산식품부장관 또는 해양수산부장관 소속으로 농수산물품질관리심의회(이하 "심의회"라 한다)를 둔다.

(2) 심의회 구성과 운영

1) 심의회는 위원장 및 부위원장 각 1명을 포함한 60인 이내의 위원으로 구성한다.
2) 심의회는 재적위원 과반수의 출석으로 개의하고, 출석위원 과반수의 찬성으로 의결한다.

(3) 분과위원회의 설치와 구성·회의

1) 심의회에 농수산물 및 농수산가공품의 지리적표시 등록심의를 위한 지리적표시 등록심의 분과위원회를 둔다.
   또한 심의회의 업무를 효율적으로 수행하기 위하여 "대통령령으로 정하는 분야별 분과위원회"를 둘 수 있는데, 이 위원회로서 안전성 분과위원회 및 기획·제도 분과위원회를 둔다.
2) 분과위원회가 심의회에서 위임받아 심의·의결한 사항은 심의회에서 의결된 것으로 본다.
3) 분과위원회는 분과위원장 및 분과부위원장 각 1인을 포함한 10인 이상 20인 이하의 위원으로 구성한다.
4) 분과위원회의 회의는 재적분과위원 과반수의 출석으로 개의하고, 출석분과위원 과반수의 찬성으로 의결한다.
5) 심의회, 분과위원회에 출석한 위원에게는 예산의 범위에서 수당과 여비를 지급할 수 있다. 다만, 공무원인 위원이 소관업무와 관련하여 출석하는 경우에는 그러하지 아니하다.

(4) 심의회의 직무

심의회는
① 표준규격화에 관한 사항,
② 물류표준화에 관한 사항,
③ 농산물우수관리·수산물품질인증 및 이력추적관리에 관한 사항
④ 지리적표시에 관한 사항,
⑤ 유전자변형농수산물의 표시에 관한 사항
⑥ 농수산물(축산물은 제외한다)의 안전성조사 및 그 결과에 대한 조치에 관한 사항
⑦ 농수산물(축산물은 제외한다) 및 수산가공품의 검사에 관한 사항
⑧ 농수산물의 안전 및 품질관리에 관한 정보의 제공에 관하여 총

TIP

● 농산물품질관리심의회
1) 60인 이내의 위원
2) 재적위원 과반수의 출석으로 개의하고 출석위원 과반수의 찬성으로 의결

TIP

● 지리적표시등록심의분과위원회
1) 10인 이상 20인 이하 필수 설치
2) 재적분과위원 과반수의 출석으로 개의하고 출석분과위원 찬성으로 의결

리령, 농림축산식품부령 또는 해양수산부령으로 정하는 사항
    ⑨ 수출을 목적으로 하는 수산물의 생산·가공시설 및 해역(海域)의 위생관리기준에 관한 사항
    ⑩ 수산물 및 수산가공품의 제70조에 따른 위해요소중점관리기준에 관한 사항
    ⑪ 지정해역의 지정에 관한 사항
    ⑫ 다른 법령에서 심의회의 심의사항으로 정하고 있는 사항
    ⑬ 그 밖에 농수산물 및 수산가공품의 품질관리 등에 관하여 위원장이 심의에 부치는 사항

> **참 고**
>
> - **심의회의 위원**
>   1) 시민단체(「비영리민간단체 지원법」에 따른 비영리민간단체를 말한다)에서 추천한 사람 중에서 농림축산식품부장관 또는 해양수산부장관이 위촉한 사람
>   2) 농수산물의 생산·가공·유통 또는 소비 분야에 전문적인 지식이나 경험이 풍부한 사람 중에서 농림축산식품부장관 또는 해양수산부장관이 위촉한 위원의 임기는 3년으로 한다.

02 농수산물의 표준규격화 등

❶ 표준규격의 제정·고시

(1) 표준규격의 제정권자와 제정
    ① 농림축산식품부장관 또는 해양수산부장관은 농수산물(축산물은 제외한다)의 포장규격과 등급규격을 정할 수 있다.
    ② 표준규격의 제정(목적)은 농수산물의 상품성을 높이고 유통능률을 향상시키며 공정한 거래를 실현하기 위함이다.
    ③ 표준규격의 제정기준, 제정절차 및 표시방법 등에 필요한 사항은 농림축산식품부령 또는 해양수산부령으로 정한다.

(2) 표준규격품 표시
표준규격에 맞는 농수산물(표준규격품)을 출하하는 자는
  1) 포장 겉면에
  2) "표준규격품"이라 표시할 수 있다.

(3) 표준규격의 구분
표준규격은 포장규격 및 등급규격으로 구분한다.
  1) 포장규격
    포장규격은 「산업표준화법」에 의한 한국산업표준에 따른다.

> **TIP**
>
> - **표준규격의 제정권자**
>   농림수산식품부장관

다만, 한국산업표준이 제정되어 있지 아니하거나 한국산업표준과 다르게 정할 필요가 있다고 인정되는 경우에는 보관·수송 등 유통과정의 편리성, 폐기물 처리문제를 고려하여 다음 각각의 항목에 대하여 그 규격을 따로 정할 수 있다.
① 거래단위　　　② 포장치수
③ 포장재료 및 포장재료의 시험방법
④ 포장방법　　　⑤ 포장설계
⑥ 표시사항
⑦ 그밖에 품목의 특성에 따라 필요한 사항

2) 등급규격

등급규격은 품목 또는 품종별로 그 특성에 따라 고르기, 크기, 형태, 색깔, 신선도, 건조도, 결점, 숙도(熟度) 및 선별상태 등에 따라 정한다.

(4) 표준규격의 고시권자와 고시

국립농산물품질관리원장, 국립수산물품질관리원장 또는 산림청장은
1) 표준규격을 제정·개정 또는 폐지하는 경우에는
2) 이를 고시하여야 한다.

② 표준규격품의 출하권장 및 표시방법

(1) 표준규격품 출하권장

농림축산식품부장관, 해양수산부장관, 특별시장·광역시장·도지사·특별자치도지사(이하 "시·도지사"라 한다)는
1) 농수산물을 생산·출하·유통 또는 판매하는 자에게
2) 표준규격에 따라 생산·출하·유통 또는 판매하도록 권장할 수 있다.

(2) 표준규격품 표시사항

표준규격품을 출하하는 자가 표준규격품임을 표시하고자 하는 경우에는
1) 당해물품의 포장겉면에
2) "표준규격품"이라는 문구와 함께 다음 각각의 사항을 표시하여

2회 기출문제

농산물의 포장규격은 산업표준화법에 의한 한국산업표준과 다르게 그 규격을 따로 정할 수 있다. 그 항목 중 거래단위, 포장재료 및 포장재료의 시험방법, 포장방법 외에 3가지 항목을 쓰시오. (6점)

➡ 1. 포장치수
　 2. 포장설계
　 3. 표시사항

4회 기출문제

등급규격은 품목 또는 (　)별로 그 특성에 따라 고르기, 크기, 형태, 색깔, 신선도, 건조도, 결점, 숙도 및 (　) 상태 등 (　) 구분에 필요한 항목을 설정하여 등급별로 규격을 정한다. (　)에 적당한 말을 넣으시오. (3점)

➡ 품종, 선별, 품위

8회 기출문제

표준규격은 (　)규격 및 (　)규격으로 구분하고 있다. 각각의 규격 항목을 보기에서 골라 쓰시오. (3점)

| 거래단위, 크기, 포장방법, 건조도, 선별상태, 표시사항 |

➡ 포장규격 : 거래단위, 포장방법, 표시사항
　 등급규격 : 크기, 건조도, 선별상태

참고

- 표준규격품 출하권장
  1) 농림축산식품부장관
  2) 시·도지사

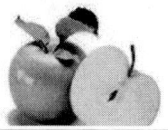

야 한다.
① 품목
② 산지
③ 품종. 다만, 품종을 표시하기 어려운 품목은 국립농산물품질관리원장이 정하여 고시하는 바에 의하여 품종의 표시를 생략할 수 있다.
④ 생산연도(곡류만 해당)
⑤ 등급
⑥ 무게(실중량). 다만, 품목 특성상 무게를 표시하기 어려운 품목은 국립농산물품질관리원장, 국립수산물품질관리원장 또는 산림청장이 정하여 고시하는 바에 따라 개수(마릿수) 등의 표시를 단일하게 할 수 있다.
⑦ 생산자 또는 생산자단체의 명칭 및 전화번호

> **3회 기출문제**
>
> 토마토를 가락시장에 출하하려고 한다. 표준규격품이라는 문구 외에 표기하여야 할 사항을 5가지만 쓰시오. (2.5점)
>
> ➡ 1. 품목
> 2. 등급
> 3. 산지
> 4. 무게 또는 개수
> 5. 생산자(단체) 및 전화번호
> (생산연도를 쓰면 안됨)

> **6회 기출문제**
>
> 다음 (   ) 안에 알맞은 말을 쓰시오. (4점)
>
> | 표준규격품을 출하하는 자가 표준규격품임을 표시하고자 하는 때에는 당해 물품의 포장표면에 (ㄱ)이라는 문구와 함께 품목, (ㄴ), (ㄷ), 생산연도, (ㄹ), 무게 또는 개수, 생산자 또는 생산자단체의 명칭 및 전화번호를 표시하여야 한다. |
>
> ➡ ㄱ. 표준규격품
> ㄴ. 산지
> ㄷ. 품종
> ㄹ. 등급

03 농산물우수관리

❶ 농산물우수관리의 인증

(1) 우수관리기준 고시와 교육

농림축산식품부장관은
1) 농산물우수관리의 기준(우수관리기준)을 정하여 고시하여야 하며
2) 우수관리인증의 기준·대상품목·절차 및 표시방법 등 우수관리인증에 필요한 세부사항은 농림축산식품부령으로 정한다.
농림축산식품부장관은 법 제115조제1항에 따라 법 제6조제1항에 따른 농산물우수관리기준의 고시에 관한 권한을 농촌진흥청장에게 위임한다.

(2) 인증기관의 우수관리 인증

1) 우수관리기준에 따라 농산물을 생산·관리하는 자는 농산물우수관리인증기관(인증기관)으로부터 농산물우수관리의 인증(우수관리인증)을 받을 수 있다.
2) 우수관리인증을 받으려는 자는 인증기관에 우수관리인증의 신청을 하여야 한다.
다만, 다음 각각의 어느 하나에 해당하는 자는 우수관리인

증을 신청할 수 없다.

✓ 우수관리인증을 신청할 수 없는 자

1. 우수관리인증이 취소된 후 1년이 지나지 아니한 자
2. 우수관리인증과 관련하여 벌금 이상의 형이 확정된 후 1년이 지나지 아니한 자

3) 우수관리인증 신청을 받은 경우 인증기준에 맞는지를 심사하여 그 결과를 알려야 한다.
   ① 우수관리인증기관은 제10조제1항에 따라 우수관리인증 신청을 받은 경우에는 제8조에 따른 우수관리인증의 기준에 적합한지를 심사하여야 하며, 필요한 경우에는 현지심사를 할 수 있다.
   ② 우수관리인증기관은 생산자집단이 우수관리인증을 신청한 경우에는 전체 구성원에 대하여 각각 심사를 하여야 한다. 다만, 국립농산물품질관리원장이 정하여 고시하는 바에 따라 표본심사를 할 수 있다.
   ③ 우수관리인증기관은 제1항에 따라 현지심사를 하는 경우에는 심사일정을 정하여 그 신청인에게 알려야 한다.
   ④ 우수관리인증기관은 제1항에 따라 현지심사를 하는 경우에는 그 소속 심사담당자와 국립농산물품질관리원장, 시·도지사 또는 시장·군수·구청장(자치구의 구청장을 말한다. 이하 같다)이 추천하는 공무원 또는 민간전문가로 심사반을 구성하여 우수관리인증의 심사를 할 수 있다.
   ⑤ 우수관리인증기관은 제1항에 따른 심사 결과 제8조에 따른 우수관리인증의 기준에 적합한 경우에는 그 신청인에게 별지 제2호서식의 농산물우수관리 인증서(이하 이 조에서 "인증서"라 한다)를 발급하여야 하며, 우수관리인증을 하기에 적합하지 아니한 경우에는 그 사유를 신청인에게 알려야 한다.
   ⑥ 제5항에 따라 인증서를 발급받은 자는 인증서를 분실하거나 인증서가 손상된 경우에는 인증서를 발급한 인증기관에 별지 제3호서식의 농산물우수관리 인증서 재발급신청서 및 손상된 인증서(인증서가 손상되어 재발급받으려는 경우만 해당한다)를 제출하여 재발급받을 수 있다.
   ⑦ 우수관리인증의 심사 등에 필요한 세부 사항은 국립농산물

TIP

- **우수관리인증을 신청할 수 없는 자**
  1) 인증이 취소된 후 1년이 지나지 아니한 자
  2) 인증관련 벌금이상의 형이 확정된 후 1년이 지나지 아니한 자

TIP

- **우수관리인증의 유효기간**

  인증을 받은 날부터 2년
  다만, 품목의 특성상
  1. 인삼류 : 5년 이내
  2. 약용작물류 : 6년 이내의 범위에서 국립농산물품질관리원장이 달리 정하여 고시할 수 있다.

8회 기출문제

농산물품질관리법상 '농산물우수관리인증기준'에 해당하는 것은?(3점)

(1) 농산물우수관리시설에서 수확 후 관리한 것일 것
(2) 농산물품질관리사가 품질지도를 한 것일 것
(3) 농산물우수관리기준에 적합하게 생산 관리된 것일 것
(4) 국립농산물품질관리원 검사원의 지도를 받은 것
(5) 농산물의 이력추적관리 등록을 한 것일 것

➡ (1), (3), (5)

품질관리원장이 정하여 고시한다.

4) 우수관리인증을 한 경우 우수관리 인증을 받은 자가 우수관리기준을 지키는지 조사·점검 등을 하여야 하며, 필요한 경우에는 자료제출 요청 등을 할 수 있다.

(3) 우수관리인증을 받은 자의 인증표시

우수관리인증을 받은 자는

1) 우수관리인증의 유효기간에
2) 우수관리기준에 따라 생산·관리한 농산물(우수관리인증농산물)의 포장·용기·송장·거래명세표·간판·차량 등에
3) 우수관리인증의 표시를 할 수 있다.

(4) 우수관리인증의 유효기간과 갱신

우수관리인증의 유효기간은

1) 우수관리인증을 받은 날부터 <u>2년</u>으로 한다.
2) 다만, 품목의 특성상 유효기간을 달리 적용할 필요가 있는 경우에는 10년의 범위에서 농림축산식품부령으로 유효기간을 달리 정할 수 있다.
   1. 인삼류 : 5년 이내
   2. 약용작물류 : 6년 이내의 범위에서 국립농산물품질관리원장이 정하여 고시한다.
3) 우수관리인증의 유효기간을 연장하려는 자는 해당 인증기관의 심사를 받아 인증을 갱신하여야 한다.

(5) 인증변경승인

우수관리인증의 유효기간이 만료되기 전에 생산계획 등을 변경하면 인증변경을 요청하여 해당 인증기관의 승인을 받아야 한다.

(6) 농산물 우수관리인증기준

(7) 농산물우수관리 인증의 절차

1) 농산물우수관리인증신청서에 첨부할 서류
   ① 우수관리인증농산물(이하 "우수관리인증농산물"이라 한다)의 위해요소관리계획서
   ② 생산자단체 또는 그 밖의 생산자 조직의 사업운영계획서 (생산자집단이 신청하는 경우만 해당)
2) 인증의 심사 및 사후관리 등 필요한 세부사항은 국립농산물

9회 기출문제

우수농산물의 인증을 받고자 하는 자가 우수농산물인증신청서에 첨부하여 우수농산물인증기관으로 지정받은 기관의 장에게 제출해야 하는 서류는? (2점)

▶ 1. 우수관리인증농산물생산계획서
2. (생산자집단)사업운영계획서

참 고

- **인증심사**

인증기관의 장은 생산자단체 또는 생산자조직이 우수관리인증을 신청한 경우에는 전체 구성원에 대하여 각각 심사를 하여야 한다. 다만, 국립농산물품질관리원장이 정하여 고시하는 바에 따라 표본심사를 할 수 있다.

TIP

- **우수관리인증의 대상품목**
1) 국내에서
2) 식용으로 재배되는 모든 품목

품질관리원장이 정하여 고시한다.

(8) 농산물우수관리인증의 대상품목(축산물 제외)

식용(食用)을 목적으로 생산·관리한 농산물

(9) 우수관리인증농산물의 표시방법

1) 포장·용기의 표면(표지 및 표시사항을 붙이거나 인쇄), 포장하지 아니하고 판매하거나 낱개로 판매하는 경우(스티커를 부착하거나 표시판 또는 푯말)
2) 송장이나 거래명세표에 표시하려는 경우에는 산지, 품목, 등급, 중량·개수, 생산자(생산자 집단 또는 우수관리시설명)명, 이력추적관리번호 등을 표시할 것
3) 간판이나 차량에 표시하려면 우수관리인증농산물의 표지를 표시할 것

(10) 우수관리인증농산물의 표시항목

산지(시·도, 시·군·구), 품목(품종), 중량·개수, 등급, 생산년도(쌀에 한함), 생산자(생산자 집단 또는 우수관리시설명), 이력추적관리번호

(11) 농산물우수관리인증의 유효기간 갱신·연장 등

1) 인증유효기간이 만료되기 1개월 전까지 갱신신청
2) 해당품목의 출하가 종료되지 않아 우수관리인증의 유효기간을 연장하려는 경우에는 그 유효기간이 만료되기 1개월 전까지 연장신청

(12) 농산물우수관리인증 변경신청

우수관리인증의 변경을 요청하여
1) 해당인증기관의 승인을 받으려는 자는
2) 사유발생 1개월 전에 미리
3) 인증기관의 장에게 농산물우수관리인증변경신청서에 변경증명서류를 첨부하여 제출하여야 한다.
　1. 우수관리인증농산물의 위해요소관리계획 중 생산계획(품목, 재배면적, 생산계획량, 수확후 관리시설)
　2. 우수관리인증을 받은 생산자집단의 대표자(생산자집단의 경우만 해당한다)
　3. 우수관리인증을 받은 자의 주소(생산자집단의 경우 대표자

7회 기출문제

(과채류 품목을 예로 든 후) 그 포장재에 우수관리 인증을 표시할 때 기재 안해도 무방한 항목은? (3점)

인증기관, 이력추적관리번호, 인증번호, 등급, 생산자, 산지, 생산연도

(인증기관이나 인증번호는 인증표지와 함께 표시됨)

➡ 생산연도

9회 기출문제

국립농산물품질관리원장에게 위임된 사항을 보기에서 골라 쓰시오. (2점)

- 농산물우수관리인증
- 농산물우수관리인증기관의 지정
- 농산물우수관리시설의 지정
- 농산물우수관리기준의 고시

➡ 1. 농산물우수관리인증기관의 지정
　2. 농산물우수관리시설의 지정

TIP

● 인증변경신청
　변경사유 발생 1개월 전에 미리

의 주소를 말한다)
4. 우수관리인증농산물의 재배필지(생산자집단의 경우 각 구성원이 소유한 재배필지를 포함한다)

❷ 농산물우수관리인증의 취소 등

(1) 취소사유

인증기관은 우수관리인증을 한 후 조사·점검, 자료제출 요청 등의 과정에서 다음 각각의 사항이 확인되면
1) 우수관리인증을 취소하거나
2) 3개월 이내의 기간을 정하여 그 우수관리인증의 표시정지를 명하거나 시정명령을 할 수 있다.
3) 다만, 제1호 또는 제3호의 경우 우수관리인증을 취소하여야 한다.

✔ 농산물우수관리인증의 취소·정지사유

1. 거짓이나 그 밖의 부정한 방법으로 우수관리인증을 받은 경우
2. 우수관리기준을 지키지 아니한 경우
3. 전업(轉業)·폐업 등으로 우수관리인증농산물을 생산하기 어렵다고 판단되는 경우
4. 우수관리인증을 받은 자가 정당한 사유 없이 제6조제5항에 따른 조사·점검 또는 자료제출 요청에 응하지 아니한 경우
4의2. 우수관리인증을 받은 자가 우수관리인증의 표시방법을 위반한 경우
5. 우수관리인증의 변경승인을 받지 아니하고 중요 사항을 변경한 경우
6. 우수관리인증의 표시정지기간 중에 우수관리인증의 표시를 한 경우

(2) 정지·취소시 사실통지

인증기관은
1) 우수관리인증의 정지 또는 취소를 한 경우
2) 지체 없이
3) 우수관리인증을 받은 자와 농림축산식품부장관에게 그 사실을 알려야 한다.
4) 우수관리인증 취소 등의 기준·절차 및 방법 등에 필요한 세부 사항은 농림축산식품부령으로 정한다.

TIP

- 우수관리인증 취소사유가 확인되면
  1) 인증을 취소하거나
  2) 3개월 이내의 기간정지
- 우수관리인증 의무취소사유
  1) 거짓이나 그 밖의 부정한 방법으로 우수관리인증을 받은 경우
  2) 전업(轉業)·폐업 등으로 우수관리인증농산물을 생산하기 어렵다고 판단되는 경우
  3) 우수관리인증의 표시정지기간 중에 우수관리인증의 표시를 한 경우

TIP

- 인증취소 등의 처분기준
  1) 위반횟수에 따른 기준은 최근 1년간
  2) 최초로 행정처분을 한 날 기준
  3) 1차적으로 위반행위를 한 구성원을 대상

❸ 농산물우수관리인증기관

(1) 인증기관의 지정
농림축산식품부장관은
1) 우수관리인증에 필요한 인력과 시설 등을 갖춘 자를 인증기관으로 지정하여 우수관리인증과 제11조에 따른 농산물우수관리시설(이하 "우수관리시설"이라 한다)의 지정을 하게 할 수 있다.
2) 이 경우 외국에서 수입되는 농산물에 대한 우수관리인증을 하게 하기 위하여 농림수산식품부장관이 정한 기준을 갖춘 외국의 기관을 인증기관으로 지정할 수 있다.

(2) 인증기관의 지정신청과 변경신고
인증기관으로 지정을 받으려는 자는
1) 농림축산식품부장관에게 신청하여야 하며,
2) 인증기관으로 지정받은 후 그 내용이 변경되었을 때에는 변경신고를 하여야 한다.
3) 다만, 제10조에 따라 인증기관 지정이 취소된 후 2년이 경과하지 아니한 경우에는 신청을 할 수 없다.
4) 농림축산식품부장관은 제2항 본문에 따른 변경신고를 받은 날부터 10일 이내에 신고수리 여부를 신고인에게 통지하여야 한다.
5) 농림축산식품부장관이 제3항에서 정한 기간 내에 신고수리 여부 또는 민원 처리 관련 법령에 따른 처리기간의 연장을 신고인에게 통지하지 아니하면 그 기간(민원 처리 관련 법령에 따라 처리기간이 연장 또는 재연장된 경우에는 해당 처리기간을 말한다)이 끝난 날의 다음 날에 신고를 수리한 것으로 본다.

(3) 인증기관지정 유효기간
인증기관 지정의 유효기간은
1) 지정을 받은 날부터 5년으로 하고,
2) 계속 우수관리인증 업무 또는 우수관리시설의 지정 업무를 수행하기 위해서는 유효기간이 끝나기 전에 그 지정을 갱신하여야 한다.
3) 농림축산식품부장관은 제10조에 따라 지정이 취소된 우수관리

9회 기출문제

농산물우수관리 인증기관 지정의 유효기관은 지정을 받은 날부터 (   )년으로 하고, 우수관리인증 농산물 유효기간은 우수관리인증을 받은 날부터 (   )년으로 한다. 알맞은 말을 쓰시오. (2점)

➡ 1. 5년
　 2. 2년

인증기관으로부터 우수관리인증 또는 우수관리시설의 지정을 받은 자에게 다른 우수관리인증기관으로부터 제7조에 따른 갱신, 유효기간 연장 또는 변경을 할 수 있도록 취소된 사항을 알려야 한다.

(4) 농산물우수관리인증기관의 지정절차

1) 농산물우수관리인증기관으로 지정받으려는 자는 농산물우수관리인증기관(지정·갱신)신청서에 다음 각 호의 서류를 첨부하여 국립농산물품질관리원장에게 제출하여야 한다.

> ① 정관 ② 농산물우수관리 인증계획 및 인증업무규정 등을 적은 사업계획서
> ③ 농산물우수관리인증기관의 지정기준을 갖추었음을 증명할 수 있는 서류
> ④ 농산물우수관리시설(이하 "우수관리시설"이라 한다) 지정계획 및 지정업무규정 등을 적은 우수관리시설 지정 사업계획서 (우수관리시설 지정 업무를 수행하는 경우만 해당한다)

2) 신청서를 제출받은 국립농산물품질관리원장은 행정정보의 공동이용을 통하여 법인등기부등본을 확인하고 지정신청을 받은 경우에는 그 날부터 3개월 이내에 인증기관의 지정기준에 맞는지를 심사하여야 한다.

(5) 농산물우수관리인증기관의 사업계획 변경신고

농산물우수관리인증기관으로 지정을 받은 자가 인증업무 범위 등이 변경되었을 경우에는 변경사유가 발생한 날부터 1개월 이내에 국립농산물품질관리원장에게 농산물우수관리인증기관 사업계획 변경신고서에 변경내용을 증명하는 서류를 첨부하여 제출하여야 한다.

④ 농산물우수관리인증기관의 지정취소 사유

농림축산식품부장관은
1) 인증기관이 다음 각각의 어느 하나에 해당하면
2) 지정을 취소하거나 6개월 이내의 기간을 정하여 업무의 정지를 명할 수 있다.
3) 다만, 1호부터 3호까지의 어느 하나에 해당하면 지정을 취소하

참고

- 인증기관지정권자와 심사기간
  1) 국립농산물 품질관리원장
  2) 지정신청을 받은 날부터 3개월 이내

TIP

- 신청서를 받은 국립농산물품질관리원장은 「전자정부법」에 따른 행정정보의 공동이용을 통하여 법인 등기사항증명서를 확인하여야 한다. 그러므로, 법인 등기부등본을 제출할 필요 없다.

TIP

- 인증기관 지정신청

  인증기관 지정이 취소된 후 2년이 경과하지 아니한 경우 지정신청 불가

- 인증기관지정 유효기간

  지정을 받은 날부터 5년

TIP

- 인증기관의 지정취소 등
  1) 지정취소
  2) 6개월 이내의 업무정지

| 품질관리실무와 품위판정 |

6회 기출문제

다음 (　) 안에 알맞은 말을 쓰시오. (2점)

> 농산물우수관리인증기관이 정당한 사유 없이 1년 이상 우수관리인증실적이 없는 경우에는 지정을 (　)하거나 (　)월 이내의 기간을 정하여 업무의 정지를 명할 수 있다.

➡ 취소, 6개

TIP

- **농산물우수관리시설**
  1) 미곡종합처리장
  2) 농수산물산지유통센터
  3) 수확 후 관리시설로 농림수산식품부장관이 고시하는 시설

참고

- **우수관리시설 지정신청**

  우수관리시설 지정이 취소된 후 1년이 지나지 아니하면 신청할 수 없다.

- **우수관리시설의 지정유효기간**
  1) 5년으로 하되
  2) 계속 효력 유지를 위해서는 유효기간 만료 전의 지정갱신

여야 한다.(시행규칙에 의해 5호 사유도 반드시 지정 취소)

✔ **인증기관의 지정취소 등**

1. 거짓이나 그 밖의 부정한 방법으로 지정을 받은 경우
2. 업무정지 기간 중에 우수관리인증 또는 우수관리시설의 지정 업무를 한 경우
3. 우수관리인증기관의 해산·부도로 인하여 우수관리인증 또는 우수관리시설의 지정 업무를 할 수 없는 경우
4. 제9조제2항 본문에 따른 중요 사항에 대한 변경신고를 하지 아니하고 우수관리인증 또는 우수관리시설의 지정 업무를 계속한 경우
5. 우수관리인증 또는 우수관리시설의 지정 업무와 관련하여 우수관리인증기관의 장 등 임원·직원에 대하여 벌금 이상의 형이 확정된 경우
6. 제9조제7항에 따른 지정기준을 갖추지 아니한 경우

6의2. 제9조의2에 따른 준수사항을 지키지 아니한 경우

7. 우수관리인증 또는 우수관리시설 지정의 기준을 잘못 적용하는 등 우수관리인증 또는 우수관리시설의 지정 업무를 잘못한 경우
8. 정당한 사유 없이 1년 이상 우수관리인증 및 우수관리시설의 지정 실적이 없는 경우
9. 제13조의2제2항 또는 제31조제3항을 위반하여 농림축산식품부장관의 요구를 정당한 이유 없이 따르지 아니한 경우
10. 삭제 〈2019. 8. 27.〉

❺ 농산물우수관리시설

(1) 농산물우수관리시설의 지정

농림축산식품부장관은
1) 농산물의 수확 후 위생·안전 관리를 위하여
2) 다음 각각의 시설 중 농림축산식품부령으로 정하는 기준에 맞는 시설을
3) 농산물우수관리시설(우수관리시설)로 지정할 수 있다.

✔ **우수관리시설**

1. 「양곡관리법」 제22조에 따른 미곡종합처리장
2. 「농수산물유통 및 가격안정에 관한 법률」 제51조에 따른 농수산물산지유통센터
3. 그 밖에 농산물의 수확 후 관리를 하는 시설로서 농림축산식품부장관이 정하여 고시하는 시설

(2) 우수관리시설의 지정신청

우수관리시설로 지정받으려는 자는

1) 관리하려는 농산물의 품목 등을 정하여 농림축산식품부장관에게 신청하여야 하며,
2) 우수관리시설로 지정받은 후 그 내용이 변경되었을 경우 변경신고를 하여야 한다. 다만, 제12조에 따라 우수관리시설 지정이 취소된 후 1년이 지나지 아니하면 신청할 수 없다.
3) 우수관리인증기관은 제2항 본문에 따른 우수관리시설의 지정신청 또는 변경신고를 받은 경우 제1항에 따른 우수관리시설의 지정 기준에 맞는지를 심사하여 지정결과 또는 변경신고의 수리여부를 통지하여야 한다. 이 경우 변경신고의 수리여부는 변경신고를 받은 날부터 10일 이내에 통지하여야 한다.
4) 우수관리인증기관이 제3항 후단에서 정한 기간 내에 신고수리 여부 또는 민원 처리 관련 법령에 따른 처리기간의 연장을 신고인에게 통지하지 아니하면 그 기간(민원 처리 관련 법령에 따라 처리기간이 연장 또는 재연장된 경우에는 해당 처리기간을 말한다)이 끝난 날의 다음 날에 신고를 수리한 것으로 본다.
5) 우수관리인증기관은 제1항에 따라 우수관리시설의 지정을 한 경우 우수관리시설의 지정을 받은 자가 우수관리시설의 지정기준을 지키는지 조사·점검하여야 하며, 필요한 경우에는 자료제출 요청 등을 할 수 있다.
6) 우수관리시설을 운영하는 자는 우수관리인증 대상 농산물 또는 우수관리인증농산물을 우수관리기준에 따라 관리하여야 한다.
7) 우수관리시설의 지정 기준 및 절차 등에 필요한 세부사항은 농림축산식품부령으로 정한다.

(3) 우수관리시설의 지정유효기간과 갱신

우수관리시설의 지정 유효기간은

1) 5년으로 하되,
2) 계속하여 우수관리시설 지정의 효력을 유지하기 위해서는 유효기간이 끝나기 전에 그 지정을 갱신하여야 한다.

(4) 우수관리시설의 갱신 등

참고

- **인증기관·우수관리시설 지위 승계**
  1) 사망
  2) 양도
  3) 법인의 합병

TIP

- **이력추적관리 농산물을 생산·유통·판매하는 자는**
  1) 입고·출고·관리내용을 기록·보관해야 하나 행상·노점상 등 대통령령으로 정하는 자는 예외이다.
  2) 행상·노점상 등 대통령령으로 정하는 자란 「부가가치세법 시행령」 제57조 제1항 제1호에 해당하는 노점이나 행상을 하는 사람을 말한다.
  3) 노점이나 행상을 하는 사람과 우편 등을 통하여 유통업체를 이용하지 않고 직접 판매하는 사람을 말한다.

우수관리시설 지정의 효력을 계속 유지하려는 자는 지정유효기간이 만료되기 1개월 전까지 우수관리시설 갱신신청서를 국립농산물품질관리원장에게 제출하여야 한다. 첨부서류는 변경사항이 있는 경우에만 제출한다.

⑥ 농산물우수관리시설의 지정취소 사유

우수관리인증기관은
1) 우수관리시설이 다음 각 호의 어느 하나에 해당하면
2) 그 지정을 취소하거나 6개월 이내의 기간을 정하여 우수관리인증 대상 농산물에 대한 우수관리 업무의 정지를 명하거나 시정명령을 할 수 있다.
3) 다만, 1부터 3까지의 어느 하나에 해당하면 지정을 취소하여야 한다.

✔ **우수관리시설의 지정취소**

1. 거짓이나 그 밖의 부정한 방법으로 지정을 받은 경우
2. 업무정지 기간 중에 농산물우수관리 업무를 한 경우
3. 우수관리시설을 운영하는 자가 해산·부도로 인하여 농산물우수관리 업무를 할 수 없는 경우
4. 제11조제1항에 따른 지정기준을 갖추지 못하게 된 경우
5. 제11조제2항 본문에 따른 변경신고를 하지 아니하고 우수관리인증 대상 농산물을 취급(세척 등 단순가공·포장·저장·거래·판매를 포함한다. 이하 같다)한 경우
6. 농산물우수관리 업무와 관련하여 시설의 대표자 등 임원·직원에 대하여 벌금 이상의 형이 확정된 경우
7. 우수관리시설의 지정을 받은 자가 정당한 사유 없이 제11조제5항에 따른 조사·점검 또는 자료제출 요청을 따르지 아니한 경우
8. 제11조제6항을 위반하여 우수관리인증 대상 농산물 또는 우수관리인증농산물을 우수관리기준에 따라 관리하지 아니한 경우

⑦ 지위의 승계 등

(1) 지위의 승계

다음 어느 하나에 해당하는 지정으로 발생한 권리·의무를 가진 자가

TIP

- 이력추적관리 변경신고
  1) 변경사유 발생일부터 1개월 이내
  2) 농림수산식품부장관에 신고

TIP

- 등록유효기간과 변경신고
  1) 등록을 받은 날부터 3년
  2) 변경사유 발생일로부터 1월 이내에 신고의무

10회 기출문제

우수관리인증유효기간 중 약용작물의 유효기간( )과, 이력추적관리 유효기간( )을 쓰시오. (2점)

➡ 6년, 3년

1) 사망하거나 그 권리·의무를 양도하는 경우에는 상속인, 양수인이 그 지위를 승계할 수 있고
2) 법인이 합병한 경우에는 합병 후 존속하는 법인이나 합병으로 설립되는 법인이 그 지위를 승계할 수 있다.

✔ 지위의 승계대상시설

1. 제6조에 따른 인증기관의 지정
2. 제7조에 따른 우수관리시설의 지정

(2) 승계신고

지위를 승계하려는 자는
1) 승계의 사유가 발생한 날부터 1개월 이내에
2) 농림축산식품부령으로 정하는 바에 따라 각각 지정을 받은 기관에 신고하여야 한다.

(3) 행정제재처분 효과의 승계

제28조에 따라 지위를 승계한 경우 종전의 우수관리인증기관, 우수관리시설 또는 품질인증기관에 행한 행정제재처분의 효과는 그 처분이 있은 날부터 1년간 그 지위를 승계한 자에게 승계되며, 행정제재처분의 절차가 진행 중인 때에는 그 지위를 승계한 자에 대하여 그 절차를 계속 진행할 수 있다. 다만, 지위를 승계한 자가 그 지위의 승계 시에 그 처분 또는 위반사실을 알지 못하였음을 증명하는 때에는 그러하지 아니하다.

04 이력추적관리제도

❶ 농산물이력추적관리

(1) (임의적)이력추적관리 등록과 표시

1) 농산물을 생산·유통 또는 판매하는 자(표시·포장을 변경하지 아

8회 기출문제

농산물품질관리법상 농산물 이력추적관리의 등록사항은 생산단계, 유통단계. 판매단계에 따라 다르게 규정하고 있다. 생산단계등록사항은?(2점)

> 출하예정지, 생산자주소, 재배지위치, 생산계획량, 판매처소재지, 수확 후 관리시설 명칭

➡ 생산자주소, 재배지위치, 생산계획량

TIP

- 이력추적관리 등록신청 시 첨부서류
  1) 이력추적관리농산물의 관리계획서
  2) 회수조치 등 사후관리계획서

니한 유통·판매자는 제외) 중 농산물의 이력추적관리(이력추적관리)를 하려는 자는 농림축산식품부장관에게 등록하여야 한다. (축산물은 제외한다)
2) 위에 따라 이력추적관리의 등록을 한 자는 해당 농수산물에 농림축산식품부령으로 정하는 바에 따라 이력추적관리의 표시를 할 수 있다.

(2) (의무적)대통령령으로 정하는 농산물의 등록과 표시

대통령령으로 정하는 농산물을 생산·유통 또는 판매하는 자는
1) 농림축산식품부장관에게 이력추적관리의 등록을 하여야 하고
2) 해당 농산물에 이력추적관리의 표시를 하여야 한다.
2)의1 지원
농림축산식품부장관은 이력추적관리의 등록을 한 자에 대하여 이력추적관리에 필요한 비용의 전부 또는 일부를 지원할 수 있다.

(3) 이력추적관리농산물입고 등 기록

이력추적관리 농산물을 생산·유통 또는 판매하는 자는
1) 이력추적관리에 필요한 입고·출고 및 관리 내용을 기록하여 보관하는 등 농림축산식품부장관이 정하여 고시하는 기준(이력추적관리기준)을 지켜야 한다.
2) 다만, 이력추적관리 농산물을 유통 또는 판매하는 자 중 행상·노점상 등 대통령령으로 정하는 자는 그러하지 아니하다. 대통령령에 의하면, 「부가가치세법 시행령」에 해당하는 노점이나 행상을 하는 사람과 우편 등을 통하여 유통업체를 이용하지 아니하고 소비자에게 직접 판매하는 생산자는 이력추적관리기준 준수의무가 없다.

(4) 변경신고

1) 이력추적관리의 등록을 한 자는 농림축산식품부령으로 정하는 등록사항이 변경된 경우 변경 사유가 발생한 날부터 1개월 이내에 농림축산식품부장관에게 신고하여야 한다.
2) 농림축산식품부장관은 제3항에 따른 변경신고를 받은 날부터 10일 이내에 신고수리 여부를 신고인에게 통지하여야 한다.

3) 농림축산식품부장관이 제4항에서 정한 기간 내에 신고수리 여부 또는 민원 처리 관련 법령에 따른 처리기간의 연장을 신고인에게 통지하지 아니하면 그 기간(민원 처리 관련 법령에 따라 처리기간이 연장 또는 재연장된 경우에는 해당 처리기간을 말한다)이 끝난 날의 다음 날에 신고를 수리한 것으로 본다.

이력추적관리 농산물의 표시(제49조제1항 및 제2항 관련)

1. 이력추적관리 농산물의 표지와 제도법
   가. 표지

   나. 제도법
   1) 도형표시
   2) 글자는 고딕체로 한다.
   3) 표지도형의 색상 및 크기는 포장재의 색상 및 크기에 따라 조정할 수 있다.
   4) 삭제 〈2016. 12. 30.〉

2. 표시사항
   가. 표지

   나. 표시항목
   1) 산지: 농산물을 생산한 지역의 시·도나 시·군·구 단위를 적는다.
   2) 품종(품종): 「식물신품종 보호법」 제2조제2호에 따른 품종을 이 규칙 제7조제2항제3호에 따라 표시한다.

> **TIP**
>
> ▪ 이력추적관리 등록취소사유
> 1) 거짓이나 그 밖의 부정한 방법으로 등록을 받은 경우
> 2) 이력추적관리 표시 금지 명령을 위반하여 계속 표시한 경우

3회 기출문제

농산물의 품질향상과 지역특화 산업으로의 육성을 목적으로 실시하는 제도는? (2.5점)

▶ 지리적 표시등록제도

> **TIP**
>
> • 지리적표시등록 신청자격
>   1) 원칙으로 등록대상품목을 생산·가공하는 자로 구성된 단체(법인만 해당)
>   2) 예외적으로 생산자·가공업자가 1인인 경우

> **14회 기출문제**
>
> 농수산물품질관리법령에 따른 지리적의 등록에 관한 설명이다.
>
> ▶ 농림축산식품부장관은 신청된 지리적표시가 상표법에 따른 타인의 상표에 저촉되는지에 대하여 미리 (특허청장)의 의견을 들어야 하며, 공고결정을 할 때에는 그 결정 내용을 관보와 인터넷 홈페이지에 공고하고, 공고일부터 (2)개월간 지리적표시 등록 신청서류 및 그 부속서류를 일반인이 열람할 수 있도록 하여야 한다. 또한 누구든지 공고일 부터 (2)개월 이내에 이의 사유를 적은 서류와 증거를 첨부하여 농림축산식품부장관에게 이의 신청을 할 수 있다.

> **TIP**
>
> • 등록결정 열람기간
>   공고일부터 2개월간
> • 이의신청인과 기간
>   1) 누구든지
>   2) 공고일부터 2개월 이내

> **11회 기출문제**
>
> 지리적 표시 이의 신청이다. 틀린부분을 수정하라. 지리적 표시의 이의 신청은 공고일로부터 3개월 이내에 ○○군수는 농림축산식품부 장관에게 이의 신청할 수 있다.
>
> ▶ 3개월→2개월, ○○군수→법인

3) 중량·개수: 포장단위의 실중량이나 개수
4) 삭제 〈2014.9.30.〉
5) 생산연도: 쌀과 현미만 해당하며, 「양곡관리법 시행규칙」 별표 4에 따라 수확연도를 표시한다.
6) 생산자: 생산자 성명이나 생산자단체·조직명, 주소, 전화번호(유통자의 경우 유통자 성명, 업체명, 주소, 전화번호)
7) 이력추적관리번호: 이력추적이 가능하도록 붙여진 이력추적관리번호

3. 표시방법
 가. 표지와 표시항목의 크기는 포장재의 크기에 따라 표지의 크기를 키우거나 줄일 수 있으나 표지형태 및 글자표기는 변형할 수 없다.
 나. 표지와 표시항목의 표시는 소비자가 쉽게 알아볼 수 있도록 포장재 옆면에 표지와 표시사항을 함께 표시하되, 옆면에 표시하기 어려울 경우에는 표시위치를 변경할 수 있다.
 다. 표지와 표시항목은 인쇄하거나 스티커로 포장재에서 떨어지지 않도록 부착하여야 한다. 다만 포장하지 아니하고 낱개로 판매하는 경우나 소포장의 경우에는 표지만을 표시할 수 있다.
 라. 수출용의 경우에는 해당 국가의 요구에 따라 표시할 수 있다.
 마. 제2호나목의 표시항목 중 표준규격, 지리적표시 등 다른 규정에 따라 표시하고 있는 사항은 그 표시를 생략할 수 있다.

(5) 등록유효기간과 갱신

이력추적관리 등록의 유효기간은
1) 등록을 받은 날부터 3년으로 하고, 다만, 품목의 특성상 달리 적용할 필요가 있는 경우에는 10년의 범위에서 농림축산식품부령으로 유효기간을 달리 정할 수 있다.
  1. 인삼류 : 5년 이내
  2. 약용작물류 : 6년 이내
2) 계속하여 이력추적관리를 하려면 등록의 유효기간이 만료되기 전에 그 등록을 갱신하여야 한다.

(6) 이력추적관리의 등록 등

이력추적관리의 대상품목, 등록절차, 등록사항, 그 밖에 등록

에 필요한 세부적인 사항은 농림축산식품부령 또는 해양수산부령으로 정한다.

(7) 농산물이력추적관리의 등록절차 등

농수산물이력추적관리의 <u>등록을 하려는 자</u>는 농산물이력추적관리등록신청서에 다음의 서류를 첨부하여 국립농산물품질관리원장에게 제출하여야 한다.

① 이력추적관리농산물의 관리계획서
② 이상이 있는 농산물에 대한 회수조치 등 사후관리계획서

(8) 농산물이력추적관리의 대상품목과 등록사항

1) <u>농산물(축산물은 제외한다.) 중 식용을 목적으로 생산하는 농산물</u>로 한다.(우수관리인증 대상품목과 같음)
2) <u>농산물이력추적관리의 등록사항은 생산단계, 유통단계, 판매단계로 나눈다.</u>
3) 이력추적관리의 등록사항은 다음 각 호와 같다.
   1. 생산자(단순가공을 하는 자를 포함한다.
      가. 생산자의 성명, 주소 및 전화번호
      나. 이력추적관리 대상품목명
      다. 재배면적(농산물)
      라. 생산계획량
      마. 재배지의 주소(농산물)
   2. 유통자
      가. 유통자의 성명, 주소 및 전화번호
      나. 유통업체명, 수확 후 관리시설명 그 각각의 주소
   3. 판매자
      가. 판매자의 성명, 주소 및 전화번호
      나. 판매업체명 및 그 주소

❷ 농산물이력추적관리등록갱신

(1) 갱신신청

이력추적관리 등록의 유효기간이 끝난 후 계속하여 이력추적관리를 하려는 자는 등록기관의 장에게 유효기간 만료 1개월 전까지

신청서를 제출하여야 한다.

(2) 연장신청

이력추적관리 등록을 받은 자가 유효기간 내에 출하가 종료되지 않아 유효기간을 연장하려는 경우에는 유효기간 만료 1개월 전까지 연장신청서를 등록기관의 장에게 제출하여야 한다.

(3) 품목군별 유효기간연장

등록기관의 장
1. 인삼류 : 5년 이내
2. 약용작물류 : 6년 이내

③ 농산물이력추적관리 등록취소 사유

농림축산식품부장관은 법에 따라 이력추적관리등록한 자가 다음 어느 하나에 해당하면
1) 그 등록을 취소하거나
2) 6개월 이내의 기간을 정하여 이력추적관리 표시의 금지를 명할 수 있다.
3) 다만, 1. 또는 2.에 해당하면 등록을 바로 취소하여야 한다.

✔취소 등의 사유

1. 거짓이나 그 밖의 부정한 방법으로 등록을 받은 경우
2. 이력추적관리 표시정지 명령을 위반하여 계속 표시한 경우
3. 제24조제3항에 따른 이력추적관리 등록변경신고를 하지 아니한 경우
4. 제24조제6항에 따른 표시방법을 위반한 경우
5. 이력추적관리기준을 지키지 아니한 경우
6. 제26조제2항을 위반하여 정당한 사유 없이 자료제출 요구를 거부한 경우
7. 업종전환·폐업 등으로 이력추적관리농산물을 생산, 유통 또는 판매하기 어렵다고 판단되는 경우

9회 기출문제

지리적표시 지역에서 작목반에 가입되어진 A씨가 딸기를 생산하여 지리적표시등록을 신청하였으나 거절당했다. 거절된 이유를 쓰시오.(5점)

▶ 지리적 표시등록 신청자격은 원칙적으로 특정 지역에서 지리적 특성을 가진 농산물 또는 그 가공품을 생산하거나 가공하는 자로 구성된 단체(법인에 한함)로 한정한다.(예외적으로 생산자 가공업자가 1인일 때는 그러하지 아니한다.)

05 지리적 표시 등록제도

❶ 지리적 표시의 등록

(1) 등록제도 실시

농림축산식품부장관 또는 해양수산부장관은
1) 지리적 특성을 가진 농수산물 또는 그 가공품의 품질향상과 지역특화산업 육성 및 소비자 보호를 위하여
2) 지리적표시의 등록제도를 실시한다.

(2) 지리적표시 대상지역 범위

지리적표시대상지역 범위는 해당품목의 특성에 영향을 주는 지리적 특성이 동일한 행정구역, 산, 강 및 바다 등에 따라 구획한다. 다만 「김치산업 진흥법」에 따른 김치의 경우에는 전국을 하나의 지리적표시의 대상지역으로 할 수 있으며, 「인삼산업법」에 따른 인삼류의 경우에는 전국을 단위로 하나의 대상지역으로 한다.

1) 해당 품목의 특성에 영향을 주는 지리적 특성이 동일한 행정구역, 산, 강 등에 따를 것
2) 해당 품목의 특성에 영향을 주는 지리적 특성, 서식지 및 어획·채취의 환경이 동일한 연안해역(「연안관리법」 제2조제2호에 따른 연안해역을 말한다. 이하 같다)에 따를 것. 이 경우 연안해역은 위도와 경도로 구분하여야 한다.

(3) 지리적 표시 등록 신청자격

지리적 표시등록 신청자격은
1) 특정지역에서 지리적 특성을 가진 농수산물 또는 그 가공품을 생산하거나 가공하는 자로 구성된 단체(법인에 한함)로 한정한다.
2) 다만, 지리적특성을 가진 농수산물 또는 그 가공품의 생산자 또는 가공업자가 1인일 때에는 그러하지 아니하다.

(4) 지리적 표시 등록 신청서류

1) 정관(법인인 경우만 해당한다)

2) 생산계획서(법인의 경우 각 구성원별 생산계획을 포함한다)
3) 대상품목·명칭 및 품질의 특성에 관한 설명서
4) 유명 특산품임을 증명할 수 있는 자료
5) 품질의 특성과 지리적 요인과 관계에 관한 설명서
6) 지리적표시 대상지역의 범위
7) 자체품질기준
8) 품질관리계획서

(5) 등록심의·결정

농림축산식품부장관 또는 해양수산부장관은
1) 등록신청 및 변경등록신청을 받은 날부터 30일 이내에
2) 지리적표시 등록심의 분과위원회에 심의를 요청하여야 한다.
3) 이 경우 농림축산식품부장관 또는 해양수산부장관은 은 신청된 지리적표시가 「상표법」에 따른 상표와 저촉되는지에 대하여 사전에 특허청장의 의견을 들어야 한다.

(6) 결정공고와 열람·이의신청

농림축산식품부장관 또는 해양수산부장관은
1) 공고결정이 있을 때에는 그 결정내용을 관보 또는 인터넷 홈페이지에 공고하고,
2) 공고일부터 2개월간 지리적표시 등록 신청서류 및 그 부속서류를 공중의 열람에 제공하여야 한다.
3) 공고가 있는 때에는 누구든지 공고일부터 2개월 이내에
4) 이의사유를 기재한 서류와 필요한 증거를 첨부하여
5) 농림축산식품부장관 또는 해양수산부장관에게 의의신청을 할 수 있다.

(7) 등록공고

국립농산물품질관리원장, 국립수산물품질관리원장 또는 산림청장은 등록증을 발급한 때와 등록변경을 승인한 때는 다음을 공고하여야한다.(밑줄 친 ④ ~ ⑥ 항목은 등록신청서류나 등록신청공고 시에도 공통임)
　　① 등록일자 및 등록번호
　　② 지리적표시등록자의 성명·주소 및 전화번호
　　③ 지리적표시등록대상의 품목 및 명칭

TIP

- **지리적 표시권은**

이전이나 승계할 수 없다. 단, 지리적 표시권자가
① 법인명을 개정·합병
② 사망한 경우는 가능

TIP

- **손해배상청구**

1) 지리적표시권자는
2) 고의 또는 과실로 자신의 지리적표시에 관한 권리를 침해한 자에 대하여 손해배상을 청구할 수 있다.
3) 이 경우 지리적표시권자의 지리적표시권을 침해한 자에 대하여는 그 침해행위에 대하여 그 지리적표시가 이미 등록된 사실을 알았던 것으로 추정한다.

④ 지리적표시 대상지역의 범위
⑤ 품질의 특성과 지리적요인과의 관계
⑥ 등록자의 자체품질기준 및 품질관리계획서

(8) 등록취소공고

국립농산물품질관리원장, 국립수산물품질관리원장 또는 산림청장은 지리적표시등록을 취소한 때는 다음사항을 공고하여야 한다.

① 취소일자 및 등록번호
② 지리적표시등록대상의 품목 및 등록 명칭
③ 지리적표시등록자의 성명·주소 및 전화번호
④ 취소사유

(9) 등록거절 사유 및 그 세부기준

1) 농림축산식품부장관 또는 해양수산부장관은 법에 따라 등록 신청된 지리적표시가 다음 각 호의 어느 하나에 해당하면 등록의 거절을 결정하여 신청자에게 알려야 한다.

① 먼저 등록 신청되었거나, 등록된 타인의 지리적표시와 같거나 비슷한 경우
② 「상표법」에 따라 먼저 출원되었거나 등록된 타인의 상표와 같거나 비슷한 경우
③ 국내에서 널리 알려진 타인의 상표 또는 지리적표시와 같거나 비슷한 경우
④ 일반명칭[농수산물 또는 농수산가공품의 명칭이 기원적(起源的)으로 생산지나 판매장소와 관련이 있지만 오래 사용되어 보통명사화된 명칭을 말한다]에 해당되는 경우
⑤ 제2조제1항제8호에 따른 지리적표시 또는 같은 항 제9호에 따른 동음이의어 지리적표시의 정의에 맞지 아니하는 경우
 - 다음 2)의 등록거절 세부기준으로 정함
⑥ 지리적표시의 등록을 신청한 자가 그 지리적표시를 사용할 수 있는 농수산물 또는 농수산가공품을 생산·제조 또는 가공하는 것을 업(業)으로 하는 자에 대하여 단체의 가입을 금지하거나 가입조건을 어렵게 정하여 실질적으로 허용하지 아니한 경우

2) 등록거절 사유의 세부기준 - 위 ⑤항

> **참 고**
>
> ▪ **지리적표시품의 표시사항**
>
> 1) 등록명칭
> 2) 지리적표시관리기관명칭
> 3) 지리적표시등록 ○○○호
> 4) 생산자
> 5) 주소(전화)

> **TIP**
>
> ▪ **지리적표시보호심판위원회 구성**
>
> 위원장 1인을 포함한 10명 이내의 심판원

> **참 고**
>
> ▪ **심판의 합의체**
>
> 1) 심판은 3명의 심판위원으로 구성되는 합의체가 한다.
> 2) 합의체의 합의는 과반수 이상의 찬성으로 결정하고 심판의 합의는 공개하지 아니한다.
>
> ▪ **재심의 청구**
>
> 심판의 당사자는 심판위원회에서 확정된 심결에 대하여 이의가 있으면 재심을 청구할 수 있다.
>
> ▪ **재심에 의하여 회복된 지리적표시보호권의 효력 제한**
>
> 다음 하나에 해당하는 경우 지리적표시보호권의 효력은 해당 심결이 확정된 후 재심청구의 등록 전에 선의로 한 행위에는 미치지 아니한다.
> 1) 지리적표시보호권이 무효로 된 후 재심에 의하여 그 효력이 회복된 경우
> 2) 등록거절에 대한 심판청구가 받아들여지지 아니한다는 심결이 있었던 지리적표시 보호등록에 대하여 재심에 따라 지리적표시보호권의 설정등록이 있는 경우

참 고
• 무효심판청구권자 1) 이해관계인 2) 지리적표시 등록심의분과위원회

7회 기출문제
지리적표시 무효심판권 청구사유에 해당하는 것을 고르시오. (2점) ➡ ① 등록거절 사유인데 등록된 경우 　② 원산지 표시 국가보호사용 중지

TIP
• 취소심판청구기간 취소사실이 없어진 날부터 3년 이내 • 취소심결 확정효과 지리적표시권은 취소심결이 확정된 때부터 소멸

참 고
• 취소심판 청구사유 1) 지리적표시 등록을 한 후 지리적표시의 등록을 한 자가 그 지리적표시를 사용할 수 있는 농산물 또는 그 가공품을 생산·제조 또는 가공하는 것을 업으로 영위하는 자에 대하여 단체의 가입을 금지하거나 어려운 가입조건을 규정하는 등 단체의 가입을 실질적으로 허용하지 아니한 경우 또는 그 지리적표시를 사용할 수 없는 자에 대하여 등록 단체의 가입을 허용한 경우 2) 지리적표시 등록 단체 또는 그 소속 단체원이 지리적표시를 잘못 사용함으로써 수요자로 하여금 상품의 품질에 대한 오인 또는 지리적 출처에 대한 혼동을 초래하게 한 경우

① 해당 품목이 지리적표시 대상지역에서만 생산된 농수산물이 아니거나 이를 주원료로 하여 해당 지역에서 가공된 품목이 아닌 경우
② 해당 품목의 우수성이 국내나 국외에서 널리 알려지지 않은 경우
③ 해당 품목이 지리적표시 대상지역에서 생산된 역사가 깊지 않은 경우
④ 해당 품목의 명성·품질 또는 그 밖의 특성이 본질적으로 특정지역의 생산환경적 요인이나 인적 요인에 기인하지 않는 경우
⑤ 그 밖에 장관이 지리적표시 등록에 필요하다고 인정하여 고시하는 기준에 적합하지 않은 경우

② 지리적 표시권

(1) 지리적 표시권자

지리적표시 등록을 받은 자(지리적표시권자)는 등록한 품목에 대하여 지리적표시권을 갖고 표시권자는 지리적표시품에 농림축산식품부령 또는 해양수산부령으로 정하는 바에 따라 지리적표시를 할 수 있다.

(2) 지리적 표시권의 효력

지리적표시권은 다음 각각의 어느 하나에 해당하면 각각의 이해당사자 상호 간에 대하여는 그 효력이 미치지 아니한다.
① 동음이의어 지리적표시
② 지리적표시 등록신청서 제출 전에 「상표법」에 따라 등록된 상표 또는 출원심사 중인 상표
③ 지리적표시 등록신청서 제출 전에 「종자산업법」 및 「식물신품종 보호법」에 따라 등록된 품종 명칭 또는 출원심사 중인 품종 명칭
④ 법에 따라 지리적표시 등록을 받은 농수산물 또는 농수산가공품(: "지리적표시품")과 동일한 품목에 사용하는 지리적 명칭으로서 등록 대상지역에서 생산되는 농수산물 또는 농수산가공품에 사용하는 지리적 명칭

(3) 지리적표시권의 이전 및 승계

지리적표시권은

1) 타인에게 이전하거나 승계할 수 없다.
2) 다만, 다음 각각의 어느 하나에 해당하면 농림수산식품부장관의 승인을 받아 이전하거나 승계할 수 있다.

> ① 법인 자격으로 등록한 지리적표시권자가 법인명을 개정하거나 합병하는 경우
> ② 개인 자격으로 등록한 지리적표시권자가 사망한 경우

(4) 손해배상청구권 등

지리적표시권자는

1) 자기의 권리를 침해한 자 또는 침해할 우려가 있는 자에게 침해의 금지 또는 예방을 청구할 수 있고
2) 고의 또는 과실로 자신의 지리적표시에 관한 권리를 침해한 자에 대하여 손해배상을 청구할 수 있다.

③ 지리적 표시품의 표시

(1) 거짓 표시 등의 금지(위반 시 3년 이하의 징역 또는 3천만원 이하의 벌금 병과 가능)

1) 지리적표시품이 아닌 농수산물 또는 그 가공품의 포장·용기·선전물 및 관련 서류에 지리적표시 또는 이와 유사한 표시를 하여서는 아니 된다.
2) 지리적표시품이 아닌 농수산물 또는 그 가공품을 지리적표시품에 혼합하여 판매하거나 판매할 목적으로 보관 또는 진열하는 행위를 하여서는 아니 된다.

(2) 지리적 표시품의 표시방법

1) 지리적 표시의 등록을 받은 자가 그 표시를 하고자 하는 경우에는 지리적 표시품의 포장·용기의 표면 등에 등록명칭을 표시하여야 하며 [별표 4]의 지리적 표시품의 표지 및 표시사항을 같이 표시해야 한다.
2) 다만, 포장하지 아니하고 판매하거나 낱개로 판매하는 경우

에는 해당 품목에 스티커를 부착하거나 표시판 또는 푯말로 이를 표시할 수 있다.

3) 표시사항

등록명칭 : (영문등록명칭)
지리적표시관리기관 명칭, 지리적표시등록 제○○○○호
생산자 :
주소(전화) :

이 상품은 「농수산물품질관리법」에 따라 지리적표시가 보호되는 제품입니다.

④ 지리적 표시심판

(1) 농림축산식품부장관 또는 해양수산부장관은

1) 다음 각각의 사항의 심판을 관장하기 위한
2) 지리적표시심판위원회(심판위원회)를 둔다.

> ① 지리적표시에 관한 심판 및 재심
> ② 지리적표시 등록거절 또는 등록 취소에 대한 심판 및 재심
> ③ 그 밖의 지리적표시에 관한 사항 중 대통령령으로 정하는 사항

(2) 심판위원회의 구성

1) 심판위원회는 위원장 1명을 포함한 10명 이내의 심판위원(심판위원)으로 구성한다.
2) 심판위원회의 위원장은 심판위원 중에서 농림축산식품부장관 또는 해양수산부장관이 정한다.

(3) 지리적표시의 무효심판

1) 무효심판 청구사유
지리적표시에 관한 이해관계인 또는 지리적표시 등록심의 분과위원회는 지리적표시가 다음 각각의 어느 하나에 해당하면 무효심판을 청구할 수 있다.

✓ 무효심판청구사유

TIP

• **안전관리계획 등 시행권자**
1) 안전관리계획
  식품의약안전처장
2) 세부추진계획
  시·도지사 및 시장·군수·구청장

• **안전성 조사 실시권자**
1) 식품의약안전처장이나
2) 시·도지사

1. 제8조제7항에 따른 등록거절 사유에 해당함에도 불구하고 등록된 경우
2. 제8조에 따라 지리적표시 등록이 된 후에 그 지리적표시가 원산지 국가에서 보호가 중단되거나 사용되지 아니하게 된 경우

2) 청구기간
무효심판은 <u>청구의 이익이 있으면 언제든지</u> 청구할 수 있다.

3) 무효심결 확정효과
1.에 따라 지리적표시를 무효로 한다는 심결이 확정되면 그 지리적표시권은 처음부터 없었던 것으로 보고, 2.에 따라 지리적표시를 무효로 한다는 심결이 확정되면 그 지리적표시권은 그 지리적표시가 2.에 해당하게 된 때부터 없었던 것으로 본다.

(4) 지리적표시의 취소심판

1) 청구기간
취소심판은 <u>취소사유에 해당하는 사실이 없어진 날부터 3년이 경과한 후에는 이를 청구할 수 없다.</u>

2) 취소심판청구효력
취소심판을 청구한 경우에는 청구 후 그 심판청구사유에 해당하는 사실이 없어진 경우에도 취소사유에 영향을 미치지 아니한다.

3) 취소심판청구자
취소심판은 <u>누구든지</u> 이를 청구할 수 있다.

4) 취소심결 확정효과
지리적표시 등록을 취소한다는 심결이 확정된 때에는 그 지리적표시권은 그때부터 소멸된다.

(5) 등록거절 등에 대한 심판 청구
<u>지리적표시 등록의 거절을 통보받은 자 또는 등록이 취소된 자는</u>
1) 이의가 있으면
2) 등록거절 또는 등록취소를 <u>통보받은 날부터 30일 이내에 심판을 청구할 수 있다.</u>

(6) 사해심결에 대한 불복청구
심판의 당사자가 공모하여 제3자의 권리 또는 이익을 침해할 목적으로 심결을 하게 한 경우

> **참 고**
>
> - **생산단계의 안전기준**
>
>   생산단계의 농산물과 농산물의 생산에 이용·사용하는 농지·용수·자재 등에 대한 유해물질의 안전기준은 식품의약안전처장이 정하여 고시한다.

> **참 고**
>
> - **개량**
>
>   해당 농산물 생산에 이용·사용되는 농지·용수·자재 등은 객토, 정화, 유해물질 제거, 비식용작물 재배 등의 방법으로 개량
>
> - **이용·사용금지**
>
>   개량으로도 생산단계 안전기준을 준수하기 어렵다고 판명되거나 유해물질이 시간이 경과함에 따라 분해·소실되어 일정 기간이 지난 후에 이용·사용하는데 문제가 없다고 판단되는 때에는 일정한 기간을 정하여 이용·사용 금지

1) 그 제3자는 그 확정된 심결에 대하여 재심을 청구할 수 있다.
2) 재심청구의 경우에는 심판의 당사자를 공동피청구인으로 한다.

(7) 심결 등에 대한 소송

1) <u>심결에 대한 소송의 관할은 특허법원으로 한다.</u>
2) <u>심결에 대한 소송은 당사자, 참가인 또는 해당 심판이나 재심에 참가신청을 하였으나 그 신청이 거부된 자만 제기할 수 있다.</u>
3) 소송은 심결 또는 결정의 등본을 송달받은 날부터 60일 이내에 제기하여야 한다.
4) 60일의 제기 기간은 불변기간으로 한다.
5) 심판을 청구할 수 있는 사항에 관한 소송은 심결에 대한 것이 아니면 제기할 수 없다.
6) 특허법원의 판결에 대하여는 대법원에 상고할 수 있다.

❺ 거짓표시금지·사후관리 등

(위반시, 3년 이하의 징역 또는 3천만원 이하의 벌금 가능)

(1) 거짓표시 등의 금지

누구든지 다음의 행위를 하여서는 안 된다.

① 표준규격품, 우수관리인증농산물, 품질인증품, 이력추적관리농산물(이하 "우수표시품"이라 한다)이 아닌 농수산물(우수관리인증농산물이 아닌 농산물의 경우에는 제7조제4항에 따른 승인을 받지 아니한 농산물을 포함한다) 또는 농수산가공품에 우수표시품의 표시를 하거나 이와 비슷한 표시를 하는 행위
② 우수표시품이 아닌 농수산물(우수관리인증농산물이 아닌 농산물의 경우에는 제7조제4항에 따른 승인을 받지 아니한 농산물을 포함한다) 또는 농수산가공품을 우수표시품으로 광고하거나 우수표시품으로 잘못 인식할 수 있도록 광고하는 행위

2회 기출문제

생산과정에 있는 농산물의 안전성조사 결과 생산단계 안전기준을 위반하였을 경우 농산물의 처리방법 3가지는? (6점)

➡ 1. 출하연기
  2. 용도전환
  3. 폐기

7회 기출문제

농산물품질관리법 안전조사 결과의 조치 중 잔류농약의 없어진 후에 출하시 조치방법은? (2점)

➡ 출하연기

(2) 혼합판매 할 목적으로 보관진열의 금지

누구든지 다음의 행위를 하여서는 안 된다.

> ① 제5조제2항에 따라 표준규격품의 표시를 한 농수산물에 표준규격품이 아닌 농수산물 또는 농수산가공품을 혼합하여 판매하거나 혼합하여 판매할 목적으로 보관하거나 진열하는 행위
> ② 제6조제6항에 따라 우수관리인증의 표시를 한 농산물에 우수관리인증농산물이 아닌 농산물(제7조제4항에 따른 승인을 받지 아니한 농산물을 포함한다) 또는 농산가공품을 혼합하여 판매하거나 혼합하여 판매할 목적으로 보관하거나 진열하는 행위
> ③ 제14조제3항에 따라 품질인증품의 표시를 한 수산물에 품질인증품이 아닌 수산물을 혼합하여 판매하거나 혼합하여 판매할 목적으로 보관 또는 진열하는 행위
> ④ 삭제 〈2012. 6. 1.〉
> ⑤ 제24조제6항에 따라 이력추적관리의 표시를 한 농산물에 이력추적관리의 등록을 하지 아니한 농산물 또는 농산가공품을 혼합하여 판매하거나 혼합하여 판매할 목적으로 보관하거나 진열하는 행위

(3) 표준규격품 등의 표시시정 등

1) 농림축산식품부장관 또는 해양수산부장관은 표준규격품 또는 품질인증품이 다음 각 호의 어느 하나에 해당하면 대통령령으로 정하는 바에 따라 그 시정을 명하거나 해당 품목의 판매금지 또는 표시정지의 조치를 할 수 있다.
   1. 표시된 규격 또는 해당 인증·등록 기준에 미치지 못하는 경우
   2. 업종전환·폐업 등으로 해당 품목을 생산하기 어렵다고 판단되는 경우
   3. 해당 표시방법을 위반한 경우
2) 농림축산식품부장관은 제30조에 따른 조사 등의 결과 우수관리인증농산물이 우수관리기준에 미치지 못하거나 제6조

제7항에 따른 표시방법을 위반한 경우에는 대통령령으로 정하는 바에 따라 우수관리인증농산물의 유통업자에게 해당 품목의 우수관리인증 표시의 제거·변경 또는 판매금지 조치를 명할 수 있고, 제8조제1항 각 호의 어느 하나에 해당하면 해당 우수관리인증기관에 제8조에 따라 다음 각 호의 어느 하나에 해당하는 처분을 하도록 요구하여야 한다.

1. 우수관리인증의 취소
2. 우수관리인증의 표시정지
3. 시정명령

3) 우수관리인증기관은 제2항에 따른 요구가 있는 경우 이에 따라야 하고, 처분 후 지체 없이 농림축산식품부장관에게 보고하여야 한다.

4) 제2항의 경우 제10조에 따라 우수관리인증기관의 지정이 취소된 후 제9조제1항에 따라 새로운 우수관리인증기관이 지정되지 아니하거나 해당 우수관리인증기관이 업무정지 중인 경우에는 농림축산식품부장관이 제2항 각 호의 어느 하나에 해당하는 처분을 할 수 있다.

> **참고**
>
> • 안전성 검사기관 신청금지기간
>
> 안전성 검사기관 지정이 취소된 후 2년 이내

> **TIP**
>
> • 안전성 검사기관 처분기준
>
> 1) 동일사항으로 3년간 4회 위반인 경우 → 지정취소
> 2) 3년간의 기준 → 행정처분일과 처분일 후의 재적발일

06 농수산물의 안전성 조사 등

① 안전관리계획

(1) 안전관리계획수립·시행

식품의약품안전처장은

1) 농수산물(축산물 제외, 이하 이 제도에서는 같음)의 품질 향상과 안전한 농수산물의 생산·공급을 위한 안전관리계획을
2) 매년 수립·시행하여야 한다.

(2) 세부추진계획수립·시행

시·도지사 및 시장·군수·구청장은
1) 관할 지역에서 생산·유통되는 농수산물의 안전성을 확보하기 위한
2) 세부추진계획을 세워 시행하여야 한다.

(3) 포함사항 : 안전관리계획 및 세부추진계획에는

안전관리계획 및 세부추진계획에
1) 농수산물안전성조사,
2) 위험평가 및 잔류조사, 농어업인에 대한 교육 및 그 밖에 총리령으로 정하는 사항을 포함하여야 한다.
   ① 소비자 교육·홍보·교류 등
   ② 안전성 확보를 위한 조사·연구
   ③ 그 밖에 식품의약품안전처장이 농수산물의 안전성 확보를 위하여 필요하다고 인정하는 사항

❷ 안전성 조사

(1) 안전성 조사 실시

식품의약품안전처장이나 시·도지사는
1) 농수산물의 안전관리를 위하여
2) 농수산물 또는 농수산물의 생산에 이용·사용하는 농지·어장·용수·자재 등에 대하여
3) 다음 각각의 조사(안전성조사)를 실시하여야 한다.

✔ *단계별 안전성 조사*

1. 농산물의 안전성 기준
   가. 생산단계: 총리령으로 정하는 안전기준에의 적합 여부
   나. 유통·판매 단계: 「식품위생법」 등 관계 법령에 따른 유해물질의 잔류허용 기준 등의 초과 여부
2. 식품의약품안전처장은 제1항제1호가목 및 제2호가목에 따른 생산단계 안전기준을 정할 때에는 관계 중앙행정기관의 장과 협의하여야 한다.
3. 안전성조사의 대상품목 선정, 대상지역 및 절차 등에 필요한 세부적인 사항은 총리령으로 정한다.

8회 기출문제

위험평가대상 위해요소는? ( )안에 적당한 말을 쓰시오. (2점)

화학적요인, 물리적요인, ( ), ( )

▶ 생물학적요인

안전성조사

제62조(출입·수거·조사 등) ① 식품의약품안전처장이나 시·도지사는 안전성조사, 제68조제1항에 따른 위험평가 또는 같은 조 제3항에 따른 잔류조사를 위하여 필요하면 관계 공무원에게 농수산물 생산시설(생산·저장소, 생산에 이용·사용되는 자재창고, 사무소, 판매소, 그 밖에 이와 유사한 장소를 말한다)에 출입하여 다음 각 호의 시료 수거 및 조사 등을 하게 할 수 있다. 이 경우 무상으로 시료 수거를 하게 할 수 있다. 〈개정 2013. 3. 23., 2022. 2. 3.〉

1. 농수산물과 농수산물의 생산에 이용·사용되는 토양·용수·자재 등의 시료 수거 및 조사
2. 해당 농수산물을 생산, 저장, 운반 또는 판매(농산물만 해당한다)하는 자의 관계 장부나 서류의 열람

② 제1항에 따른 출입·수거·조사 또는 열람을 하고자 할 때는 미리 조사 등의 목적, 기간과 장소, 관계 공무원 성명과 직위, 범위와 내용 등을 조사 등의 대상자에게 알려야 한다. 다만, 긴급한 경우 또는 미리 알리면 증거인멸 등으로 조사 등의 목적을 달성할 수 없다고 판단되는 경우에는 현장에서 본문의 사항 등이 기재된 서류를 조사 등의 대상자에게 제시하여야 한다. 〈개정 2022. 2. 3.〉

③ 제1항에 따라 출입·수거·조사 또는 열람을 하는 관계 공무원은 그 권한을 나타내는 증표를 지니고 이를 조사 등의 대상자에게 내보여야 한다. 〈개정 2022. 2. 3.〉

④ 농수산물을 생산, 저장, 운반 또는 판매하는 자는 제1항에 따른 출입·수거·조사 또는 열람을 거부·방해하거나 기피하여서는 아니 된다. 〈신설 2022. 2. 3.〉

(2) 시료수거 등

식품의약품안전처장이나 시·도지사는 안전성조사, 제68조제1항에 따른 위험평가 또는 같은 조 제3항에 따른 잔류조사를 위하여 필요하면 관계 공무원에게 다음 각 호의 시료 수거 및 조사 등을 하게 할 수 있다. 이 경우 무상으로 시료 수거를 하게 할 수 있다.

1) 농수산물과 농수산물의 생산에 이용·사용되는 토양·용수·자재 등

의 시료 수거 및 조사
① 안전성조사를 위한 시료 수거는 농수산물 등의 생산량과 소비량 등을 고려하여 대상품목을 우선 선정한다.
② 시료의 분석방법은 「식품위생법」 등 관계 법령에서 정한 분석방법을 준용한다. 다만, 분석능률의 향상을 위하여 국립농산물품질관리원장, 국립수산과학원장 또는 국립수산물품질관리원장이 정하는 분석방법을 사용할 수 있다.

2) 해당 농수산물을 생산, 저장, 운반 또는 판매(농산물만 해당한다)하는 자의 관계 장부나 서류의 열람

검사대상 농산물의 종류별 품목(제30조제2항 관련)

1. 정부가 수매하거나 생산자단체등이 정부를 대행하여 수매하는 농산물
   가. 곡류: 벼·겉보리·쌀보리·콩
   나. 특용작물류: 참깨·땅콩
   다. 과실류: 사과·배·단감·감귤
   라. 채소류: 마늘·고추·양파
   마. 잠사류: 누에씨·누에고치

2. 정부가 수출·수입하거나 생산자단체등이 정부를 대행하여 수출·수입하는 농산물
   가. 곡류
      1) 조곡(粗穀): 콩·팥·녹두
      2) 정곡(精穀): 현미·쌀
   나. 특용작물류: 참깨·땅콩
   다. 채소류: 마늘·고추·양파

3. 정부가 수매 또는 수입하여 가공한 농산물
   곡류: 현미·쌀·보리쌀

> **TIP**
>
> - **유전자변형표시 대상품목**
>   식품의약품안전처에서 식용으로 안전하다고 인정·고시한 품목

③ 안전성 조사 결과에 따른 조치

(1) <u>식품의약품안전처장이나 시·도지사</u>는 생산과정에 있는 농수산

물 또는 농수산물의 생산을 위하여 이용·사용하는 농지·어장·용수·자재 등에 대하여 안전성조사를 한 결과 <u>생산단계 안전기준을 위반한 경우에는 해당 농수산물을 생산한 자 또는 소유한 자에게 다음 각 호의 조치를 하게 할 수 있다.</u>
1) 해당 농수산물의 폐기, 용도 전환, 출하 연기 등의 처리
2) 해당 농수산물의 생산에 이용·사용한 농지·어장·용수·자재 등의 개량 또는 이용·사용의 금지
3) 그 밖에 총리령으로 정하는 조치

(2) 식품의약품안전처장이나 시·도지사는 <u>유통 또는 판매 중인 농산물 및 저장 중이거나 출하되어 거래되기 전의 수산물에 대하여 안전성조사를 한 결과 「식품위생법」 등에 따른 유해물질의 잔류허용기준 등을 위반한 사실이 확인될 경우 해당 행정기관에 그 사실을 알려 적절한 조치를 할 수 있도록 하여야 한다.

(3) 식품의약품안전처장이나 시·도지사는 제1항제1호에 해당하여 폐기 조치를 이행하여야 하는 생산자 또는 소유자가 그 조치를 이행하지 아니하는 경우에는 「행정대집행법」에 따라 대집행을 하고 그 비용을 생산자 또는 소유자로부터 징수할 수 있다. 〈신설 2022. 2. 3.〉

(4) 제1항에도 불구하고 식품의약품안전처장이나 시·도지사가 「광산피해의 방지 및 복구에 관한 법률」 제2조제1호에 따른 광산피해로 인하여 불가항력적으로 제1항의 생산단계 안전기준을 위반하게 된 것으로 인정하는 경우에는 시·도지사 또는 시장·군수·구청장이 해당 농수산물을 수매하여 폐기할 수 있다. 〈신설 2021. 12. 21., 2022. 2. 3.〉

✔ 안전성 조사결과에 대한 조치 (규칙 제21조의4 ①)

1. 출하연기 : 해당 농산물의 유해물질이 시간이 경과함에 따라 분해·소실되어 일정 기간이 지난 후에 식용으로 사용하는데 문제가 없다고 판단되는 때에는 당해 유해물질이 「식품위생법」 등의 규정에 의한 잔류허용기준 이하로 감소하는 기간까지 출하연기(생산자가 저장하는 농수산물을 포함한다)
2. 용도전환 : 해당 농산물의 유해물질이 분해·소실기간이 길어 식용으로 출하할 수 없으나, 사료·공업용원료 등 다른 용도로 사용할 수 있다고 판단되는 경우에는 다른 용도로의 전환
3. 폐기 : 1. 또는 2.의 규정에 의한 방법에 따라 처리할 수 없는 경우에는 일정한 기간을 정하여 폐기

위 세 조치 외에 국립농산물품질관리원장, 국립수산물품질관리원장 또는 시·도지사는 안전성조사 결과 생산단계 안전기준에 위반된 경우에는 해당 농수산물을 생산하거나 해당 농수산물 생산에 이용·사용되는 농지·어장·용수·자재 등을 소유한 자에게 법 제63조제1항제2호에 따른 다음 각 호의 조치를 하도록 그 처리방법 및 처리기한을 정하여 알려주어야 한다.

1. 객토(客土), 정화(淨化) 등의 방법으로 유해물질 제거가 가능하다고 판단되는 경우 : 해당 농수산물 생산에 이용·사용되는 농지·어장·용수·자재 등의 개량
2. 유해물질이 시간이 지남에 따라 분해·소실되어 일정 기간이 지난 후에 이용·사용하는 데에 문제가 없다고 판단되는 경우 : 해당 유해물질이 잔류허용기준 이하로 감소하는 기간까지 농수산물의 생산에 해당 농지·어장·용수·자재 등의 이용·사용 중지
3. 위 제1호 또는 제2호에 따른 방법으로 조치할 수 없는 경우 :
농수산물의 생산에 해당 농지·어장·용수·자재 등의 이용·사용 금지
4. 법 제63조제1항제3호에서 "총리령으로 정하는 조치"란 해당 농수산물의 생산자에 대하여 법 제66조에 따른 교육을 받게 하는 조치를 말한다.

④ 안전성 검사기관의 지정

1) <u>식품의약품안전처장</u>은 안전성조사 업무의 일부와 시험분석 업무를 전문적·효율적으로 수행하기 위하여 안전성검사기관을 지정하고 안전성조사와 시험분석 업무를 대행하게 할 수 있다.
2) 제1항에 따라 안전성검사기관으로 지정받으려는 자는 안전성조사와 시험분석에 필요한 시설과 인력을 갖추어 <u>식품의약품안전처장에게 신청하여야 한다. 다만, 제65조에 따라 안전성검사기관 지정이 취소된 후 2년이 지나지 아니하면 안전성검사기관 지정을 신청할 수 없다.</u>
3) 제1항 및 제2항에 따른 안전성검사기관의 지정 기준 및 절차와 업무 범위 등에 필요한 사항은 총리령으로 정한다.

⑤ 안전성 검사기관의 지정취소 등

(1) 지정취소 사유

식품의약품안전처장은

TIP

- **공포명령의 기준**
 1) 물량 : 100톤 이상
 2) 금액 : 10억원(가공품 20억)이상
 3) 적발일 이전 최근 1년동안 처분 횟수 : 2회 이상

11회 기출문제

유전자변형농산물 공표명령의 대상자는 위반물량 처분을 받은 자 중 표시물량이 농산물인 경우 (　) 이상 표시물량의 판매가격 환산금액이 농산물인 경우에는 (　)이상이다. (　)안에 적당한 말을 써 넣으시오.

➡ 100톤, 10억원

1) 안전성검사기관이 다음 각각의 어느 하나에 해당하면
2) 지정을 취소하거나 6개월 이내의 기간을 정하여 업무의 정지를 명할 수 있다.
3) 다만, ① 및 ②에 해당하는 경우에는 지정을 취소하여야 한다.

① 거짓이나 그 밖의 부정한 방법으로 지정을 받은 경우
② 업무의 정지 명령을 위반하여 계속 안전성조사 및 시험분석 업무를 한 경우
③ 검사성적서를 거짓으로 내준 경우
④ 그 밖에 총리령으로 정하는 안전성검사에 관한 규정을 위반한 경우

(2) 안전성 검사기관의 행정처분기준

1) 국립농산물품질관리원장은 안전성검사기관의 지정을 취소하거나 업무정지처분을 한 경우에는 지체 없이 이를 고시하여야 한다.
2) 안전성검사기관의 행정처분 일반기준(규칙제21조의7제1항 관련)
   ① 위반행위가 둘 이상인 경우에는 그 중 중한 처분기준을 적용하고, 2 이상의 처분기준이 동일한 업무정지인 경우에는 중한 처분기준의 2분의 1까지 가중할 수 있다. 이 경우 각 처분기준을 합산한 기간을 초과할 수 없다.
   ② 동일한 사항으로 최근 3년간 4회 위반인 경우에는 지정 취소한다.
   ③ 위반행위의 횟수에 따른 행정처분의 기준은 최근 3년간 같은 위반행위로 행정처분을 받은 경우에 적용한다. 이 경우 행정처분 기준의 적용은 같은 위반행위에 대한 최초로 행정처분을 한 날과 다시 같은 위반행위로 적발한 날을 기준으로 한다.
   ④ 위반사항의 내용으로 보아 그 위반의 정도가 경미하거나 검사 결과에 중대한 영향을 미치지 아니하거나 또는 단순착오로 판단되는 경우에는 그 처분을 검사업무정지의 경우에는 2분의 1의 이하의 범위에서 경감할 수 있고, 지정취소인 경우는 6개월의 검사업무정지처분으로 감경할 수 있다.

TIP

- **검사대상농산물**
  1) 정부가 수매하거나 생산자단체·공공기관 또는 농업 관련 법인 등이 정부를 대행하여 수매하는 농산물
  2) 정부가 수출 또는 수입하거나 생산자단체 등이 정부를 대행하여 수출 또는 수입하는 농산물
  3) 정부가 수매 또는 수입하여 가공한 농산물
  4) 기타 농림수산식품부장관이 농산물의 유통을 원활히 하기 위하여 필요하다고 인정하여 고시하는 농산물

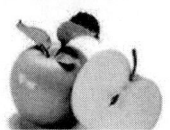

❻ 농산물의 위험평가 및 잔류조사

(1) 위험평가요청

식품의약품안전처장은
1) 농산물의 효율적인 안전관리를 위하여
2) 다음 각각의 식품안전 관련 기관에
3) 농산물 또는 농산물의 생산에 이용·사용하는 농지·용수·자재 등에 잔류하는 유해물질에 의한 위험을 평가하여 줄 것을 요청할 수 있다.

✔ 위험평가요청기관

1. 농촌진흥청
2. 산림청
3. 「과학기술분야 정부출연연구기관 등의 설립·운영 및 육성에 관한 법률」에 따른 한국식품연구원
4. 「한국보건산업진흥원법」에 따른 한국보건산업진흥원
5. 대학의 연구기관
6. 그 밖에 식품의약품안전처장이 필요하다고 인정하는 연구기관
   1. 식품의약품안전평가원
   2. 특별시·광역시·도·특별자치도(이하 "시·도"라 한다) 보건환경연구원
   3. 한국농어촌공사
   4. 시·도 농업기술원
   5. 법 제64조에 따라 국립농산물품질관리원장 또는 국립수산물품질관리원장이 지정한 안전성검사기관

식품의약품안전처장은 (1)에 따른 위험평가의 요청과 그 결과를 공표하여야 한다.

(3) 위험평가의 대상 및 방법

법에 따른 위험평가의 요청과 결과의 공표에 관한 사항은 대통령령으로 정하고, 잔류조사에 관한 세부사항은 총리령으로 정한다.

(4) 잔류조사

식품의약품안전처장은 농산물의 과학적인 안전관리를 위하여 농산물에 잔류하는 유해물질의 실태를 조사("잔류조사")할 수 있다.

3회 기출문제

농산물의 검사방법은 ( ) 또는 ( )의 방법에 의하여 시료를 추출계측감장등급을 판정하는 것이다. ( )에 적당한 말을 넣어라. (2점)

➡ 1. (전수)
2. (표본추출)

TIP

• 이의신청 등

1) 검사결과에 이의가 있는 자 현장에서 재검사요구
2) 재검에 이의가 있는 자 재검일부터 7일 이내에 이의신청
3) 이의신청을 받은 기관의 장 신청을 받은 날부터 5일 이내 검사결과 통보

5회 기출문제

검사를 받은 농산물에 대해 검사판정의 효력이 상실되는 경우는 (　)이 지난 경우 또는 검사결과의 표시가 없어지거나 (　)하지 아니하게 된 경우 등이다. (2점)

➡ 1. (검사유효기간)
　　2. (명확)

✔ **위험평가의 대상 · 위해요소 · 방법**

1. 위험평가의 대상
   가. 국제식품규격위원회 등 국제기구 또는 외국의 정부가 인체의 건강을 해할 우려가 있다고 인정하여 판매 또는 판매의 목적으로 처리 · 가공 · 포장 · 사용 · 수입 · 보관 · 운반 · 진열 등을 금지하거나 제한한 농산물
   나. 국내외의 연구 · 검사기관에서 수행한 농산물의 안전성 등에 관한 연구 · 조사에서 인체의 건강을 해칠 우려가 있는 성분이 검출된 경우, 그 성분이 검출될 우려가 있다고 판단되는 농산물
   다. 새로운 원료 · 성분 또는 기술을 사용하여 처리 · 가공되거나 안전성에 대한 기준 및 규격이 정해지지 아니하여 인체의 건강을 해할 우려가 있는 농산물
   라. 그 밖에 인체의 건강을 해칠 우려가 있다고 식품의약품안전처장이 인정하는 농산물
   마. 농산물의 생산에 이용 · 사용하는 농지, 용수, 자재 등
2. 평가대상인 위해요소
   가. 농약, 중금속, 항생물질, 방사능 등 화학적 요인
   나. 농산물의 형태 및 이물(異物) 등 물리적 요인
   다. 병원성 미생물, 곰팡이 독소 등 생물학적 요인
3. 위험평가 방법 : 다음 각 목의 과정을 거칠 것. 다만, 식품의약품안전처장이 따로 정하는 경우에는 그에 따른다.
   가. 위해요소의 인체독성을 확인하는 위험성 확인과정
   나. 위해요소의 인체 노출 허용량을 산출하는 위험성 결정과정
   다. 위해요소가 인체에 노출된 양을 산출하는 노출평가과정
   라. 가목부터 다목까지의 과정의 결과를 종합하여 건강에 미치는 영향을 판단하는 위해도 결정과정

---

07 유전자변형 농수산물의 표시

❶ 유전자변형농수산물의 표시

(1) 유전자변형농수산물의 표시의무

1) 유전자변형농수산물을 생산하여 출하하는 자, 판매하는 자, 또는 판매할 목적으로 보관 · 진열하는 자는 대통령령으로 정

하는 바에 따라 해당 농수산물에 유전자변형농수산물임을 표시하여야 한다.

2) 제1항에 따른 유전자변형농수산물의 표시대상품목, 표시기준 및 표시방법 등에 필요한 사항은 대통령령으로 정한다.

(2) 유전자변형농수산물의 표시대상품목

법 제56조제1항에 따른 유전자변형농수산물의 표시대상품목은 「식품위생법」 제18조에 따른 안전성 평가 결과 식품의약품안전처장이 식용으로 적합하다고 인정하여 고시한 품목(해당 품목을 싹틔워 기른 농산물을 포함한다)으로 한다.

(3) 유전자변형농수산물의 표시기준 및 방법

1) 유전자변형농수산물의 표시기준은 다음과 같다.
  법 제56조제1항에 따라 유전자변형농수산물에는 해당 농수산물이 유전자변형농수산물임을 표시하거나, 유전자변형농수산물이 포함되어 있음을 표시하거나, 유전자변형농수산물이 포함되어 있을 가능성이 있음을 표시하여야 한다.

2) 표시방법은 당해 농수산물의 포장·용기의 표면 또는 판매장소 등에 다음의 방법에 따라 그 사실을 표시한다.
   ① 최종 구매자가 용이하게 판독할 수 있는 활자체로 표시할 것
   ② 식별하기 용이한 위치에 표시할 것
   ③ 표시가 쉽게 지워지거나 떨어지지 않게 표시할 것

3) 유전자변형농수산물의 표시기준 및 표시방법에 관한 세부사항은 식품의약품안전처장이 정하여 고시할 수 있다.

4) 식품의약품안전처장은 유전자변형농산물의 여부를 판정하기 위하여 필요한 경우에는 시료의 검정기관을 지정하여 고시할 수 있다.

❷ 거짓표시 등의 금지

유전자변형농수산물의 표시를 하도록 한 농수산물을 판매하는 자는 다음의 행위를 하여서는 아니 된다. (위반시, 7년 이하의 징역 또는 1억원 이하의 벌금형 가능)

① 유전자변형농수산물의 표시를 거짓으로 하거나 이를 혼동하게

할 우려가 있는 표시를 하는 행위
② 유전자변형농수산물의 표시를 혼동하게 할 목적으로 그 표시를 손상·변경하는 행위
③ 유전자변형농수산물의 표시를 한 농수산물에 다른 농수산물을 혼합하여 판매하거나 판매할 목적으로 보관 또는 진열하는 행위

③ 유전자변형농수산물 표시 등의 조사

(1) 정기적인 수거·조사

1) 식품의약품안전처장은 법에 따른 유전자변형농수산물의 표시여부, 표시사항 및 표시방법 등의 적정성과 그 위반 여부를 확인하기 위하여 대통령령이 정하는 바에 따라 관계 공무원에게 유전자변형표시 대상 농수산물을 수거하거나 조사하게 하여야 한다.
2) 법 제58조제1항 본문에 따른 유전자변형표시 대상 농수산물의 수거·조사는 업종·규모·거래품목 및 거래형태 등을 고려하여 식품의약품안전처장이 정하는 기준에 해당하는 영업소에 대하여 매년 1회 실시한다.

(2) 수시 조사

다만, 농수산물의 유통량이 현저하게 증가하는 시기 등 필요할 때에는 수시로 수거하거나 조사하게 할 수 있다.

(3) 수거·조사의 방법 등에 관하여 필요한 사항은 총리령으로 정한다.

④ 유전자변형농수산물의 표시 위반에 대한 처분 등

(1) 위반자에 대한 처분내용

식품의약품안전처장은 유전자변형농산물의 표시, 거짓표시금지 등의 규정을 위반한 자에 대하여 다음 어느 하나의 처분을 할 수 있다.

✔ 위반자에 대한 처분내용
① 표시의 이행·변경·삭제 등 시정명령
② 위반 농수산물의 판매 등 거래행위 금지

참 고

- 검사관 전형시험 대상
  1) 6개월 이상 종사 공무원
  2) 생산자단체 등에서 1년 이상 종사자

TIP

- 자격취소 검사관의 전형제한 기간

자격취소일부터 1년

(2) 공표 명령의 기준·방법 등

식품의약품안전처장은 거짓표시금지 규정을 위반한 자에 대하여 위의 처분을 한 경우에는 처분을 받은 자에게 해당 처분을 받았다는 사실을 공표할 것을 명할 수 있다.

1) 공표명령의 대상은 규정에 의하여 처분을 받은 경우로서 다음의 어느 하나에 해당하는 경우로 한다.
   ① 표시위반물량 : 100톤(수산물 10톤) 이상
   ② 표시위반물량의 판매가격 환산금액 : 10억원 이상(수산물 5억 이상)
   ③ 적발일 이전 최근 1년 동안에 처분을 받은 횟수 : 2회 이상
2) 공표명령을 받은 자는 지체 없이 다음 사항이 포함된 공표문을 「신문 등의 진흥에 관한 법률」 제9조제1항에 따라 등록한 전국을 보급지역으로 하는 1개 이상의 일반일간신문에 게재하여야 한다.
   1. "「농수산물 품질관리법」 위반사실의 공표"라는 내용의 표제
   2. 영업의 종류   3. 영업소의 명칭 및 주소
   4. 농수산물의 명칭   5. 위반내용
   6. 처분권자, 처분일 및 처분내용
3) 식품의약품안전처장은 위 공표명령이 확정된 경우, 지체 없이 다음 각 호의 사항을 식품의약품안전처의 인터넷 홈페이지에 게시하여야 한다.
   1. "「농수산물 품질관리법」 위반사실의 공표"라는 내용의 표제
   2. 영업의 종류   3. 영업소의 명칭 및 주소
   4. 농수산물의 명칭   5. 위반내용
   6. 처분권자, 처분일 및 처분내용

08 농산물의 검사 및 검정

1 농산물의 검사

5회 기출문제

다음은 농산물품질관리법령에서 규정한 농산물의 검정에 대한 내용이다. ( ) 안에 알맞은 말을 쓰시오. (2점)

> 농림축산식품부장관은 농산물의 거래 및 수출·수입을 원활하게 하기 위하여 농산물 또는 그 가공품의 ( ), ( ) 및 유해물질 등에 대하여 검정을 할 수 있다.

 (품위)
(성분)

(1) 농산물의 검사

정부가 수매하거나 수출 또는 수입하는 농산물 등 대통령령으로 정하는 농산물(축산물은 제외한다. 이하 이 절에서 같다)은 공정한 유통질서를 확립하고 소비자를 보호하기 위하여 농림축산식품부장관이 정하는 기준에 맞는지 등에 관하여 농림축산식품부장관의 검사를 받아야 한다. 다만, 누에씨 및 누에고치의 경우에는 시·도지사의 검사를 받아야 한다.

(2) 검사대상 농산물

대통령령(시행령)에 의한 검사대상 농산물은 다음과 같다.
① 정부가 수매하거나 생산자단체·「공공기관의 운영에 관한 법률」에 따른 공공기관 또는 농업관련법인 등(생산자단체 등)이 정부를 대행하여 수매하는 농산물
  ㉠ 곡류 : 벼·겉보리·쌀보리·콩
  ㉡ 특용작물류 : 참깨·땅콩
  ㉢ 과실류 : 사과·배·단감·감귤
  ㉣ 채소류 : 마늘·고추·양파
  ㉤ 잠사류 : 누에씨·누에고치
② 정부가 수출 또는 수입하거나 생산자단체 등이 정부를 대행하여 수출 또는 수입하는 다음의 농산물
  ㉠ 곡류
    ⓐ 조곡 : 콩·팥·녹두
    ⓑ 정곡 : 현미·쌀
  ㉡ 특용작물류 : 참깨·땅콩
  ㉢ 채소류 : 마늘·고추·양파
③ 정부가 수매 또는 수입하여 가공한 다음의 농산물
  ㉠ 곡류 : 현미, 쌀, 보리쌀(곡류 뿐)
④ 법에 따라 다시 농림축산식품부장관의 검사를 받는 농산물
⑤ 그 밖에 농림축산식품부장관이 검사가 필요하다고 인정하여 고시하는 농산물

(3) 검사항목과 품목별 기준

1) 농산물의 검사항목은
  ① 포장단위당 무게
  ② 포장자재

③ 포장방법 및 품위 등으로 하며

2) 검사대상 품목별 검사기준은 농림축산식품부장관이 정하여 고시한다.

(4) 검사방법

농산물의 검사방법은 전수 또는 표본추출의 방법에 의하며, 시료의 추출·계측·감정·등급판정 등 검사방법에 관한 세부사항은 국립농산물품질관리원장(누에씨 및 누에고치의 경우에는 시·도지사를 말한다)이 정하여 고시한다.

(5) 검사신청절차

1) 농산물의 검사를 받고자 하는 자는 국립농산물품질관리원장 또는 지정받은 검사기관의 장(지정검사기관의 장 또는 시·도지사)에게 검사를 받으려는 날의 3일 전까지 검사신청서(별지 8호 서식)를 제출하여야 한다.

2) 다만, 다음의 경우에는 검사신청서를 제출하지 아니할 수 있다.

> ① 정부가 수매하거나 생산자단체 등이 정부를 대행하여 수매하는 경우
> ② 검사관이 참여하여 농산물을 가공하는 경우
> ③ 국립농산물품질관리원장, 시·도지사 또는 지정검사기관의 장이 검사신청인의 편의를 도모하기 위하여 필요하다고 인정하는 경우

(6) 이의신청 등

1) 농산물의 검사결과에 대하여 이의가 있는 자는 검사현장에서 검사를 실시한 검사관에게 재검사를 요구할 수 있다. 이 경우 검사관은 즉시 재검사를 실시하고 그 결과를 알려 주어야 한다.

2) 재검사의 결과에 대하여 이의가 있는 자는 재검사일부터 7일 이내에 검사관이 소속된 검사기관의 장에게 이의신청을 할 수 있다.

3) 이의신청을 받은 기관의 장은 그 신청을 받은 날부터 5일 이내에 다시 검사하여 그 결과를 이의신청자에게 통지하여야 한다.

(7) 검사판정의 실효

1) 검사 농산물이 다음에 해당하면 검사판정의 효력이 상실된다.

TIP

- 농산물 명예감시원의 업무
  1) 감시
  2) 지도
  3) 계몽

- 명예감시원으로 위촉할 자
  1) 생산자단체, 소비자단체 등의 회원이나 직원 중에서 해당 단체의 장이 추천하는 사람
  2) 농산물의 유통에 관심이 있고 명예감시원의 임무를 성실히 수행할 수 있는 사람

> ① 농림축산식품부령으로 정하는 검사유효기간이 지난 경우
> ② 검사결과의 표시가 없어지거나 명확하지 아니하게 된 경우

2) 농산물검사유효기간

종류	품목	검사시행시기	유효기간(일)
곡류	벼·콩	5.1~9.30	90
		10.1~4.30	120
	겉보리·쌀보리·팥·녹두·현미·보리쌀	5.1~9.30	60
		10.1~4.30	90
	쌀	5.1~9.30	40
		10.1~4.30	60
특용작물류	참깨·땅콩	1.1~12.31	90
과실류	사과·배	5.1~9.30	15
		10.1~4.30	30
	단감	1.1~12.31	20
	감귤	1.1~12.31	30
채소류	고추·마늘·양파	1.1~12.31	30
잠사류	누에씨	1.1~12.31	365
	누에고치	1.1~12.31	7
기타	장관이 정한 검사대상품목의 검사유효기간은 장관이 정함		

(8) 검사판정의 취소

1) 농림축산식품부장관은 검사를 받은 농산물이 다음에 해당하는 때에는 검사판정을 취소할 수 있다.

> ① 거짓이나 그 밖의 부정한 방법으로 검사를 받은 사실이 확인된 때(위반시 3년 이하의 징역 또는 3천만원 이하의 벌금)
> ② 검사결과의 표시 또는 검사증명서를 위조하거나 변조한 사실이 확인된 경우(3년 이하의 징역 또는 3천만원 이하의 벌금)
> ③ 검사를 받은 농산물의 포장이나 내용물을 바꾼 사실이 확인된 경우(위반시 1년 이하의 징역 또는 1천만원 이하의 벌금)

2) 다만, ①에 해당하는 경우에는 검사판정을 취소하여야 한다.

(9) 확인·조사·점검 등

1) 농림축산식품부장관은 정부가 수매하거나 수입한 농산물 등 대통령령으로 정하는 농산물의 보관창고, 가공시설, 항공기, 선박 및 그 밖의 필요한 장소에 소속 공무원을 출입하게 하여 확인·조사·점검 등에 필요한 최소한의 시료를 무상으로 수거하거나 관련 장부 또는 서류를 열람하게 할 수 있다.

TIP

- 농산물품질관리사의 자격취소 요건
  1) 거짓 또는 부정한 방법으로 취득한 자
  2) 다른 사람에게 명의를 사용하게 하거나 자격증을 빌려준 사람
- 자격취소 농품사의 응시제한
  자격취소일로부터 2년

참고

- 포상금
  1) 지급범위 → 200만원
  2) 지급요건 → 신고, 고발, 검거, 검거에 협조한 자

5회 기출문제

농산물품질관리법 제31조에서 농림축산식품부장관이 농산물의 품질향상, 표준규격화 및 물류표준화의 촉진을 위하여 포장자재, 시설 및 자동화장비의 매입 등에 필요한 자금을 지원할 수 있는 대상자는 ( ), ( ) 및 농림축산식품부령이 정하는 유통관계사업자 및 단체로 한다. (2점)

▶ 1. (농어업인) 2. (생산자단체)

2) 확인 및 조사 또는 점검의 대상이 되는 농산물은 다음과 같다.

① 정부가 수매하거나 수입한 농산물
② 생산자단체 등이 정부를 대행하여 수매하거나 수입한 농산물
③ 정부가 수매 또는 수입하여 가공한 농산물

❷ 검사관

(1) 검사관의 자격요건 등

1) 검사관의 자격은
   ① 곡류
   ② 특작·서류
   ③ 과실·채소류
   ④ 잠사류 등의 구분에 따라 부여한다.
2) 검사관은 다음에 해당하는 자 중 국립농산물품질관리원장(누에씨 및 누에고치 검사원의 경우에는 시·도지사를 말한다)이 실시하는 전형시험에 합격한 자로 한다.
   ① 농산물검사 관련 업무에 6개월 이상 종사한 공무원
   ② 생산자단체 등에서 농산물검사 관련 업무에 1년 이상 종사한 자
   ③ 제105조에 따른 농산물품질관리사 자격을 취득한 사람으로서 해당 자격을 취득한 후 1년 이상 농산물품질관리사의 직무를 수행한 사람

(2) 검사원의 자격관리

1) 국립농산물품질관리원장은 자격전형에 합격한 자에 대하여는 검사관별로 고유번호를 부여한다.
2) 국립농산물품질관리원장 및 지정 검사기관의 장은 농산물검사관 자격관리대장을 작성·비치하여야 한다.
3) 소속검사관이 퇴직하거나 전출하는 등 신분변동이 있는 경우에는 즉시 그 사실을 지정검사기관장은 국립농산물품질관리원장에게 통보하여야 한다.

(3) 검사관의 자격취소·자격정지

국립농산물품질관리원장은

> **TIP**
>
> • 우선상장·우선구매품
>   1) 표준규격품
>   2) 우수관리인증농산물
>   3) 이력추적관리농산물
>   4) 지리적표시품

1) 검사관이 다음에 해당하는 사유가 발생하였을 때에는 검사관의 자격을 취소하거나 1년 이내의 기간을 정하여 자격의 정지를 명할 수 있다.
2) 이 경우 검사관의 자격을 취소당한 자는 취소일부터 1년이 경과하지 아니하면 규정에 의한 전형에 응시할 수 없다.

> ① 거짓이나 그 밖 부정한 방법으로 검사나 재검사를 한 경우
> ② 법에 따른 명령을 위반하여 현저히 부적격한 검사 또는 재검사를 하여 정부나 농산물검사기관의 공신력을 크게 떨어뜨린 경우

❸ 검사기관의 지정 등

(1) 검사기관의 지정

농림축산식품부장관은
1) 농산물의 생산자단체, 공공기관, 농업관련법인 등을
2) 검사기관으로 지정하여 검사를 대항하게 할 수 있다.

(2) 검사기관지정의 취소 또는 사업의 정지

농림축산식품부장관은
1) 검사기관이 다음[아래 4)] 각각의 어느 하나에 해당하면
2) 그 지정을 취소하거나
3) 6개월 이내의 기간을 정하여 그 업무의 전부 또는 일부의 정지를 명할 수 있다.
4) 다만, ①②에 해당하면 그 지정을 취소하여야 한다.
  ① 거짓이나 그 밖의 부정한 방법으로 지정받은 경우
  ② 업무정지 기간 중에 검사업무를 한 경우
  ③ 지정기준에 맞지 아니하게 된 경우
  ④ 검사를 거짓으로 하거나 성실하게 하지 아니 한 경우
  ⑤ 정당한 사유 없이 지정된 검사를 하지 않은 경우

❹ 농산물의 검정

(1) 농산물의 검정·대행

농림축산식품부장관은

1) 농산물의 거래 및 수출·수입을 원활하게 하기 위하여 농산물 또는 그 가공품의 품위·품종·성분 및 유해물질 등에 대하여 검정을 할 수 있다.
2) 검정에 필요한 인력과 시설을 갖춘 기관(검정기관)을 지정하여 농산물 또는 그 가공품에 대한 검정을 대행하게 할 수 있다.

(2) 검정기관 지정신청 등

1) 검정기관으로 지정을 받으려는 자는 검정에 필요한 인력과 시설을 갖추어 농림축산식품부장관에게 신청하여야 한다. 검정기관으로 지정받은 후 농림축산식품부령 또는 해양수산부령으로 정하는 중요 사항이 변경되었을 때에는 농림축산식품부령 또는 해양수산부령으로 정하는 바에 따라 변경신고를 하여야 한다.
2) 농림축산식품부장관 또는 해양수산부장관이 제3항에서 정한 기간 내에 신고수리 여부 또는 민원 처리 관련 법령에 따른 처리기간의 연장을 신고인에게 통지하지 아니하면 그 기간(민원 처리 관련 법령에 따라 처리기간이 연장 또는 재연장된 경우에는 해당 처리기간을 말한다)이 끝난 날의 다음 날에 신고를 수리한 것으로 본다.
3) 농림축산식품부장관 또는 해양수산부장관은 제2항 후단에 따른 변경신고를 받은 날부터 20일 이내에 신고수리 여부를 신고인에게 통지하여야 한다
4) 검정기관 지정의 유효기간은 지정을 받은 날부터 4년으로 하고, 유효기간이 만료된 후에도 계속하여 검정 업무를 하려는 자는 유효기간이 끝나기 3개월 전까지 농림축산식품부장관 또는 해양수산부장관에게 갱신을 신청하여야 한다.
5) 다만, 검정기관지정이 취소된 후 1년이 지나지 아니하면 검정기관지정을 신청할 수 없다.
6) 검정기관의 지정·갱신 기준 및 절차와 업무 범위 등에 필요한 사항은 농림축산식품부령 또는 해양수산부령으로 정한다.

(3) 검정절차

참고

- **청문대상**
  1) 지정취소·인증기관·우수관리시설·농산물검사기관·농산물검정기관
  2) 판매금지, 표시정지, 인정·등록의 취소
     제31조, 제40조
  3) 검사판정의 취소
  4) 농산물품질관리사 자격취소

- **벌칙적용에서 공무원 의제**
  1) 제3조에 따른 위원 중 공무원이 아닌 위원
  2) 우수관리인증 업무에 종사하는 인증기관의 임직원
  3) 심판위원 중 공무원이 아닌 심판위원
  4) 안전성조사와 시험분석 업무에 종사하는 안전성검사기관의 임직원
  5) 검사 업무에 종사하는 생산자단체 등의 임직원
  6) 검정 업무에 종사하는 검정기관의 임직원.
  7) 위탁받은 업무에 종사하는 생산자단체 등의 임직원

1) 국립농산물품질관리원장은 시료를 접수한 날부터 7일 이내에 검정을 실시하여야 한다. 다만, 7일 이내에 분석을 할 수 없다고 판단되는 때에는 신청인과 협의하여 검정기간을 따로 정할 수 있다.
2) 국립농산물품질관리원장은 원활한 검정업무의 수행을 위하여 필요하다고 판단되는 경우에는 신청인에게 최소한의 범위 안에서 시설·장비 및 인력 등의 제공을 요청할 수 있다.

(4) 검정결과 조치
1) 농림축산식품부장관 또는 해양수산부장관은 검정을 실시한 결과 유해물질이 검출되어 인체에 해를 끼칠 수 있다고 인정되는 농수산물 및 농산가공품에 대하여 생산자 또는 소유자에게 <u>폐기하거나 판매금지 등을 하도록 하여야 한다.</u>
2) 농림축산식품부장관 또는 해양수산부장관은 생산자 또는 소유자가 위 제1항의 명령을 이행하지 아니하거나 농수산물 및 농산가공품의 위생에 위해가 발생한 경우 농림축산식품부령 또는 해양수산부령으로 정하는 바에 따라 검정결과를 공개하여야 한다.

09 보 칙

❶ 농수산물의 명예감시원

(1) 농수산물의 명예감시원 위촉
농림축산식품부장관 또는 해양수산부장관이나 시·도지사는
1) 농수산물의 공정한 유통질서확립을 위하여
2) 소비자단체 또는 생산자단체의 회원·직원 등을
3) 농수산물명예감시원으로 위촉하여
4) 농수산물의 유통질서에 대한 감시·지도·계몽을 하게 할 수 있다.

(2) 필요경비지급

농림축산식품부장관 또는 해양수산부장관이나 시·도지사는 농수산물명예감시원에게 감시활동에 필요한 경비를 지급할 수 있다.

(3) 농수산물 명예감시원의 위촉

국립농산물품질관리원장, 국립수산물품질관리원장, 산림청장 또는 시·도지사는 법 제104조제1항에 따라 다음 각 호의 어느 하나에 해당하는 사람 중에서 농수산물 명예감시원(이하 "명예감시원"이라 한다)을 위촉한다.

1) 생산자 단체, 소비자 단체 등의 회원이나 직원 중에서 해당 단체의 장이 추천하는 사람
2) 농산물의 유통에 관심이 있고 명예감시원 임무를 성실히 수행할 수 있는 사람

(4) 명예감시원의 임무

1) 농수산물의 표준규격화, 농산물우수관리, 품질인증, 친환경수산물인증, 농수산물 이력추적관리, 지리적표시, 원산지표시에 관한 지도·홍보 및 위반사항의 감시·신고
2) 그 밖에 농수산물의 유통질서 확립과 관련하여 국립농산물품질관리원장, 국립수산물품질관리원장, 산림청장 또는 시·도지사가 부여하는 임무

(5) 명예감시원의 운영

명예감시원의 운영에 관한 세부 사항은 국립농산물품질관리원장, 국립수산물품질관리원장, 산림청장 또는 시·도지사가 정하여 고시한다.

❷ 농산물품질관리사

(1) 농산물품질관리사 제도

농림축산식품부장관은
1) 농산물의 품질향상과 유통의 효율화를 촉진하기 위하여
2) 농산물품질관리사 제도를 운영한다.

(2) 농산물품질관리사의 직무

① 농산물의 등급 판정

11회 기출문제

지리적 표시 농산물이 아닌 농산물을 지리적표시를 했을 때 최고 벌금액은?

➡ 3천만원 이하의 벌금

11회 기출문제

2013년 보리를 2014년산 보리로 검사하였다 해당인에게 행한 행정처분은?

➡ 법79조에 의거 3년이하의 징역 또는 3천만원 이하의 벌금

② 농산물의 생산 및 수확 후 품질관리기술 지도
③ 농산물의 출하 시기 조절, 품질관리기술에 관한 조언
④ 농산물의 생산 및 수확 후의 품질관리기술(안전관리 포함)지도
⑤ 농산물의 선별·저장 및 포장시설 등의 운용·관리
⑥ 농산물의 선별·포장 및 브랜드개발 등 상품성향상 지도
⑦ 포장농산물의 표시사항 준수에 관한 지도
⑧ 농산물의 규격출하 지도

(3) 농산물품질관리사의 시험·자격부여 등

농산물품질관리사가 되고자 하는 자는
1) 농림축산식품부장관이 실시하는
2) 농산물품질관리사 자격시험에 합격하여야 한다.

(4) 농산물품질관리사의 준수사항

1) 농산물품질관리사는 농산물의 품질향상과 유통의 효율화를 촉진하여 생산자와 소비자 모두에게 이익이 될 수 있도록 신의와 성실로써 그 직무를 수행하여야 한다.
2) 농산물품질관리사는 다른 사람에게 그 명의를 사용하게 하거나 다른 사람에게 그 자격증을 대여하여서는 아니 된다.
3) 농림축산식품부령으로 정하는 농산물품질관리사는 업무 능력 및 자질의 향상을 위하여 필요한 교육을 받아야 한다.
4) 누구든지 농산물품질관리사 또는 수산물품질관리사의 자격을 취득하지 아니하고 그 명의를 사용하거나 자격증을 대여받아서는 아니 되며, 명의의 사용이나 자격증의 대여를 알선해서도 아니 된다.

(5) 농산물품질관리사의 자격취소

1) 농림축산식품부장관은 다음에 해당하는 자에 대하여 농산물품질관리사의 자격을 취소하여야 한다.

> ① 농산물품질관리사의 자격을 거짓 또는 부정한 방법으로 취득한 사람
> ② 다른 사람에게 농산물품질관리사 또는 수산물품질관리사의 명의를 사용하게 하거나 자격증을 빌려준 사람
> ③ 제108조 제3항을 위반하여 명의의 사용이나 자격증의 대여를 알선한 사람

2) 농산물품질관리사의 자격이 취소된 사람은 자격취소일부터 2년이 경과되지 아니하면 자격시험에 다시 응시할 수 없다

③ 포상금

(1) 포상금 지급
법 제112조에 따른 포상금은 법 제56조 또는 제57조를 위반한 자를 주무관청이나 수사기관에 신고 또는 고발하거나 검거한 사람 및 검거에 협조한 사람에게 200만원의 범위에서 지급한다.

(2) 포상금의 지급기준 등
포상금의 지급기준·방법 및 절차 등에 관하여는 식품의약품안전처장이 정하여 고시한다.

④ 자금지원 및 우선구매

(1) 자금지원
정부는
1) 농수산물의 품질향상 또는 농수산물의 표준규격화 및 물류표준화의 촉진 등을 위하여
2) 다음의 자에게 예산의 범위에서 포장자재, 시설 및 자동화장비 등의 매입 및 농산물품질관리사 운용 등에 필요한 자금을 지원할 수 있다.
   ① 농어업인
   ② 생산자단체
   ③ 우수관리인증을 받은 자, 인증기관 또는 농산물수확 후 위생·안전관리를 위한 시설의 사업자 또는 우수관리인증 교육을 실시하는 기관·단체
   ④ 농산물이력추적관리 또는 지리적표시의 등록을 한 자
   ⑤ 농산물품질관리사를 고용하는 등 농산물의 품질향상을 위하여 노력하는 산지·소비지 유통시설의 사업자
   ⑥ 안전성검사기관 또는 위험평가 수행기관
   ⑦ 농수산물검사 및 검정기관

⑧ 그 밖에 농림축산식품부령으로 정하는 농산물유통관련사업자 또는 단체

✔ **농림축산식품부령으로 정하는 유통관련사업자 또는 단체**

1. 다음에 해당하는 시장 등을 개설·운영하는 자
   가. 농수산물도매시장　　　　나. 농수산물공판장
   다. 농수산물종합유통센타　　라. 농수산물산지유통센타
2. 도매시장법인, 시장도매인, 중도매인, 매매참가인, 산지유통인 및 이들로 구성된 단체
3. 농산물을 계약재배·양식이나 수집하여 이를 포장·판매하는 업을 전문으로 하는 사업자 또는 단체
4. 품질인증 또는 친환경수산물인증을 받은 사업자 또는 단체

(2) 우선상장

농림축산식품부장관 또는 해양수산부장관은
1) 농수산물 및 수산가공품의 유통을 원활히 하고 품질향상을 촉진하기 위하여 필요하면
2) 우수표시품, 지리적표시품 등을
3) 「농수산물유통 및 가격안정에 관한 법률」에 따른 농수산물도매시장이나 농수산물공판장에서
4) 우선적으로 상장하거나 거래하게 할 수 있다.

(3) 우선구매

국가·지방자치단체나 공공기관은
1) 농수산물 또는 그 가공품을 구매할 때에는
2) 우수표시품, 지리적표시품 등을 우선적으로 구매할 수 있다.

(4) 수수료

1) 이 법에 따른 각종 지정이나 인증, 등록, (재)검사나 검정, 심사나 심판을 신청·청구하는 자는 총리령, 농림축산식품부령 또는 해양수산부령으로 정하는 바에 따라 수수료를 내야 한다.
2) 수수료감면농산물
   다만, 정부가 수매하거나 수출 또는 수입하는 농수산물 등에 대하여는 총리령, 농림축산식품부령 또는 해양수산부령으로 정하는 바에 따라 수수료를 감면할 수 있다.

❺ 청 문

농림축산식품부장관, 해양수산부장관 또는 식품의약품안전처장은
1) 다음에 해당하는 처분을 하고자 하는 경우에는 청문을 실시하여야 한다.

✔청문대상

1. 제10조에 따른 우수관리인증기관의 지정 취소
2. 제12조에 따른 우수관리시설의 지정 취소
3. 제16조에 따른 품질인증의 취소
4. 제18조에 따른 품질인증기관의 지정 취소 또는 품질인증 업무의 정지
5. 제27조에 따른 이력추적관리 등록의 취소
6. 제31조제1항에 따른 표준규격품·품질인증품 또는 이력추적관리농수산물의 판매금지나 표시정지(이력추적관리농수산물의 경우는 제외한다), 같은 조 제2항에 따른 우수관리인증농산물의 판매금지 또는 같은 조 제4항에 따른 우수관리인증의 취소나 표시정지
7. 제40조에 따른 지리적표시품에 대한 판매의 금지, 표시의 정지 또는 등록의 취소
8. 제65조에 따른 안전성검사기관의 지정 취소
9. 제78조에 따른 생산·가공시설등이나 생산·가공업자등에 대한 생산·가공·출하·운반의 시정·제한·중지 명령, 생산·가공시설등의 개선·보수 명령 또는 등록의 취소
10. 제81조에 따른 농산물검사기관의 지정 취소
11. 제83조에 따른 검사관 자격취소
12. 제87조에 따른 검사판정의 취소
13. 제90조에 따른 수산물검사기관의 지정 취소 또는 검사업무의 정지
14. 제97조에 따른 검사판정의 취소
15. 제100조에 따른 검정기관의 지정 취소
16. 제109조에 따른 농산물품질관리사 자격의 취소

2) 국립농산물품질관리원장은 제83조에 따라 농산물검사관 자격의 취소를 하려면 청문을 하여야 한다.
3) 국가검역·검사기관의 장은 제92조에 따라 수산물검사관 자격의 취소를 하려면 청문을 하여야 한다.
4) 의견제출의 기회
   우수관리인증기관은 제8조제1항에 따라 우수관리인증을 취소하려면 우수관리인증을 받은 자에게 의견 제출의 기회를 주어야 한다.

품질인증기관은 제16조에 따라 품질인증의 취소를 하려면 품질인증을 받은 자에게 의견 제출의 기회를 주어야 한다.

⑥ 권한의 위임·위탁

1) 이 법에 따른 농림축산식품부장관, 해양수산부장관 또는 식품의약품안전처장의 권한은 그 일부를 대통령령으로 정하는 바에 따라 소속 기관의 장, 농촌진흥청장, 산림청장, 시·도지사 또는 시장·군수·구청장에게 위임할 수 있다.
2) 이 법에 따른 농림축산식품부장관, 해양수산부장관 또는 식품의약품안전처장의 업무는 그 일부를 대통령령으로 정하는 바에 따라 다음 각 호의 자에게 위탁할 수 있다.
   1. 생산자단체
   2. 「공공기관의 운영에 관한 법률」에 따른 공공기관
   3. 「정부출연연구기관 등의 설립·운영 및 육성에 관한 법률」에 따른 정부출연연구기관 또는 「과학기술분야 정부출연연구기관 등의 설립·운영 및 육성에 관한 법률」에 따른 과학기술분야 정부출연연구기관
   4. 「농어업경영체 육성 및 지원에 관한 법률」 제16조에 따라 설립된 영농조합법인 및 영어조합법인 등 농림 또는 수산 관련 법인이나 단체

10 벌 칙

① 벌 칙

(1) 7년 이하의 징역 또는 1억원 이하의 벌금(병과가능)
   1) 제57조제1호를 위반하여 유전자변형농수산물의 표시를 거짓으로 하거나 이를 혼동하게 할 우려가 있는 표시를 한 유전자변형농수산물 표시의무자

2) 제57조제2호를 위반하여 유전자변형농수산물의 표시를 혼동하게 할 목적으로 그 표시를 손상·변경한 유전자변형농수산물 표시의무자
3) 제57조제3호를 위반하여 유전자변형농수산물의 표시를 한 농수산물에 다른 농수산물을 혼합하여 판매하거나 혼합하여 판매할 목적으로 보관 또는 진열한 유전자변형농수산물 표시의무자

(2) 3년 이하의 징역 또는 3천만원 이하의 벌금

1) 제29조제1항제1호를 위반하여 우수표시품이 아닌 농수산물(우수관리인증농산물이 아닌 농산물의 경우에는 제7조제4항에 따른 승인을 받지 아니한 농산물을 포함한다) 또는 농수산가공품에 우수표시품의 표시를 하거나 이와 비슷한 표시를 한 자

1의2) 제29조제1항제2호를 위반하여 우수표시품이 아닌 농수산물(우수관리인증농산물이 아닌 농산물의 경우에는 제7조제4항에 따른 승인을 받지 아니한 농산물을 포함한다) 또는 농수산가공품을 우수표시품으로 광고하거나 우수표시품으로 잘못 인식할 수 있도록 광고한 자

2) 제29조제2항을 위반하여 다음 각 목의 어느 하나에 해당하는 행위를 한 자

가. 제5조제2항에 따라 표준규격품의 표시를 한 농수산물에 표준규격품이 아닌 농수산물 또는 농수산가공품을 혼합하여 판매하거나 혼합하여 판매할 목적으로 보관하거나 진열하는 행위

나. 제6조제6항에 따라 우수관리인증의 표시를 한 농산물에 우수관리인증농산물이 아닌 농산물(제7조제4항에 따른 승인을 받지 아니한 농산물을 포함한다) 또는 농산가공품을 혼합하여 판매하거나 혼합하여 판매할 목적으로 보관하거나 진열하는 행위

다. 제14조제3항에 따라 품질인증품의 표시를 한 수산물에 품질인증품이 아닌 수산물을 혼합하여 판매하거나 혼합하여 판매할 목적으로 보관 또는 진열하는 행위

라. 삭제 〈2012. 6. 1.〉
마. 제24조제6항에 따라 이력추적관리의 표시를 한 농산물에 이력추적관리의 등록을 하지 아니한 농산물 또는 농산가공품을 혼합하여 판매하거나 혼합하여 판매할 목적으로 보관하거나 진열하는 행위

3) 제38조제1항을 위반하여 지리적표시품이 아닌 농수산물 또는 농수산가공품의 포장·용기·선전물 및 관련 서류에 지리적표시나 이와 비슷한 표시를 한 자
4) 제38조제2항을 위반하여 지리적표시품에 지리적표시품이 아닌 농수산물 또는 농수산가공품을 혼합하여 판매하거나 혼합하여 판매할 목적으로 보관 또는 진열한 자
5) 제73조제1항제1호 또는 제2호를 위반하여 「해양환경관리법」 제2조제4호에 따른 폐기물, 같은 조 제7호에 따른 유해액체물질 또는 같은 조 제8호에 따른 포장유해물질을 배출한 자
6) 제101조제1호를 위반하여 거짓이나 그 밖의 부정한 방법으로 제79조에 따른 농산물의 검사, 제85조에 따른 농산물의 재검사, 제88조에 따른 수산물 및 수산가공품의 검사, 제96조에 따른 수산물 및 수산가공품의 재검사 및 제98조에 따른 검정을 받은 자
7) 제101조제2호를 위반하여 검사를 받아야 하는 수산물 및 수산가공품에 대하여 검사를 받지 아니한 자
8) 제101조제3호를 위반하여 검사 및 검정 결과의 표시, 검사증명서 및 검정증명서를 위조하거나 변조한 자
9) 제101조제5호를 위반하여 검정 결과에 대하여 거짓광고나 과대광고를 한 자

(3) 1년 이하의 징역 또는 1천만원 이하의 벌금
1) 제24조제2항을 위반하여 이력추적관리의 등록을 하지 아니한 자
2) 법에 따른 각종 시정명령(표시방법에 대한 시정명령은 제외한다)이나 판매금지조치 또는 표시정지 처분에 따르지 아니한 자
3) 유전자변형농산물표시 관련 처분 및 공표명령을 이행하지

아니한 자
4) 안전성조사 결과에 따른 조치를 이행하지 아니한 자
5) 농수산물에 대한 검정 결과에 따른 폐기나 판매금지 조치를 이행하지 아니한 자
6) 검사를 받아야 하는 농산물에 대하여 검사를 받지 아니한 자
7) 검사를 받지 아니하고 해당 농수산물이나 수산가공품을 판매·수출하거나 판매·수출을 목적으로 보관 또는 진열한 자
8) 다른 사람에게 농산물검사관, 농산물품질관리사 또는 수산물품질관리사의 명의를 사용하게 하거나 그 자격증을 빌려준 자
9) 농산물검사관, 농산물품질관리사 또는 수산물품질관리사의 명의를 사용하거나 그 자격증을 대여받은 자 또는 명의의 사용이나 자격증의 대여를 알선한 자

(4) 양벌규정
1) 법인의 대표자나 법인 또는 개인의 대리인, 사용인, 그 밖의 종업원이 그 법인 또는 개인의 업무에 관하여 제117조부터 제121조까지의 어느 하나에 해당되는 위반행위 행위자를 벌하는 외에 그 법인 또는 개인에게도 해당 조문의 벌금형을 과한다.
2) 다만, 법인 또는 개인이 그 위반행위를 방지하기 위하여 해당업무에 관하여 상당한 주의와 감독을 게을리 하지 아니한 경우에는 그러하지 아니하다.

② 과태료부과·징수권자

1) 다음 각 호의 어느 하나에 해당하는 자에게는 1천만원 이하의 과태료를 부과한다.
   1. 제13조제1항, 제19조제1항, 제30조제1항, 제39조제1항, 제58조제1항, 제62조제1항, 제76조제4항 및 제102조제1항에 따른 수거·조사·열람 등을 거부·방해 또는 기피한 자
   2. 제24조제2항에 따라 등록한 자로서 같은 조 제3항을 위반하여 변경신고를 하지 아니한 자

3. 제24조제2항에 따라 등록한 자로서 같은 조 제6항을 위반하여 이력추적관리의 표시를 하지 아니한 자
4. 제24조제2항에 따라 등록한 자로서 같은 조 제7항을 위반하여 이력추적관리기준을 지키지 아니한 자
5. 제31조제1항제3호 또는 제40조제2호에 따른 표시방법에 대한 시정명령에 따르지 아니한 자
6. 제56조제1항을 위반하여 유전자변형농수산물의 표시를 하지 아니한 자
7. 제56조제2항에 따른 유전자변형농수산물의 표시방법을 위반한 자

2) 다음 각 호의 어느 하나에 해당하는 자에게는 100만원 이하의 과태료를 부과한다.
   1. 제73조제1항제3호를 위반하여 양식시설에서 가축을 사육한 자
   2. 제75조제1항에 따른 보고를 하지 아니하거나 거짓으로 보고한 생산·가공업자등

3) 제1항 및 제2항에 따른 과태료는 대통령령으로 정하는 바에 따라 농림축산식품부장관, 해양수산부장관, 식품의약품안전처장 또는 시·도지사가 부과·징수한다.

 **법령** 농수산물의 원산지표시에 관한 법률

01 총칙

① 목 적

이 법은 농산물·수산물이나 그 가공품 등에 대하여 적정하고 합리적인 원산지 표시를 하도록 하여 소비자의 알권리를 보장하고, 공정한 거래를 유도함으로써 생산자와 소비자를 보호하는 것을 목적으로 한다.

② 용어의 정의

1. "농산물"이란
   "「농업·농촌 및 식품산업 기본법」과 「농업·농촌 및 식품산업 기본법 대통령령」으로 정하는 것"으로 농업활동으로부터 생산되는 산물을 말한다. 여기의 농업은 농작물재배업·축산업·임업이 넓게 포함된다.
2. "수산물"이란
   「수산업·어촌 발전 기본법」 제3조제1호가목에 따른 어업활동으로부터 생산되는 산물을 말한다.
3. "농수산물"이란
   농산물과 수산물을 말한다.
4. "원산지"란
   농산물이나 수산물이 생산·채취·포획된 국가·지역이나 해역을 말한다.
5. "식품접객업"이란
   「식품위생법·령에 따른 식품접객업을 말한다. 여기서, 다음 6가지(가.~바.)로 분류하고 있으며, 이 중 단란주점영업. 유흥주점영업. 제과점영업자는 원산지 표시의무가 없다.

가. 휴게음식점영업　　　　나. 일반음식점영업
다. 단란주점영업　　　　　라. 유흥주점영업
마. 위탁급식영업 : 집단급식소를 설치·운영하는 자와의 계약에 따라 그 집단급식소에서 음식류를 조리하여 제공하는 영업
바. 제과점영업

6. "집단급식소"란

  역시 「식품위생법」에 규정되어 있는데, 영리를 목적으로 하지 아니하면서 특정 다수인에게 계속하여 음식물을 공급하는 다음의 어느 하나에 해당하는 곳의 급식시설로서, 1회 50명 이상에게 식사를 제공하는 급식소를 말한다.

  가. 기숙사　　　　　　　　나. 학교
  다. 병원
  라. 「사회복지사업법」의 사회복지시설
  마. 산업체
  바. 국가, 지방자치단체 및 「공공기관의 운영에 관한 법률」에 따른 공공기관
  사. 그 밖의 후생기관 등

7. "통신판매"란

  「전자상거래 등에서의 소비자보호에 관한 법률」 제2조제2호에 따른 통신판매(같은 법 제2조제1호의 전자상거래로 판매되는 경우를 포함한다. 이하 같다) 중 대통령령으로 정하는 판매를 말한다.

  > 대통령령제2조(통신판매의 범위)
  > 「농수산물의 원산지 표시에 관한 법률」 (이하 "법"이라 한다) 제2조제7호에서 "대통령령으로 정하는 판매"란 「전자상거래 등에서의 소비자보호에 관한 법률」 제12조에 따라 신고한 통신판매업자의 판매(전단지를 이용한 판매는 제외한다) 또는 같은 법 제20조제2항에 따른 통신판매중개업자가 운영하는 사이버몰(컴퓨터 등과 정보통신설비를 이용하여 재화를 거래할 수 있도록 설정된 가상의 영업장을 말한다)을 이용한 판매를 말한다.

8. 이 법에서 사용하는 용어의 뜻은 이 법에 특별한 규정이 있는 것을 제외하고는 「농수산물 품질관리법」, 「식품위생법」, 「대외무역법」이나 「축산물가공처리법」에서 정하는 바에 따른다.

③ 다른 법률과의 관계

수출입 농수산물이나 그 가공품의 원산지 표시에 관하여는 「대외무역법」(제33조 및 제33조의2)이 적용되는 것을 제외하고는, 이 법이 농수산물 또는 그 가공품의 원산지 표시에 대하여 다른 법률에 우선하여 적용된다.〈개정 2013.7.30〉[시행일 : 2014.1.31]

제33조(수출입 물품등의 원산지의 표시)[시행일 : 2014.1.31]
① 산업통상자원부장관이 공정한 거래 질서의 확립과 생산자 및 소비자 보호를 위하여 원산지를 표시하여야 하는 대상으로 공고한 물품등을 수출하거나 수입하려는 자는 그 물품등에 대하여 원산지를 표시하여야 한다.
② 수입된 원산지표시대상물품에 대하여 대통령령으로 정하는 단순한 가공활동을 거침으로써 해당 물품등의 원산지 표시를 손상하거나 변형한 자는 그 단순 가공한 물품등에 당초의 원산지를 표시하여야 한다. 이 경우 다른 법령에서 단순한 가공활동을 거친 수입 물품등에 대하여 다른 기준을 규정하고 있으면 그 기준에 따른다.
③ 제1항 및 제2항 전단에 따른 원산지의 표시방법·확인, 그 밖에 표시에 필요한 사항은 대통령령으로 정한다.
④ 무역거래자 또는 물품등의 판매업자는 다음 각 호의 어느 하나에 해당하는 행위를 하여서는 아니 된다. 다만, 제3호의 경우에는 무역거래자의 경우만 해당된다.
   1. 원산지를 거짓으로 표시하거나 원산지를 오인(誤認)하게 하는 표시를 하는 행위
   2. 원산지의 표시를 손상하거나 변경하는 행위
   3. 원산지표시대상물품에 대하여 원산지 표시를 하지 아니하는 행위
   4. 제1호부터 제3호까지의 규정에 위반되는 원산지표시대상물품을 국내에서 거래하는 행위
⑤ 산업통상자원부장관 또는 시·도지사는 제1항부터 제4항까지의 규정을 위반하였는지 확인하기 위하여 필요하다고 인정하면 수입한 물품등과 대통령령으로 정하는 관련 서류를 검사할 수 있다.

제33조의2(원산지의 표시 위반에 대한 시정명령 등) [시행일 : 2014.1.31]
① 산업통상자원부장관 또는 시·도지사는 제33조제2항부터 제4항까지의 규정을 위반한 자에게 판매중지, 원상복구, 원산지 표시 등 대통령령으로 정하는 시정조치를 명할 수 있다.
② 산업통상자원부장관 또는 시·도 지사는 제33조제2항부터 제4항까지의 규정(제33조제4항제4호는 제외한다)을 위반한 자에게 3억원 이하의

과징금을 부과할 수 있다.
③ 제2항에 따라 과징금을 부과하는 위반행위의 종류와 정도에 따른 과징금의 금액과 그 밖에 필요한 사항은 대통령령으로 정한다.
④ 산업통상자원부장관 또는 시·도지사는 제2항에 따라 과징금을 내야 하는 자가 납부기한까지 내지 아니하면 국세 또는 지방세 체납처분의 예에 따라 징수한다.
⑤ 산업통상자원부장관 또는 시·도지사는 제2항에 따라 과징금 부과처분이 확정된 자에 대해서는 대통령령으로 정하는 바에 따라 그 위반자 및 위반자의 소재지와 물품 등의 명칭, 품목, 위반내용 등 처분과 관련된 사항을 공표할 수 있다.

❹ 농수산물의 원산지 표시의 심의

이 법에 따른 농산물·수산물 및 그 가공품 또는 조리하여 판매하는 쌀·김치류 및 축산물(「축산물가공처리법」"축산물"로써 식육·포장육·원유(原乳)·식용란(食用卵)·식육가공품·유가공품·알가공품을 말한다.)의 원산지 표시 등에 관한 사항은 「농수산물 품질관리법」 제3조에 따른 농수산물품질관리심의회에서 심의한다.

02 표시대상 품목 및 원산지 표시 의무자

❶ 표시대상 품목

(1) 대통령령으로 정하는 농수산물 또는 그 가공품
  1) 유통질서의 확립과 소비자의 올바른 선택을 위하여 필요하다고 인정하여 농림축산식품부장관과 해양수산부장관이 공동으로 고시한 농수산물 또는 그 가공품
  2) 「대외무역법」 제33조에 따라 산업통상자원부장관이 공고한 수입 농수산물 또는 그 가공품을 생산·가공하여 출하하거나 판매(통신판매를 포함한다. 이하 같다) 또는 판매할 목적으로 보관·진열하는 자는 다음에 대하여 원산지를 표

시하여야 한다.
1. 농수산물
2. 농수산물 가공품의 원료
3) 법에 따른 농수산물 가공품의 <u>원료에 대한 원산지 표시대상</u>은 다음과 같다. <u>다만, 물, 식품첨가물, 주정(酒精) 및 당류는 배합 비율의 순위와 표시대상에서 제외</u>한다.
① 원료 배합 비율에 따른 표시대상
 1. 사용된 원료의 배합 비율에서 한 가지 원료의 배합 비율이 98퍼센트 이상인 경우에는 그 원료
 2. 사용된 원료의 배합 비율에서 두 가지 원료의 배합 비율의 합이 98퍼센트 이상인 원료가 있는 경우에는 배합 비율이 높은 순서의 2순위까지의 원료
 3. 가목 및 나목 외의 경우에는 배합 비율이 높은 순서의 3순위까지의 원료
 4. 가목부터 다목까지의 규정에도 불구하고 김치류 및 절임류(소금으로 절이는 절임류에 한정한다)의 경우
  가. 김치류 중 고춧가루(고춧가루가 포함된 가공품을 사용하는 경우에는 그 가공품에 사용된 고춧가루를 포함한다. 이하 같다)를 사용하는 품목은 고춧가루 및 소금을 제외한 원료 중 배합 비율이 가장 높은 순서의 2순위까지의 원료와 고춧가루 및 소금
  나. 김치류 중 고춧가루를 사용하지 아니하는 품목은 소금을 제외한 원료 중 배합 비율이 가장 높은 순서의 2순위까지의 원료와 소금
  다. 절임류는 소금을 제외한 원료 중 배합 비율이 가장 높은 순서의 2순위까지의 원료와 소금. 다만, 소금을 제외한 원료 중 한 가지 원료의 배합 비율이 98퍼센트 이상인 경우에는 그 원료와 소금으로 한다.
② ①에 따른 표시대상 원료로서 「식품 등의 표시·광고에 관한 법률」 제10조에 따른 식품 등의 표시기준 및 「축산물 위생관리법」 제6조에 따른 축산물의 표시기준에서 정한 복합원재료를 사용한 경우에는 농림축산식품부장관과 해양수산부장관이 공동으로 정하여 고시하는 기준에 따른 원료

4) 3)을 적용할 때 원료(가공품의 원료를 포함한다. 이하 이 항에서 같다) 농수산물의 명칭을 제품명 또는 제품명의 일부로 사용하는 경우에는 그 원료 농수산물이 같은 항에 따른 원산지 표시대상이 아니더라도 그 원료 농수산물의 원산지를 표시해야 한다.

5) 법 제5조제3항에서 "대통령령으로 정하는 농수산물이나 그 가공품을 조리하여 판매·제공하는 경우"란 다음 각 호의 것을 조리하여 판매·제공하는 경우를 말한다. 이 경우 조리에는 날 것의 상태로 조리하는 것을 포함하며, 판매·제공에는 배달을 통한 판매·제공을 포함한다.

1. 쇠고기(식육·포장육·식육가공품을 포함한다. 이하 같다)
2. 돼지고기(식육·포장육·식육가공품을 포함한다. 이하 같다)
3. 닭고기(식육·포장육·식육가공품을 포함한다. 이하 같다)
4. 오리고기(식육·포장육·식육가공품을 포함한다. 이하 같다)
5. 양고기(식육 · 포장육 · 식육가공품을 포함한다. 이하 같다)
5의2. 염소(유산양을 포함한다. 이하 같다)고기(식육 · 포장육 · 식육가공품을 포함한다. 이하 같다)
6. 밥, 죽, 누룽지에 사용하는 쌀(쌀가공품을 포함하며, 쌀에는 찹쌀, 현미 및 찐쌀을 포함한다. 이하 같다)
7. 배추김치(배추김치가공품을 포함한다)의 원료인 배추(얼갈이배추와 봄동배추를 포함한다. 이하 같다)와 고춧가루
7의2. 두부류(가공두부, 유바는 제외한다), 콩비지, 콩국수에 사용하는 콩(콩가공품을 포함한다. 이하 같다)
8. 넙치, 조피볼락, 참돔, 미꾸라지, 뱀장어, 낙지, 명태(황태, 북어 등 건조한 것은 제외한다. 이하 같다), 고등어, 갈치, 오징어, 꽃게, 참조기, 다랑어, 아귀 및 주꾸미(해당 수산물가공품을 포함한다. 이하 같다)
9. 조리하여 판매·제공하기 위하여 수족관 등에 보관·진열하는 살아있는 수산물

6) 제5항 각 호의 원산지 표시대상 중 가공품에 대해서는 주원료를 표시해야 한다. 이 경우 주원료 표시에 관한 세부기준에 대해서는 농림축산식품부장관과 해양수산부장관이 공동으로 정하여 고시한다.

7) 농수산물이나 그 가공품의 신뢰도를 높이기 위하여 필요한

경우에는 제1항부터 제3항까지, 제5항 및 제6항에 따른 표시대상이 아닌 농수산물과 그 가공품의 원료에 대해서도 그 원산지를 표시할 수 있다. 이 경우 법 제5조제4항에 따른 표시기준과 표시방법을 준수하여야 한다.

(2) 다음의 어느 하나에 해당하는 때에는 원산지를 표시한 것으로 본다.
1) 「농수산물 품질관리법」 제5조 또는 「소금산업 진흥법」 제33조에 따른 표준규격품의 표시를 한 경우
2) 「농수산물 품질관리법」 제6조에 따른 우수관리인증의 표시, 같은 법 제14조에 따른 품질인증품의 표시 또는,
   ① 「소금산업 진흥법」 제39조에 따른 우수천일염인증의 표시를 한 경우
   ② 「소금산업 진흥법」 제40조에 따른 천일염생산방식인증의 표시를 한 경우
3) 「농수산물 품질관리법」 제21조에 따른 친환경수산물인증품의 표시 또는 「소금산업 진흥법」 제41조에 따른 친환경천일염인증의 표시를 한 경우
4) 「농수산물 품질관리법」 제24조에 따른 이력추적관리의 표시를 한 경우
5) 「농수산물 품질관리법」 제34조 또는 「소금산업 진흥법」 제38조에 따른 지리적표시를 한 경우
「식품산업진흥법」 제22조의2에 따른 원산지인증의 표시를 한 경우
5의2) 「식품산업진흥법」 제22조의2 또는 「수산식품산업의 육성 및 지원에 관한 법률」 제30조에 따른 원산지인증의 표시를 한 경우
6) 다른 법률에서 농수산물의 원산지나 그 가공품의 원료의 원산지를 표시하도록 규정하고 있는 경우

(3) 식품접객업 및 집단급식소 중 대통령령으로 정하는 영업소나 집단급식소를 설치·운영하는 자는 다음 각 호의 어느 하나에 해당하는 경우에 그 농수산물이나 그 가공품의 원료에 대하여 원산지(쇠고기는 식육의 종류를 포함한다. 이하 같다)를 표시하여야 한다. 다만, 「식품산업진흥법」 제22조의2 또는 「수산식품산업의 육성 및 지원에 관한 법률」 제30조에 따

른 원산지인증의 표시를 한 경우에는 원산지를 표시한 것으로 보며, 쇠고기의 경우에는 식육의 종류를 별도로 표시하여야 한다. 〈개정 2015. 6. 22., 2020. 2. 18., 2021. 4. 13.〉
1. 대통령령으로 정하는 농수산물이나 그 가공품을 조리하여 판매·제공(배달을 통한 판매·제공을 포함한다)하는 경우
2. 제1호에 따른 농수산물이나 그 가공품을 조리하여 판매·제공할 목적으로 보관하거나 진열하는 경우

② 원산지 표시의무자

1) 대통령령으로 정하는 농수산물 또는 그 가공품을 생산·가공하여 출하하거나 판매(통신판매를 포함) 또는 판매할 목적으로 보관·진열하는 자
2) 식품접객업 및 집단급식소 중 대통령령으로 정하는 영업소나 집단급식소를 설치·운영하는 자(「식품위생법 시행령」의 휴게음식점영업, 일반음식점영업 또는 위탁급식영업을 하는 영업소나 같은 법 시행령의 집단급식소를 설치·운영하는 자를 말한다.)는 대통령령으로 정하는 농수산물이나 그 가공품을 조리하여 판매·제공하는 경우(조리하여 판매 또는 제공할 목적으로 보관·진열하는 경우를 포함)에 그 농수산물이나 그 가공품의 원료에 대하여 원산지(쇠고기는 식육의 종류를 포함)를 표시하여야 한다.
3) 법에 따른 원산지의 표시대상, 표시를 하여야 할 자, 표시기준은 대통령령으로 정하고, 표시방법과 그 밖에 필요한 사항은 농림축산식품부와 해양수산부의 공동 부령으로 정한다.

03 원산지의 표시기준

국산인지 어디 산인지를 구별하여 표시하는 것으로, 이의 위반 시는 거짓·허위 표시에 해당하여 [7년 이하의 징역 또는 1억원

이하의 벌금형과 상습범의 경우 가중 처벌]에 처할 수 있다.

[시행령 별표1]
(1) 농수산물
  1) 국산 농수산물
    ① 국산 농산물 : "국산"이나 "국내산" 또는 그 농산물을 생산·채취·사육한 지역의 시·도명이나 시·군·구명을 표시한다.
    ② 국산 수산물 : "국산"이나 "국내산" 또는 "연근해산"으로 표시한다. 다만, 양식 수산물이나 연안정착성 수산물 또는 내수면 수산물의 경우에는 해당 수산물을 생산·채취·양식·포획한 지역의 시·도명이나 시·군·구명을 표시할 수 있다.
  2) 원양산 수산물
    ① 「원양산업발전법」 제6조제1항에 따라 원양어업의 허가를 받은 어선이 해외수역에서 어획하여 국내에 반입한 수산물은 "원양산"으로 표시하거나 "원양산" 표시와 함께 "태평양", "대서양", "인도양", "남빙양", "북빙양"의 해역명을 표시한다.
    ② ①에 따른 표시 외에 연안국 법령에 따라 별도로 표시하여야 하는 사항이 있는 경우에는 ①에 따른 표시와 함께 표시할 수 있다.
  3) 원산지가 다른 동일 품목을 혼합한 농수산물
    ① 국산 농수산물로서 그 생산 등을 한 지역이 각각 다른 동일 품목의 농수산물을 혼합한 경우에는 혼합 비율이 높은 순서로 3개 지역까지의 시·도명 또는 시·군·구명과 그 혼합 비율을 표시하거나 "국산", "국내산" 또는 "연근해산"으로 표시한다.
    ② 동일 품목의 국산 농수산물과 국산 외의 농수산물을 혼합한 경우에는 혼합비율이 높은 순서로 3개 국가(지역, 해역 등)까지의 원산지와 그 혼합비율을 표시한다.
  4) 2개 이상의 품목을 포장한 수산물 : 서로 다른 2개 이상의 품목을 용기에 담아 포장한 경우에는 혼합 비율이 높은 2개까지의 품목을 대상으로 1)의 ②, 2) 및 (2)의 기준에 따라 표시한다.
(2) 수입 농수산물과 그 가공품 및 반입 농수산물과 그 가공품
  1) 수입 농수산물과 그 가공품(이하 "수입농수산물 등"이라 한

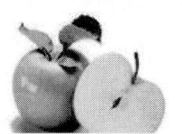

다)은 「대외무역법」에 따른 통관 시의 원산지를 표시한다.
2) 「남북교류협력에 관한 법률」에 따라 반입한 농수산물과 그 가공품(이하 "반입농수산물 등"이라 한다)은 같은 법에 따른 반입 시의 원산지를 표시한다.

(3) 농수산물 가공품(수입농수산물등 또는 반입농수산물등을 국내에서 가공한 것을 포함한다)

1) 사용된 원료의 원산지를 (1) 및 (2)의 기준에 따라 표시한다.
2) 원산지가 다른 동일 원료를 혼합하여 사용한 경우에는 혼합 비율이 높은 순서로 2개 국가(지역, 해역 등)까지의 원료 원산지와 그 혼합 비율을 각각 표시한다.
3) 원산지가 다른 동일 원료의 원산지별 혼합 비율이 변경된 경우로서 그 어느 하나의 변경의 폭이 최대 15퍼센트 이하이면 종전의 원산지별 혼합 비율이 표시된 포장재를 혼합 비율이 변경된 날부터 1년의 범위에서 사용할 수 있다.
4) 사용된 원료(물, 식품첨가물 및 당류는 제외한다)의 원산지가 모두 국산일 경우에는 원산지를 일괄하여 "국산"이나 "국내산" 또는 "연근해산"으로 표시할 수 있다.
5) 원료의 수급 사정으로 인하여 원료의 원산지 또는 혼합 비율이 자주 변경되는 경우로서 다음의 어느 하나에 해당하는 경우에는 농림축산식품부장관과 해양수산부장관이 공동으로 정하여 고시하는 바에 따라 원료의 원산지와 혼합 비율을 표시할 수 있다.
① 특정 원료의 원산지나 혼합 비율이 최근 3년 이내에 연평균 3개국(회) 이상 변경되거나 최근 1년 동안에 3개국(회) 이상 변경된 경우와 최초 생산일부터 1년 이내에 3개국 이상 원산지 변경이 예상되는 신제품인 경우
② 원산지가 다른 동일 원료를 사용하는 경우
③ 정부가 농수산물 가공품의 원료로 공급하는 수입쌀을 사용하는 경우
④ 그 밖에 농림축산식품부장관과 해양수산부장관이 공동으로 필요하다고 인정하여 고시하는 경우

04 원산지의 표시방법

① 농수산물 등의 원산지 표시방법

[시행규칙 별표1]

(1) 적용대상
1) 영 별표 1 제1호에 따른 농수산물
2) 영 별표 1 제2호에 따른 수입 농수산물과 그 가공품 및 반입 농수산물과 그 가공품

(2) 표시방법
1) 포장재에 원산지를 표시할 수 있는 경우
① 위치 : 소비자가 쉽게 알아볼 수 있는 곳에 표시한다.
② 문자 : 한글로 하되, 필요한 경우에는 한글 옆에 한문 또는 영문 등으로 추가하여 표시할 수 있다.
③ 글자 크기
  가. 포장 표면적이 3,000㎠ 이상인 경우: 20포인트 이상
  나. 포장 표면적이 50㎠ 이상 3,000㎠ 미만인 경우: 12포인트 이상
  다. 포장 표면적이 50㎠ 미만인 경우: 8포인트 이상. 다만, 8포인트 이상의 크기로 표시하기 곤란한 경우에는 다른 표시사항의 글자 크기와 같은 크기로 표시할 수 있다.
  라. 가, 나 및 다의 포장 표면적은 포장재의 외형면적을 말한다. 다만, 식품 등의 표시·광고에 관한 법률」 제4조에 따른 식품 등의 표시기준에 따른 통조림·병조림 및 병제품에 라벨이 인쇄된 경우에는 그 라벨의 면적으로 한다.
④ 글자색 : 포장재의 바탕색 또는 내용물의 색깔과 다른 색깔로 선명하게 표시한다.
⑤ 그 밖의 사항
  가. 포장재에 직접 인쇄하는 것을 원칙으로 하되, 지워지

지 아니하는 잉크·각인·소인 등을 사용하여 표시하거나 스티커, 전자저울에 의한 라벨지 등으로도 표시할 수 있다.

　나. 그물망 포장을 사용하는 경우 또는 포장을 하지 않고 엮거나 묶은 상태인 경우에는 꼬리표, 내찰 등으로도 표시할 수 있다.

2) 포장재에 원산지를 표시하기 어려운 경우(다목의 경우는 제외한다)

　① 푯말, 안내표시판, 일괄 안내표시판, 상품에 붙이는 스티커 등을 이용하여 다음의 기준에 따라 소비자가 쉽게 알아볼 수 있도록 표시한다.

　가. 푯말 : 가로 8cm × 세로 5cm × 높이 5cm 이상
　나. 안내표시판
　　1. 진열대 : 가로 7cm × 세로 5cm 이상
　　2. 판매장소 : 가로 14cm × 세로 10cm 이상
　　3. 「축산물위생관리법 시행령」 제21조제7호가목에 따른 식육판매업의 영업자가 진열장에 진열하여 판매하는 식육에 대하여 식육판매표지판을 이용하여 원산지를 표시하는 경우의 세부 표시방법은 농림축산식품부장관이 정하여 고시하는 바에 따른다.
　다. 일괄 안내표시판
　　1. 위치 : 소비자가 쉽게 알아볼 수 있는 곳에 설치하여야 한다.
　　2. 크기 : 나. 2.에 따른 기준 이상으로 하되, 글자 크기는 20포인트 이상으로 한다.
　라. 상품에 붙이는 스티커 : 가로 3cm × 세로 2cm 이상 또는 직경 2.5cm 이상이어야 한다.

　② 문자 : 한글로 하되, 필요한 경우에는 한글 옆에 한문 또는 영문 등으로 추가하여 표시할 수 있다.

3) 살아 있는 수산물의 경우

　① 보관시설(수족관, 활어차량 등)에 원산지별로 섞이지 않도록 구획(동일 어종의 경우만 해당한다)하고, 푯말 또는 안내표시판 등으로 소비자가 쉽게 알아볼 수 있도록 표시한다.

　② 글자 크기는 30포인트 이상으로 하되, 원산지가 같은 경우

에는 일괄하여 표시할 수 있다.
③ 문자는 한글로 하되, 필요한 경우에는 한글 옆에 한문 또는 영문 등으로 추가하여 표시할 수 있다.

❷ 농수산물 가공품의 원산지 표시방법

[시행규칙 별표2]

(1) 적용대상
영 별표 1 제3호에 따른 농수산물 가공품

(2) 표시방법
1) 포장재에 원산지를 표시할 수 있는 경우
   ① 위치 : 「식품위생법」 제10조 및 「축산물위생관리법」 제6조의 표시기준에 따른 원재료명 표시란에 추가하여 표시한다. 다만, 원재료명 표시란에 표시하기 어려운 경우에는 소비자가 쉽게 알아볼 수 있는 위치에 표시할 수 있다.
   ② 문자 : 한글로 하되, 필요한 경우에는 한글 옆에 한문 또는 영문 등으로 추가하여 표시할 수 있다.
   ③ 글자 크기
      가) 10포인트 이상의 활자로 진하게(굵게) 표시해야 한다. 다만, 정보표시면 면적이 부족한 경우에는 10포인트보다 작게 표시할 수 있으나, 「식품 등의 표시·광고에 관한 법률」 제4조에 따른 원재료명의 표시와 동일한 크기로 진하게(굵게) 표시해야 한다.
      나) 가)에 따른 글씨는 각각 장평 90% 이상, 자간 -5% 이상으로 표시해야 한다. 다만, 정보표시면 면적이 100㎠ 미만인 경우에는 각각 장평 50% 이상, 자간 -5% 이상으로 표시할 수 있다.
   ④ 글자색 : 포장재의 바탕색과 다른 단색으로 선명하게 표시한다.
   ⑤ 그 밖의 사항
      가. 포장재에 직접 인쇄하는 것을 원칙으로 하되, 지워지지 아니하는 잉크·각인·소인 등을 사용하여 표시하거나 스티커, 전자저울에 의한 라벨지 등으로도 표시할 수 있다.
      나. 그물망 포장을 사용하는 경우에는 꼬리표, 내찰 등으로도 표시할 수 있다.

다. 최종소비자에게 판매되지 않는 농수산물 가공품을 「가맹사업거래의 공정화에 관한 법률」에 따른 가맹사업자의 직영점과 가맹점에 제조·가공·조리를 목적으로 공급하는 경우에 가맹사업자가 원산지 정보를 판매시점 정보관리(POS, Point of Sales) 시스템을 통해 이미 알고 있으면 포장재 표시를 생략할 수 있다.

2) 포장재에 원산지를 표시하기 어려운 경우 : 별표1 (2) 2)을 준용하여 표시한다.

❸ 통신판매의 경우 원산지 표시방법

[시행규칙 별표3]

(1) 일반적인 표시방법

1) 표시는 한글로 하되, 필요한 경우에는 한글 옆에 한문 또는 영문 등으로 추가하여 표시할 수 있다. 다만, 매체 특성상 문자로 표시할 수 없는 경우에는 말로 표시하여야 한다.
2) 원산지를 표시할 때에는 소비자가 혼란을 일으키지 않도록 글자로 표시할 경우에는 글자의 위치·크기 및 색깔은 쉽게 알아 볼 수 있어야 하고, 말로 표시할 경우에는 말의 속도 및 소리의 크기는 제품을 설명하는 것과 같아야 한다.
3) 원산지가 같은 경우에는 일괄하여 표시할 수 있다.

(2) 개별적인 표시방법

1) 전자매체 이용

① 글자로 표시할 수 있는 경우(인터넷, PC통신, 케이블TV, IPTV, TV 등)

가. 표시 위치 : 제품명 또는 가격표시 주위에 표시하거나 매체의 특성에 따라 자막 또는 별도의 창을 이용할 수 있다.

나. 표시 시기 : 원산지를 표시하여야 할 제품이 화면에 표시되는 시점부터 원산지를 알 수 있도록 표시해야 한다.

다. 글자 크기 : 제품명 또는 가격표시와 같거나 그보다 커야 한다. 다만, 별도의 창을 이용하여 표시할 경우에는 「전자상거래 등에서의 소비자보호에 관한 법률」 제13조제4항에 따른 통신판매업자의 재화 또는 용역정보에 관한 사항과 거래조건에 대한 표시·광고 및 고지의 내용과 방법을 따른다.
라. 글자색 : 제품명 또는 가격표시와 같은 색으로 한다.
② 글자로 표시할 수 없는 경우(라디오 등) : 1회당 원산지를 두 번 이상 말로 표시하여야 한다.
2) 인쇄매체 이용(신문, 잡지 등)
① 표시 위치 : 제품명 또는 가격표시 주위에 표시하거나, 제품명 또는 가격표시 주위에 원산지 표시 위치를 명시하고 그 장소에 표시할 수 있다.
② 글자 크기 : 제품명 또는 가격표시 글자 크기의 1/2 이상으로 표시하거나, 광고 면적을 기준으로 별표 1 (2)1)③의 기준을 준용하여 표시할 수 있다.
③ 글자색 : 제품명 또는 가격표시와 같은 색으로 한다.

④ 영업소 및 집단급식소의 원산지 표시방법

[시행규칙 별표4]

(1) 공통적 표시방법

1) 음식명 바로 옆이나 밑에 표시대상 원료인 농수산물명과 그 원산지를 표시한다. 다만, 모든 음식에 사용된 특정 원료의 원산지가 같은 경우에는 그 원료에 대해서는 다음 예시와 같이 일괄하여 표시할 수 있다.

[예시]
우리 업소에서는 "국내산 배추와 고춧가루로 만든 배추김치"만 사용합니다.

2) 원산지의 글자 크기는 메뉴판이나 게시판 등에 적힌 음식명 글자 크기와 같거나 그 보다 커야 한다.
3) 원산지가 다른 2개 이상의 동일 품목을 섞은 경우에는 섞음 비율이 높은 순서대로 표시한다.

[예시 1] 국내산의 섞음 비율이 수입산 보다 높은 경우
 - 쇠고기
  불고기(국내산 한우와 호주산을 섞음), 설렁탕(육수 국내산 한우, 쇠고기 호주산), 국내산 한우 갈비뼈에 호주산 쇠고기를 접착(接着)한 경우: 소갈비(갈비뼈 국내산 : 한우, 쇠고기 : 호주산) 또는 소갈비(쇠고기 : 호주산)

[예시 2] 국내산의 섞음 비율이 외국산 보다 낮은 경우
 - 불고기(쇠고기 : 호주산과 국내산 한우를 섞음), 죽(쌀 : 미국산과 국내산

을 섞음), 낙지볶음(낙지 : 일본산과 국내산을 섞음)
4) 쇠고기, 돼지고기, 닭고기 및 오리고기 등을 섞거나 넙치, 조피볼락 및 참돔 등을 섞은 경우 각각의 원산지를 표시한다.
[예시] 햄버그스테이크(쇠고기: 국내산 한우, 돼지고기: 덴마크산), 모둠회(넙치: 국내산, 조피볼락: 중국산, 참돔: 일본산)
5) 원산지가 국내산인 경우에는 "국내산" 또는 "국산"으로 표시하거나 해당 농수산물이 생산된 특별시·광역시·특별자치시·도·특별자치도명이나 시·군·자치구명으로 표시할 수 있다.
6) 농수산물 가공품을 사용한 경우에는 그 가공품에 사용된 원료의 원산지를 표시한다. 다만, 농수산물 가공품 완제품을 구입하여 사용한 경우 그 포장재에 적힌 원산지를 표시할 수 있다.
[예시] 햄버거(쇠고기: 국내산), 양념불고기(쇠고기: 호주산)
국내산 쇠고기의 식육가공품을 사용하는 경우에는 식육의 종류 표시를 생략할 수 있다.
7) 농수산물과 그 가공품을 조리하여 판매 또는 제공할 목적으로 냉장고 등에 보관·진열하는 경우에는 제품 포장재에 표시하거나 냉장고 등 보관장소 또는 보관용기별 앞면에 일괄하여 표시한다. 다만, 거래명세서 등을 통해 원산지를 확인할 수 있는 경우에는 원산지표시를 생략할 수 있다.
8) 표시대상 농수산물이나 그 가공품을 조리하여 배달을 통하여 판매·제공하는 경우에는 해당 농수산물 또는 가공품의 원료의 원산지를 포장재에 표시한다. 다만, 포장재에 표시하기 어려운 경우에는 전단지, 스티커 또는 영수증 등에 표시할 수 있다.

(2) 영업형태별 표시방법

1) 휴게음식점영업 및 일반음식점영업을 하는 영업소
① 원산지는 소비자가 쉽게 알아볼 수 있도록 업소 내의 모든 메뉴판 및 게시판(메뉴판과 게시판 중 어느 한 종류만 사용하는 경우에는 그 메뉴판 또는 게시판을 말한다)에 표시하여야 한다. 다만, 아래의 기준에 따라 제작한 원산지 표시판을 소비자가 잘 보이는 곳에 부착하는 경우에는 메뉴판 및 게시판에는 원산지 표시를 생략할 수 있다.

      1. 표제로 "원산지 표시판"을 사용할 것
      2. 표시판 크기는 가로×세로(또는 세로×가로) 29cm × 42cm 이상일 것
      3. 글자 크기는 60포인트 이상일 것
      4. '(3)원산지 표시대상별 표시방법'에 따라 원산지를 표시할 것
      5. 글자색은 바탕색과 다른 색으로 선명하게 표시
   ② 원산지 표시판에 표시할 때에는 원산지 표시판을 업소 내에 부착되어 있는 가장 큰 게시판(크기가 모두 같은 경우 모든 게시판이 해당한다.

  2) 위탁급식영업을 하는 영업소 및 집단급식소
   ① 식당이나 취식(取食) 장소에 월간 메뉴표, 메뉴판, 게시판 또는 푯말 등을 사용하여 소비자(이용자를 포함한다)가 원산지를 쉽게 확인할 수 있도록 표시하여야 한다.
   ② 교육·보육시설 등 미성년자를 대상으로 하는 영업소 및 집단급식소의 경우에는 가목에 따른 표시 외에 원산지가 적힌 주간 또는 월간 메뉴표를 작성하여 가정통신문으로 알려주거나 교육·보육시설 등의 인터넷 홈페이지에 추가로 공개하여야 한다.
   ③ 장례식장, 예식장 또는 병원 등에 설치·운영되는 영업소나 집단급식소의 경우에는 제1호 및 제2호에도 불구하고 소비자(취식자를 포함한다)가 쉽게 볼 수 있는 장소에 푯말 또는 게시판 등을 사용하여 표시할 수 있다.

(3) 원산지 표시대상별 표시방법

  1) 축산물의 원산지 표시방법
   축산물의 원산지는 국내산과 수입산으로 구분하고, 다음 각 목의 구분에 따라 표시한다.
   ① 쇠고기
      1. 국내산의 경우 "국내산"으로 표시하고, 식육의 종류를 한우, 젖소, 육우로 구분하여 표시한다. 다만, 수입한 소를 국내에서 6개월 이상 사육한 후 국내산으로 유통하는 경우에는 "국내산"으로 표시하되, 괄호 안에 식육의 종류 및 출생국가명을 함께 표시한다.
      2. 수입산의 경우에는 수입국가명을 표시한다.

② 돼지고기, 닭고기, 오리고기 및 양고기(염소 등 산양 포함)
  1. 국내산의 경우 "국내산"으로 표시한다. 다만, 수입한 돼지 또는 양을 국내에서 2개월 이상 사육한 후 국내산으로 유통하거나, 수입한 닭 또는 오리를 국내에서 1개월 이상 사육한 후 국내산으로 유통하는 경우에는 "국내산"으로 표시하되, 괄호 안에 출생국가명을 함께 표시한다.
  2. 수입산의 경우 수입국가명을 표시한다.
③ 배달을 통하여 판매·제공되는 닭고기 및 돼지고기
  1. 닭고기 또는 돼지고기를 조리 후 배달을 통하여 판매·제공하는 경우 그 조리한 음식에 사용된 닭고기 또는 돼지고기의 원산지를 포장재에 표시한다. 다만, 포장재에 표시하기 어려운 경우에는 전단지, 스티커 또는 영수증 등에 표시할 수 있다.
  2. 1에 따른 세부 원산지 표시는 나목의 기준에 따른다.
2) 쌀(찐쌀을 포함한다. 이하 같다)의 원산지 표시방법
  쌀의 원산지는 국내산과 수입산으로 구분하고, 다음 각 목의 구분에 따라 표시한다.
  ① 국내산의 경우 "쌀(국내산)"로 표시한다.
  ② 수입산의 경우 쌀의 수입국가명을 표시한다.
3) 배추김치의 원산지 표시방법
  ① 국내에서 배추김치를 조리하여 판매·제공하는 경우에는 "배추김치"로 표시하고, 그 옆에 괄호로 배추김치의 원료인 배추(절인 배추를 포함한다)의 원산지를 표시한다. 이 경우 고춧가루를 사용한 배추김치의 경우에는 고춧가루의 원산지를 함께 표시한다.
  ② 외국에서 제조·가공한 배추김치를 수입하여 조리하여 판매·제공하는 경우에는 배추김치의 수입국가명을 표시한다. 이 경우 배추김치에 포함된 고춧가루의 원산지를 알 수 없는 경우에는 가공품의 수입국가명의 표시로 고춧가루 원산지 표시를 갈음한다.
4) 넙치, 조피볼락, 참돔, 미꾸라지, 뱀장어, 낙지, 명태, 고등어, 갈치, 오징어, 꽃게, 참조기, 다랑어, 아귀 및 주꾸미의 원산지 표시방법: 원산지는 국내산(국산), 원양산 및 외국산으로 구분하고, 다음의 구분에 따라 표시한다.

① 국내산(국산)의 경우 "국산"이나 "국내산" 또는 "연근해산"으로 표시한다.
[예시] 넙치회(넙치: 국내산), 참돔회(참돔: 연근해산)
② 원양산의 경우 "원양산" 또는 "원양산, 해역명"으로 한다.
[예시] 참돔구이(참돔: 원양산), 넙치매운탕(넙치: 원양산, 태평양산)
③ 외국산의 경우 해당 국가명을 표시한다.
[예시] 참돔회(참돔: 일본산), 뱀장어구이(뱀장어: 영국산)
5) 살아있는 수산물의 원산지 표시방법은 별표1 (2)3)에 따른다.

05 벌칙 및 조사, 공표명령 등

❶ 벌 칙

(1) 거짓 표시 등의 금지

1) 누구든지 다음의 행위를 하여서는 아니 된다.
   (위반 시 ; 7년 이하의 징역이나 1억원 이하의 벌금에 처하거나 이를 병과(倂科)할 수 있다.)
   ① 원산지 표시를 거짓으로 하거나 이를 혼동하게 할 우려가 있는 표시를 하는 행위
   ② 원산지 표시를 혼동하게 할 목적으로 그 표시를 손상·변경하는 행위
   ③ 원산지를 위장하여 판매하거나, 원산지 표시를 한 농수산물이나 그 가공품에 다른 농수산물이나 가공품을 혼합하여 판매하거나 판매할 목적으로 보관이나 진열하는 행위
2) 농수산물이나 그 가공품을 조리하여 판매·제공하는 자는 다음의 행위를 하여서는 아니 된다.(위반 시 ; 7년 이하의 징역이나 1억원 이하의 벌금에 처하거나 이를 병과할 수 있다.)
   ① 원산지 표시를 거짓으로 하거나 이를 혼동하게 할 우려가 있는 표시를 하는 행위

② 원산지를 위장하여 조리·판매·제공하거나, 조리하여 판매·제공할 목적으로 농수산물이나 그 가공품의 원산지 표시를 손상·변경하여 보관·진열하는 행위

③ 원산지 표시를 한 농수산물이나 그 가공품에 원산지가 다른 동일 농수산물이나 그 가공품을 혼합하여 조리·판매·제공하는 행위

3) 상습범 : 상습으로 죄를 범한 자는 10년 이하의 징역 또는 1억 5천만원 이하의 벌금에 처하거나 이를 병과 할 수 있다.

4) 양벌규정

법인의 대표자나 법인 또는 개인의 대리인, 사용인, 그 밖의 종업원이 그 법인 또는 개인의 업무에 관하여 법제14조부터 제16조까지(법제6조 1~2항 : 거짓 표시 등의 금지와 법제9조 1항 : 원산지 표시 등의 위반에 대한 시정명령과 거래행위 금지 처분)의 어느 하나에 해당하는 위반행위를 하면 그 행위자를 벌하는 외에 그 법인이나 개인에게도 해당 조문의 벌금형을 과(科)한다. 다만, 법인 또는 개인이 그 위반행위를 방지하기 위하여 해당 업무에 관하여 상당한 주의와 감독을 게을리하지 아니한 경우에는 그러하지 아니하다.

5) 1)이나 2)을 위반하여 <u>원산지를 혼동하게 할 우려가 있는 표시 및 위장판매의 범위(아래 별표5)</u> 등 필요한 사항은 농림축산식품부와 해양수산부의 공동부령으로 정한다.

[별표 5] 〈개정 2016.2.3.〉
원산지를 혼동하게 할 우려가 있는 표시 및 위장판매의 범위(제4조 관련)

1. 원산지를 혼동하게 할 우려가 있는 표시
  가. 원산지 표시란에는 원산지를 바르게 표시하였으나 포장재·푯말·홍보물 등 다른 곳에 이와 유사한 표시를 하여 원산지를 오인하게 하는 표시 등을 말한다.
  나. 가목에 따른 일반적인 예는 다음과 같으며 이와 유사한 사례 또는 그 밖의 방법으로 기망(欺罔)하여 판매하는 행위를 포함한다.
    1) 원산지 표시란에는 외국 국가명을 표시하고 인근에 설치된 현

수막 등에는 "우리 농산물만 취급", "국산만 취급", "국내산 한우만 취급" 등의 표시·광고를 한 경우
2) 원산지 표시란에는 외국 국가명 또는 "국내산"으로 표시하고 포장재 앞면 등 소비자가 잘 보이는 위치에는 큰 글씨로 "국내생산", "경기특미" 등과 같이 국내 유명 특산물 생산지역명을 표시한 경우
3) 게시판 등에는 "국산 김치만 사용합니다"로 일괄 표시하고 원산지 표시란에는 외국 국가명을 표시하는 경우
4) 원산지 표시란에는 여러 국가명을 표시하고 실제로는 그 중 원료의 가격이 낮거나 소비자가 기피하는 국가산만을 판매하는 경우

2. 원산지 위장판매의 범위
  가. 원산지 표시를 잘 보이지 않도록 하거나, 표시를 하지 않고 판매하면서 사실과 다르게 원산지를 알리는 행위 등을 말한다.
  나. 가목에 따른 일반적인 예는 다음과 같으며 이와 유사한 사례 또는 그 밖의 방법으로 기망하여 판매하는 행위를 포함한다.
   1) 외국산과 국내산을 진열·판매하면서 외국 국가명 표시를 잘 보이지 않게 가리거나 대상 농수산물과 떨어진 위치에 표시하는 경우
   2) 외국산의 원산지를 표시하지 않고 판매하면서 원산지가 어디냐고 물을 때 국내산 또는 원양산이라고 대답하는 경우
   3) 진열장에는 국내산만 원산지를 표시하여 진열하고, 판매 시에는 냉장고에서 원산지 표시가 안 된 외국산을 꺼내 주는 경우

6) 「유통산업발전법」 제2조제3호에 따른 대규모점포를 개설한 자는 임대의 형태로 운영되는 점포(이하 "임대점포"라 한다)의 임차인 등 운영자가 1)의 각 호 또는 2)의 각 호 중 어느 하나에 해당하는 행위를 하도록 방치하여서는 아니 된다.
(위반 시 : 1천만원 이하의 과태료를 부과한다.)

(2) 과징금

1) 농림축산식품부장관, 해양수산부장관, 관세청장, 특별시장·광역시장·특별자치시장·도지사 또는 특별자치도지사(이하 "시·도지사"라 한다)는 제6조제1항 또는 제2항을 2년간 2회 이상

위반한 자에게 그 위반금액의 5배 이하에 해당하는 금액을 과징금으로 부과·징수할 수 있다. 이 경우 제6조제1항을 위반한 횟수와 같은 조 제2항을 위반한 횟수는 합산한다.
2) 제1항에 따른 위반금액은 제6조제1항 또는 제2항을 위반한 농수산물이나 그 가공품의 판매금액으로서 각 위반행위별 판매금액을 모두 더한 금액을 말한다. 다만, 통관단계의 위반금액은 제6조제1항을 위반한 농수산물이나 그 가공품의 수입 신고 금액으로서 각 위반행위별 수입 신고 금액을 모두 더한 금액을 말한다.
3) 제1항에 따른 과징금 부과·징수의 세부기준, 절차, 그 밖에 필요한 사항은 대통령령으로 정한다.
4) 농림축산식품부장관, 해양수산부장관, 관세청장, 시·도지사는 제1항에 따른 과징금을 내야 하는 자가 납부기한까지 내지 아니하면 국세 또는 지방세 체납처분의 예에 따라 징수한다.

시행령제5조의2(과징금의 부과 및 징수)
① 법 제6조의2제1항에 따른 과징금의 부과기준은 별표 1의2와 같다.
② 농림축산식품부장관, 해양수산부장관, 관세청장 또는 특별시장·광역시장·특별자치시장·도지사·특별자치도지사(이하 "시·도지사"라 한다)나 시장·군수·구청장(자치구의 구청장을 말한다. 이하 같다)은 법 제6조의2제1항에 따라 과징금을 부과하려면 그 위반행위의 종류와 과징금의 금액 등을 명시하여 과징금을 낼 것을 과징금 부과대상자에게 서면으로 알려야 한다.
③ 제2항에 따라 통보를 받은 자는 납부 통지일부터 30일 이내에 과징금을 농림축산식품부장관, 해양수산부장관, 관세청장, 시·도지사나 시장·군수·구청장이 정하는 수납기관에 내야 한다. 다만, 천재지변이나 그 밖의 부득이한 사유로 납부기한까지 과징금을 낼 수 없는 경우에는 그 사유가 없어진 날부터 7일 이내에 내야 한다.
④ 농림축산식품부장관, 해양수산부장관, 관세청장, 시·도지사나 시장·군수·구청장은 법 제6조의2제1항에 따라 과징금 부과처분을 받은 자가 다음 각 호의 어느 하나에 해당하는 사유로 과징금의 전액을 한꺼번에 내기 어렵다고 인정되는 경우에는 그 납부기한을 연장하거나 분할 납부하게 할 수 있다. 이 경우 필요하다고 인정하는 때에는 담보를 제공하게 할 수 있다.
 1. 재해 등으로 재산에 현저한 손실을 입은 경우

2. 경제 여건이나 사업 여건의 악화로 사업이 중대한 위기에 있는 경우
3. 과징금을 한꺼번에 내면 자금사정에 현저한 어려움이 예상되는 경우

⑤ 제4항에 따라 과징금의 납부기한의 연장 또는 분할 납부를 하려는 자는 그 납부기한의 5일 전까지 납부기한의 연장 또는 분할 납부의 사유를 증명하는 서류를 첨부하여 농림축산식품부장관, 해양수산부장관, 관세청장, 시·도지사나 시장·군수·구청장에게 신청해야 한다.

⑥ 제4항에 따른 납부기한의 연장은 그 납부기한의 다음 날부터 1년을 초과할 수 없다.

⑦ 제4항에 따라 분할 납부를 하게 하는 경우 각 분할된 납부기한의 간격은 4개월을 초과할 수 없으며, 분할 횟수는 3회를 초과할 수 없다.

⑧ 농림축산식품부장관, 해양수산부장관, 관세청장, 시·도지사나 시장·군수·구청장은 제4항에 따라 납부기한이 연장되거나 분할 납부가 허용된 과징금의 납부의무자가 다음 각 호의 어느 하나에 해당하게 되면 납부기한 연장 또는 분할 납부 결정을 취소하고 과징금을 한꺼번에 징수할 수 있다.
1. 분할 납부하기로 결정된 과징금을 납부기한까지 내지 아니한 경우
2. 강제집행, 경매의 개시, 법인의 해산, 국세 또는 지방세의 체납처분을 받은 경우 등 과징금의 전부 또는 잔여분을 징수할 수 없다고 인정되는 경우

⑨ 제3항에 따라 과징금을 받은 수납기관은 지체 없이 그 사실을 농림축산식품부장관, 해양수산부장관, 관세청장, 시·도지사나 시장·군수·구청장에게 알려야 한다.

⑩ 제1항부터 제9항까지에서 규정한 사항 외에 과징금의 부과·징수에 필요한 사항은 농림축산식품부와 해양수산부의 공동부령으로 정한다.

■ 농수산물의 원산지 표시에 관한 법률 시행령 [별표 1의2] 〈개정 2017. 5. 29.〉〈개정 2019. 6. 18.〉
과징금의 부과기준(제5조의2제1항 관련)

1. 일반기준
   가. 과징금 부과기준은 2년간 2회 이상 위반한 경우에 적용한다. 이 경우 위반행위로 적발된 날부터 다시 위반행위로 적발된 날을 각각 기준으로 하여 위반횟수를 계산한다.
   나. 2년간 2회 위반한 경우에는 각각의 위반행위에 따른 위반금액을 합산한 금액을 기준으로 과징금을 산정·부과하고, 3회 이상 위반한 경우에는 해당 위반행위에 따른 위반금액을 기준으로 과징금을 산정·부과한다.
   다. 법 제6조의2제2항에 따라 법 제6조제1항 위반 시 각 위반행위에 의한 판매금액은 해당 농수산물이나 농수산물 가공품의 판매량에 판매가격(해당 업소의 판매가격을 알 수 없는 경우에는 인근 2개 업소의 동일 품목 판매가격의 평균을 기준으로 한다. 다만, 평균가격을 산정할 수 없는 경우에는 해당 농수산물이나 농수산물 가공품의 매입가격에 30퍼센트를 가산한 금액을 기준으로 한다)을 곱한 금액으로 한다.
   라. 법 제6조의2제2항에 따라 법 제6조제2항 위반 시 각 위반행위에 의한 판매금액은 다음 1) 및 2)에 따라 산출한다.
      1) [음식 판매가격 × (음식에 사용된 원산지를 거짓표시한 해당 농수산물이나 그 가공품의 원가 / 음식에 사용된 총 원료원가)] × 해당 음식의 판매인분 수
      2) 1)에 따른 판매금액 산출이 곤란할 경우, 원산지를 거짓표시한 해당 농수산물이나 그 가공품(음식에 사용되어 판매한 것에 한정한다)의 매입가격에 3배를 곱한 금액으로 한다.
   마. 통관 단계의 수입 농수산물과 그 가공품(이하 "수입농수산물등"이라 한다) 및 반입 농수산물과 그 가공품(이하 "반입농수산물등"이라 한다)의 위반금액은 세관 수입신고 금액으로 한다.

2. 세부 산출기준
   가. 통관 단계의 수입농수산물등 및 반입농수산물등의 경우에는 위반 수입농수산물 등 및 반입농수산물등의 세관 수입신고 금액의 100분의 10 또는 3억원 중 적은 금액
   나. 가목을 제외한 농수산물 및 그 가공품(통관 단계 이후의 수입농수산물등 및 반입농수산물등을 포함한다)

위반금액	과징금의 금액
100만원 이하	위반금액 × 0.5
100만원 초과 500만원 이하	위반금액 × 0.7
500만원 초과 1,000만원 이하	위반금액 × 1.0
1,000만원 초과 2,000만원 이하	위반금액 × 1.5
2,000만원 초과 3,000만원 이하	위반금액 × 2.0
3,000만원 초과 4,500만원 이하	위반금액 × 2.5
4,500만원 초과 6,000만원 이하	위반금액 × 3.0
6,000만원 초과	위반금액 × 4.0(최고 3억원)

(3) 과태료

1) 다음의 어느 하나에 해당하는 자에게는 1천만원 이하의 과태료를 부과한다.
   ① 제5조제1항·제3항을 위반하여 원산지 표시를 하지 아니한 자
   ② 제5조제4항에 따른 원산지의 표시방법을 위반한 자
   ③ 제6조제4항을 위반하여 임대점포의 임차인 등 운영자가 같은 조 제1항 각 호 또는 제2항 각 호의 어느 하나에 해당하는 행위를 하는 것을 알았거나 알 수 있었음에도 방치한 자
   ④ 제7조제3항을 위반하여 수거·조사·열람을 거부·방해하거나 기피한 자
   ⑤ 제8조를 위반하여 영수증이나 거래명세서 등을 비치·보관하지 아니한 자

2) 1)에 따른 과태료는 대통령령으로 정하는 바에 따라 농림축산식품부장관, 해양수산부장관 또는 시·도지사가 부과·징수한다.

[시행령 별표 1]
과태료의 부과기준(제10조 관련)

1. 일반기준
   가. 위반행위의 횟수에 따른 과태료의 기준은 최근 1년간 같은 유형(제2호 각목을 기준으로 구분한다)의 위반행위로 과태료 부과처분을 받은 경우에 적용한다. 이 경우 위반행위에 대하여 과태료 부과처분을 한 날과 다시 같은 유형의 위반행위를 적발한 날을 각각 기준으로 하여 위반 횟수를 계산한다.
   나. 부과권자는 다음의 어느 하나에 해당하는 경우에 제2호에 따른 과태료 금액을 100분의 50의 범위에서 감경할 수 있다. 다만 과태료를 체납

하고 있는 위반행위자의 경우에는 그러하지 아니하다.
1) 위반행위자가 「질서위반행위규제법 시행령」 제2조의2제1항 각 호의 어느 하나에 해당하는 경우
2) 위반행위자가 자연재해·화재 등으로 재산에 현저한 손실이 발생했거나 사업여건의 악화로 중대한 위기에 처하는 등의 사정이 있는 경우
3) 그 밖에 위반행위의 정도, 위반행위의 동기와 그 결과 등을 고려하여 과태료를 감경할 필요가 있다고 인정되는 경우

2. 개별기준

위반행위	근거법조문	과태료 금액(단위만원)		
		1차	2차	3차
가. 법제5조제1항을 위반하여 **원산지 표시를 하지 않은 경우**	법제18조 제1항제1호	5만원 이상 1,000만원 이하		
나. 법 제5조제3항을 위반하여 원산지 표시를 하지 않은 경우	법제18조 제1항제1호			
1) 쇠고기의 원산지 및 식육의 종류 모두를 표시하지 않은 경우		150	300	500
2) 쇠고기의 원산지만 표시하지 않은 경우		100	200	300
3) 쇠고기 식육의 종류만 표시하지 않은 경우		30	60	100
4) 돼지고기의 원산지를 표시하지 않은 경우		30	60	100
5) 닭고기의 원산지를 표시하지 않은 경우		30	60	100
6) 오리고기의 원산지를 표시하지 않은 경우		30	60	100
7) 양(염소 등 산양을 포함한다)고기의 원산지를 표시하지 않은 경우		30	60	100
8) 쌀(찐쌀을 포함한다)의 원산지를 표시하지 않은 경우		30	60	100
9) 배추김치(배추김치에 들어있는 원료 중 고춧가루를 포함한다)의 원산지를 표시하지 않은 경우		30	60	100
10) 넙치, 조피볼락, 참돔, 미꾸라지, 뱀장어, 낙지, 명태(황태, 북어 등 건조한 것은 제외한다), 고등어, 갈치의 원산지를 표시하지 않은 경우		품목별 각 30	품목별 각 60	품목별 각 100
11) 살아있는 수산물의 원산지를 표시하지 않은 경우		5만원 이상 1,000만원 이하		
다. 법제5조제4항에 따른 **원산지의 표시방법을 위반한 경우**		5만원 이상 1,000만원 이하		
라. 법 제6조제4항을 위반하여 임대점포의 임차인 등 운영자가 같은 조 제1항 각 호 또는 제2항 각 호의 어느 하나에 해당하는 행위를 하는 것을 알았거나 알 수 있었음에도 방치한 경우		100	200	400
마. 법 제6조제5항을 위반하여 해당 방송채널 등에 물건 판매중개를 의뢰한 자가 같은 조 제1항 각 호 또는 제2항 각 호의 어느 하나에 해당하는 행위를 하는 것을 알았거나 알 수 있었음에도 방치한 경우		100 만원	200 만원	400 만원
바. 법 제7조제3항을 위반하여 수거·조사 열람을		100	300	500

		만원	만원	만원
	거부·방해하거나 기피한 경우			
사.	법 제8조를 위반하여 영수증이나 거래명세서 등을 비치·보관하지 않은 경우	20만원	40만원	80만원
아.	법 제9조의2제1항에 따른 교육을 이수하지 않은 경우	30만원	60만원	100만원
자.	법 제10조의2제1항을 위반하여 유통이력을 신고하지 않거나 거짓으로 신고한 경우	법 제18조제2항제2호		
	1) 유통이력을 신고하지 않은 경우		50만원	100만원
	2) 유통이력을 거짓으로 신고한 경우		100만원	200만원
차.	법 제10조의2제2항을 위반하여 유통이력을 장부에 기록하지 않거나 보관하지 않은 경우	법 제18조제2항제3호	50만원	100만원
카.	법 제10조의2제3항을 위반하여 유통이력 신고의무가 있음을 알리지 않은 경우	법 제18조제2항제4호	50만원	100만원
타.	법 제10조의3제2항을 위반하여 수거·조사 또는 열람을 거부·방해 또는 기피한 경우	법 제18조제2항제5호	100만원	200만원

3. 제2호가목 및 나목11)의 원산지 표시를 하지 않은 경우의 세부 부과기준 : ~생략.

4. 의 원산지의 표시방법을 위반한 경우의 세부 부과기준 : ~생략.

   가. 농수산물(통관 단계 이후의 수입농수산물등 및 반입농수산물등을 포함하며, 통신판매의 경우는 제외한다)

   1) 과태료 부과금액은 원산지 표시를 하지 않은 물량(판매를 목적으로 보관 또는 진열하고 있는 물량을 포함한다)에 적발 당일 해당 업소의 판매가격을 곱한 금액으로 하고, 위반행위의 횟수에 따른 과태료의 부과기준은 다음 표와 같다.

과태료 부과금액		
1차 위반	2차 위반	3차 이상 위반
1)의 금액	1)의 금액의 200퍼센트	1)의 금액의 300퍼센트

   2) 1)의 해당 업소의 판매가격을 알 수 없는 경우에는 인근 2개 업소의 동일 품목 판매가격의 평균을 기준으로 한다. 다만, 평균가격을 산정할 수 없는 경우에는 해당 농수산물의 매입가격에 30퍼센트를 가산한 금액을 기준으로 한다.

   3) 과태료 부과금액의 최소단위는 5만원으로 하고, 5만원 이상은 천원 미만을 버리고 부과하되, 부과되는 총액은 1천만원을 초과할 수 없다.

   나. 농수산물 가공품(통관 단계 이후의 수입농수산물등 또는 반입농수산물등을 국내에서 가공한 것을 포함하며, 통신판매의 경우는 제외한다)

   1) 가공업자

기준액(연간 매출액)	과태료 부과금액(만원)		
	1차 위반	2차 위반	3차 위반
1억원 미만	20	30	60
1억원 이상 2억원 미만	30	50	100
2억원 이상 4억원 미만	50	100	200
4억원 이상 6억원 미만	100	200	400
6억원 이상 8억원 미만	150	300	600
8억원 이상 10억원 미만	200	400	800
10억원 이상 12억원 미만	250	500	1,000
12억원 이상 14억원 미만	400	600	1,000
14억원 이상 16억원 미만	500	700	1,000
16억원 이상 18억원 미만	600	800	1,000
18억원 이상 20억원 미만	700	900	1,000
20억원 이상	800	1,000	1,000

  가) 연간 매출액은 처분 전년도의 해당 품목의 1년간 매출액을 기준으로 한다.
  나) 신규영업·휴업 등 부득이한 사유로 처분 전년도의 1년간 매출액을 산출할 수 없거나 1년간 매출액을 기준으로 하는 것이 불합리한 것으로 인정되는 경우에는 전분기, 전월 또는 최근 1일 평균 매출액 중 가장 합리적인 기준에 따라 연간 매출액을 추계하여 산정한다.
  다) 1개 업소에서 2개 품목 이상이 동시에 적발된 경우에는 각 품목의 연간 매출액을 합산한 금액을 기준으로 부과한다.
 2) 판매업자: 가목의 기준을 준용하여 부과한다.
다. 통관 단계의 수입농수산물등 및 반입농수산물등
 1) 과태료 부과금액은 수입농수산물등 및 반입농수산물등의 세관 수입신고 금액의 100분의 10에 해당하는 금액으로 한다.
 2) 과태료 부과금액의 최소단위는 5만원으로 하고, 5만원 이상은 천원 미만을 버리고 부과하되 부과되는 총액은 1천만원을 초과할 수 없다.
라. 통신판매: 나목1)의 기준을 준용하여 부과한다.

4. 제2호다목의 원산지의 표시방법을 위반한 경우의 세부 부과기준
 가. 농수산물(통관 단계 이후의 수입농수산물등 및 반입농수산물등을 포함하며, 통신판매의 경우와 식품접객업을 하는 영업소 및 집단급식소에서 조리하여 판매·제공하는 경우는 제외한다)
  1) 제3호가목의 기준에 따른 과태료 부과금액의 100분의 50을 부과한다.
  2) 과태료 부과금액의 최소단위는 5만원으로 하고, 5만원 이상은 천원 미만을 버리고 부과한다.

나. 농수산물 가공품(통관 단계 이후의 수입농수산물등 또는 반입농수산물등을 국내에서 가공한 것을 포함하며, 통신판매의 경우는 제외한다)
  1) 제3호나목의 기준에 따른 과태료 부과금액의 100분의 50을 부과한다.
  2) 과태료 부과금액의 최소단위는 5만원으로 하고, 5만원 이상은 천원 미만을 버리고 부과한다.
다. 통관 단계의 수입농수산물등 및 반입농수산물등
  1) 과태료 부과금액은 제3호다목의 기준에 따른 과태료 부과금액의 100분의 50에 해당하는 금액으로 한다.
  2) 과태료 부과금액의 최소단위는 5만원으로 하고, 5만원 이상은 천원 미만을 버리고 부과한다.
라. 통신판매
  1) 제3호라목의 기준에 따른 과태료 부과금액의 100분의 50을 부과한다.
  2) 과태료 부과금액의 최소단위는 5만원으로 하고, 5만원 이상은 천원 미만을 버리고 부과한다.
마. 식품접객업을 하는 영업소 및 집단급식소

위반행위	과태료 금액		
	1차 위반	2차 위반	3차 위반
1) 삭제 〈2017. 5. 29.〉			
2) 쇠고기의 원산지 표시방법을 위반한 경우	25만원	100만원	150만원
3) 쇠고기 식육의 종류의 표시방법만 위반한 경우	15만원	30만원	50만원
4) 돼지고기의 원산지 표시방법을 위반한 경우	15만원	30만원	50만원
5) 닭고기의 원산지 표시방법을 위반한 경우	15만원	30만원	50만원
6) 오리고기의 원산지 표시방법을 위반한 경우	15만원	30만원	50만원
7) 양고기 또는 염소고기의 원산지 표시방법을 위반한 경우	품목별 15만원	품목별 30만원	품목별 50만원
8) 쌀의 원산지 표시방법을 위반한 경우	15만원	30만원	50만원
9) 배추 또는 고춧가루의 원산지 표시방법을 위반한 경우	15만원	30만원	50만원
10) 콩의 원산지 표시방법을 위반한 경우	15만원	30만원	50만원
11) 넙치, 조피볼락, 참돔, 미꾸라지, 뱀장어, 낙지, 명태, 고등어, 갈치, 오징어, 꽃게, 참조기, 다랑어, 아귀 및 주꾸미의 원산지 표시방법을 위반한 경우	품목별 15만원	품목별 30만원	품목별 50만원
12) 살아있는 수산물의 원산지 표시방법을 위반한 경우	제2호나목12) 및 제3호가목의 기준에 따른 부과금액의 100분의 50		

② 원산지 표시 등의 조사

(1) 원산지 표시의 조사

1) 농림축산식품부장관, 해양수산부장관이나 특별시장·광역시장·도지사 또는 특별자치도지사(이하 "시·도지사"라 한다)는 법제5조에 따른 원산지의 표시 여부·표시사항과 표시방법 등의 적정성을 확인하기 위하여 대통령령으로 정하는 바에 따라 관계 공무원으로 하여금 원산지 표시대상 농수산물이나 그 가공품을 수거하거나 조사하게 하여야 한다.
   ① 위에 따른 원산지 표시대상 농수산물이나 그 가공품에 대한 수거·조사를 업종, 규모, 거래 품목 및 거래 형태 등을 고려하여 매년 자체 계획을 수립하고 그에 따라 실시한다.
   ② 농림축산식품부장관과 해양수산부장관은 ①에 따라 수거한 시료의 원산지를 판정하기 위하여 필요한 경우에는 검정기관을 지정·고시할 수 있다.
2) 1)에 따른 조사 시 필요한 경우 해당 영업장, 보관창고, 사무실 등에 출입하여 농수산물이나 그 가공품 등에 대하여 확인·조사 등을 할 수 있으며 영업과 관련된 장부나 서류의 열람을 할 수 있다.
3) 1)이나 2)에 따른 수거·조사·열람을 하는 때에는 원산지의 표시대상 농수산물이나 그 가공품을 판매하거나 가공하는 자 또는 조리하여 판매·제공하는 자는 정당한 사유 없이 이를 거부·방해하거나 기피하여서는 아니 된다.
4) 1)이나 2)에 따른 수거 또는 조사를 하는 관계 공무원은 그 권한을 표시하는 증표를 지니고 이를 관계인에게 내보여야 하며, 출입 시 성명·출입시간·출입목적 등이 표시된 문서를 관계인에게 교부하여야 한다.

(2) 영수증 등의 비치

법제5조제3항에 따라 원산지를 표시하여야 하는 자는 「축산물가공처리법」 제31조나 「소 및 쇠고기 이력추적에 관한 법률」 제11조 등 다른 법률에 따라 발급받은 원산지 등이 기재된 영수증이나 거래명세서 등을 매입일부터 6개월간 비치·보관하여야 한다.

❸ 원산지 표시 등의 위반에 대한 처분 및 공표 등

(1) 원산지 표시 등의 위반에 대한 처분 및 공표

1) 농림축산식품부장관, 해양수산부장관 또는 시·도지사는 법 제5조나 제6조를 위반한 자에 대하여 다음 각 호의 어느 하나의 처분을 할 수 있다. 다만, 법제5조제3항을 위반한 자에 대한 처분은 ①에 한한다.
   ① 표시의 이행·변경·삭제 등 시정명령
      이에 따른 처분을 이행하지 아니한 자는 1년 이하의 징역이나 1천만원 이하의 벌금에 처한다.
   ② 위반 농수산물이나 그 가공품의 판매 등 거래행위 금지

2) 농림축산식품부장관, 해양수산부장관 또는 시·도지사는 다음 각 호의 자가 법제5조 또는 제6조를 위반하여 농수산물이나 그 가공품 등의 원산지 등을 2회 이상 표시하지 아니하거나 거짓으로 표시함에 따라 1)에 따른 처분이 확정된 경우 처분 내용, 해당 영업소와 농수산물 등의 명칭 등 처분과 관련된 사항을 대통령령으로 정하는 바에 따라 농림축산식품부, 해양수산부, 국립농산물품질관리원, 대통령령으로 정하는 국가검역·검사기관, 시·도, 시·군·구, 한국소비자원 및 대통령령으로 정하는 주요 인터넷 정보제공 사업자의 홈페이지에 공표하여야 한다.
   ① 법제5조제1항에 따라 원산지의 표시를 하도록 한 농수산물이나 그 가공품을 생산·가공하여 출하하거나 판매 또는 판매할 목적으로 가공하는 자
   ② 법제5조제3항에 따라 음식물을 조리하여 판매·제공하는 자

3) 1)에 따른 처분과 2)에 따른 홈페이지 공표의 기준·방법 등에 관하여 필요한 사항은 대통령령으로 정한다.
   ① 1)에 따른 처분은 다음 각 호의 구분에 따라 한다.
      1. 법 제5조제1항을 위반한 경우 : 표시의 이행명령 또는 거래행위 금지
      2. 법 제5조제3항을 위반한 경우 : 표시의 이행명령
      3. 법 제6조를 위반한 경우 : 표시의 이행·변경·삭제 등 시정명령 또는 거래행위 금지

② 농림축산식품부장관, 해양수산부장관이나 시·도지사는 2)에 따라 처분이 확정된 경우 지체 없이 다음 각 호의 사항을 농림축산식품부, 해양수산부, 국립농산물품질관리원, 국립수산물품질관리원, 특별시·광역시·도·특별자치도(이하 "시·도"라 한다), 시·군·구(자치구를 말한다. 이하 같다), 한국소비자원 및 주요 인터넷 정보제공 사업자의 홈페이지에 공표하여야 한다.
  1. "「농수산물의 원산지 표시에 관한 법률」 위반 사실의 공표"라는 내용의 표제
  2. 영업의 종류
  3. 영업소의 명칭 및 주소(「유통산업발전법」 제2조제3호에 따른 대규모점포에 입점·판매한 경우 그 대규모점포의 명칭 및 주소를 포함한다)
  4. 위반 농수산물 등의 명칭
  5. 위반 내용
  6. 처분권자, 처분일 및 처분 내용

③ 2)의 각 호 외의 부분에서 "대통령령으로 정하는 주요 인터넷 정보제공 사업자"란 「정보통신망 이용촉진 및 정보보호 등에 관한 법률 시행령」 제9조의2제1항제1호에 따른 포털서비스로서 공표일이 속하는 연도의 전년도 말 기준 직전 3개월간의 일일평균 이용자수가 1천만명 이상인 정보통신서비스 제공자를 말한다.

④ 2)에 따른 홈페이지 공표의 기준·방법은 다음 각 호와 같다.
  1. 공표기간
    가. 농림축산식품부, 해양수산부, 국립농산물품질관리원, 국립수산물품질관리원, 시·도, 시·군·구, 한국소비자원의 홈페이지에 공표하는 경우: 법 제9조제1항에 따른 처분이 확정된 날부터 12개월
    나. 주요 인터넷 정보제공 사업자의 홈페이지에 공표하는 경우 : 1)에 따른 처분이 확정된 날부터 6개월
  2. 공표방법
    가. 농림축산식품부, 해양수산부, 국립농산물품질관리원, 국립수산물품질관리원, 시·도, 시·군·구 및 한국소비자원의 홈페이지에 공표하는 경우 : 이용자가 해당 기관

의 인터넷 홈페이지 첫 화면에서 볼 수 있도록 공표
나. 주요 인터넷 정보제공 사업자의 홈페이지에 공표하는 경우 : 이용자가 해당 사업자의 인터넷 홈페이지 화면 검색창에 "원산지"가 포함된 검색어를 입력하면 볼 수 있도록 공표

(2) 농수산물의 원산지 표시에 관한 정보제공

1) 농림축산식품부장관 또는 해양수산부장관은 농수산물의 원산지 표시와 관련된 정보 중 방사성물질이 유출된 국가 또는 지역 등 국민이 알아야 할 필요가 있다고 인정되는 정보에 대하여는 「공공기관의 정보공개에 관한 법률」에서 허용하는 범위에서 이를 국민에게 제공하도록 노력하여야 한다.
2) 1)에 따라 정보를 제공하는 경우 법제4조에 따른 심의회의 심의를 거칠 수 있다.
3) 농림축산식품부장관 또는 해양수산부장관은 1)에 따라 국민에게 정보를 제공하고자 하는 경우 「농수산물 품질관리법」 제103조에 따른 농수산물안전정보시스템을 이용할 수 있다.

06 보 칙

(1) 명예감시원

1) 농림축산식품부장관, 해양수산부장관 또는 시·도지사는 「농수산물 품질관리법」 제104조의 농수산물 명예감시원에게 농수산물이나 그 가공품의 원산지 표시를 지도·홍보·계몽과 위반사항의 신고를 하게 할 수 있다.
2) 농림축산식품부장관, 해양수산부장관 또는 시·도지사는 1)에 따른 활동에 필요한 경비를 지급할 수 있다.

(2) 포상금

1) 농림축산식품부장관, 해양수산부장관 또는 시·도지사는 법제5조 및 제6조를 위반한 자를 주무관청이나 수사기관에 신고하거나 고발한 자에 대하여 대통령령으로 정하는 바(1,000만원

의 범위)에 따라 예산의 범위에서 포상금을 지급할 수 있다.
2) 법제12조에 따른 신고 또는 고발이 있은 후에 같은 위반행위에 대하여 같은 내용의 신고 또는 고발을 한 사람에게는 포상금을 지급하지 아니한다.
3) 1) 및 2)에서 규정한 사항 외에 포상금의 지급 기준, 방법 및 절차 등에 관하여 필요한 사항은 농림축산식품부장관과 해양수산부장관이 공동으로 정하여 고시한다.

(3) 권한의 위임

1) 이 법에 따른 농림축산식품부장관, 해양수산부장관 또는 시·도지사의 권한은 그 일부를 대통령령으로 정하는 바에 따라 소속 기관의 장, 시장·군수·구청장(자치구의 구청장을 말한다. 이하 같다)에게 위임할 수 있다.
  ① 법제13조에 따라 농림축산식품부장관은 농산물 및 그 가공품에 관한 다음 각 호의 권한을 국립농산물품질관리원장에게 위임하고, 해양수산부장관은 수산물 및 그 가공품에 관한 다음 각 호의 권한을 국립수산물품질관리원장에게 위임한다.
    1. 법제7조에 따른 원산지 표시대상 농수산물이나 그 가공품의 수거·조사
    2. 법제9조에 따른 처분 및 공표
    3. 법제11조에 따른 명예감시원의 감독·운영 및 경비의 지급
    4. 법제12조에 따른 포상금의 지급
    5. 법제18조에 따른 과태료의 부과·징수
  ② 국립농산물품질관리원장 및 국립수산물품질관리원장은 농림축산식품부장관 또는 해양수산부장관의 승인을 받아 ①에 따라 위임받은 권한의 일부를 소속 기관의 장에게 재위임할 수 있다.
  ③ 시·도지사는 법제13조에 따라 다음 각 호의 권한을 시장·군수·구청장(자치구의 구청장을 말한다)에게 위임한다.
    1. 법제7조에 따른 원산지 표시대상 농수산물이나 그 가공품의 수거·조사
    2. 법제9조에 따른 처분 및 공표
    3. 법제11조에 따른 명예감시원의 감독·운영 및 경비의 지급
    4. 법제12조에 따른 포상금의 지급

      5. 법제18조에 따른 과태료의 부과·징수
  2) 행정기관 등의 업무협조
    ① 국가 또는 지방자치단체, 그 밖에 법령 또는 조례에 따라 행정권한을 가지고 있거나 위임 또는 위탁받은 공공단체나 그 기관 또는 사인은 원산지 표시제의 효율적인 운영을 위하여 서로 협조하여야 한다.
    ② 농림축산식품부장관 또는 해양수산부장관은 원산지 표시제의 효율적인 운영을 위하여 필요한 경우 국가 또는 지방자치단체의 전자정보처리 체계의 정보 이용 등에 대한 협조를 관계 중앙행정기관의 장, 시·도지사 또는 시장·군수·구청장에게 요청할 수 있다. 이 경우 협조를 요청받은 관계 중앙행정기관의 장, 시·도지사 또는 시장·군수·구청장은 특별한 사유가 없으면 이에 따라야 한다.
    ③ ① 및 ②에 따른 협조의 절차 등은 대통령령으로 정한다.

(4) 농수산물 원산지 표시제도 교육 등

  1) 농림축산식품부장관, 해양수산부장관, 관세청장 또는 시·도지사 또는 시장·군수·구청장은 제9조제2항 각 호의 자가 제5조 또는 제6조를 위반하여 제9조제1항에 따른 처분이 확정된 경우에는 농수산물 원산지 표시제도 교육을 이수하도록 명하여야 한다.
  2) 제1항에 따른 이수명령의 이행기간은 교육 이수명령을 통지받은 날부터 최대 3개월 최대 4개월 이내로 이내로 정한다.
  3) 농림축산식품부장관과 해양수산부장관은 제1항 및 제2항에 따른 농수산물 원산지 표시제도 교육을 위하여 교육시행지침을 마련하여 시행하여야 한다.
  4) 제1항부터 제3항까지의 규정에 따른 교육내용, 교육대상, 교육기관, 교육기간 및 교육시행지침 등 필요한 사항은 대통령령으로 정한다.

시행령제7조의2(농수산물 원산지 표시제도 교육)① 법 제9조의2제1항에 따른 농수산물 원산지 표시제도 교육(이하 이 조에서 "원산지 교육"이라 한다)은 다음 각 호의 내용을 포함하여야 한다.
  1. 원산지 표시 관련 법령 및 제도

2. 원산지 표시방법 및 위반자 처벌에 관한 사항
② 원산지 교육은 2시간 이상 실시되어야 한다.
③ 원산지 교육의 대상은 법 제9조제2항 각 호의 자 중에서 다음 각 호의 어느 하나에 해당하는 자로 한다.
  1. 법 제5조를 위반하여 농수산물이나 그 가공품 등의 원산지 등을 표시하지 아니하여 법 제9조제1항에 따른 처분을 2회 이상 받은 자
  2. 법 제6조를 위반하여 농수산물이나 그 가공품 등의 원산지 등을 거짓으로 표시하여 법 제9조제1항에 따른 처분을 받은 자 2. 법 제6조제1항이나 제2항을 위반하여 법 제9조제1항에 따른 처분을 받은 자
④ 농림축산식품부장관, 해양수산부장관, 관세청장 또는 시·도지사나 시장·군수·구청장은 제3항에 따른 원산지 교육을 받아야 하는 자(이하 이 항에서 "원산지 교육대상자"라 한다)에게 농림축산식품부와 해양수산부의 공동부령으로 정하는 사유가 있는 경우에는 원산지 교육대상자의 종업원 중 원산지 표시의 관리책임을 맡은 자에게 원산지 교육대상자를 대신하여 원산지 교육을 받게 할 수 있다. 〈개정 2018. 12. 11.〉
⑤ 원산지 교육을 실시하는 교육기관은 다음 각 호와 같다.
  1. 「농업·농촌 및 식품산업 기본법」 제11조의2에 따른 농림수산식품교육문화정보원
  2. 농림축산식품부장관과 해양수산부장관이 공동으로 정하여 고시하는 교육전문기관 또는 단체
⑥ 제1항부터 제5항까지에서 정한 사항 외에 원산지 교육의 방법, 절차, 그 밖에 교육에 필요한 사항은 법 제9조의2제3항에 따른 교육 시행지침으로 정한다.[본조신설 2017. 5. 29.]

규칙 제6조(농수산물 원산지 표시제도 교육 등)
  영 제7조의2제4항에서 "농림축산식품부와 해양수산부의 공동부령으로 정하는 사유"란 다음 각 호의 어느 하나에 해당하는 사유를 말한다.
1. 영 제7조의2제3항에 따른 원산지 교육을 받아야 하는 자(이하 이 조에서 "원산지 교육대상자"라 한다)가 질병, 사고, 구속 및 천재지변으로 법 제9조의2제2항에 따른 교육 이수명령의 이행기간 내에 교육을 받을 수 없는 경우
2. 원산지 교육대상자가 영업에 직접 종사하지 아니하는 경우
3. 원산지 교육대상자가 둘 이상의 장소에서 영업을 하는 경우

[전문개정 2019. 9. 10.]

수입 농산물 등의 유통이력 관리
제10조의2(수입 농산물 등의 유통이력 관리) ① 농산물 및 농산물 가공품(이하 "농산물등"이라 한다)을 수입하는 자와 수입 농산물등을 거래하는 자(소비자에 대한 판매를 주된 영업으로 하는 사업자는 제외한다)는 공정거래 또는 국민보건을 해칠 우려가 있는 것으로서 농림축산식품부장관이 지정하여 고시하는 농산물등(이하 "유통이력관리수입농산물등"이라 한다)에 대한 유통이력을 농림축산식품부장관에게 신고하여야 한다.
② 제1항에 따른 유통이력 신고의무가 있는 자(이하 "유통이력신고의무자"라 한다)는 유통이력을 장부에 기록(전자적 기록방식을 포함한다)하고, 그 자료를 거래일부터 1년간 보관하여야 한다.
③ 유통이력신고의무자가 유통이력관리수입농산물등을 양도하는 경우에는 이를 양수하는 자에게 제1항에 따른 유통이력 신고의무가 있음을 농림축산식품부령으로 정하는 바에 따라 알려주어야 한다.
④ 농림축산식품부장관은 유통이력관리수입농산물등을 지정하거나 유통이력의 범위 등을 정하는 경우에는 수입 농산물등을 국내 농산물등에 비하여 부당하게 차별하여서는 아니 되며, 이를 이행하는 유통이력신고의무자의 부담이 최소화되도록 하여야 한다.
⑤ 제1항부터 제4항까지에서 규정한 사항 외에 유통이력 신고의 절차 등에 관하여 필요한 사항은 농림축산식품부령으로 정한다.
[본조신설 2021. 11. 30.]
제10조의3(유통이력관리수입농산물등의 사후관리) ① 농림축산식품부장관은 제10조의2에 따른 유통이력 신고의무의 이행 여부를 확인하기 위하여 필요한 경우에는 관계 공무원으로 하여금 유통이력신고의무자의 사업장 등에 출입하여 유통이력관리수입농산물등을 수거 또는 조사하거나 영업과 관련된 장부나 서류를 열람하게 할 수 있다.
② 유통이력신고의무자는 정당한 사유 없이 제1항에 따른 수거·조사 또는 열람을 거부·방해 또는 기피하여서는 아니 된다.
③ 제1항에 따라 수거·조사 또는 열람을 하는 관계 공무원은 그 권한을 표시하는 증표를 지니고 이를 관계인에게 내보여야 하며, 출입할 때에는 성명, 출입시간, 출입목적 등이 표시된 문서를 관계인에게 내주어야 한다.
④ 제1항부터 제3항까지에서 규정한 사항 외에 유통이력관리수입농산

물등의 수거·조사 또는 열람 등에 필요한 사항은 대통령령으로 정한다.

[본조신설 2021. 11. 30.]

시행령 제7조의3(유통이력관리수입농수산물 등의 사후관리) 농림축산식품부장관은 법 제10조의3에 따라 유통이력관리수입농산물등을 수거·조사하거나 영업과 관련된 장부나 서류를 열람하려는 경우에는 매년 업종, 규모와 거래 형태 등을 고려하여 사후관리 계획을 수립하고 그에 따라 수거·조사 또는 열람을 실시해야 한다.

제1장 기출문제와 예상문제 연구

■■■ 기출문제

2회

1. 농산물의 포장규격은 산업표준화법에 의한 한국산업표준과 다르게 그 규격을 따로 정할 수 있다. 그 항목 중 거래단위, 포장재료 및 포장재료의 시험방법, 포장방법 외에 3가지 항목을 쓰시오. (6점)

> **정답 및 해설** 1. 포장치수 2. 포장설계 3. 표시사항

3회

2. 토마토를 가락시장에 출하하려고 한다. 표준규격품 문구 외에 표기하여야 할 사항을 5가지만 쓰시오. (2.5점)

> **정답 및 해설** 1. 품목 2. 등급 3. 산지 4. 무게 또는 개수 5. 생산자(단체) 및 전화번호

2회

3. 농산물의 안전성조사 결과 잔류허용기준 등을 초과한 농산물의 처리방법 3가지는? (6점)

> **정답 및 해설** 1. 출하연기 2. 용도전환 3. 폐기

2회

4. ( )에 알맞은 말을 쓰시오. (6점)

> 동일원료에 대하여 원산지별 혼합비율의 변경이 있는 경우로서 그 증감범위가 ( )이내인 경우에는 종전의 원산지별 혼합비율이 표시된 포장재를 혼합비율의 변경이 있는 날부터 ( )의 범위 내에서 사용할 수 있다.

> **정답 및 해설** 15%, 1년

[3회]
5. 농산물의 검사방법은 ( ) 또는 ( )의 방법에 의하여 시료를 추출·계측·감정·등급을 판정하는 것이다. ( )에 적당한 말을 넣어라. (2점)

> **정답 및 해설** 전수, 표본추출

[4회]
6. 등급규격은 품목 또는 ( )별로 그 특성에 따라 수량, 크기, 형태, 색깔, 신선도, 건조도, 성분함량, ( ) 상태 등 ( ) 구분에 필요한 항목을 설정하여 등급별로 규격을 정한다. ( )에 적당한 말을 넣으시오. (3점)

> **정답 및 해설** 품종, 선별, 품위

[5회]
7. 농산물의 물류 표준화란 농산물의 운송·보관·하역·( ) 등 물류의 각 단계에서 사용되는 기기·( )·정보 등을 규격화하여 호환성과 연계성을 원활히 하는 것을 말하며 표준규격이라 함은 ( )과 등급규격을 말한다. (3점)

> **정답 및 해설** 1. 포장 2. 설비 3. 포장규격

[5회]
8. 농산물품질관리법 제31조에서 농림축산식품부장관이 농산물의 품질향상, 표준규격화 및 물류표준화의 촉진을 위하여 포장자재 시설 및 자동화장비의 매입 등에 필요한 자금을 지원할 수 있는 대상자는 ( ), ( ) 및 농림축산식품부령이 정하는 유통관계사업자 및 단체로 한다. (2점)

> **정답 및 해설** 1. 농어업인 2. 생산자단체

[5회]
9. 우수농산물의 인증을 받고자 하는 자가 우수농산물인증신청서에 첨부하여 우수농산물

인증기관으로 지정받은 기관의 장에게 제출해야 하는 서류는? (2점)

> **정답 및 해설** 1. 우수관리인증농산물생산계획서 2. 생산자단체 또는 그 밖의 생산자조직의 사업운영계획서(생산자집단이 신청하는 경우만 해당)

5회
10. 검사를 받은 농산물에 대해 검사판정의 효력이 상실되는 경우는 (   )이 지난 경우, 검사결과의 표시가 없어지거나 (   )하기 아니하게 된 경우 등이다. (2점)

> **정답 및 해설** 1. 유효기간 2. 명확

■■■ 예상문제

1. 농산물품질관리법의 제정 목적 중 최종 목적이라고 할 수 있는 목적 2가지를 기술하시오.

> **정답 및 해설** ㄱ. 농업인의 소득증대 ㄴ. 소비자 보호

2. (ㄱ)란 농산물을 생산단계부터 판매단계까지 각 단계별로 정보를 기록·관리하여 해당 농산물의 안전성 등에 문제가 발생할 경우 해당 농산물을 추적하여 원인규명 및 필요한 조치를 할 수 있도록 관리하는 것을 말한다. (ㄱ)에 들어갈 적당한 말을 쓰시오.

> **정답 및 해설** ㄱ. 농산물이력추적관리

3. 농산물이력추적관리는 (ㄱ)부터 (ㄴ)까지 관리한다. (ㄱ),(ㄴ)에 들어갈 말을 쓰시오.

> **정답 및 해설** ㄱ. 생산단계 ㄴ. 판매단계

4. (ㄱ)이란 인공적으로 유전자를 분리 또는 재조합하여 의도한 특성을 갖도록 한 농산물을 말한다. (ㄱ)에 알맞는 적당한 단어를 쓰시오.

> **정답 및 해설** ㄱ. 유전자변형농산물

5. 농산물 표준규격의 제정 목적 3가지(ㄱ, ㄴ, ㄷ)를 쓰시오.

> **정답 및 해설** ㄱ. 농산물의 상품성 제고 ㄴ. 유통능률의 향상 ㄷ. 공정한 거래의 실현

6. (ㄱ)라 함은 농산물 및 그 가공품의 (ㄴ)·(ㄷ) 기타 특징이 본질적으로 특정지역의 지리적 특성에 기인하는 경우 당해 농산물 및 그 가공품이 그 특정지역에서 생산 제고 가공되었음을 표시하는 것을 말한다. (ㄱ),(ㄴ),(ㄷ)에 알맞은 적당한 단어를 쓰시오.

> **정답 및 해설** ㄱ. 지리적 표시 ㄴ. 명성 ㄷ. 품질

7. 지리적표시라 함은 농산물 및 그 가공품의 명성·품질 기타 특징이 본질적으로 (ㄱ)의 지리적 특성에 기인하는 경우 당해 (ㄴ) 및 그 (ㄷ)이 특정지역에서 생산된 (ㄹ)임을 표시하는 것을 말한다. (ㄱ),(ㄴ),(ㄷ),(ㄹ)에 맞은 단어를 쓰시오.

> **정답 및 해설** ㄱ. 특정지역 ㄴ. 농산물 ㄷ. 가공품 ㄹ. 특산물

8. 농산물 포장규격은 산업표준화법에 의한 (ㄱ)에 의하나 보관수송 등 (ㄴ), (ㄷ)를 고려하여 일부 항목에 대하여 그 규격을 따로 정할 수 있다. (ㄱ),(ㄴ),(ㄷ)에 알맞는 말을 쓰시오.

> **정답 및 해설** ㄱ. 한국산업표준 ㄴ. 유통과정의 편리성 ㄷ. 폐기물 처리문제

9. 표준규격품을 출하하는 자가 표준규격품임을 표시하고자 할 때 당해물품의 포장표면에 "표준규격품"과 함께 표시할 7가지를 쓰시오.

정답 및 해설 1. 품목 2. 산지 3. 품종(품종을 표시하기 어려운 품목은 표시를 생략할 수 있다) 4. 생산년도(곡류에 한한다) 5. 등급 6. 무게 또는 개수(품목특성상 무게 또는 개수를 표시하기 어려운 품목은 표시를 단일하게 할 수 있다) 7. 생산자 또는 생산자단체의 명칭 및 전화번호

10. 우수관리인증을 받고자 하는 자가 우수관리인증신청서에 첨부하여 우수관리인증기관으로 지정받은 기관의 장에게 제출하여야 하는 서류는 (ㄱ), (ㄴ)이다. (ㄱ),(ㄴ)에 알맞은 말을 쓰시오.

정답 및 해설 ㄱ. 재배예정농지 지적도 ㄴ. 우수관리인증농산물의 생산계획서

11. 우수관리인증의 유효기간은 우수관리인증을 받은 날부터 (ㄱ)으로 한다. (ㄱ)에 알맞은 말을 쓰시오.

정답 및 해설 ㄱ. 2년

12. 우수관리인증시설로 지정받을 수 있는 시설 2가지만 쓰시오.

정답 및 해설 ㄱ. 미곡종합처리장 ㄴ. 농산물산지유통센터

13. 농림수산식품부장관은 우수관리인증시설이나 우수관리인증기관이 일정한 경우에 해당하는 경우에는 지정을 취소하여야 하는데 일정한 경우는 어떠한 경우인지 공통적인 것 하나만 쓰시오.

정답 및 해설 거짓이나 그 밖의 부정한 방법으로 지정을 받은 경우

14. 다음은 농산물이력추적관리에 관한 내용이다. (ㄱ),(ㄴ),(ㄷ)에 알맞은 말을 쓰시오.

농산물을 (ㄱ)·(ㄴ) 또는 (ㄷ)하는 자 중 농산물이력추적관리를 하고자 하는 자는 농림축산식품부령이 정하는 등록기준을 갖추어 해당 농산물을 농림축산식품부장관에게 등록할 수 있다

정답 및 해설 ㄱ. 생산 ㄴ. 유통 ㄷ. 판매

15. 농산물유통의 중요성에 대한 설명 중 올바르지 않은 것은?

농산물이력추적등록을 한 자는 등록사항이 변경된 경우 변경사유가 발생한 날부터 (ㄱ) 이내에 농림축산식품부장관에게 변경신고하여야 하며, 농산물이력추적등록의 유효기간은 (ㄴ)부터 (ㄷ)으로 한다.

정답 및 해설 ㄱ. 1개월 ㄴ. 등록을 받은 날 ㄷ. 3년

16. 농산물이력추적관리의 등록사항은 3단계별로 분류하는데 이 3단계는 무엇인지 쓰시오.

정답 및 해설 1단계 : 생산단계 2단계 : 유통단계 3단계 : 판매단계

17. 보기의 사항들을 지리적표시 등록절차에 맞게 순서대로 나열하여 ㄱ, ㄴ, ㄷ, ㄹ로 쓰시오.

ㄱ. 등록신청 공고   ㄴ. 분과위원회 심의
ㄷ. 지리적표시등록 신청   ㄹ. 등록

정답 및 해설 ㄷ, ㄴ, ㄱ, ㄹ
즉, 지리적표시등록 신청 → 분과위원회 심의 → 등록신청 공고 → 등록이다.

18. 다음은 원산지표시대상자에 대한 내용이다. (ㄱ),(ㄴ),(ㄷ)에 알맞은 말을 쓰시오.

농림축산식품부장관은 농산물의 유통질서확립 등을 위하여 필요하다고 정한 경우에는 농산물 및 그 가공품을 (ㄱ)하거나 (ㄴ)하는 자에 대하여 그 원산지를 표시하게 하여야 한다.

정답 및 해설 ㄱ. 판매 ㄴ. 가공

19. 다음은 국산농산물, 수입농산물의 원산지표시의 방법에 관한 사항이다. (ㄱ),(ㄴ),

(ㄷ), (ㄹ)에 알맞은 말을 쓰시오.

(1) 국산농산물 등의 경우에는 (ㄱ)이나 국내산 또는 그 농산물 등을 생산한 (ㄴ)명이나 (ㄷ)명을 표시한다.
(2) 수입농산물 등의 경우에는 (ㄹ)에서 정하는 방법에 따라 원산지를 표시한다.

정답 및 해설 ㄱ. 국산 ㄴ. 특별시·광역시·도(시·도) ㄷ. 시·군·자치구(시·군·구) ㄹ. 대외무역법

20. 농산물품질관리법의 규정에 의해 원산지표시를 한 것으로 볼 수 있는 표시 또는 인증표시를 한 농산물 6가지를 쓰시오.

정답 및 해설 ㄱ. 표준규격품 ㄴ. 우수관리인증농산물 ㄷ. 이력추적관리농산물 ㄹ. 지리적 표시품
ㅁ. 친환경농산물 ㅂ. 전통식품

21. 국내가공품의 원산지표시 대상 중 배합비율의 순위와 표시대상에서 제외되는 원료를 쓰시오.

정답 및 해설 물, 주정, 식품첨가물, 당류

22. 다음은 가공품의 원산지표시 대상 및 방법에 관한 사항이다. (ㄱ), (ㄴ)에 알맞은 말을 쓰시오.

사용된 당해원료 중 배합비율이 (ㄱ) 이상인 원료가 있는 경우에는 그 원료를, 배합비율이 (ㄱ) 이상인 원료가 없는 경우에는 배합비율이 높은 순으로 (ㄴ)가지의 원료를 대상으로 한다.

정답 및 해설 ㄱ. 98% ㄴ. 2

23. 농산물의 검사대상이며 정부나 생산자단체가 정부를 대행하여 수매하는 농산물 중 곡류에 해당하는 4가지를 쓰시오.

정답 및 해설 ㄱ. 벼 ㄴ. 겉보리 ㄷ. 쌀보리 ㄹ. 콩

24. 농산물의 검사항목 4가지를 쓰시오.

> **정답 및 해설** ㄱ. 포장단위당 무게 ㄴ. 포장자재 ㄷ. 포장방법 ㄹ. 품위

25. 다음은 농산물재검사에 대한 이의신청에 대한 내용이다. (ㄱ),(ㄴ)에 알맞은 말을 쓰시오.

> 농산물 재검사의 결과에 대하여 이의가 있는 자는 재검사일부터 (ㄱ) 이내에 검사원이 소속된 검사기관의 장에게 이의신청을 할 수 있으며, 이의신청을 받은 기관의 장은 그 신청을 받은 날부터 (ㄴ) 이내에 다시 검사하여 그 결과를 이의신청자에게 통지하여야 한다.

> **정답 및 해설** ㄱ. 7일 ㄴ. 5일

26. 검사를 받은 농산물에 대해 검사판정의 효력이 상실되는 경우 2가지 (ㄱ),(ㄴ)를 쓰시오.

> **정답 및 해설** ㄱ. 검사유효기간이 지난 경우
> ㄴ. 검사결과의 표시가 없어지거나 명확하지 아니하게 된 경우

27. 농림축산식품부장관은 농산물 원산지표시의 위반사항을 주무관청 또는 수사기관에 신고 또는 고발하거나 검거한 자 및 검거에 협조한 자에게 (ㄱ)의 범위 안에서 이를 지급한다. (ㄱ)에 알맞은 금액을 쓰시오.

> **정답 및 해설** ㄱ. 200만원

28. 농산물품질관리법상 과태료의 최고액을 쓰시오.

> **정답 및 해설** 1천만원

제 2 장
농산물표준규격해설
(국립농산물품질관리원고시 제2020-16호, 2020. 10. 14)

MEMO

농산물 품질관리사 대비

제 2장 | 농산물표준규격해설

(국립농산물품질관리원고시 제2020-16호, 2020.10.14)

01 표준규격의 고시내용

❶ 목 적

농산물표준규격고시는
1) 농수산물품질관리법 제5조 및 동법 시행규칙 제5조에서 제7조의 규정에 의하여 포장규격 및 등급규격에 관하여 규정함으로써
2) 농산물의 상품성 향상과 유통효율 제고 및 공정한 거래 실현에 기여함을 목적으로 한다.

❷ 정 의

(1) 표준규격품

1) 이 고시에서 정한 포장규격 및 등급규격에 맞게 출하하는 농산물을 말한다.
2) 다만, 등급규격이 제정되어 있지 않은 품목은 포장규격에 맞게 출하하는 농산물을 말한다.

(2) 포장규격

① 거래단위
② 포장치수
③ 포장재료
④ 포장방법
⑤ 포장설계
⑥ 표시사항 등을 말한다.

(3) 등급규격

1) 농산물의 품목 또는 품종별 특성에 따라
   ① 고르기
   ② 크기
   ③ 형태
   ④ 색깔
   ⑤ 신선도
   ⑥ 건조도
   ⑦ 결점
   ⑧ 숙도
   ⑨ 선별상태 등 품질구분에 필요한 항목을 설정하여
2) 특, 상, 보통으로 정한 것을 말한다.

(4) 거래단위

농산물의 거래 시 포장에 사용되는 각종 용기 등의 무게를 제외한 내용물의 무게 또는 개수를 말한다.

(5) 포장치수

포장재 바깥쪽의
   ① 길이
   ② 너비
   ③ 높이를 말한다.

(6) 겉포장

산물 또는 속포장한 농산물의 수송을 주목적으로 한 포장을 말한다.

(7) 속포장

소비자가 구매하기 편리하도록 겉포장 속에 들어있는 포장을 말한다.

(8) 포장재료

농산물을 포장하는데 사용하는 재료로써 「식품위생법」 등 관계법령에 적합한
   ① 골판지
   ② 그물망

6회 기출문제

다음 ( ) 안에 알맞은 말을 쓰시오. (2점)

표준규격품은 포장규격 및 등급규격에 맞게 출하하는 농산물을 말한다. 다만, ( )이 제정되어 있지 않은 품목은 ( )에 맞게 출하하는 농산물을 말한다.

➡ (등급규격)
  (포장규격)

9회 기출문제

포장규격에 대한 설명으로 ( )안에 적당한 말을 쓰시오.

거래단위, ( ), 포장재료, ( ), 포장설계, 표시사항 등을 말한다.

➡ (포장치수)
  (포장방법)

③ 폴리에틸렌대 (P.E대)
④ 직물제 포대 (P.P대)
⑤ 종이 (지대)
⑥ 발포폴리스티렌(스티로폼) 등을 말한다.

③ 거래단위

1) 농산물의 표준거래단위는 다음 [별표 1]과 같다.
2) 5kg 미만 또는 최대 거래단위 이상은 거래 당사자 간의 협의 또는 시장 유통여건에 따라 다른 거래단위를 사용할 수 있다.

[별표 1] 농산물의 표준거래 단위(제3조 관련)
1. 5kg미만 표준거래단위 : 별도로 규정하지 않음
2. 5kg 이상 표준거래 단위 : 다음과 같음

종류	품목	표 준 거 래 단 위
과실류	사과	2kg, 5kg, 7.5kg, 10kg
	배, 감귤	3kg, 5kg, 7.5kg, 10kg, 15kg
	복숭아, 매실, 단감, 자두, 살구, 모과	3kg, 4kg, 4.5kg, 5kg, 10kg, 15kg
	포도	2kg, 3kg, 4kg, 5kg
	금감, 석류	5kg, 10kg
	유자	5kg, 8kg, 10kg, 100과
	참다래	5kg, 10kg
	양앵두(버찌)	5kg, 10kg, 12kg
	앵두	8kg
채소류	마른고추	6kg, 12kg, 15kg
	고추	5kg, 10kg
	오이	10kg, 15kg, 20kg, 50개, 100개
	호박	8kg, 10kg, 10~28개
	단호박	5kg, 8kg, 10kg, 4~11개
	가지	5kg, 8kg, 10kg, 50개
	토마토	2kg, 2.5kg, 4kg, 5kg, 7.5kg, 10kg, 15kg
	방울토마토, 피망	2kg, 3kg, 5kg, 10kg
	참외	5kg, 10kg, 15kg, 20kg
	딸기	1kg, 2kg
	수박	5~22kg, 1~5개
	조롱수박	5~6kg, 2~5개
	멜론	5kg, 8kg, 2~10개
	풋옥수수	8kg, 10kg, 15kg, 20개, 30개,

5회 기출문제

(   )이란 농산물 거래시 포장에 사용되는 각종 용기 등의 무게를 제외한 내용물의 무게 또는 개수를 말한다. (2점)

▶ 거래단위

3회 기출문제

표준규격에 의한 농산물 포장재의 종류를 5가지 쓰시오. (2.5점)

▶ 1. 골판지
2. 그물망
3. P.E대
4. P.P대
5. 지대(쌀포대)

7회 기출문제

농산물 표준 규격 거래단위에서 5kg 단위 미만과 속포장의 출하내역은? (2점)

▶ ① 5kg미만 또는 최대 거래단위 이상은 거래 당사자간의 협의 또는 시장유통여건에 따라 다른 거래단위를 사용할 수 있다.
② 속포장은 구매자가 구매하기 편리하도록 한다.

10회 기출문제

다음 보기를 표장 규격에 맞게 설명하시오.

멜론 부추 풋콩 풋완두콩 토마토

9회 기출문제

거래단위 50과로 거래된 품목 3가지를 쓰시오.

➡ 오이, 마늘, 풋옥수수

11회 기출문제

무게와 개수를 해당 품목에 배열하여 적으시오.
가지, 마늘, 오이, 풋옥수수

➡ 가지 : 5kg, 8kg, 10kg, 50개
마늘 : 5kg, 10kg, 15kg, 50개, 100개
오이 : 10kg, 15kg, 20kg, 50개, 100개
풋옥수수 : 8kg, 10kg, 15kg, 20개, 30개, 40개, 50개

		40개, 50개
	풋완두콩	8kg, 20kg
	풋 콩	15kg, 20kg
	양 파	5kg, 8kg, 10kg, 12kg, 15kg, 20kg
	마 늘	1kg, 5kg, 10kg, 15kg, 50개, 100개
	깐마늘, 마늘종	5kg, 10kg, 20kg
	대파, 쪽파	1kg, 2kg, 5kg, 10kg
	무	8~12kg, 18~20kg, 5~12개
	총각무, 비트	5kg, 10kg
	결구배추, 양배추	2~6포기
	당 근	10kg, 15kg, 20kg
	시금치, 들깻잎	1kg, 4kg, 8kg, 10kg, 15kg
	결구상추	8kg
	부 추	1kg, 4kg, 5kg, 10kg, 20kg
	마, 생강, 우엉,	10kg, 20kg
	연 근	5kg, 15kg, 20kg
	미나리	1kg, 4kg, 5kg, 10kg, 15kg
	고구마순	10kg, 20kg
	쑥갓, 양미나리(셀러리), 케일	1kg, 2kg, 4kg, 10kg
	붉은양배추(루비볼)	14~16kg, 18~20kg
	녹색꽃양배추(브로콜리), 고들빼기, 머위	8kg, 10kg,
	꽃양배추(칼리플라워)	8kg, 10kg, 12kg
	신립초	15kg
	갓	5kg, 10kg
	콩나물	6kg, 10kg
	달 래	8kg, 10kg
서류	감 자	2kg, 5kg, 10kg, 15kg, 20kg
	고구마	2kg, 5kg, 10kg, 15kg
특작류	참깨, 피땅콩	20kg
	알땅콩	12kg, 15kg, 18kg, 20kg
	들 깨	12kg
	수 삼	10kg, 15kg, 20kg
버섯류	큰느타리버섯(새송이버섯)	2kg, 4kg, 6kg
	팽이버섯	5kg
	영지버섯	5kg, 10kg
곡류	쌀, 찹쌀, 현미, 보리쌀, 눌린보리쌀, 할맥, 좁쌀, 율무쌀, 콩, 팥, 녹두, 수수쌀, 기장쌀, 메밀	10kg, 20kg
	옥수수(팝콘용)	15kg, 20kg
	옥수수쌀	12kg, 20kg

화훼류	국 화	300~800본
	카네이션, 석죽	300~1,000본
	장 미	200~700본
	백 합	200~600본
	글라디올러스, 극락조화	200~300본
	튜울립, 아이리스, 리아트리스, 공작초	400~500본
	거베라, 해바라기	300~400본
	프리지아, 스타티스	350~400본
	금어초, 칼라, 리시안사스	300~350본
	안개꽃	1,000~2,000본
	스토크	250~300본
	다알리아	350~450본
	알스트로메리아	150~300본
	안스리움	20~50본
	포인세티아	6분, 8분, 12분, 15분, 20분
	칼랑코에	4분, 6분, 8분, 12분, 15분, 20분
	시클라멘	4분, 6분, 8분, 12분, 15분, 20분

8회 기출문제

농산물표준규격에서 표준거래를 100과(개)로 지정하고 있는 과실 품목은 ( )이 있으며 채소류 품목에는 오이와 ( )이(가) 있다.(2점)

▶ 과실 : 유자, 채소 : 마늘

12회 기출문제

농산물 표준규격상 표준거래 단위 중 15kg 단위가 없는 품목을 보기에서 모두 골라 답란에 쓰시오.

마른고추 토마토 사과 오이 풋옥수수
풋콩 깐마늘

▶ 사과 깐마늘

❹ 포장치수

1) 농산물의 포장치수는 다음 각각의 어느 하나에 해당하여야 한다.
   ① 한국산업규격(KS T 1002)에서 정한 수송포장 계열치수
   ② [별표 2]에서 정하는 골판지 상자, 지대, 폴리에틸렌대(P·E대), 직물제 포대(P·P대), 그물망, 플라스틱상자, 다단식 목재 상자·금속재 상자, 발포폴리스티렌 상자의 포장규격
   ③ T-11형 팰릿(1,100×1,100㎜) 또는 T-12형 팰릿(1,200×1,000㎜)의 평면 적재효율이 90% 이상인 것
2) 골판지 상자, 발포폴리스티렌 상자의 높이는 해당 농산물의 포장이 가능한 적정 높이로 한다.

[별표 2]   농산물용 포장재별 포장치수(제4조 관련)
1. 골판지상자

일련번호	포장치수(길이㎜×너비㎜)
1	1,300×350 * 화훼류에 한함
2	1,010×360 * 화훼류에 한함
3	1,025×533
4	930×275

일련번호	포장치수(길이㎜×너비㎜)
5	825×275
6	554×246
7	545×335
8	530×350
9	520×280
10	510×360
11	500×366
12	450×305
13	440×310
14	430×320
15	423×254
16	420×325
17	415×260
18	400×300
19	391×317
20	366×260
21	350×350
22	350×250
23	330×256
24	300×175
25	220×165

12회 기출문제

화훼류 품목 중 농산물 표준규격상 표준 거래 단위는 있으나 등급규격이 설정되어 있지 않은 품목을 보기에서 모두 골라 답란에 쓰시오.

리아트리스 스타티스 금어초 데이지 극락조화 칼라

▶ 리아트리스 데이지 극락조화

2. 지대

일련번호	포장치수(길이㎜×너비㎜)
1	550×300(절입 75㎜)
2	650×380(절입 75㎜)
3	650×420(절입 75㎜)

3. 폴리에틸렌대(P.E대), 직물제 포대(P.P), 그물망

일련번호	포장치수(길이㎜×너비㎜)
1	1,470×700
2	1,010×610
3	950×650
4	900×700
5	860×460

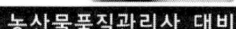

6	850×610
7	850×570
8	850×550
9	830×560
10	800×500
11	800×400
12	770×610
13	770×470
14	770×380
15	750×330
16	720×510
17	720×340
18	700×500
19	690×450
20	670×500
21	670×340
22	650×430
23	650×250
24	640×550
25	640×390
26	600×520
27	600×500
28	600×470
29	600×400
30	600×380
31	590×370
32	570×380
33	570×350
34	560×460
35	550×430
36	530×200
37	520×320
38	510×350
39	510×240
40	470×340
41	470×270

	42	470×240
	43	450×320
	44	400×530
	45	400×490
	46	400×440
	47	400×400
	48	400×240
	49	400×180
	50	300×195
	51	290×190
	52	250×150
	53	240×170
	54	235×140
	55	230×120
	56	210×140

4. 플라스틱상자

일련번호	포장치수(길이㎜×너비㎜×높이㎜)
1	1,100×1,100×200
2	1,010×360×240
3	660×440×245
4	560×510×330
5	560×510×230
6	550×366×350
7	550×366×320
8	550×366×245
9	550×366×230
10	550×366×180
11	550×366×155
12	366×275×155

5. 다단식 목재상자금속재 상자

일련번호	포장치수(길이㎜×너비㎜×높이㎜)
1	1,100×1,100×200

6. 발포폴리스티렌 상자

일련번호	포장치수(길이㎜×너비㎜×높이㎜)
1	535×340
2	450×310
3	440×310
4	410×340
5	348×250
6	360×260
7	355×258
8	350×264
9	350×240
10	349×249
11	365×250
12	302×232
13	280×220
14	265×203
15	257×190
16	250×195
17	250×190
18	190×140

* 포장재 두께는 20-30mm이어야한다.

⑤ 포장치수의 허용범위

(1) 골판지상자

골판지상자의 포장 치수 중 길이, 너비의 허용범위는 ±2.5%로 한다.

(2) 그물망, P.P대, P.E대

1) 그물망, 직물제포대(P.P대), 폴리에틸렌대(P.E대)의 포장치수의 허용범위는 길이의 ±10%, 너비의 ±10㎜,
2) 지대의 경우에는 각각 길이·너비의 ±5㎜, 발포폴리스티렌 상자의 경우는 길이·너비의 ±2mm로 한다.

(3) 플라스틱 상자

플라스틱상자의 포장치수의 허용범위는 각각 길이·너비·높이의 ±3㎜로 한다.

(4) 속포장

속포장의 규격은 사용자가 적정하게 정하여 사용할 수 있다.

⑥ 포장재 표시중량의 허용범위

1) 골판지 상자, 폴리에틸렌대(P.E대), 지대, 발포폴리스티렌상자의 경우 ±5%로 한다.
2) 직물제포대(P·P대), 그물망의 경우, ±10%로 한다.

⑦ 포장재료 및 포장재료의 시험방법

포장재료 및 포장재료의 시험방법은 [별표 3]에서 정하는 기준에 따른다.
다만, 포장재료의 압축·인장강도 및 직조밀도 등에서 [별표 3]에서 정하는 기준과 동등 이상의 강도와 품질이 인정되는 경우 공인검정기관 성적서 제출 등을 통해 국립농산물품질관리원장의 확인을 받아 사용할 수 있다.

[별표 3]   포장재료는 식품위생법에 따른 기구 및 용기포장의 기준 및 규격에 적합하여야 한다.

1. 골판지 상자

표시 단량	2kg미만	2kg이상 10kg미만	10kg이상 15kg미만	15kg이상
골판지 종 류	양면 골판지1종	양면 골판지2종	이중양면 골판지1종	이중양면 골판지2종

※ 골판지의 품질기준 및 시험방법은 KS T 1018(상업포장용 미세골 골판지), KS T 1034(외부포장용 골판지)에서 정하는 바에 따른다. 단, 사과, 배에 사용되는 골판지 상자는 아래 규격에 적합하여야 한다.

품목	포장단량(kg)	압축강도	인쇄도수
배	15	4.6~5.5 kN [470~560(kgf)]	4도 이내
사과, 배	7.5, 10	4.4~5.4 kN [450~550 (kgf)]	
	5	4.1~5.0 kN [420~510 (kgf)]	

2. P.E대(폴리에틸렌대)

표시단량	5kg 미만	5kg 이상 10kg 미만	10kg 이상 15kg 미만	15kg 이상
P.E 두께	0.03mm이상	0.05mm이상	0.07mm이상	0.10mm이상

※ P.E대의 품질기준 및 시험방법은 KS T 1093(포장용 폴리에틸렌 필름)에서 정하는 바에 따른다.

3. P.P대(직물제 포대)

섬 도 (tex)	인장강도 (N)	봉합실 인장강도(N)	직조밀도 (올/5cm)	기 타
100±1	29이상	39이상	20±2	원단의 위사 너비는 4~6mm이내로 접혀진 원사로 제작한다.

※ P.P대의 품질기준 및 시험방법은 KS T 1015(포대용 폴리올레핀 연신사)에서 정하는 바에 따른다.

4. 표시단량별 그물망의 무게

표시단량	5kg 미만	5kg 이상 10kg 미만	10kg 이상 15kg 미만	15kg 이상
포장재무게	15g이상	25g이상	35g이상	45g이상

※ 원단은 고밀도 폴리에틸렌 모노필라멘트계이며, 메리야스상으로 직조한 것

5. 지대

평량 \ 거래단위	10kg 미만	10kg 이상	20kg 이상
80g/m²	2~3겹	3겹	4겹 (3겹은 평량 90g/m²)

※ 지대의 품질기준 및 시험방법은 KS M 7501(크라프트지)에서 정하는 바에 따른다.

6. 플라스틱 상자

플라스틱 상자의 품질기준 및 시험방법은 KS T 1081(플라스틱제 운반용 회수용기)에서 정하는 바에 따른다. 단, 6.3의 압축강도는 KS T 1081 [표 2] '압축하중종별'에서 4m를 적용한다.

7. 발포 폴리스티렌 상자

발포폴리스티렌 상자의 품질기준 및 시험방법은 KS T 1045(포장용 발포폴리스티렌 완충재)에서 정하는 바에 따른다.

참 고

• **표준규격품의 의무표시사항**
  1) 표준규격품 문구
  2) 품목
  3) 산지
  4) 품종
  5) 등급
  6) 무게 또는 개수
  7) 생산자 또는 생산자 단체의 명칭 및 전화번호

⑧ 포장방법

포장은 내용물이 흘러나오지 않도록 하여야 하며, 내용물이 보이도록 개방형으로 포장하는 경우에는 적재하는데 용이하여야 한다.

⑨ 포장설계

골판지 상자의 포장설계는 KS T 1006(골판지상자형식)에 따른다.

⑩ 표시방법

표준규격품의 표시방법은 다음 [별표 4]에 따른다.

[별표 4]   표준규격품의 표시방법(제9조 관련)
1. 표시사항
  가. 의무표시사항
    1) "표준규격품" 문구
    2) 품목
    3) 산지
       산지는 「농수산물의 원산지 표시에 관한 법률」 시행령 제5조(원산지의 표시기준) 제1항의 국산농산물 표기에 따른다.
    4) 품종
       품종을 표시하여야 하는 품목과 표시방법은 다음과 같다.

종류	품목	표시방법
과실류	사과, 배, 복숭아, 포도, 단감, 감귤, 자두	품종명을 표시
채소류	멜론, 마늘	품종명 또는 계통명 표시
화훼류	국화, 카네이션, 장미, 백합	품종명 또는 계통명 표시
위 품목 이외의 것		품종명 또는 계통명 생략 가능

    5) 등급
    6) 내용량 또는 개수
       농산물의 실중량을 표시한다. 다만, [별표1] 농산물의 표준거래 단위에 따라 무게 또는 개수로 표시할 수 있는 품목은 다음과 같다.

종 류	품 목	표 시 방 법
과실류	유자	무게 또는 개수를 표시
채소류	오이, 호박, 단호박, 가지, 수박, 조롱수박, 멜론, 풋옥수수, 마늘, 무, 결구배추, 양배추	무게 또는 개수(포기수)를 표시
화훼류	전 품목	개수(본수 또는 분수)를 표시
	위 품목 이외의 것	무게를 표시

※ 무게 또는 개수의 표시는 [별표1] 농산물 표준거래 단위에 맞아야 하며, 3kg 미만의 내용물 확인이 가능한 소(속)포장은 무게를 생략하고 개수(송이수)만 표시할 수 있다.

  7) 생산자 또는 생산자 단체의 명칭 및 전화번호
※ 생산자 또는 생산자단체의 명칭은 판매자 명칭으로 갈음할 수 있다.

  8) 식품안전 사고 예방을 위한 안전사항 문구
    가) 버섯류(팽이, 새송이, 양송이, 느타리버섯)
      − "그대로 섭취하지 마시고, 충분히 가열 조리하여 섭취하시기 바랍니다" 또는 "가열 조리하여 드세요"
    나) 껍질째 먹을 수 있는 과실류·채소류(사과, 포도, 금감, 단감, 자두, 블루베리, 양앵두(버찌), 앵두, 고추, 오이, 토마토, 방울토마토, 송이토마토, 딸기, 피망·파프리카, 브로콜리)
      − "세척 후 드세요" 또는 "씻어서 드세요"
※ 세척하지 않고 바로 먹을 수 있도록 세척, 포장, 운송, 보관된 농산물은 표시를 생략할 수 있다.

나. 권장표시사항
  1) 당도 및 산도표시
    가) 당도표시할 수 있는 품목(품종)과 등급별 당도규격

(단위 : °Bx)

품목	품 종	등 급	
		특	상
사과	후지, 화홍, 감홍, 홍로	14 이상	12 이상

참 고

· 표준규격품의 권장표시사항
 1) 당도
 2) 크기(무게, 길이, 지름) 구분에 대한 호칭

9회 기출문제

품종명 생략가능한 것은?

▶ 오이, 안개꽃

11회 기출문제

표준규격품 중 품종명과 계통명을 써야할 품목을 고르시오.
멜론, 마늘, 오이, 호박, 양파

▶ 멜론, 마늘

11회 기출문제

세종시에서 생산한 복숭아 표준 규격품이다. 틀린 부분을 지적하고 그 사유를 써라.

품목	복숭아	등급	특	생산자
품종	유명	무게	7.5kg	
산지	대한민국			전화000

➡ 무게 7.5kg : 복숭아의 거래단위에 7.5kg 단위가 없다.

11회 기출문제

당도의 특기준이 큰순으로 배열하시오.
포도(거봉) 사과(후지) 배(신고) 복숭아(천중백도)

➡ 1. 포도거봉 2. 사과후지
3. 복숭아천중백도 4. 배신고

배	홍월, 서광, 홍옥, 쓰가루(착색계)	12 이상	10 이상
	쓰가루(비착색계)	10 이상	8 이상
	황금, 추황	12 이상	10 이상
	신고(상 10이상), 장십랑	11 이상	9 이상
	만삼길	10 이상	8 이상
포도	델라웨어, 새단, MBA	18 이상	16 이상
	거봉	17 이상	15 이상
	캠벨얼리	14 이상	12 이상
감귤	한라봉, 천혜향, 진지향	13 이상	12 이상
	온주밀감(시설), 청견, 황금향	12 이상	11 이상
	온주밀감(노지)	11 이상	10 이상
금감	특 - 12°Bx에 미달하는 것이 5% 이하인 것. 단, 10°Bx에 미달하는 것이 섞이지 않아야 한다.		
	상 - 11°Bx에 미달하는 것이 5% 이하인 것. 단, 9°Bx에 미달하는 것이 섞이지 않아야 한다.		
단감	서촌조생, 차량, 태추, 로망	14 이상	12 이상
	부유	13 이상	11 이상
	대안단감	12 이상	11 이상
자두	포모사	11 이상	9 이상
	대석조생	10 이상	
참외		11 이상	9 이상
딸기		11 이상	9 이상
수박		11 이상	9 이상
조롱수박		12 이상	10 이상
멜론		13 이상	11 이상
복숭아	서미골드, 진미	13 이상	10 이상
	찌요마루, 유명, 장호원황도, 천홍, 천중백도	12 이상	10 이상
	백도, 선광, 수봉, 미백	11 이상	9 이상
	포목, 창방, 대구보, 선프레, 암킹	10 이상	8 이상

※ 당도표시 대상은 등급규격의 특·상품에 한하며, 당도를 표시할 경우에는 등급규격에 등급별 당도규격을 포함하여 특·상으로 표시하여야 한다.

나) 당도표시 방법 : ① 해당 당도를 브릭스(°Bx) 단위로 표시하되 다음 예시와 같이 표시모형과 구분표 방식으로 표시할 수 있다.
② 당도 구분은 (별표 4) 권장 표시사항의 등급별 당도규격의 상등급 미만은 "보통당도", 상등급은 "높은당도", 특등급은 "매우높은 당도"로 표시 한다.

〈수박의 "당도" 표시(예시)〉

보통 당도	높은 당도	매우높은 당도
9 미만(°BX)	9~11미만(°BX)	11 이상(°BX)

다만, 비파괴 당도 선별기를 이용한 품목의 경우 아래 표와 같이 허용오차를 줄 수 있다.

종류	품목	허용오차
과실류	사과, 배, 감귤	±0.5°Bx
채소류	수박	±1.0°Bx
	멜론, 참외	±1.5°Bx

다) 감귤류는 당도 이외에 산도를 % 단위로 표시

2) 크기(무게, 길이, 지름) 구분에 대한 호칭 또는 개수(송이수)표시

〈크기 구분표시(사과 예시)〉

호칭 구분	3L	2L	L	M	S	2S
g/개	375 이상	300이상 375미만	250 이상 300 미만	214 이상 250 미만	188 이상 214 미만	167 이상 188 미만

또는 상자 당 단위 무게로 산출한 개수 표시

호칭 구분	3L	2L	L	M	S	2S
개/5kg	13 미만	13이상 17미만	17 이상 20 미만	20 이상 23 미만	23 이상 27 미만	27 이상 30 미만

* 크기(무게) 구분표에 체크 방식으로 표시, 과일 등은 개수 구분 표시 가능

3) 포장치수 및 포장재 중량

4) 영양성분

가) 품목과 성분

품 목	영양성분
사과, 배, 감귤, 감자 등 농산물 표준규격이 제정된 품목(화훼류 제외)	에너지, 단백질, 지질, 탄수화물 캡사이신, 안토시아닌 등

12회 기출문제

A산지유통센터는 B농수산물도매시장에 '배(신고)'를 표준규격품으로 출하하려고 한다. 보기에서 농산물 표준규격상 '권장표시사항'을 모두 골라 답란에 쓰시오.

품종명 당도 무게 생산자주소 등급
신선도 포장치수

▶ 당도 포장치수

나) 표시방법
  - 농촌진흥청의 "국가표준 식품성분표" 및 식품위생법에 따른 "식품 등의 표시기준"등을 참고
다) 고추 매운 정도(캡사이신 함량) 표시방법
  - 고추의 매운 정도를 4단계로 구분하여 아래 표시 예시와 같이 표시

〈고추 매운정도 표시(예시)〉

구 분				
매운 정도	맵지 않음	약간 매움	보통 매움	매우 매움
캡사이신함량 (ppm)	100 미만	100~800	800~2,000	2,000이상
생육시기 또는 소비자 입맛에 따라 매운 정도 차이가 발생할 수 있음				

 * 소포장의 경우 해당 단계의 "매운정도" 표시만 할 수 있음

2. 표시방법
 1) 포장외면에 일괄 표시하되 품목, 생산자 또는 생산자단체의 명칭 및 전화번호, 권장표시 사항은 별도로 표시할 수 있다.
 2) 의무 및 권장 표시사항 외에 추가 표시사항이 있는 경우에는 추가할 수 있다.
 3) 표시양식(예시)

표 준 규 격 품					
품목		등급		생산자(생산자단체)	
품종		무게 (개수)	kg ( )	이 름	
산지				전화번호	
세척 후 드세요 또는 가열조리하여 드세요					

※ 포장재치수 : 510×360×140㎜, 포장재중량 : 1,200g±5%

 4) 글자 및 양식의 크기는 품목의 특성, 포장재의 종류 및 크기 등에 따라 임의로 조정할 수 있다.

⑪ 등급규격

농산물 종류별 등급규격은 [별표 5]와 같다.

[별표 5]   농산물의 등급규격(제10조 관련)
1. 과실류(1000)

규격번호	품 목	규격내용
1011	사 과	별 첨
1021	배	〃
1031	복숭아	〃
1041	포 도	〃
1051	감 귤	〃
1055	금 감	〃
1061	매 실	〃
1071	단 감	〃
1111	자 두	〃
1121	참다래	〃
1131	블루베리	〃

2. 채소류(2000~3000)

규격번호	품 목	규격내용
2011	마른고추	별 첨
2012	고 추	〃
2021	오 이	〃
2031	호 박	〃
2034	단호박·미니단호박	〃
2041	가 지	〃
2051	토마토	〃
2053	방울토마토	〃
2054	송이토마토	〃
2061	참 외	〃
2071	딸 기	〃
2081	수 박	〃
2082	조롱수박	〃
2091	멜 론	〃
2101	피망·파프리카	〃
3011	양 파	〃
3021	마 늘	〃
3041	무	〃
3051	결구배추	〃
3061	양배추	〃

규격번호	품 목	규격내용
3071	당 근	〃
3081	브로콜리	〃
3091	비 트	〃

3. 서류(4000)

규격번호	품 목	규격내용
4011	감 자	별 첨
4021	고구마	〃

4. 특작류(5000)

규격번호	품 목	규격내용
5011	참 깨	별 첨
5021	피땅콩	〃
5022	알땅콩	〃
5031	들 깨	〃
5041	수 삼	〃

5. 버섯류(6000)

규격번호	품 목	규격내용
6011	느타리버섯	별 첨
6013	큰느타리버섯(새송이버섯)	〃
6021	양송이버섯	〃
6031	팽이버섯	〃
6041	영지버섯	〃

6. 곡류(7000)

규격번호	품 목	규격내용
7011	쌀	별 첨
7013	찹 쌀	〃
7021	현 미	〃
7031	보리쌀	〃
7041	좀 쌀	〃
7051	율무쌀	〃
7061	콩	〃
7071	팥	〃
7081	녹 두	〃
7091	찰수수쌀	〃
7111	찰기장쌀	〃
7121	메 밀	〃
7122	옥수수(팝콘용)	〃
	옥수수쌀	〃

7. 화훼류(8000)

규격번호	품 목(품종·종류)	규격내용
8011	국 화	별 첨
8021	카네이션	〃
8031	장 미	〃
8041	백 합	〃
8051	글라디올러스	〃
8061	튜울립	〃
8071	거베라	〃
8081	아이리스	〃
8091	프리지아	〃
8111	금어초	〃
8121	스타티스	〃
8141	칼 라	〃
8151	리시안시스	〃
8161	안개꽃	〃
8191	스토크	〃
8221	공작초	〃
8231	알스트로메리아	〃
8251	포인세티아	〃
8261	칼랑코에	〃
8271	시클라멘	〃

⑫ 표준규격의 특례

1) 포장규격 또는 등급규격이 제정되어 있지 않은 품목 또는 품종은 유사 품목 또는 품종의 포장규격 또는 등급규격을 적용할 수 있다.
2) 신선편이 농산물을 표준규격품으로 표시하여 출하할 경우에는 [별표 7]과 같이 별도의 품질규격과 포장규격, 표시사항을 적용할 수 있다.
3) 2가지 이상 품목을 혼합하여 하나의 제품으로 포장하는 경우, 포장규격은 어느 하나의 품목기준에 따를 수 있되 거래단위는 유통현실에 따라 조정할 수 있으며, 의무표시사항은 각각 표시해야한다. 다만 공통적인 사항은 하나로 표시할 수 있다.

[별표 7]   신선편이농산물 표준규격(제11조의 ②관련)
1. 적용범위 : 본 규격은 국내에서 생산된 농산물에 적용되며, 포장

단위별로 적용한다.

2. 적용대상

농산물을 편리하게 조리할 수 있도록 세척, 박피, 다듬기 또는 절단 과정을 거쳐 포장되어 유통되는 채소류, 서류, 버섯류 등의 농산물을 대상으로 한다.

3. 품질(적합) 규격

1) 색깔
   ① 농산물 품목별 고유의 색을 유지하여야 함
   ② 절단된 농산물을 육안으로 판정하여 다음과 같은 변색이 나타나지 않아야 함
   - 엽채류는 핑크색 또는 갈색이 잎의 중앙부(엽맥)까지 확산되지 않아야 함
   - 엽경채류는 육안으로 판정하여 심한 황색 또는 갈색이 나타나지 않아야 함
   - 근채류 중 당근은 표면에 백화현상이 심하지 않아야 하고, 무·당근·연근·우엉 등은 절단면에서 갈변이 심하지 않아야 함
   - 마늘은 녹변 또는 핑크색이 나타나지 않아야 하며, 양파는 색이 검게 나타나지 않고, 파는 황색으로 변하지 않아야 함
   - 감자·고구마는 갈변과 녹변이 심하지 않아야 함

2) 외관
   ① 병충해, 상해 등의 피해가 발견되지 않아야 함
   ② 엽채류 잎에 검은 반점 또는 물에 잠긴(수침) 증상이 포장된 상태에서 육안으로 발견되지 않아야 함
   ③ 엽경채류, 근채류, 버섯류 등이 짓물려 있거나 점액물질이 심하게 발견되지 않아야 함
   ④ 과채류가 지나치게 물러져 주스가 흘러내리지 않아야 함
   ⑤ 서류는 지나치게 전분질이 나와 표면에 묻어 있지 않아야 함

3) 이물질
   - 포장된 신선편이 농산물의 원료 이외에 이물질이 없어야 함

4) 신선도
   ① 표면이 건조되어 마른 증상이 없어야 하며, 부패된 것이 나타나지 않아야 함

② 물러지거나 부러짐이 심하지 않아야 함
5) 포장상태
- 유통 중 포장재에 핀홀(구멍)이 발생하거나 진공포장의 밀봉이 풀리지 않아야 함
6) 이취
- 포장재 개봉 직후 심한 이취가 나지 않아야 하며, 이취가 발생하여도 약간만 느끼어 품목 고유의 향에 영향을 미치지 않아야 함

4. 포장규격
1) 포장재료는 식품위생법에 따른 기구 및 용기 포장의 기준 및 규격과 폐기물관리법 등 관계 법령에 적합하여야 한다.
2) 포장치수의 길이, 너비는 한국산업규격(KS T 1002)에서 정한 수송포장계열치수 69개 및 40개 모듈 또는 표준팰릿(KST 0006)의 적재효율이 90% 이상인 것으로 한다. 단, 5kg 미만 소포장 및 속포장 치수는 별도로 제한하지 않는다.
3) 거래단위는 거래 당사자 간의 협의 또는 시장 유통여건에 따라 자율적으로 정하여 사용할 수 있다.

5. 표시사항
1) 출하하는 자가 표준규격품임을 표시할 경우 해당 물품의 포장 표면에 "표준규격품"이라는 문구와 함께 품목·산지·품종·등급·무게·생산자 또는 생산자단체 명칭(판매자 명칭으로 갈음할 수 있음) 및 전화번호를 표시하여야 한다. 다만, 품종·등급은 생략할 수 있다.
2) 용어의 정의
① 신선편이 농산물이란 농산물을 편리하게 조리할 수 있도록 세척, 박피, 다듬기 또는 절단과정을 거쳐 포장되어 유통되는 조리용 채소류, 서류 및 버섯류 등의 농산물을 말한다.
② 신선편이 농산물에 사용되는 원료 농산물의 분류는 다음과 같다.
㉠ 채소류 : 엽채류, 엽경채류, 근채류, 과채류
- 엽채류 : 상추, 양상추, 배추, 양배추, 치커리, 시금치 등
- 엽경채류 : 파, 미나리, 아스파라거스, 부추 등
- 근채류 : 무, 양파, 마늘, 당근, 연근, 우엉 등
- 과채류 : 오이, 호박, 토마토, 고추, 피망, 수박 등

ⓛ 서류 : 감자, 고구마
ⓒ 버섯류 : 느타리버섯, 새송이버섯, 팽이버섯, 양송이버섯 등
③ 변색이란 육안으로도 쉽게 식별할 수 있을 정도로 농산물 고유의 색이 다른 색으로 변해진 것을 말한다.
④ 백화현상(white blush)이란 당근 절단면이 주로 건조되면서 나타나는 것으로 고유의 색이 하얗게 변하는 것을 말한다.
⑤ 갈변이란 절단 된 신선편이 농산물이 주로 효소작용에 의해 육안으로 판정하여 고유의 색이 아닌 붉은 색 또는 갈색을 띠는 것을 말한다.
⑥ 녹변이란 마늘, 감자의 색이 육안으로 판정하여 구별될 수 있을 정도로 녹색으로 변한 것을 말한다.
⑦ 검은 반점(brown stain)이란 엽채류에서 산소부족 및 이산화탄소 농도가 매우 높아 잎에 나타나는 것으로 처음에는 갈변의 반점이 나타나고 점차 면적이 커지면서 색이 검게 되는 것을 말한다.
⑧ 잠긴(수침) 증상이란 신선편이 엽채류의 잎이 더운물에 데친 것 같은 증상을 나타내는 것을 말한다.
⑨ 신선도란 신선편이 가공 직후 제품과 비교하였을 때 육안으로 차이가 없고, 말라서 농산물 중량이 감소하거나 부패된 것이 없는 것을 말한다.
⑩ 마른 증상이란 농산물 수분이 감소되어 당초보다 부피가 작아지거나 모양이 변형된 것을 말한다.
⑪ 이취란 포장된 농산물을 개봉하였을 때 신선편이 농산물 고유의 냄새가 아닌 알콜취 등의 다른 냄새를 말한다.

⓭ 품위계측·감정방법

1) 등급규격의 항목별 품위 계측 및 감정은 [별표 6]과 국립농산물품질관리원 고시 「농산물 검사검정의 표준계측 및 감정방법」을 준용한다.
2) 계측에 사용하는 표준체의 규격은 국립농산물품질관리원 고시 「농산물 검사용 기계기구의 규격 및 관리요령」에 따른다.

12회 기출문제

다음은 농산물 표준규격상 신선편이 농산물에 관한 '용어의 정의'이다. 해당 용어를 답란에 쓰시오.

① 당근 절단면이 주로 건조되면서 나타나는 것으로 고유의 색이 하얗게 변하는 것
② 신선편이 엽채류의 잎이 더운물에 데친 것 같은 증상을 나타내는 것
③ 마늘, 감자의 색이 육안으로 판정하여 구별될 수 있을 정도로 녹색으로 변한 것
④ 농산물 수분이 감소되어 당초보다 부피가 작아지거나 모양이 변형된 것

➡ ① 백화현상
② 잠긴(수침)
③ 녹변
④ 마른 증상

[별표 6] 항목별 품위 계측 방법(제12조 관련)
1. 과실류
  1) 공시량
    포장단위 수량이 50과 이상은 50과를 무작위 추출하고, 50과 미만은 전량을 추출한다.
  2) 낱개의 고르기
    ① 크기 구분표의 크기 호칭은 공시량 평균 무게 또는 지름에 해당하는것을 말한다.
    ② 공시량의 평균 크기(무게 또는 지름)를 기준으로 크기 구분표의 해당호칭을 정하고, 그 평균 크기(무게 또는 지름)의 호칭과 비교하여 크기(무게 또는 지름)가 다른 것의 개수 비율을 구한다.
  3) 착색비율
    ① 공시량 중에서 품종 고유의 색깔이 가장 떨어지는 5과의 착색비율을 평균한 것으로 한다.
    ② 금감은 공시량 전량에 대하여 등급별 착색비율에 미달하는 것의 개수비율을 구한다.
    ③ 낱개마다 품종 고유의 색깔에 대비하여 착색 정도별 면적
    ※ 착색비율(%)＝(A1·B1＋A2·B2＋A3·B3…An·Bn)/100
      A1, A2, A3 … An ＝ 착색정도별 면적비율
      B1, B2, B3 … Bn ＝ 해당면적별 착색비율
  4) 당도
    ① 대상품목은 과실류 중 사과, 배, 복숭아, 포도, 감귤, 금감, 단감, 자두의 8품목으로 한다.
    ② 측정기기는 "과실류 당도 측정기-시험방법(KS B 5642)"에 적합한 것으로 한다.
    ③ 공시량이 50개인 과실류는 품종 고유의 색깔이 가장 떨어지는 과실 5과, 공시량이 50개 미만인 과실은 품종 고유의 색깔이 가장 떨어지는 과실 3과를 측정한 평균값을 당도(°Bx)로 한다.
    ④ 사과, 배는 씨방, 단감은 씨, 감귤은 껍질과 씨, 복숭아, 자두는 핵을 제거한 후 이용한다.
    ⑤ 1과의 착즙은 씨방, 핵, 껍질, 씨 등을 제외한 가식부 전체를 착즙함을 원칙으로 하되, 품목별 특성을 고려하여 다음

9회 기출문제

사과 후지50과 1상자(15kg)중에 색깔이 가장 떨어지는 5과의 색택비율은 다음과 같다. 1과의 착색비율(아래) 나머지는 50% 60% 46% 70%이다.

측정부위	착색정도별 면적비율	해당면적별 착색비율
A	40%	100%
B	40%	60%
C	20%	50%

➡ 상기1과의 착색비율 : 74%
　　전체색택비율 : 60%
　　해당등급 : 상

TIP

· 과실류
  1) 공시량
    50과 이상은 50과, 50과 미만은 전량
  2) 착색비율
    공시량 중에서 품질 고유의 색깔이 가장 떨어지는 5과의 착색비율을 평균한 것

7회 기출문제

다음 단감색택비율을 구하여 등급을 판정하시오. (5점)

A 70% B 90% C 80% D 60% E 70% F 70% G 90%

➡ 상
판정이유 : 특의 색택비율은 80% 이상이고 상은 60~80% 미만이다.
　　　　착색이 가장 불량한 5과(60, 70, 70, 70, 80)
　　　　평균 : 70% 등급은 "상"

과 같이 착즙할 수 있다.
ㄱ. 금감 : 꼭지를 제거한 전체를 착즙한다.
ㄴ. 포도 : 1송이의 상·중·하에서 중간 품위의 낱알을 각각 5알씩 채취하여 착즙한다.
ㄷ. 사과, 배, 단감, 복숭아, 자두, 감귤 : 「그림1」과 같이 과실의 크기에 따라 꼭지를 중심으로 세로로 4~8등분하여 품종 고유의 색깔이 가장 떨어지는 부분과 그 반대쪽을 선택한 후 품목별 제거부위를 제외한 부위를 착즙한다.

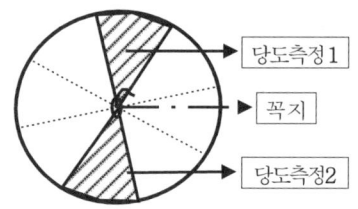

(그림1) 채취 및 착즙부위

⑥ 착즙요령
ㄱ. 착즙도구 : 소형 착즙기, 거름망, 착즙액 용기
ㄴ. 착즙방법 : 착즙 부위를 적당한 크기로 절단한 후 소형 착즙기에 넣고, 거름망과 착즙액 용기를 놓은 다음 착즙하여 잘 섞은 후 측정액으로 사용한다.
⑦ 당도측정 : 착즙한 측정액을 굴절당도계 프리즘(측정액을 넣는 곳)에 적당량을 넣은 후 측정한다.

5) 산함량/당산비
① 시료는 당도 측정에 이용한 과즙을 사용한다.
② 산함량(산도) 측정은 "KS H 2188(과실·채소쥬스) 6.3 산도의 시험방법"을 준용하되, 이와 동등한 결과를 얻을 수 있는 방법 및 기계에 의한 방법을 보조 방법으로 채택할 수 있다.

※ 당산비 = 당도(°Bx) ÷ 산함량(%)

6) 결점과 판정기준 및 혼입률 산출방법
① 결점과는 공시량 중에서 매과 마다 경결점 이상인 것을 선별한 후 이를 다시 중결점, 경결점으로 분류하여 각각 개수 비율을 산출한다.
② 결점과 혼입률 산출은 다음 식에 의한다.

9회 기출문제

당도 측정시 포도의 당도 측정은?

▶ 1송이의 상 중 하에서 중간품위의 낱알 각각 5알씩 채취하여 착즙한다.

TIP

• 당도
공시량이 50과인 과실은 색택이 가장 나쁜 과실 5과, 50과 미만인 경우 3과

• 당산비

$$\frac{당도(°Bx)}{산함량(\%)}$$

$$혼입률\ (\%) = \frac{중결점(경결점)\ 개수}{공시\ 개수} \times 100$$

③ 동일한 결점이 산재한 것은 종합하여 판정하고, 1과에 여러 가지 결점이 있는 것은 가장 중한 결점에 따른다.

2. 채소류
   1) 공시량
      포장단위 수량이 50과 이상은 50과를 무작위 추출하고, 50과 미만은 전량을 추출한다.
   2) 낱개의 고르기
      ① 마른고추, 고추, 오이, 호박, 가지 : 공시량 중에서 중결점 및 경결점, 심하게 구부러진 것 등을 제외하고 매개의 길이 또는 무게를 측정하여 평균을 구하고 품목(품종)별 허용길이 또는 무게를 초과하거나 미달하는것의 개수 비율을 구한다. 단, 평균 길이(무게)는 공시량 중에서 10개를 무작위로 추출하여 측정한 값을 사용할 수 있다.
      ② 위의 품목을 제외한 채소류 : 공시량 중에서 중결점과를 제외하고 전량의무게(또는 크기)를 계측하여 무게(또는 크기) 구분표에서 무게(또는크기)가 다른 것의 개수 비율을 구한다.
   3) 마른고추의 품질평가
      ① 수분 : 고르기 계측용 시료중에서 30g 정도를 무작위로 채취하여 꼭지를제거한 후 시료분쇄기로 과피와 씨를 20매쉬(약1mm) 정도로 분쇄 혼합하여 측정한다.
      ② 탈락씨 및 이물 : 매 포장단위에서 탈락씨와 이물을 따로 골라내어 전체 무게에 대한 비율을 구한다.
   4) 마늘의 품질평가
      ① 열구 : 공시료(50구)중에서 마늘쪽의 일부 또는 전부가 줄기로부터 벌어져 있는 통마늘을 분류하여 개수 비율을 산출한다. 다만, 마늘통 높이의3/4 이상이 외피에 싸여 있는 것은 제외한다.
      ② 쪽마늘 : 포장단위 전체에서 쪽마늘을 분리한 후 전체 무게에 대한 무게비율을 구한다.
   5) 당도
      ① 대상품목은 과채류 중 수박, 조롱수박, 참외, 멜론, 딸기의 5품목으로 한다.

참 고

- **마른고추의 수분측정**
  1) 시료 중 30g 무작위 채취
  2) 20메쉬 정도 분쇄 측정
- **열구**
  1) 마늘쪽의 일부 또는 전부가 줄기로부터 벌어져 있는 통마늘
  2) 다만, 마늘통 높이의 3/4 이상이 외피에 싸여 있는 것 제외

| 품질관리실무와 품위판정 |

TIP

- **특작류**

1) 고르기(알땅콩) : 200g 무작위 추출
2) 빈꼬투리, 가벼운 결점, 이물 : 200g, 무작위 추출
3) 용적중 : 정립 150g 정도를 브라웰 곡립계로 계측
4) 피해립등 : 50g 정도

12회 기출문제

다음은 농산물품질관리사 L씨가 도매시장에 상장된 딸기 33개들이 1상자(1kg)에 대해 농산물 표준규격에 따라 계측 및 감정을 실시하는 과정이다. 밑줄 친 것 중 잘못된 부분을 찾아 수정하시오.

① 33개를 공시료로 추출하여 ② 중결점과를 제외하고 무게를 각각 계측하니 모두 25g 이상으로 크기구분표상 2L에 해당하여 ③ 무게는 '특'기준에 적합하다고 판단하였으며, 품종 고유의 색깔이 가장 떨어지는 것 ④ 5개를 골라 당도를 측정하여 평균값을 산출하였더니 10°Bx가 나와 ⑤ 당도는 '상'기준에 적합하다고 판단하였다.

▶ ④ 3개

② 측정기기는 "과실류 당도 측정기-시험방법(KS B 5642)"에 적합한 것으로 한다.
③ 공시량이 50개인 과채류는 품종 고유의 색깔이 가장 떨어지는 과채류 5개, 공시량이 50개 미만인 과채류는 품종 고유의 색깔이 가장 떨어지는 과채류 3개를 측정한 평균값을 당도(°Bx)로 한다.
④ 수박, 조롱수박은 껍질과 씨, 참외는 태좌와 씨, 멜론은 껍질, 태좌, 씨를 제거한 후 이용한다.
⑤ 1개의 착즙은 씨, 껍질, 태좌 등을 제외한 가식부 전체를 착즙함을 원칙으로 하되, 품목별 특성을 고려하여 다음과 같이 착즙할 수 있다.
  ㄱ. 딸기 : 꼭지를 제거한 전체를 착즙한다.
  ㄴ. 수박, 조롱수박 : 『그림1』과 같이 크기에 따라 꼭지를 중심으로 세로로 4~8등분하여 X자(대칭)로 2조각(『그림1』 참조)을 선택하여 각각 『그림2』와 같이 3개 부위를 절단한 후 제거부위를 제외한 부위를 착즙한다.

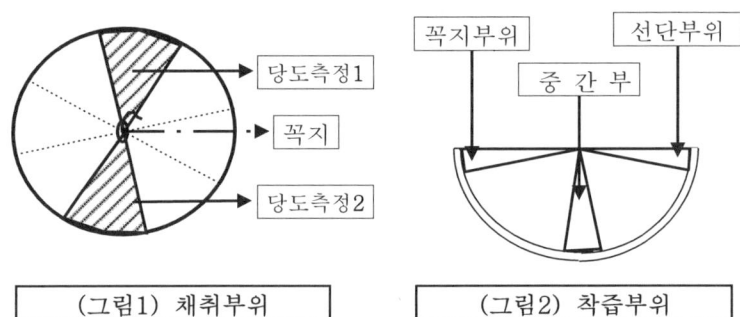

(그림1) 채취부위   (그림2) 착즙부위

  ㄷ. 참외, 멜론 : 꼭지와 꽃자리의 중간부위를 수평으로 『그림1』과 같이 2등분하여 각 등분별로 X자(대칭)로 2조각(『그림2』)을 선택한 후 제거부위를 제외한 부위를 착즙한다.

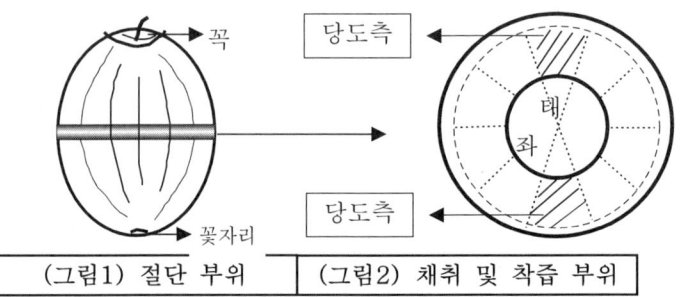

(그림1) 절단 부위   (그림2) 채취 및 착즙 부위

6) 착즙요령
　ㄱ. 착즙도구 : 소형 착즙기, 거름망, 착즙액 용기
　ㄴ. 착즙방법 : 착즙 부위를 적당한 크기로 절단한 후 소형 착즙기에 넣고, 거름망과 착즙액 용기를 놓은 다음 착즙하여 잘 섞은 후 측정액으로 사용한다.
7) 당도측정 : 착즙한 측정액을 굴절당도계 프리즘(측정액을 넣는 곳)에 적당량을 넣은 후 측정한다.
8) 결점판정기준 및 혼입률 산출방법
　① 결점은 매개마다 경결점 이상인 것을 전량에서 선별한 후 이를 다시 경결점, 중결점으로 분류하여 각각 개수 비율을 산출한다.
　② 결점혼입률 산출은 다음 식에 의한다.

$$혼입률(\%) = \frac{중결점(경결점) 개수}{공시개수} \times 100$$

3. 서류 : 채소류에 준한다.
4. 특작류
　1) 고르기(알땅콩) : 매 포장단위에서 200g 정도를 무작위로 추출하여 무게 구분표에서 무게가 다른 것의 중량비율을 구한다.
　2) 빈 꼬투리, 가벼운 결점, 이물 : 매 포장단위에서 200g 정도를 균분하여 각각의 무게비율을 구한다.
　3) 용적중 : "1L 용적중 측정 곡립계"로 측정함을 원칙으로 하되 이와 동등한 측정결과를 얻을 수 있는 브라웰곡립계 등에 의한 측정을 보조방법으로 할 수 있다. 단, 브라웰곡립계 계측 시 이물을 제외한 시료를 150g 균분하여 사용한다.
　4) 피해립, 이종곡립, 이종피색립 : 용적중을 계측한 시료 중에서 50g 정도를 균분하여 각각의 무게 비율을 구한다.
　5) 수삼 낱개의 고르기·결점 혼입률 : 채소류에 준한다.

5. 곡류 : 국립농산물품질관리원 고시 「농산물 검사·검정방법 및 절차 등에 관한규정」 [별표 4] "곡종별 품위 검정 순위표"에 준한다. 다만, 해당 품목이없을 경우 유사한 품목을 적용한다.

02 농산물별 등급규격

농산물표준규격
사 과

[규격번호 : 1011]

(1) 적용 범위

본 규격은 국내에서 생산되어 신선한 상태로 유통되는 사과에 적용하며, 가공용 또는 수출용에는 적용하지 않는다.

(2) 등급 규격

등급 항목	특	상	보통
낱개의 고르기	별도로 정하는 크기 구분표[표1]에서 무게가 다른 것이 섞이지 않은 것	별도로 정하는 크기 구분표[표1]에서 무게가 다른 것이 5% 이하인 것. 단, 크기 구분표의 해당 무게에서 1단계를 초과할 수 없다.	특상에 미달하는 것
색 택	별도로 정하는 품종별/등급별 착색비율[표2]에서 정하는 「특」이외의 것이 섞이지 않은 것. 단, 쓰가루(비착색계)는 적용하지 않음.	별도로 정하는 품종별/등급별 착색비율[표2]에서 정하는 「상」에 미달하는 것이 없는 것. 단, 쓰가루(비착색계)는 적용하지 않음.	별도로 정하는 품종별/등급별 착색비율[표2]에서 정하는 「보통」에 미달하는 것이 없는 것
신선도	윤기가 나고 껍질의 수축현상이 나타나지 않은 것	껍질의 수축현상이 나타나지 않은 것	특상에 미달하는 것
중결점과	없는 것	없는 것	5% 이하인 것(부패·변질과는 포함할 수 없음)
경결점과	없는 것	10% 이하인 것	20% 이하인 것

(3) 용어의 정의

1) 착색비율은 낱개별로 전체 면적에 대한 품종 고유의 색깔이

착색된 면적의 비율을 말한다.
2) 중결점과는 다음의 것을 말한다.
   ① 이품종과 : 품종이 다른 것
   ② 부패, 변질과 : 과육이 부패 또는 변질된 것(과숙에 의해 육질이 변질된 것을 포함한다.)
   ③ 미숙과 : 당도, 경도, 착색으로 보아 성숙이 현저하게 덜된 것(성숙 이전에 인공 착색한 것을 포함한다.)
   ④ 병충해과 : 탄저병, 검은별무늬병(흑성병), 겹무늬썩음병, 복숭아심식나방 등 병해충의 피해가 과육까지 미친 것
   ⑤ 생리장해과 : 고두병, 과피 반점이 과실표면에 있는 것
   ⑥ 내부갈변과 : 갈변증상이 과육에 까지 미친 것.
   ⑦ 상해과 : 열상, 자상 또는 압상이 있는 것. 다만 경미한 것은 제외한다.
   ⑧ 모양 : 모양이 심히 불량한 것
   ⑨ 기타 : 경결점과에 속하는 사항으로 그 피해가 현저한 것
3) 경결점과는 다음의 것을 말한다.
   ① 품종 고유의 모양이 아닌 것
   ② 경미한 녹, 일소, 약해, 생리장해 등으로 외관이 떨어지는 것
   ③ 병해충의 피해가 과피에 그친 것
   ④ 경미한 찰상 등 중결점과에 속하지 않는 상처가 있는 것
   ⑤ 꼭지가 빠진 것
   ⑥ 기타 결점의 정도가 경미한 것

[표 1] 크기 구분

구분\호칭	3L	2L	L	M	S	2S
g/개	375이상	300이상 375미만	250이상 300미만	214이상 250미만	188이상 214미만	167이상 188미만

[표 2] 품종별/등급별 착색비율

품 종 \ 등 급	특	상	보통
홍옥, 홍로, 화홍, 양광 및 이와 유사한 품종	70% 이상	50% 이상	30% 이상
후지, 조나골드, 세계일, 추광, 서광, 선홍, 새나라 및 이와 유사한 품종	60% 이상	40% 이상	20% 이상
쓰가루(착색계) 및 이와 유사한 품종	20% 이상	10% 이상	-

9회 기출문제
등급규격상 무게항목이 없는 것은?

▶ 사과, 배, 단감

9회 기출문제
사과 후지50과 1상자(15kg)중에 색깔이 가장 떨어지는 5과의 색택비율은 다음과 같다. 1과의 착색비율(아래) 나머지는 50% 60% 46% 70%이다.

측정부위	착색정도별 면적비율	해당면적별 착색비율
A	40%	100%
B	40%	60%
C	20%	50%

▶ 상기1과의 착색비율 : 74%

전체색택비율 : 60%

해당등급 : 상

12회 기출문제
R과수원에서 사과(홍로)를 한창 수확 중이다. 수확된 사과를 선별기에서 선별해 보니 아래와 같았다.

1번 라인 선별결과(개당 무게 350g)	●13개 ◐3개 ○1개
2번 라인 선별결과(개당 무게 300g)	●14개 ◐3개 ○1개
3번 라인 선별결과(개당 무게 250g)	●15개 ◐5개

●착색비율 70% ◐착색비율 50%
○착색비율 30%

5kg들이 '특'등급 '상자1'은 다음과 같이 만들었고 나머지로 5kg들이 '특'등급을 1상자 더 만들기 위해 사과 4개를 추가할 경우 '특'등급 '상자2'의 무게별 개수 및 착색비율을 쓰고 그 이유를 쓰시오.

구분	무게(착색비율):개수
'특'등급 '상자1'	350g(70%):10개, 300g(70%):5개
'특'등급 '상자2'	350g(3개) 300g 9개 추가 350g 1개 300g 3개
이유	주어진 350g과 300g 12개는 3.75kg이고 추가로 350g 1개 300g 3개는 1.25kg이므로 합계 5kg 한 상자를 만들 수 있다.

11회 기출문제

사과 50과가 있다. 이 중 품종고유의 모양이 아닌 것 2개 경미한 외관이 떨어지는 것 2개 꼭지 빠진 것 1개 품종이 다른 것 1개 고두병 과피반점이 과실 외관에 있는 것 1개이다. 경결점 비율은?

➡ 10%

농산물표준규격
배

[규격번호 : 1021]

(1) 적용 범위

본 규격은 국내에서 생산되어 신선한 상태로 유통되는 배에 적용하며, 가공용 또는 수출용에는 적용하지 않는다.

(2) 등급 규격

등급 항목	특	상	보통
낱개의 고르기	별도로 정하는 크기 구분표[표1]에서 무게가 다른 것이 섞이지 않은 것	별도로 정하는 크기 구분표[표1]에서 무게가 다른 것이 5%이하인 것. 단, 크기 구분표의 해당 무게에서 1단계를 초과 할 수 없다.	특상에 미달하는 것
색 택	품종 고유의 색택이 뛰어난 것	품종 고유의 색택이 양호한 것	특상에 미달하는 것
신선도	껍질의 수축현상이 나타나지 않은 것		특상에 미달하는 것
중결점과	없는 것		5% 이하인 것(부패·변질과는 포함할 수 없음)
경결점과	없는 것	10% 이하인 것	20% 이하인 것

(3) 용어의 정의

1) 중결점과는 다음의 것을 말한다.
   ① 이품종과 : 품종이 다른 것
   ② 부패, 변질과 : 과육이 부패 또는 변질된 것
   ③ 미숙과 : 당도, 경도 및 색택으로 보아 성숙이 현저하게 덜 된 것(성숙 이전에 인공 착색한 것을 포함한다)
   ④ 과숙과 : 경도, 색택으로 보아 성숙이 지나치게 된 것
   ⑤ 병해충과 : 붉은별무늬병(적성병), 검은별무늬병(흑성병), 겹무늬병, 심식충류, 매미충류 등 병해충의 피해가 과육까지 미

친 것
⑥ 상해과 : 열상, 자상 또는 압상이 있는 것. 다만 경미한 것은 제외한다.
⑦ 모양 : 모양이 심히 불량한 것
⑧ 기타 : 경결점과에 속하는 사항으로 그 피해가 현저한 것

2) 경결점과는 다음의 것을 말한다.
① 품종 고유의 모양이 아닌 것
② 경미한 과피흑점, 얼룩, 녹, 일소 등으로 외관이 떨어지는 것
③ 병해충의 피해가 과피에 그친 것
④ 경미한 찰상 등 중결점과에 속하지 않는 상처가 있는 것
⑤ 꼭지가 빠진 것
⑥ 기타 결점의 정도가 경미한 것

[표 1] 크기 구분

구분\호칭	3L	2L	L	M	S	2S
g/개	750이상	600이상 750미만	500이상 600미만	430이상 500미만	375이상 430미만	333이상 375미만

농산물표준규격
복숭아

[규격번호 : 1031]

(1) 적용 범위

본 규격은 국내에서 생산되어 신선한 상태로 유통되는 복숭아에 적용하며, 가공용 또는 수출용에는 적용하지 않는다.

(2) 등급 규격

등급 항목	특	상	보통
낱개의 고르기	별도로 정하는 크기 구분표[표1]에서 무게가 다른 것이 섞이지 않은 것	별도로 정하는 크기 구분표[표1]에서 무게가 다른 것이 5% 이하인 것. 단, 크기 구분표의 해당 크기에서 1단계를 초과 할 수 없다.	특상에 미달하는 것
색 택	품종 고유의 색택이 뛰어난 것	품종 고유의 색택이 양호한 것	특상에 미달하는 것
중결점과	없는 것		5% 이하인 것(부패·변질과는 포함할 수 없음)
경결점과	없는 것	5% 이하인 것	20% 이하인 것

(3) 용어의 정의

1) 중결점과는 다음의 것을 말한다.
  ① 이품종과 : 품종이 다른 것
  ② 부패, 변질과 : 과육이 부패 또는 변질된 것
  ③ 미숙과 : 당도, 경도 및 색택으로 보아 성숙이 현저하게 덜 된 것
  ④ 과숙과 : 경도, 색택으로 보아 성숙이 지나치게 된 것

⑤ 병충해과 : 복숭아탄저병, 세균성구멍병(천공병), 검은점무늬병(흑성병), 복숭아명나방, 복숭아심식나방 등 병해충의 피해가 과육까지 미친 것
⑥ 상해과 : 열상, 자상 또는 압상이 있는 것. 다만 경미한 것은 제외한다.
⑦ 모양 : 모양이 심히 불량한 것, 외관상 씨 쪼개짐이 두드러진 것
⑧ 기타 : 경결점과에 속하는 사항으로 그 피해가 현저한 것

2) 경결점과는 다음의 것을 말한다.
① 품종 고유의 모양이 아닌 것
② 외관상 씨 쪼개짐이 경미한 것
③ 병해충의 피해가 과피에 그친 것
④ 경미한 일소, 약해, 찰상 등으로 외관이 떨어지는 것
⑤ 기타 결점의 정도가 경미한 것

[표 1] 크기 구분

품종	호칭	2L	L	M	S
1개의 무게 (g)	유명, 장호원황도, 천중백도, 서미골드 및 이와 유사한 품종	375 이상	300 이상 375 미만	250 이상 300 미만	210 이상 250 미만
	백도, 천홍, 사자, 창방, 대구보, 진미. 미백 및 이와 유사한 품종	250 이상	215 이상 250 미만	188 이상 215 미만	150 이상 188 미만
	포목조생, 선광, 수봉 및 이와 유사한 품종	210 이상	180 이상 210 미만	150 이상 180 미만	120 이상 150 미만
	백미조생, 찌요마루, 선프레, 암킹 및 이와 유사한 품종	180 이상	150 이상 180 미만	125 이상 150 미만	100 이상 125 미만

농산물표준규격
포 도

[규격번호 : 1041]

(1) 적용 범위

본 규격은 국내에서 생산되어 신선한 상태로 유통되는 포도에 적용하며, 가공용 또는 수출용에는 적용하지 않는다.

(2) 등급 규격

등급 항목	특	상	보통
낱개의 고르기	별도로 정하는 크기 구분표[표1]에서 무게가 다른 것이 10% 이하인 것. 단, 크기구분표의 해당 무게에서 1단계를 초과할 수 없다.	별도로 정하는 크기 구분표[표1]에서 무게가 다른 것이 30% 이하인 것. 단, 크기 구분표의 해당 무게에서 1단계를 초과할 수 없다.	특상에 미달하는 것.
색 택	품종 고유의 색택을 갖추고, 과분의 부착이 양호한 것	품종 고유의 색택을 갖추고, 과분의 부착이 양호한 것	특상에 미달하는 것
낱알의 형태	낱알 간 숙도와 크기의 고르기가 뛰어난 것	낱알 간 숙도와 크기의 고르기가 양호한 것	특상에 미달하는 것
중결점과	없는 것	없는 것	5% 이하인 것(부패·변질과는 포함할 수 없음)
경결점과	없는 것	5% 이하인 것	20% 이하인 것

(3) 용어의 정의

1) 중결점과는 다음의 것을 말한다.
   ① 이품종과 : 품종이 다른 것
   ② 부패, 변질과 : 부패, 경화, 위축 등 변질된 것(과숙에 의해 육질이 변질된 것을 포함한다)
   ③ 미숙과 : 당도, 색택 등으로 보아 성숙이 현저하게 덜된 것
   ④ 병충해과 : 탄저병, 노균병, 축과병 등 병해충의 피해가 있는 것
   ⑤ 피해과 : 일소, 열과, 오염된 것 등의 피해가 현저한 것

2) 경결점과는 다음의 것을 말한다.
   ① 품종 고유의 모양이 아닌 것
   ② 낱알의 밀착도가 지나치거나 성긴 것
   ③ 병해충의 피해가 경미한 것
   ④ 기타 결점의 정도가 경미한 것

[표 1] 크기 구분

품종 \ 호칭	2L	L	M	S
1송이의 무게 (g) / 샤인머스켓, 거봉, 흑보석, 자옥 등 무핵(씨없는 것)과와 유사한 품종	700 이상	600 이상 700 미만	500 이상 600 미만	500 미만
마스캇베일리에이, 마스컷 오브알렉산드리아, 이탈리아 등 이와 유사한 품종	600 이상	500 이상 600 미만	400 이상 500 미만	400 미만
거봉, 흑보석, 자옥 등 유핵(씨있는 것)과와유사한 품종	500 이상	400 이상 500 미만	300 이상 400 미만	300 미만
캠벨얼리, 새단 등 이와 유사한 품종	450 이상	350 이상 450 미만	300 이상 350 미만	300 미만
델라웨어, 킹델라 등 이와 유사한 품종	250 이상	150 이상 250 미만	100 이상 150 미만	100 미만

농산물표준규격
감 귤
[규격번호 : 1051]

(1) 적용 범위

본 규격은 국내에서 생산되어 신선한 상태로 유통되는 감귤에 적용하며, 가공용 또는 수출용에는 적용하지 않는다.

(2) 등급 규격

등급 항목	특	상	보통
낱개의 고르기	별도로 정하는 크기 구분표[표1]에서 무게가 다른 것이 5%이하인 것. 단, 크기 구분표의 해당 무게에서 1단계를 초과 할 수 없다.	별도로 정하는 크기 구분표[표1]에서 무게 또는 지름이 다른 것이 10%이하인 것. 단, 크기 구분표의 해당 무게에서 1단계를 초과 할 수 없다.	특·상에 미달하는 것
색 택	별도로 정하는 품종별/등급별 착색비율[표2]에서 정하는 "특"이외의 것이 섞이지 않은 것	별도로 정하는 품종별/등급별 착색비율[표2]에서 정하는 "상"에 미달하는 것이 없는 것	별도로 정하는 품종별/등급별 착색 비율[표2]에서 정하는 "보통"에 미달하는 없는 것
과 피	품종 고유의 과피로써, 수축현상이 나타나지 않은 것		특·상에 미달하는 것
껍질뜬것 (부피과)	별도로 정하는 껍질 뜬 정도[그림 1]에서 정하는 "없음(○)"에 해당하는 것	별도로 정하는 껍질 뜬 정도[그림1]에서 정하는 "가벼움(1)" 이상에 해당하는 것	별도로 정하는 껍질 뜬 정도[그림1]에서 정하는 "중간정도(2)" 이상에 해당하는 것
중결점과	없는 것		5% 이하인 것(부패·변질과

			는 포함할 수 없음)
경결점과	5% 이내인 것	10% 이하인 것	20% 이하인 것

(3) 용어의 정의

1) 착색비율은 낱개별로 전체 면적에 대한 품종고유의 색깔이 착색된 면적의 비율을 말한다.
2) 중결점과는 다음의 것을 말한다.
   ① 이품종과 : 품종이 다른 것, 숙기(조생종, 중생종, 만생종)가 다른 것
   ② 부패, 변질과 : 과육이 부패 또는 변질된 것(과숙에 의해 육질이 변질된 것을 포함한다)
   ③ 미숙과 : 당도, 색택으로 보아 성숙이 현저하게 덜된 것(덜 익은 과일을 수확하여 아세틸렌, 에틸렌 등의 가스로 후숙한 것을 포함한다)
   ④ 일소과 : 지름 또는 길이 10mm 이상의 일소 피해가 있는 것
   ⑤ 병충해과 : 더뎅이병, 궤양병, 검은점무늬병, 곰팡이병, 깍지벌레, 으름나방 등 병해충의 피해가 있는 것.
   ⑥ 상해과 : 열상, 자상 또는 압상이 있는 것. 다만, 경미한 것은 제외한다.
   ⑦ 모양 : 모양이 심히 불량한 것, 꼭지가 떨어진 것
   ⑧ 경결점과에 속하는 사항으로 그 피해가 현저한 것
3) 경결점과는 다음의 것을 말한다.
   ① 품종 고유의 모양이 아닌 것
   ② 경미한 일소, 약해 등으로 외관이 떨어지는 것
   ③ 병해충의 피해가 과피에 그친 것
   ④ 경미한 찰상 등 중결점과에 속하지 않는 상처가 있는 것
   ⑤ 꼭지가 퇴색된 것
   ⑥ 기타 결점의 정도가 경미한 것

[표 1] 크기 구분-1(한라봉, 청견, 진지향 및 이와 유사한 품종)

품종 \ 호칭	2L	L	M	S	2S
1개의 무게 (g)	한라봉, 천혜향 및 이와 유사한 품종	370 이상	300 이상 370 미만	230 이상 300 미만	150 이상 230 미만	150 미만
	청견, 황금향 및 이와 유사한 품종	330 이상	270 이상 330 미만	210 이상 270 미만	150 이상 210 미만	150 미만
	진지향 및 이와 유사한 품종	125 이상 165 미만	100 이상 125 미만	85 이상 100 미만	70 이상 85 미만	70 미만

[표 1] 크기 구분-2(온주밀감 및 이와 유사한 품종)

구분 \ 호칭	2S	S	M	L	2L
1개의 지름(mm)	49~53	54~58	59~62	63~66	67~70
1개의 무게(g)	53~62	63~82	83~106	107~123	124~135

※ 드럼식 선과기는 지름, 중량식 선과기는 무게를 적용하고, 호칭 숫자 뒤의 명칭은 유통현실에 따를 수 있음

[표 2] 품종별/등급별 착색비율(%)

품종		등급	특	상	보통
온주밀감	5~10월출하		70 이상	60 이상	50 이상
	11~4월출하		85 이상	80 이상	70 이상
한라봉, 천혜향, 청견, 황금향, 진지향 및 이와 유사한 품종			95 이상	90 이상	90 이상

【그림 1】 껍질 뜬 정도

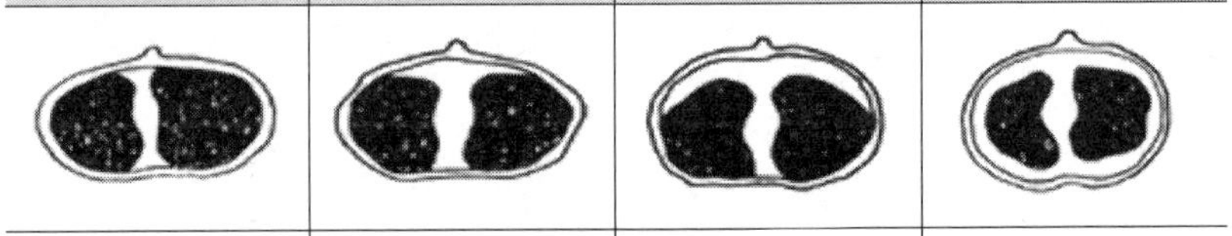

없음(○)	가벼움(1)	중간정도(2)	심함(3)
껍질이 뜨지 않은 것	껍질 내 표면적의 20% 이하가 뜬 것	껍질 내 표면적의 20~50%가 뜬 것	껍질 내 표면적의 50% 이상이 뜬 것

농산물표준규격
금 감

[규격번호 : 1055]

(1) 적용 범위

본 규격은 국내에서 생산되어 신선한 상태로 공급되는 금감에 적용하며, 가공용 또는 수출용에는 적용하지 않는다.

(2) 등급 규격

등급 항목	특	상	보통
낱개의 고르기	별도로 정하는 크기 구분표[표1]에서 무게가 다른 것이 5%이하인 것. 단, 크기 구분표의 해당 무게에서 1단계를 초과 할 수 없다.	별도로 정하는 크기 구분표[표1]에서 무게가 다른 것이 10% 이하인 것. 단, 크기 구분표의 해당 무게에서 1단계를 초과 할 수 없다	특상에 미달하는 것
색 택	별도로 정하는 등급별 착색비율[표2]에서 "특"에 미달하는 것이 1% 이하인 것.	별도로 정하는 등급별 착색비율[표2]에서 "상"에 미달하는 것이 3% 이하인 것.	별도로 정하는 등급별 착색비율[표2]에서 "보통"에 미달하는 것이 5% 이하인 것.
중결점과	없는 것		5% 이하인 것(부패·변질과는 포함할 수 없음)
경결점과	5% 이하인 것	10%이하인 것	20% 이하인 것

(3) 용어의 정의

1) 착색비율은 낱개별로 전체 면적에 대한 품종고유의 색깔이 착색된 면적의 비율을 말한다.
2) 중결점과는 다음의 것을 말한다.
   ① 이품종과 : 품종이 다른 것
   ② 부패, 변질과 : 과육이 부패 또는 변질된 것(과숙에 의해 육질이 변질된 것을 포함한다)
   ③ 미숙과 : 당도, 색택으로 보아 성숙이 현저하게 덜된 것(덜 익은 과일을 수확하여 아세틸렌, 에틸렌 등의 가스로 후숙한 것을 포함한다)
   ④ 병충해과 : 병해충의 피해가 있는 것.
   ⑤ 상해과 : 열상, 자상 또는 압상이 있는 것. 다만 경미한 것은 제외한다.
   ⑥ 모양 : 모양이 심히 불량한 것, 꼭지가 떨어진 것.
   ⑦ 기타 : 경결점과에 속하는 사항으로 그 피해가 현저한 것
3) 경결점과는 다음의 것을 말한다.
   ① 품종 고유의 모양이 아닌 것
   ② 경미한 일소, 약해 등으로 외관이 떨어지는 것
   ③ 병해충의 피해가 과피에 그친 것
   ④ 경미한 찰상 등 중결점과에 속하지 않는 상처가 있는 것
   ⑤ 꼭지가 퇴색된 것
   ⑥ 기타 결점의 정도가 경미한 것

[표 1] 크기 구분

구 분 \ 호 칭	2L	L	M	S
1개의 무게(g)	20 이상	15 이상 20 미만	10 이상 15 미만	10 미만

[표 2] 등급별 착색비율

등 급	특	상	보통
착색비율	95% 이상	90% 이상	85% 이상

농산물표준규격
매 실

[규격번호 : 1061]

(1) 적용 범위
본 규격은 국내에서 생산되어 신선한 상태로 유통되는 매실에 적용하며, 가공용 또는 수출용에는 적용하지 않는다.

(2) 등급 규격

등급 항목	특	상	보통
낱개의 고르기	별도로 정하는 크기 구분표[표1]에서 무게 또는 지름이 다른 것이 5% 이하인 것	별도로 정하는 크기 구분표[표1]에서 무게 또는 지름이 다른 것이 10% 이하인 것	특·상에 미달하는 것
숙 도	과육의 숙도가 적당하고 손으로 만져 단단한 것		특·상에 미달하는 것
중결점과	없는 것		5% 이하인 것(부패·변질과는 포함할 수 없음)
경결점과	3% 이하인 것	5% 이하인 것	20% 이하인 것

(3) 용어의 정의

1) 숙도가 적당하다는 것은 과피가 황변되거나, 과육이 연화되기 이전을 말한다.
2) 중결점과는 다음의 것을 말한다.
   ① 이품종과 : 품종이 다른 것
   ② 부패, 변질과 : 과육이 부패 또는 변질된 것
   ③ 과숙과 : 경도, 색택으로 보아 성숙이 지나친 것
   ④ 병충해과 : 검은별무늬병(흑성병), 균핵병, 큰무늬병(반문병), 깍지벌레 등의 피해가 두드러진 것
   ⑤ 상해과 : 열상, 자상, 압상 등이 있는 것. 다만, 경미한 것은 제외한다.
   ⑥ 모양 : 모양이 심히 불량한 것
   ⑦ 기타 : 경결점과에 속하는 사항으로 그 피해가 현저한 것
3) 경결점과는 다음의 것을 말한다.
   ① 품종 고유의 모양이 아닌 것
   ② 경미한 녹, 일소, 약해, 생리장해 등으로 외관이 떨어지는 것
   ③ 미숙과 : 성숙이 덜된 것
   ④ 병해충의 피해가 과피에 그친 것
   ⑤ 경미한 찰상 등 중결점과에 속하지 않는 상처가 있는 것
   ⑥ 기타 결점의 정도가 경미한 것

[표 1] 크기 구분

구분 \ 호칭	2L	L	M	S	2S
1개의 무게(g)	25 이상	20 이상 25 미만	15 이상 20 미만	10 이상 15 미만	10 미만
1개의 지름(mm)	36 이상	33 이상 36 미만	30 이상 33 미만	27 이상 30 미만	27 미만

농산물표준규격
단 감

[규격번호 : 1071]

(1) 적용 범위
본 규격은 국내에서 생산되어 신선한 상태로 유통되는 단감에 적용하며, 가공용 또는 수출용에는 적용하지 않는다.

(2) 등급 규격

등급 항목	특	상	보통
낱개의 고르기	별도로 정하는 크기 구분표[표1]에서 무게가 다른 것이 5%이하인 것. 단, 크기 구분표의 해당 무게에서 1단계를 초과 할 수 없다.	별도로 정하는 크기 구분표[표1]에서 무게가 다른 것이 10%이하인 것. 단, 크기 구분표의 해당 무게에서 1단계를 초과 할 수 없다.	특상에 미달하는 것
색 택	착색된 비율이 80% 이상인 것	착색된 비율이 60% 이상인 것	특상에 미달하는 것
숙 도	숙도가 양호하고 균일한 것		특상에 미달하는 것
중결점과	없는 것		5% 이하인 것 (부패·변질과는 포함할 수 없음)
경결점과	3% 이하인 것	5% 이하인 것	20% 이하인 것

(3) 용어의 정의

1) 착색비율은 낱개별로 전체 면적에 대한 품종 고유의 색깔이 착색된 면적의 비율을 말한다.
2) 중결점과는 다음의 것을 말한다.
   ① 이품종과 : 품종이 다른 것
   ② 부패, 변질과 : 과육이 부패 또는 변질된 것(과숙에 의해 육질이 변질된 것을 포함한다)
   ③ 미숙과 : 당도(맛), 경도 및 색택으로 보아 성숙이 덜된 것 (덜익은 과일을 수확하여 아세틸렌, 에틸렌 등의 가스로 후숙한 것을 포함한다)
   ④ 병충해과 : 탄저병, 검은별무늬병, 감꼭지나방 등 병해충의 피해가 있는 것
   ⑤ 상해과 : 열상, 자상 또는 압상이 있는 것. 다만, 경미한 것 제외
   ⑥ 꼭지 : 꼭지가 빠지거나, 꼭지 부위가 갈라진 것
   ⑦ 모양 : 모양이 심히 불량한 것
   ⑧ 기타 : 경결점과에 속하는 사항으로 그 피해가 현저한 것
3) 경결점과는 다음의 것을 말한다.
   ① 품종 고유의 모양이 아닌 것
   ② 경미한 일소, 약해 등으로 외관이 떨어지는 것
   ③ 그을음병, 깍지벌레 등 병충해의 피해가 과피에 그친 것
   ④ 꼭지가 돌아갔거나, 꼭지와 과육 사이에 틈이 있는 것
   ⑤ 경미한 찰상 등 중결점과에 속하지 않는 상처가 있는 것
   ⑥ 기타 결점의 정도가 경미한 것

> **11회 기출문제**
> 낱개의 고르기에 따라 특이 될 수 있는 품목은?
> - 사과는 무게가 다른 것이 5% 이하
> - 배는 무게가 다른 것이 4.5%
> - 감귤(청견)은 무게가 L, M이다. 무게가 다른 것이 5.6%
> - 단감은 55과 중 무게가 다른 것이 2개
>
> ▶ 단감은 무게가 다른 것이 3.6%로 특이 될 수 있다.

[표 1] 크기 구분

구분 \ 호칭	2L	L	M	S	2S
g / 개	250이상	200이상 250미만	165이상 200미만	142이상 165미만	142미만

농산물표준규격
자 두

[규격번호 : 1111]

(1) 적용 범위

본 규격은 국내에서 생산되어 신선한 상태로 유통되는 자두에 적용하며, 가공용 또는 수출용에는 적용하지 않는다.

(2) 등급 규격

등급 항목	특	상	보통
낱개의 고르기	별도로 정하는 크기 구분표[표1]에서 무게가 다른 것이 5% 이하인 것. 단, 크기 구분표의 해당 무게에서 1단계를 초과할 수 없다.	별도로 정하는 크기 구분표[표1]에서 무게가 다른 것이 10% 이하인 것. 단, 크기 구분표의 해당 무게에서 1단계를 초과 할 수 없다.	특상에 미달하는 것
색 택	착색된 비율이 40% 이상인 것	착색된 비율이 20% 이상인 것	특상에 미달하는 것
중결점과	없는 것		5% 이하인 것(부패·변질과는 포함할 수 없음)
경결점과	3% 이하인 것	5% 이하인 것	20% 이하인 것

> **11회 기출문제**
>
> 단감의 병 특징이 초기 증상은 작은 점이 생기고 이것이 점차 커져서 1~1.3cm의 원형 또는 타원형의 회색 및 흑색반점으로 된다. 이와 같은 탄저병에 가장 약한 품종을 써라.
>
> ▶ 부유

(3) 용어의 정의

1) 착색비율은 낱개별로 전체 면적에 대한 품종 고유의 색깔이 착색된 면적의 비율을 말한다.
2) 중결점과는 다음의 것을 말한다.
   ① 이품종과 : 품종이 다른 것
   ② 부패, 변질과 : 과육이 부패 또는 변질된 것(과숙에 의해 육질이 변질된 것을 포함한다).
   ③ 미숙과 : 맛, 육질, 색택 등으로 보아 성숙이 현저하게 덜 된 것
   ④ 병충해과 : 검은무늬병, 심식충 등 병충해의 피해가 있는 것
   ⑤ 상해과 : 찰상, 자상, 압상 등의 상처가 있는 것. 다만 경미한 것은 제외한다.
   ⑥ 모양 : 모양이 심히 불량한 것
   ⑦ 기타 : 오염된 것 등 그 피해가 현저한 것
3) 경결점과는 다음의 것을 말한다.
   ① 품종 고유의 모양이 아닌 것
   ② 약해, 일소 등 피해가 경미한 것
   ③ 병충해, 상해의 정도가 경미한 것
   ④ 기타 결점의 정도가 경미한 것

[표 1] 크기 구분

품 종		호 칭	2L	L	M	S
1과의 기준 무게 (g)	대과종	포모사, 솔담, 산타로사, 캘시(피자두) 및 이와 유사한 품종	150 이상	120 이상 150 미만	90 이상 120 미만	90 미만
	중과종	대석조생, 비유티 및 이와 유사한 품종	100 이상	80 이상 100 미만	60 이상 80 미만	60 미만

농산물표준규격
참다래

[규격번호 : 1121]

(1) 적용 범위

본 규격은 국내에서 생산되어 신선한 상태로 유통되는 참다래에 적용하며, 가공용 또는 수출용에는 적용하지 않는다.

(2) 등급 규격

등급 항목	특	상	보통
낱개의 고르기	별도로 정하는 크기 구분[표1]에서 무게가 다른 것이 5% 이하인 것. 단, 크기 구분표의 해당 무게에서 1단계를 초과 할 수 없다.	별도로 정하는 크기 구분표[표1]에서 무게가 다른 것이 10% 이하인 것. 단, 크기 구분표의 해당 무게에서 1단계를 초과 할 수 없다.	특상에 미달하는 것
색택	품종 고유의 색택이 뛰어난 것	품종 고유의 색택이 양호한 것	특상에 미달하는 것
향미	품종 고유의 향미가 뛰어난 것	품종 고유의 향미가 양호한 것	특상에 미달하는 것
털	털의 탈락이 없는 것	털의 탈락이 경미한 것	털의 탈락이 심하지 않은 것
중결점과	없는 것		5% 이하인 것(부패·변질과는 포함할 수 없음)
경결점과	5% 이하인 것	10% 이하인 것	20% 이하인 것

11회 기출문제

다음 품목과 해당 품종 중에서 착색 40% 무게 120g일 때 특인 것을 골라 품목과 품종명을 쓰시오.
품목(단감 자두 사과 감귤) 품종(포모사 대석조생 후지 서촌조생 부유 진지향 천혜향 홍로)

▶ 자두 – 포모사

(3) 용어의 정의

1) 중결점과는 다음의 것을 말한다.
   ① 이품종과 : 품종이 다른 것
   ② 부패, 변질과 : 과육이 부패 또는 변질된 것
   ③ 과숙과 : 육질, 경도로 보아 성숙이 지나치게 된 것
   ④ 병충해과 : 연부병, 깍지벌레, 풍뎅이 등 병해충의 피해가 있는 것
   ⑤ 상해과 : 열상, 자상 또는 압상이 있는 것. 다만 경미한 것은 제외한다.
   ⑤ 모양 : 모양이 심히 불량한 것
   ⑥ 기타 : 바람이 들어 육질에 동공이 생긴 것, 시든 것, 기타 경결점과에 속하는 사항으로 그 피해가 현저한 것

2) 경결점과는 다음의 것을 말한다.
   ① 품종 고유의 모양이 아닌 것
   ② 일소, 약해 등으로 외관이 떨어지는 것
   ③ 병해충의 피해가 경미한 것
   ④ 경미한 찰상 등 중결점과에 속하지 않는 상처가 있는 것
   ⑤ 녹물에 오염된 것, 이물이 붙어 있는 것
   ⑥ 기타 결점의 정도가 경미한 것

[표 1] 크기 구분

구분	호칭	2L	L	M	S	2S
1개의 무게 (g)	홍양	95이상	75이상 95미만	55이상 75미만	40이상 55미만	40미만
	스위트골드	115 이상	95이상 115미만	75이상 95미만	60이상 75미만	60미만
	헤이워드, 해금	125 이상	105이상 125미만	85이상 105미만	70이상 85미만	70미만
	골드원	140 이상	120이상 140미만	100이상 120미만	90이상 100미만	90미만

농산물표준규격
블루베리

[규격번호 : 1131]

(1) 적용 범위

본 규격은 국내에서 생산되어 신선한 상태로 유통되는 하이부시 블루베리와 래빗아이 블루베리에 적용하며, 가공용 또는 수출용에는 적용하지 않는다.

(2) 등급 규격

등급 항목	특	상	보통
낱개의 고르기	별도로 정하는 크기 구분표 [표 1]에서 크기가 다른 것이 20% 이하인 것. 단, 크기 구분표의 해당 무게에서 1단계를 초과할 수 없다.	별도로 정하는 크기 구분표[표1]에서 크기가 다른 것이 30% 이하인 것. 단, 크기 구분표의 해당 무게에서 1단계를 초과 할 수 없다.	특상에 미달하는 것
색 택	품종 고유의 색택을 갖추고, 과분의 부착이 양호한 것		특상에 미달하는 것
낱알의 형태	낱알 간 숙도의 고르기가 뛰어난 것	낱알 간 숙도의 고르기가 양호한 것	특상에 미달하는 것
중결점	없는 것		5% 이하인 것(부패·변질된 것은 포함할 수 없음)
경결점	없는 것	5% 이하인 것	20% 이하인 것

(3) 용어의 정의

1) 중결점과는 다음의 것을 말한다.
   ① 이품종과 : 품종이 다른 것
   ② 부패, 변질과 : 과육이 부패 또는 변질된 것
   ③ 미숙과 : 당도, 색택 등으로 보아 성숙이 현저하게 덜된 것
   ④ 병충해과 : 미이라병, 노린재 등 병충해의 피해가 과육까지 미친 것
   ⑤ 피해과 : 일소, 열과, 오염된 것 등의 피해가 현저한 것
   ⑥ 상해과 : 열상, 자상 또는 압상이 있는 것. 다만 경미한 것은 제외 한다.
   ⑦ 과숙과 : 경도, 색택으로 보아 성숙이 지나친 것
   ⑧ 기타 : 경결점과에 속하는 사항으로 그 피해가 현저한 것

2) 경결점과는 다음의 것을 말한다.
   ① 품종 고유의 모양이 아닌 것
   ② 병해충의 피해가 경미한 것
   ③ 경미한 찰상 등 중 결점과에 속하지 않는 상처가 있는 것
   ④ 기타 결점의 정도가 경미한 것

[표 1] 크기 구분

2L	L	M	S
17이상	14이상 17미만	11이상 14미만	11미만

농산물표준규격
마른고추

[규격번호 : 2011]

(1) 적용 범위

본 규격은 국내에서 생산된 붉은 마른고추를 대상으로 하며, 가공용 또는 수출용에는 적용하지 않는다.

(2) 등급 규격

등급 항목	특	상	보통
낱개의 고르기	평균 길이에서 ±1.5cm를 초과하는 것이 10% 이하인 것.	평균길이에서 ±1.5cm를 초과하는 것인 20% 이하인 것.	특상에 미달 하는 것
색 택	품종 고유의 색택으로 선홍색 또는 진홍색으로서 광택이 뛰어난 것	품종고유의 색택으로 선홍색 또는 진홍색으로서 광택이 양호한 것	특상에 미달 하는 것
수 분	15% 이하로 건조된 것		
중결점과	없는 것		3.0% 이하인 것
경결점과	5.0% 이하인 것	15.0% 이하인 것	25.0% 이하인 것
탈락씨	0.5% 이하인 것	1.0% 이하인 것	2.0% 이하인 것
이 물	0.5% 이하인 것	1.0% 이하인 것	2.0% 이내인 것

(3) 용어의 정의

1) 중결점과는 다음의 것을 말한다.
   ① 반점 및 변색 : 황백색 또는 녹색의 과면의 10%이상인 것 또는 과열로 검게 변한 것이 과면의 20% 이상인 것
   ② 박피(薄皮) : 미숙으로 과피(껍질)가 얇고 주름이 심한 것
   ③ 상해과 : 잘라진 것 또는 길이의 1/2 이상이 갈라진 것
   ④ 병충해 : 흑색탄저병, 무름병, 담배나방 등 병충해 피해가 과면의 10% 이상인 것
   ⑤ 기타 : 심하게 오염된 것

2) 경결점과는 다음의 것을 말한다.
   ① 반점 및 변색 : 황백색 또는 녹색의 과면의 10%미만인 것 또는 과열로 검게 변한 것이 과면의 20% 미만인 것(꼭지 또는 끝부분의 경미한 반점 또는 변색은 제외한다)
   ② 상해과 : 길이의 1/2 미만이 갈라진 것
   ③ 병충해 : 흑색탄저병, 무름병, 담배나방병 등 병충해 피해가 과면의 10% 미만인 것
   ④ 모양 : 심하게 구부러 진 것, 꼭지가 빠진 것
   ⑤ 기타 : 결점의 정도가 경미한 것

3) 탈락씨 : 떨어져 나온 고추씨를 말한다.
4) 이물 : 고추 외의 것(떨어진 꼭지 포함)을 말한다.

12회 기출문제

귀농한 K씨가 생산하여 '특'등급을 표시한 풋고추 1상자(10kg)에서 공시료 50개를 무작위 추출하여 계측해보니 다음과 같았다. 농산물 표준규격에 따른 해당 등급표시가 적합한지 여부를 판단하고 그 이유를 쓰시오.(단, 주어진 항목 외에는 등급판정에 고려하지 않으며, 적합여부는 '적합' 또는 '부적합'으로 작성)

○평균 길이에서 ±2.0cm를 초과하는 것 : 4개
○꼭지 빠진 것 : 1개

▶ 적합여부 : 적합

이유 : 낱개의 고르기 평균길이에서 ±2.0mm를 초과하는 것이 10% 이하이고 경결점은 3.0% 이하이기 때문

농산물표준규격
고 추

[규격번호 : 2012]

(1) 적용 범위

본 규격은 국내에서 생산되어 신선한 상태로 유통되는 풋고추, 꽈리고추, 홍고추(물고추)에 적용하며, 가공용 또는 수출용에는 적용하지 않는다.

(2) 등급 규격

등급 항목	특	상	보통
낱개의 고르기	평균길이에서 ±2.0cm를 초과하는 것이 10% 이하인 것(꽈리고추는 20% 이하)	평균길이에서 ±2.0cm를 초과하는 것이 20%이하(꽈리고추는 50% 이하)로 혼입된 것	특상에 미달하는 것
길 이	꽈리고추에 적용 : 4.0cm~7.0cm인 것이 80% 이상	-	-
색 택	- 풋고추, 꽈리고추 : 짙은 녹색이 균일하고 윤기가 뛰어난 것 - 홍고추(물고추) : 품종 고유의 색깔이 선명하고 윤기가 뛰어난 것	- 풋고추, 꽈리고추 : 짙은 녹색이 균일하고 윤기가 있는 것 - 홍고추(물고추) : 품종 고유의 색깔이 선명하고 윤기가 있는 것	특상에 미달하는 것
신선도	꼭지가 시들지 않고 신선하며, 탄력이 뛰어난 것	꼭지가 시들지 않고 신선하며, 탄력이 양호한 것	특상에 미달하는 것
중결점과	없는 것		5% 이하인 것(부패・변질과는 포함할 수 없음)
경결점과	3% 이하인 것	5% 이하인 것	20% 이하인 것

(3) 용어의 정의

1) 길이 : 꼭지를 제외한다.
2) 중결점과는 다음의 것을 말한다.
    ① 부패, 변질과 : 부패 또는 변질된 것
    ② 병충해 : 탄저병, 무름병, 담배나방 등 병해충의 피해가 현저한 것
    ③ 기타 : 오염이 심한 것, 씨가 검게 변색된 것
3) 경결점과는 다음의 것을 말한다.
    ① 과숙과 : 붉은색인 것(풋고추, 꽈리고추에 적용)
    ② 미숙과 : 색택으로 보아 성숙이 덜된 녹색과(홍고추에 적용)
    ③ 상해과 : 꼭지 빠진 것, 잘라진 것, 갈라진 것
    ④ 발육이 덜 된 것
    ⑤ 기형과 등 기타 결점의 정도가 경미한 것

농산물표준규격
오 이

[규격번호 : 2021]

(1) 적용 범위

본 규격은 국내에서 생산되어 신선한 상태로 유통되는 오이에 적용하며, 가공용 또는 수출용에는 적용하지 않는다.

(2) 등급 규격

등급 항목	특	상	보통
낱개의 고르기	평균길이에서 ±2.0cm(다다기계는 ±1.5cm)를 초과하는 것이 10% 이하인 것	평균길이에서 ±2.0cm(다다기계는 ±1.5cm)를 초과하는 것이 20% 이하인 것	특상에 미달하는 것
색 택	품종 고유의 색택이 뛰어난 것	품종 고유의 색택이 양호한 것	특상에 미달한 것
모 양	품종 고유의 모양을 갖춘 것으로 처음과 끝의 굵기가 일정하며 구부러진 정도가 다다기·취청계는 1.5cm 이내, 가시계는 2.0 cm 이내인 것	품종 고유의 모양을 갖춘 것으로 처음과 끝의 굵기가 대체로 일정하며 구부러진 정도가 다다기·취청계는 3.0cm이내, 가시계는 4.0cm이내인 것	특상에 미달하는 것
신선도	꼭지와 표피가 메마르지 않고 싱싱한 것		특상에 미달하는 것
중결점과	없는 것		5% 이하인 것(부패·변질과는 포함할 수 없음)
경결점과	없는 것	5% 이하인 것	20% 이하인 것

10회 기출문제
오이의 등급규격항목에서 특, 상이 같은 것을 적으시오.

➡ 신선도, 중결점

11회 기출문제
표준규격 무게항목 없는 품목을 고르시오.
호박, 토마토, 오이, 멜론, 딸기

➡ 오이

(3) 용어의 정의

1) 구부러진 정도 : 다음 그림과 같다

2) 중결점과는 다음의 것을 말한다.
   ① 과숙과 : 색택 또는 육질로 보아 성숙이 지나친 것
   ② 부패, 변질과 : 과육이 부패, 변질된 것
   ③ 상해과 : 절상, 자상, 압상이 있는 것. 다만 경미한 것은 제외한다.
   ④ 병충해과 : 흰가루병, 잿빛곰팡이병 등 병해충의 피해를 입은 것
   ⑤ 공동과 : 과실 내부에 공극이 있는 것
   ⑥ 모양 : 열과, 기형과 등 모양이 불량한 것
   ⑦ 기타 : 오염된 것

3) 경결점과는 다음의 것을 말한다.
   ① 형상불량 정도가 경미한 것
   ② 병충해, 상해의 정도가 경미한 것
   ③ 기타 결점의 정도가 경미한 것

농산물표준규격
호 박

[규격번호 : 2031]

(1) 적용 범위

본 규격은 국내에서 생산되어 신선한 상태로 유통되는 호박(애호박, 풋호박, 쥬키니)에 적용하며, 가공용 또는 수출용에는 적용하지 않는다.

(2) 등급 규격

등급 항목	특	상	보통
낱개의 고르기	-쥬키니 : 평균 길이에서 ±2.5cm를 초과하는 것이 10% 이하인 것 -애호박 : 평균 길이에서 ±2.0cm를 초과하는 것이 10% 이하인 것 -풋호박 : 평균 무게에서 ±50g을 초과하는 것이 10% 이하인 것	-쥬키니 : 평균 길이에서 ±2.5cm를 초과하는 것이 20% 이하인 것 -애호박 : 평균 길이에서 ±2.0cm를 초과하는 것이 20% 이하인 것 -풋호박 : 평균 무게에서 ±50g을 초과하는 것이 20% 이하인 것	특상에 미달하는 것
색 택	품종 고유의 색깔로 광택이 뛰어난 것		특상에 미달하는 것
모 양	-쥬키니 : 처음과 끝의 굵기가 거의 비슷하며, 구부러진 정도가 2.0cm 이내인 것 -애호박 : 처음과 끝의 굵기가 거의 비슷하며, 구부러진 것이 없는 것 -풋호박 : 구형 또는 난형(卵形)으로 모양이 균일한 것	-쥬키니 : 처음과 끝의 굵기가 거의 비슷하며, 구부러진 정도가 4.0cm 이내인 것 -애호박 : 처음과 끝의 굵기가 대체로 비슷하며, 구부러진 정도가 2.0cm 이상인 것이 20% 이내인 것 -풋호박 : 구형 또는 난형(卵形)으로 모양이 대체로 균일한 것	특상에 미달하는 것

참 고
- 가시계 : 30~35cm
- 취청계 : 25~30cm
- 다다기계 : 20~27cm

신선도	꼭지와 표피가 메마르지 않고 싱싱한 것		특상에 미달하는 것
중결점과	없는 것		5% 이하인 것(부패·변질과는 포함할 수 없음)
경결점과	없는 것	5% 이하인 것	20% 이하인 것

(3) 용어의 정의

1) 품종의 구분은 다음과 같다.
　① 쥬키니 : 페포계 쥬키니 및 이와 유사한 품종
　② 애호박 : 동양계 품종으로 장과형 및 이와 유사한 청과용
　③ 풋호박 : 동양계 품종으로 구형·난형(卵形) 및 이와 유사한 청과용
2) 구부러진 정도 : 다음 그림과 같다.

3) 중결점과는 다음의 것을 말한다.
　① 이품종과 : 품종이 다른 것
　② 부패, 변질과 : 과육이 부패, 변질된 것
　③ 과숙과 : 색깔 또는 무늬로 보아 과육의 성숙이 지나친 것
　④ 병충해과 : 무름병 등 병해충의 피해가 있는 것
　⑤ 상해과 : 자상, 압상, 찰상 등의 상처가 있는 것. 다만, 경미한 것은 제외한다.
　⑥ 기타 : 기형과, 오염과 등으로 그 피해가 현저한 것
4) 경결점과는 다음의 것을 말한다.
　① 형상불량 정도가 경미한 것
　② 병충해, 상해의 정도가 경미한 것

[표 1] 크기 구분

품 종 \ 호 칭		2L	L	M	S
쥬키니	1개의 길이(cm)	30 이상	25 이상 30 미만	20 이상 25 미만	20 미만
애호박		24 이상	20 이상 24 미만	16 이상 20 미만	12 이상 16 미만
풋호박	1개의 무게(g)	500 이상	400 이상 500 미만	300 이상 400 미만	300 미만

농산물표준규격
단호박·미니단호박

[규격번호 : 2034]

(1) 적용 범위

본 규격은 국내에서 생산되어 신선한 상태로 유통되는 단호박과 미니단호박에 적용하며, 가공용 또는 수출용에는 적용하지 않는다.

(2) 등급 규격

등급 항목	특	상	보통
낱개의 고르기	별도로 정하는 크기 구분표[표1]에서 무게가 다른 것이 섞이지 않은 것		특상에 미달하는 것
모양·색택	품종 고유의 모양과 색택이 뛰어난 것	품종 고유의 모양과 색택이 양호한 것	특상에 미달하는 것
중결점과	없는 것		5% 이하인 것(부패·변질과는 포함할 수 없음)
경결점과	없는 것	10% 이하인 것	20% 이하인 것

(3) 용어의 정의

1) 중결점과는 다음의 것을 말한다.
   ① 이품종과 : 품종이 다른 것
   ② 부패, 변질과 : 과육이 부패 또는 변질된 것(과숙에 의해 육질이 변질된 것을 포함한다).
   ③ 병충해과 : 병해충의 피해가 있는 것
   ④ 미숙과 : 경도, 색택으로 보아 성숙이 현저하게 덜된 것
   ⑤ 상해과 : 열상, 자상, 압상 등이 있는 것. 다만, 경미한 것은 제외한다.
   ⑥ 모양 : 모양이 심히 불량한 것
   ⑦ 기타 : 경결점과에 속하는 사항으로 그 피해가 현저한 것

2) 경결점과는 다음의 것을 말한다.
   ① 품종 고유의 모양이 아닌 것
   ② 병해충의 피해가 과피에 그친 것
   ③ 상해 및 기타 결점의 정도가 경미한 것

[표 1] 크기 구분

구 분	호 칭	2L	L	M	S	2S
단호박	1개의 무게(kg)	2.0 이상	1.5 이상 2.0 미만	1.0 이상 1.5 미만	1.0 미만	-
미니단호박		0.6 이상	0.5 이상 0.6 미만	0.4 이상 0.5 미만	0.3 이상 0.4 미만	0.3 미만

농산물표준규격
가 지

[규격번호 : 2041]

(1) 적용 범위
본 규격은 국내에서 생산되어 신선한 상태로 유통되는 가지에 적용하며, 가공용 또는 수출용에는 적용하지 않는다.

(2) 등급 규격

등급 항목	특	상	보통
낱개의 고르기	평균 길이에서 ±2.5cm를 초과하는 것이 10% 이하인 것	평균 길이에서 ±2.5cm를 초과하는 것이 20% 이하인 것	특상에 미달하는 것
색 택	품종 고유의 흑자색으로 광택이 뛰어난 것	품종 고유의 흑자색으로 광택이 양호한 것	특상에 미달하는 것
모 양	처음과 끝의 굵기가 거의 비슷하며, 구부러진 정도가 2.0cm 이내인 것	처음과 끝의 굵기가 거의 비슷하며, 구부러진 정도가 4.0cm 이내인 것	특·상에 미달하는 것
신선도	표면에 주름이 없고 싱싱하며, 탄력이 있는 것		특상에 미달하는 것
중결점과	없는 것		부패변질된 것을 제외하고 5% 이하인 것
경결점과	5% 이하인 것	10% 이하인 것	20% 이하인 것

(3) 용어의 정의

1) 구부러진 정도 : 다음 그림과 같다.

2) 중결점과는 다음의 것을 말한다.
   ① 이품종과 : 품종이 다른 것
   ② 부패, 변질과 : 과육이 부패, 변질된 것
   ③ 과숙과 : 색깔 또는 육질로 보아 성숙이 지나친 것
   ④ 병충해과 : 갈색무늬병 등의 피해가 과육에 까지 미친 것
   ⑤ 상해과 : 열상, 자상 또는 압상 등이 있는 것. 다만, 경미한 것은 제외한다.
   ⑥ 기타 : 기형과, 색택불량과, 오염과 등으로 그 피해가 현저한 것

3) 경결점과는 다음의 것을 말한다.
   ① 형상 불량 정도가 경미한 것
   ② 병충해, 상해의 정도가 경미한 것
   ③ 표면의 일부에 그친 경미한 갈색반점이 있는 것

농산물표준규격
토마토

[규격번호 : 2051]

(1) 적용 범위

본 규격은 국내에서 생산되어 신선한 상태로 유통되는 토마토에 적용하며, 가공용 또는 수출용에는 적용하지 않는다.

(2) 등급 규격

등급 항목	특	상	보통
낱개의 고르기	별도로 정하는 크기 구분표[표1]에서 무게가 다른 것이 5%이하인 것. 단, 크기 구분표의 해당 무게에서 1단계를 초과할 수 없다.	별도로 정하는 크기 구분표[표1]에서 무게가 다른 것이 10%이하인 것. 단, 크기 구분표의 해당 무게에서 1단계를 초과할 수 없다.	특상에 미달하는 것
색 택	출하 시기별로[표2]의 착색기준에 맞고, 착색 상태가 균일한 것		특상에 미달하는 것
신선도	꼭지가 시들지 않고 껍질의 탄력이 뛰어난 것	꼭지가 시들지 않고 껍질의 탄력이 양호한 것	특상에 미달하는 것
꽃자리 흔적	거의 눈에 띄지 않은 것	두드러지지 않은 것	특상에 미달하는 것
중결점과	없는 것		5% 이하인 것(부패·변질과는 포함할 수 없음)
경결점과	없는 것	5% 이하인 것	20% 이하인 것

(3) 용어의 정의

1) 착색비율은 낱개별로 전체 면적에 대한 품종 고유의 색깔이 착색된 면적의 비율을 말한다.
2) 중결점과는 다음의 것을 말한다.
   ① 이품종과 : 품종이 다른 것
   ② 부패, 변질과 : 과육이 부패 또는 변질된 것
   ③ 과숙과 : 색깔 또는 육질로 보아 성숙이 지나친 것
   ④ 병충해과 : 배꼽썩음병 등 병해충의 피해가 있는 것. 다만 경미한 것은 제외한다.
   ⑤ 상해과 : 생리장해로 육질이 섬유질화한 것. 열상, 자상, 압상 등의 상처가 있는 것. 다만 경미한 것은 제외한다.
   ⑥ 형상불량과 : 품종의 특성이 아닌 타원, 선첨과(先尖果), 난형과(卵形果), 공동과(空胴果) 등 기형과 및 열과(裂果)
3) 경결점과는 다음의 것을 말한다.
   ① 형상불량 정도가 경미한 것
   ② 중결점에 속하지 않는 상처가 있는 것
   ③ 병충해, 상해의 정도가 경미한 것
   ④ 기타 결점정도가 경미한 것

[표 1] 크기 구분

구분	호칭	3L	2L	L	M	S	2S
1과의 무게 (g)	일반계	300 이상	250 이상 300 미만	210 이상 250 미만	180 이상 210 미만	150 이상 180 미만	100 이상 150 미만
	중소형계 (흑토마토등)	90이상	80이상 90미만	70이상 80미만	60이상 70미만	50이상 60미만	50미만
	소형계 (캄파리 등)	–	50이상	40이상 50미만	30이상 40미만	20이상 30미만	20미만

[표 2] 착색 기준

출하시기	착 색 비 율	
	완숙 토마토	일반 토마토
3월 ~ 5월	전체 면적의 60% 내외	전체 면적의 20% 내외
6월 ~ 10월	전체 면적의 50% 내외	전체 면적의 10% 내외
11월~익년 2월	전체 면적의 70% 내외	전체 면적의 30% 내외

11회 기출문제

완숙토마토 한 상자의 낱개의 고르기, 무게, 신선도는 특 7월 중 출하품이 착색은 70%이다. 특이 될 수 있는가?

➡ 특이 될 수 없다. 이유는 7월 중 완숙토마토 착색비율은 50% 내외이기 때문

농산물표준규격
방울토마토

[규격번호 : 2053]

(1) 적용 범위
본 규격은 국내에서 생산되어 신선한 상태로 유통되는 방울토마토에 적용하며, 가공용 또는 수출용에는 적용하지 않는다.

(2) 등급 규격

등급 항목	특	상	보통
낱개의 고르기	별도로 정하는 크기 구분표[표1]에서 무게 또는 지름이 다른 것이 10%이하인 것. 단, 크기 구분표의 해당 무게에서 1단계를 초과할 수 없다.	별도로 정하는 크기 구분표[표1]에서 무게 또는 지름이 다른 것이 20%이하인 것. 단, 크기 구분표의 해당 무게에서 1단계를 초과할 수 없다.	특상에 미달하는 것
색 택	품종 고유의 색택으로 착색 정도가 뛰어나며 균일한 것	품종 고유의 색택으로 착색정도가 양호하며 균일한 것	특상에 미달하는 것
신선도	과피의 탄력이 뛰어난 것	과피의 탄력이 뛰어난 것	특상에 미달하는 것
숙 도	과육의 성숙정도가 적당하고 균일한 것		특상에 미달하는 것
중결점과	없는 것		5% 이하인 것(부패·변질과는 포함할 수 없음)
경결점과	없는 것	5% 이하인 것	20% 이하인 것

(3) 용어의 정의

1) 중결점과는 다음의 것을 말한다.
   ① 이품종과 : 품종이 다른 것
   ② 부패, 변질과 : 과육이 부패 또는 변질된 것
   ③ 과숙과 : 색택 또는 육질의 경도로 보아 과육의 성숙이 지나친 것
   ④ 미숙과 : 성숙이 덜된 것
   ⑤ 병충해과 : 과피 또는 과육에 병해충의 피해가 있는 것. 다만 경미한 것은 제외한다.
   ⑥ 상해과 : 생리장해로 육질이 섬유질화한 것. 열상, 자상, 압상 등의 상처가 있는 것. 다만 경미한 것은 제외한다.
   ⑦ 형상불량과 : 기형과 및 열과(裂果)
   ⑧ 기타 결점의 정도가 심한 것

2) 경결점과는 다음의 것을 말한다.
   ① 형상불량의 정도가 경미한 것
   ② 중결점에 속하지 않는 상처가 있는 것
   ③ 병충해, 상해의 정도가 경미한 것
   ④ 기타 결점정도가 경미한 것

[표 1] 크기 구분

호칭 품종	2L	L	M	S	2S
1과의 무게(g)	25 이상	20 이상 25 미만	15 이상 20 미만	10 이상 15 미만	5 이상 10 미만
1과의 지름(mm)	35 이상	25 이상 35 미만	20 이상 25 미만	15 이상 20 미만	15 미만

농산물표준규격
송이토마토

[규격번호 : 2054]

(1) 적용 범위

본 규격은 국내에서 생산되어 신선한 상태로 유통되는 송이토마토에 적용하며, 가공용 또는 수출용에는 적용하지 않는다.

(2) 등급 규격

등급 항목	특	상	보통
모 양	송이당 4개 이상의 낱알이 달린 것		특상에 미달하는 것
색택	착색비율이 70% 이상인 것		
신선도	꼭지가 시들지 않고 탄력이 뛰어난 것	꼭지가 시들지 않고 탄력이 양호한 것	
중결점과	없는 것		5% 이하인 것(부패·변질과는 포함할 수 없음)
경결점과	없는 것	없는 것	20% 이하인 것

(3) 용어의 정의

1) 착색비율은 낱개별로 전체 면적에 대하여 품종 고유의 색깔이 착색된 면적의 비율을 말한다.
2) 중결점과는 다음의 것을 말한다.
   ① 부패, 변질과 : 과육이 부패 또는 변질된 것(과숙에 의해 육질이 변질된 것을 포함한다.)
   ② 병충해과 : 병해충의 피해가 있는 것
   ③ 미숙과 : 경도, 색택 등으로 보아 성숙이 현저하게 덜된 것
   ④ 상해과 : 열상, 자상, 압상 등이 있는 것. 다만, 경미한 것은 제외한다.
   ⑤ 모양 : 모양이 심히 불량한 것
   ⑥ 기타 : 경결점과에 속하는 사항으로 그 피해가 현저한 것
3) 경결점과는 다음의 것을 말한다.
   ① 품종 고유의 모양이 아닌 것
   ② 병해충의 피해가 과피에 그친 것
   ③ 상해 및 기타 결점의 정도가 경미한 것

[표 1] 크기 구분

구분 \ 호칭	2L	L	M	S
1개의 무게(g)	50 이상	40 이상 50 미만	30 이상 40 미만	30 미만

농산물표준규격
참 외

[규격번호 : 2061]

(1) 적용 범위

본 규격은 국내에서 생산되어 신선한 상태로 유통되는 참외에 적용하며, 가공용 또는 수출용에는 적용하지 않는다.

(2) 등급 규격

등급 항목	특	상	보통
낱개의 고르기	별도로 정하는 크기 구분표[표1]에서 무게가 다른 것이 3%이하인 것. 단, 크기 구분표의 해당 무게에서 1단계를 초과할 수 없다.	별도로 정하는 크기 구분표[표1]에서 무게가 다른 것이 5%이하인 것. 단, 크기 구분표의 해당 무게에서 1단계를 초과할 수 없다.	특상에 미달하는 것
색 택	착색비율이 90% 이상인 것	착색비율이 80% 이상인 것	특상에 미달하는 것
신선도 숙 도	과육의 성숙 정도가 적당하며 과피에 갈변 현상이 없고 신선도가 뛰어난 것	과육의 성숙 정도가 적당하며 과피에 갈변 현상이 경미하고 신선도가 양호한 것	특상에 미달하는 것
중결점과	없는 것		5% 이하인 것(부패·변질과는 포함할 수 없음)
경결점과	3% 이하인 것	5% 이하인 것	20% 이하인 것

(3) 용어의 정의

1) 착색비율은 낱개별로 전체 면적에 대한 품종 고유의 색깔이 착색된 면적의 비율을 말한다.
2) 중결점과는 다음의 것을 말한다.
   ① 이품종과 : 품종이 다른 것
   ② 부패, 변질과 : 과육이 부패 또는 변질된 것
   ③ 과숙과 : 성숙이 지나치거나 과육이 연화된 것
   ④ 미숙과 : 당도, 경도, 착색으로 보아 성숙이 현저하게 덜된 것
   ⑤ 병충해과 : 탄저병 등 병해충의 피해가 있는 것. 다만 경미한 것은 제외한다.
   ⑥ 상해과 : 열상, 자상 또는 압상 등이 있는 것. 다만 경미한 것은 제외한다.
   ⑦ 모양 : 모양이 불량한 것
3) 경결점과는 다음의 것을 말한다.
   ① 병충해, 상해의 피해가 경미한 것
   ② 품종 고유의 모양이 아닌 것
   ③ 기타 결점의 정도가 경미한 것

[표 1] 크기 구분

호칭 구분	2L	L	M	S	2S	3S
1개의 무게(g)	500이상	330이상 500미만	250이상 330미만	200이상 250미만	165이상 200미만	165 미만

8회 기출문제

참외 미숙과의 정의를 쓰시오.(5점)

➡ 당도, 경도, 색택으로 보아 성숙이 현저하게 덜 된 것

농산물표준규격
딸 기

[규격번호 : 2071]

(1) 적용 범위

본 규격은 국내에서 생산되어 신선한 상태로 유통되는 딸기에 적용하며, 가공용 또는 수출용에는 적용하지 않는다.

(2) 등급 규격

등급 항목	특	상	보통
낱개의 고르기	별도로 정하는 크기구분표[표1]에서 무게가 다른 것이 10% 이하인 것	별도로 정하는 크기구분표[표1]에서 무게가 다른 것이 20% 이하인 것	특상에 미달하는 것
색 택	품종 고유의 색택이 뛰어난 것	품종 고유의 색택이 양호한 것	특상에 미달하는 것
신선도	꼭지가 시들지 않고 표면에 윤기가 있는 것		특상에 미달하는 것
중결점과	없는 것		5% 이하인 것(부패·변질과는 포함할 수 없음)
경결점과	5% 이하인 것	10% 이하인 것	20% 이하인 것

(3) 용어의 정의

1) 중결점과는 다음의 것을 말한다.
   ① 부패, 변질과 : 과육이 부패 또는 변질된 것(과숙에 의해 육질이 변질된 것을 포함한다.)
   ② 병충해과 : 병해충의 피해가 있는 것
   ③ 미숙과 : 당도, 경도, 색택으로 보아 성숙이 현저하게 덜된 것
   ④ 상해과 : 열상, 자상, 압상 등이 있는 것. 다만, 경미한 것은 제외한다.
   ⑤ 모양 : 모양이 심히 불량한 것
   ⑥ 기타 : 경결점과에 속하는 사항으로 그 피해가 현저한 것

2) 경결점과는 다음의 것을 말한다.
   ① 품종 고유의 모양이 아닌 것
   ② 병해충의 피해가 과피에 그친 것
   ③ 상해 및 기타 결점의 정도가 경미한 것

[표 1] 크기 구분

구 분 \ 호 칭	2L	L	M	S
1개의 무게(g)	25 이상	17 이상 25 미만	12 이상 17 미만	12 미만

8회 기출문제

딸기 8kg(10박스) 중결점은 없고 경결점은 12-15%이다. 등급과 경결점의 조건 3가지를 쓰시오. (5점)

▶ 등급 : 보통

경결점 : 품종고유의 모양이 아닌 것, 병해충의 피해가 과피에 그친 것, 상해 및 기타 결점의 정도가 경미한 것

9회 기출문제

색택규격이 있는 항목은?

➡ 수박, 피망

농산물표준규격
수 박

[규격번호 : 2081]

(1) 적용 범위

본 규격은 국내에서 생산되어 신선한 상태로 유통되는 수박에 적용하며, 가공용 또는 수출용에는 적용하지 않는다.

(2) 등급 규격

등급 항목	특	상	보통
색 택	과피는 품종 고유의 색깔이 선명하고 윤기가 뛰어난 것	과피는 품종 고유의 색깔이 선명하고 윤기가 양호한 것	특상에 미달하는 것
신선도	꼭지 절단부분의 마른 정도가 양호하고, 과피가 단단하고 신선한 것(꼭지는 짧게 절단하는 것을 권장)		특상에 미달하는 것
숙 도	과육은 성숙에 따른 품종 고유의 색깔이 뚜렷하고, 성숙 정도가 적당한 것		특상에 미달하는 것
중결점과	없는 것		5% 이하인 것(부패·변질과는 포함할 수 없음)
경결점과	없는 것		20%이하인 것

(3) 용어의 정의

1) 중결점과는 다음의 것을 말한다.
   ① 부패, 변질 : 과육이 부패 또는 변질된 것
   ② 과숙과 : 성숙이 지나치거나 과육이 연화된 것
   ③ 미숙과 : 타공음, 무늬의 선명도 등으로 보아 과육의 성숙이 덜된 것
   ④ 병충해 : 역병 등 병충해의 피해가 있는 것
   ⑤ 상해 : 열상, 자상 등의 상처가 있는 것. 다만, 경미한 것은 제외한다.
   ⑥ 형상불량 : 기형구, 공동구(속이 빈 것), 색택불량 등 그 결점의 정도가 현저한 것

2) 경결점과는 다음의 것을 말한다.
   ① 병충해, 상해의 피해가 경미한 것
   ② 품종 고유의 모양이 아닌 것
   ③ 기타 결점의 정도가 경미한 것

3) '씨없는 수박'이란 껍질이 단단하며 성숙한 배(胚)를 가진 것으로 수박을 4등분(꼭지부위에서 세로로 한번, 중간부위에서 가로로 한번)으로 자른 단면의 씨가 7개 이하인 것을 말한다 (단, 미숙한 하얀색 종피 종자는 제외).

[표 1] 크기 구분

호칭 구분	4L	3L	2L	L	M	S	2S
1개의 무게(kg)	11 이상	10 이상 11 미만	9 이상 10 미만	8 이상 9 미만	7 이상 8 미만	6 이상 7 미만	6 미만

※ 호칭 뒤의 명칭은 유통현실에 따를 수 있음

농산물표준규격
조롱수박

[규격번호 : 2082]

(1) 적용 범위

본 규격은 국내에서 생산되어 신선한 상태로 유통되는 조롱수박에 적용하며, 가공용 또는 수출용에는 적용하지 않는다.

(2) 등급 규격

등급 항목	특	상	보통
낱개의 고르기	별도로 정하는 크기 구분표[표1]에서 무게가 다른 것이 없는 것		특상에 미달하는 것
모 양	품종 고유의 모양으로 윤기가 뛰어난 것	품종 고유의 모양으로 윤기가 양호한 것	특상에 미달하는 것
신선도	꼭지가 마르지 않고 싱싱한 것		특상에 미달하는 것
중결점과	없는 것		5% 이하인 것(부패·변질과는 포함할 수 없음)
경결점과	없는 것		20% 이하인 것

9회 기출문제

씨없는 수박이란? ( )안에 적당한 수치를 써 넣으시오.(2점)

수박을 ( )등분하여 자른 ( )개 이하인 것을 말한다.

➡ 4, 7

(3) 용어의 정의

1) 중결점과는 다음의 것을 말한다.
   ① 부패, 변질과 : 과육이 부패 또는 변질된 것(과숙에 의해 육질이 변질된 것을 포함한다).
   ② 병충해과 : 병해충의 피해가 있는 것
   ③ 미숙과 : 경도, 색택 등으로 보아 성숙이 현저하게 덜된 것
   ④ 상해과 : 열상, 자상, 압상 등이 있는 것. 다만, 경미한 것은 제외한다.
   ⑤ 모양 : 모양이 심히 불량한 것
   ⑥ 기타 : 경결점과에 속하는 사항으로 그 피해가 현저한 것

2) 경결점과는 다음의 것을 말한다.
   ① 품종 고유의 모양이 아닌 것
   ② 병해충의 피해가 과피에 그친 것
   ③ 상해 및 기타 결점의 정도가 경미한 것

[표 1] 크기 구분

구 분 \ 호 칭	2L	L	M	S
1개의 무게(kg)	2.5 이상	1.7 이상 2.5 미만	1.3 이상 1.7 미만	1.3 미만

농산물표준규격
멜 론

[규격번호 : 2091]

(1) 적용 범위

본 규격은 국내에서 생산되어 신선한 상태로 유통되는 멜론에 적용하고, 가공용 또는 수출용에는 적용하지 않는다.

(2) 등급 규격

등급 항목	특	상	보통
낱개의 고르기	별도로 정하는 크기 구분표[표1]에서 무게가 다른 것이 섞이지 않은 것		특상에 미달하는 것
색 택	품종 고유의 모양과 색택이 뛰어나며 네트계 멜론은 그물 모양이 뚜렷하고 균일한 것	품종 고유의 모양과 색택이 양호하며 네트계 멜론은 그물 모양이 양호한 것	특상에 미달하는 것
신선도, 숙 도	꼭지가 시들지 아니하고 과육의 성숙도가 적당한 것		특상에 미달하는 것
중결점과	없는 것		5% 이하인 것(부패·변질과는 포함할 수 없음)
경결점과	없는 것		20% 이하인 것

(3) 용어의 정의

1) 중결점과는 다음의 것을 말한다.
   ① 이품종과 : 품종이 다른 것
   ② 부패, 변질과 : 과육이 부패 또는 변질된 것
   ③ 과숙과 : 과육의 연화 등 성숙이 지나친 것
   ④ 미숙과 : 과육의 성숙이 현저하게 덜된 것
   ⑤ 병충해과 : 탄저병, 딱정벌레 등 병충해의 피해가 있는 것
   ⑥ 상해과 : 열상, 자상, 압상 등이 있는 것. 다만, 경미한 것은 제외한다.
   ⑦ 모양 : 모양이 심히 불량한 것
   ⑧ 기타 결점의 정도가 심한 것

2) 경결점과는 다음의 것을 말한다.
   ① 병충해, 상해의 피해가 경미한 것
   ② 품종 고유의 모양이 아닌 것
   ③ 기타 결점의 정도가 경미한 것

[표 1] 크기 구분

품 종	호 칭	2L	L	M	S
1개의 무게(kg)	네트계	2.6 이상	2.0 이상 2.6 미만	1.6 이상 2.0 미만	1.6 미만
	백피계 황피계	2.2 이상	1.8 이상 2.2 미만	1.3 이상 1.8 미만	1.3 미만
	파파야계	1.0 이상	0.75 이상 1.0 미만	0.60 이상 0.75 미만	0.60 미만

농산물표준규격
피 망 · 파프리카

[규격번호 : 2101]

(1) 적용 범위
본 규격은 국내에서 생산되어 신선한 상태로 유통되는 피망에 적용하며, 가공용 또는 수출용에는 적용하지 않는다.

(2) 등급 규격

등급 항목	특	상	보통
낱개의 고르기	별도로 정하는 크기 구분표[표1]에서 무게가 다른 것이 5% 이하인 것	별도로 정하는 크기 구분표[표1]에서 무게가 다른 것이 10% 이하인 것	특상에 미달하는 것
색 택	품종 고유의 색택이 선명하고 윤기가 뛰어난 것	품종 고유의 색택이 선명하고 윤기가 양호한 것	특상에 미달하는 것
신선도	꼭지가 시들지 아니하고 탄력이 뛰어난 것	꼭지가 시들지 아니하고 탄력이 양호한 것	특상에 미달하는 것
중결점과	없는 것		5% 이하인 것(부패·변질과는 포함할 수 없음)
경결점과	없는 것	5% 이하인 것	20% 이하인 것

(3) 용어의 정의

1) 중결점과는 다음의 것을 말한다.
   ① 이품종과 : 품종이 다른 것
   ② 부패, 변질과 : 과육이 부패 또는 변질된 것(과숙에 의해 육질이 변질된 것을 포함한다).
   ③ 병충해과 : 흑색탄저병, 담배나방 등 병해충의 피해가 있는 것
   ④ 상해과 : 열상, 자상, 압상 등이 있는 것. 다만, 경미한 것은 제외한다.
   ⑤ 모양 : 모양이 심히 불량한 것
   ⑥ 기타 : 경결점과에 속하는 사항으로 그 피해가 현저한 것

2) 경결점과는 다음의 것을 말한다.
   ① 품종 고유의 모양이 아닌 것
   ② 병해충의 피해가 과피에 그친 것
   ③ 상해 및 기타 결점의 정도가 경미한 것

[표 1] 크기 구분(피망)

구분 \ 호칭	L	M	S
1개의 무게(g)	100 이상	50 이상 100 미만	50 미만

[표 2] 크기 구분(파프리카)

구분 \ 호칭	2L	L	M	S	2S
1개의 무게(g)	240 이상	180 이상 240 미만	140 이상 180 미만	110 이상 140 미만	110 미만

> **9회 기출문제**
> 색택규격이 있는 항목은?
> ▶ 수박, 피망

농산물표준규격
양 파

[규격번호 : 3011]

(1) 적용 범위

본 규격은 국내에서 생산되어 신선한 상태로 유통되는 양파에 적용하며, 가공용 또는 수출용에는 적용하지 않는다.

(2) 등급 규격

등급 항목	특	상	보통
낱개의 고르기	별도로 정하는 크기 구분표[표1]에서 크기가 다른 것이 10% 이하인 것	별도로 정하는 크기 구분표[표1]에서 크기가 다른 것이 20% 이하인 것	특상에 미달하는 것
모 양	품종 고유의 모양인 것		
색 택	품종 고유의 선명한 색택으로 윤기가 뛰어난 것	품종 고유의 선명한 색택으로 윤기가 양호한 것	특상에 미달하는 것
손 질	흙 등 이물이 잘 제거된 것	흙 등 이물이 제거된 것	
중결점	없는 것		5% 이하인 것(부패·변질구는 포함할 수 없음)
경결점	5% 이하인 것	10% 이하인 것	20% 이하인 것

(3) 용어의 정의

1) 중결점구는 다음의 것을 말한다.
   ① 부패·변질구 : 엽육이 부패 또는 변질된 것
   ② 병충해 : 병해충의 피해가 있는 것
   ③ 상해구 : 자상, 압상이 육질에 미친 것, 심하게 오염된 것
   ④ 형상 불량구 : 쌍구, 열구, 이형구, 싹이 난 것, 추대된 것
   ⑤ 기타 : 경결점구에 속하는 사항으로 그 피해가 현저한 것

2) 경결점구는 다음의 것을 말한다.
   ① 품종 고유의 모양이 아닌 것
   ② 병해충의 피해가 외피에 그친 것
   ③ 상해 및 기타 결점의 정도가 경미한 것

[표 1] 크기 구분

구 분 \ 호 칭	2L	L	M	S
1구의 지름(cm)	9 이상	8 이상 9 미만	6 이상 8 미만	6 미만
1개의 무게(g)	340 이상	230 이상 340 미만	110 이상 230 미만	110 미만

농산물표준규격
마 늘

[규격번호 : 3021]

(1) 적용 범위

본 규격은 국내에서 생산되어 신선한 상태로 유통되는 마늘(통마늘, 풋마늘)에 적용하며, 가공용 또는 수출용에는 적용하지 않는다.

(2) 등급 규격

등급 항목	특	상	보통
낱개의 고르기	별도로 정하는 크기 구분표[표1]에서 크기가 다른 것이 10% 이하인 것. 단, 크기 구분표의 해당 크기에서 1단계를 초과할 수 없다.	별도로 정하는 크기 구분표[표1]에서 크기가 다른 것이 20% 이하인 것. 단, 크기 구분표의 해당 크기에서 1단계를 초과할 수 없다.	특상에 미달하는 것
모 양	품종 고유의 모양이 뛰어나며, 각 마늘쪽이 충실하고 고른 것	품종 고유의 모양을 갖추고 각 마늘쪽이 대체로 충실하고 고른 것	특상에 미달하는 것
손 질	- 통마늘의 줄기는 마늘통으로부터 2.0cm 이내로 절단한 것 - 풋마늘의 줄기는 마늘통으로부터 5.0cm 이내로 절단한 것		
열 구	난지형에 한한다. 20% 이하인 것	난지형에 한한다. 30% 이하인 것	난지형에 한한다. 특상에 미달하는 것
쪽마늘	4% 이하인 것	10% 이하인 것	15% 이하인 것
중결점구	없는 것		5% 이하인 것(부패·변질구는 포함할 수 없음)
경결점구	5% 이하인 것	10% 이하인 것	20% 이하인 것

(3) 용어의 정의

1) 마늘의 구분은 다음과 같다.
   ① 통마늘 : 적당히 건조되어 저장용으로 출하되는 마늘
   ② 풋마늘 : 수확후 신선한 상태로 출하되는 마늘(4~6월중에 출하되는 것에 한함)
   ③ 쪽마늘 : 포장 단위별로 전체 마늘 중 마늘통의 줄기로부터 떨어져 나온 마늘쪽
2) 열구 : 마늘쪽의 일부 또는 전부가 줄기로부터 벌어져 있는 것으로 포장단위 전체 마늘에 대한 개수 비율을 말한다. 단, 마늘통 높이의 3/4 이상이 외피에 싸여 있는 것은 제외한다.
3) 중결점구는 다음의 것을 말한다.
   ① 병충해구 : 병충해의 증상이 뚜렷하거나 진행성인 것
   ② 부패, 변질구 : 육질이 부패 또는 변질된 것
   ③ 형상불량구 : 기형 및 벌마늘(완전한 줄기가 2개 이상 발생한 2차 생성구), 싹이 난 것, 뿌리가 난 것
   ④ 상해구 : 기계적 손상이 마늘쪽의 육질에 미친 것
5) 경결점구는 다음의 것을 말한다.
   ① 마늘쪽이 마늘통의 줄기로부터 1/4 이상 떨어져 나간 것
   ② 외피에 기계적 손상을 입은 것
   ③ 뿌리 턱이 빠진 것
   ④ 기타 중결점구에 속하지 않는 결점이 있는 것

[표 1] 크기 구분

구 분	호 칭		2L	L	M	S
1개의 지름(cm)	한지형		5.0이상	4.0이상 5.0미만	3.0이상 4.0미만	2.0이상 3.0미만
	난지형	남도종	5.5이상	4.5이상 5.5미만	4.0이상 4.5미만	3.5이상 4.0미만
		대서종	6.0이상	5.0이상 6.0미만	4.0이상 5.0미만	3.5이상 4.0미만

※ 크기는 마늘통의 최대 지름을 말한다.

9회 기출문제

마늘 100개중 싹이난 것 1개 뿌리가 난 것 1개 외피에 기계적 손상이 있는 것 6개 뿌리턱이 빠진 것 5개이다. 해당등급은?

▶ 중결점구 싹이난 것1% 뿌리가 난 것1%
계2%
경결점구 외피에 손상 6% 뿌리턱이 빠진 것 5%
계11%
중결점 보통이므로 등급은 보통이다.

농산물표준규격
무

[규격번호 : 3041]

(1) 적용 범위
본 규격은 국내에서 생산되어 신선한 상태로 유통되는 무에 적용하며, 가공용 또는 수출용에는 적용하지 않는다.

(2) 등급 규격

등급 항목	특	상	보통
낱개의 고르기	별도로 정하는 크기 구분표[표1]에서 무게가 다른 것이 10% 이하인 것	별도로 정하는 크기 구분표[표1]에서 무게가 다른 것이 20% 이하인 것	특상에 미달하는 것
모 양	껍질이 매끄러우며 잔뿌리가 적은 것		
신선도	뿌리가 시들지 아니하고 싱싱하며 청결한 것		
잎길이	저장 무는 3.0cm 이하(김장용은 적용하지 아니 함)		
중결점	없는 것		5% 이하인 것(부패·변질된 것은 포함할 수 없음)
경결점	5% 이하인 것	10% 이하인 것	20% 이하인 것

11회 기출문제

마늘의 열구, 경결점, M사이즈 비율과 등급평가
마늘 50개 중 마늘쪽의 일부 또는 전부가 줄기로부터 벌어져 있는 것이 8개
마늘쪽이 마늘통 줄기로부터 1/4이상이 떨어져 나간 것이 4개
외피에 기계적 손상을 입은 것이 2개

▶ 열구 16% 경결점 12% 보통

(3) 용어의 정의

1) 중결점은 다음의 것을 말한다.
   ① 부패·변질 : 뿌리가 부패 또는 변질된 것
   ② 병해, 충해, 냉해 등의 피해가 있는 것
   ③ 형상불량 : 부러진 것, 심하게 굽은 것, 원뿌리가 2개 이상인 것, 쪼개진 것, 바람들이가 있는 것, 추대된 것
   ④ 기타 : 기타 경결점에 속하는 사항으로 그 피해가 현저한 것
2) 경결점은 다음의 것을 말한다.
   ① 품종 고유의 모양이 아닌 것
   ② 병해충의 피해가 외피에 그친 것
   ③ 상해 및 기타 결점의 정도가 경미한 것

[표 1] 크기 구분

호 칭 구 분	2L	L	M	S
1개의 무게(kg)	3.0 이상	2.0 이상	1.5 이상	1.5 미만

농산물표준규격
결구배추

[규격번호 : 3051]

(1) 적용 범위

본 규격은 국내에서 생산되어 신선한 상태로 유통되는 결구배추에 적용하며, 가공용 또는 수출용에는 적용하지 않는다.

(2) 등급 규격

등급 항목	특	상	보통
낱개의 고르기	별도로 정하는 크기구분표[표1]에서 무게가 다른 것이 섞이지 않은 것		특상에 미달하는 것
결구	양손으로 만져 단단한 정도가 뛰어난 것	양손으로 만져 단단한 정도가 양호한 것	
신선도	잎이 시들지 아니하고 싱싱하며 청결한 것		특상에 미달하는 것
다듬기	겉잎과 오염된 잎을 제거하고 뿌리를 깨끗이 자른 것		
중결점	없는 것		5% 이하인 것(부패·변질된 것은 포함할 수 없음)
경결점	없는 것		20% 이하인 것

8회 기출문제

등급판정 항목으로 '신선도'를 적용하는 품목은?(2점)

무, 양파, 마늘, 당근, 단호박, 결구배추

➡ 무, 결구배추

(3) 용어의 정의

1) 중결점은 다음의 것을 말한다.
   ① 부패·변질 : 배추잎이 부패 또는 변질된 것
   ② 병충해 : 병해, 충해 등의 피해가 있는 것
   ③ 냉해, 상해 등이 있는 것. 다만, 경미한 것은 제외한다.
   ④ 모양 : 개열된 것, 추대된 것, 모양이 심히 불량한 것
   ⑤ 기타 : 경결점에 속하는 사항으로 그 피해가 현저한 것

2) 경결점은 다음의 것을 말한다.
   ① 품종 고유의 모양이 아닌 것
   ② 병해충의 피해가 외피에 그친 것
   ③ 상해 및 기타 결점의 정도가 경미한 것

[표 1] 크기 구분

구분		호칭	2L	L	M	S
1개의 무게(kg)	일반배추		4.0이상	3.0이상 ~ 4.0미만	2.0이상 ~ 3.0미만	2.0미만
	고랭지배추		3.0이상	2.0이상 ~ 3.0미만	1.0이상 ~ 2.0미만	1.0미만

* 일반배추는 봄·가을배추, 월동배추를 말한다.

농산물표준규격
양배추
[규격번호 : 3061]

(1) 적용 범위
본 규격은 국내에서 생산되어 신선한 상태로 유통되는 양배추에 적용하며, 가공용 또는 수출용에는 적용하지 않는다.

(2) 등급 규격

등급 항목	특	상	보통
낱개의 고르기	별도로 정하는 크기 구분표[표1]에서 무게가 다른 것이 섞이지 않은 것		특상에 미달하는 것
결구	양손으로 만져 단단한 정도가 뛰어난 것	양손으로 만져 단단한 정도가 양호한 것	특상에 미달하는 것
신선도	잎이 시들지 아니하고 싱싱하며 청결한 것		특상에 미달하는 것
다듬기	겉잎과 오염된 잎을 제거하고 뿌리를 깨끗하게 자른 것		특상에 미달하는 것
중결점	없는 것		5% 이하인 것(부패·변질된 것은 포함할 수 없음)
경결점	없는 것		20% 이하인 것

8회 기출문제

결구배추 선별내용 중 크기구분에서 M-2개, L-3개이고 결구는 단단한 정도가 양호하고 신선도는 잎이 시들지 않고 싱싱하며 청결한 것, 다듬기는 겉잎과 오염된 잎을 제거하고 뿌리를 깨끗이 자른 것, 중(경)결점 없음, 해당등급과 그 이유를 쓰시오.(5점)

▶ 등급 : 보통

이유 : 낱개의 고르기에서 별도로 정하는 크기구분표에서 무게가 다른 것이 섞였기 때문('특', '상'은 무게가 다른 것이 섞이지 않아야 한다.

8회 기출문제

등급판정 항목으로 '신선도'를 적용하는 품목은?(2점)

무, 양파, 마늘, 당근, 단호박, 결구배추

▶ 무, 결구배추

(3) 용어의 정의

1) 중결점은 다음의 것을 말한다.
   ① 부패·변질 : 양배추잎이 부패 또는 변질된 것
   ② 병충해 : 병해, 충해 등의 피해가 있는 것
   ③ 냉해, 상해 등이 있는 것. 다만, 경미한 것은 제외한다.
   ④ 모양 : 개열된 것, 추대된 것, 모양이 심히 불량한 것
   ⑤ 기타 : 경결점에 속하는 사항으로 그 피해가 현저한 것
2) 경결점은 다음의 것을 말한다.
   ① 품종 고유의 모양이 아닌 것
   ② 병충해가 외피에 그친 것
   ③ 상해 및 기타 결점의 정도가 경미한 것

[표 1] 크기 구분

구 분 \ 호 칭	2L	L	M	S
1개의 무게(kg)	3.0 이상	2.0 이상	1.0 이상	1.0 미만

농산물표준규격
당 근

[규격번호 : 3071]

10회기출문제
등급규격에서 무게(크기구분)가 L이상인 것이 특인 품목

(1) 적용 범위

본 규격은 국내에서 생산되어 신선한 상태로 유통되는 당근에 적용하며, 가공용 또는 수출용에는 적용하지 않는다.

(2) 등급 규격

등급 항목	특	상	보통
낱개의 고르기	별도로 정하는 크기구분표[표1]에서 무게가 다른 것이 10% 이하인 것	별도로 정하는 크기구분표[표1]에서 무게가 다른 것이 20% 이하인 것	특상에 미달하는 것
색 택	품종 고유의 색택이 뛰어난 것	품종 고유의 색택이 양호한 것	특상에 미달하는 것
모 양	표면이 매끈하고 꼬리 부위의 비대가 양호한 것		특상에 미달하는 것
손 질	잎은 1.0cm 이하로 자르고 흙과 수염뿌리를 제거한 것		잎은 1.0cm 이하로 자른 것
중결점	없는 것		5% 이하인 것(부패·변질된 것은 포함할 수 없음)
경결점	5% 이하인 것	10% 이하인 것	20% 이하인 것

(3) 용어의 정의

1) 중결점은 다음의 것을 말한다.
   ① 부패·변질 : 뿌리가 부패 또는 변질된 것
   ② 병해, 충해, 냉해 등의 피해가 있는 것
   ③ 형상불량 : 부러진 것, 심하게 굽은 것, 원뿌리가 2개 이상인 것 쪼개진 것, 바람들이가 있는 것, 녹변이 심한 것
   ④ 기타 : 기타 경결점에 속하는 사항으로 그 피해가 현저한 것

2) 경결점은 다음의 것을 말한다.
   ① 품종 고유의 모양이 아닌 것
   ② 병충해가 외피에 그친 것
   ③ 상해 및 기타 결점의 정도가 경미한 것

[표 1] 크기 구분

구 분 \ 호 칭	2L	L	M	S
1개의 무게(g)	250이상	200이상 250미만	150이상 200미만	100이상 150미만

농산물표준규격
녹색꽃양배추(브로콜리)

[규격번호 : 3081]

(1) 적용 범위

본 규격은 국내에서 생산되어 신선한 상태로 유통되는 녹색꽃양배추(브로콜리)에 적용하며, 가공용 또는 수출용에는 적용하지 않는다.

(2) 등급 규격

등급 항목	특	상	보통
낱개의 고르기	별도로 정하는 크기 구분표[표1]에서 무게가 다른 것이 섞이지 않은 것		특상에 미달하는 것
결구	양손으로 만져 단단한 정도가 뛰어난 것	양손으로 만져 단단한 정도가 양호한 것	특상에 미달하는 것
신선도	화구가 황화되지 아니하고 싱싱하며 청결한 것		화구의 황화 정도가 전체 면적의 5% 이하인 것
다듬기	화구 줄기 7cm이하에 나머지 부위는 깨끗하게 다듬은 것		특상에 미달하는 것
중결점	없는 것		10% 이하인 것(부패·변질된 것은 포함할 수 없음)
경결점	없는 것		20% 이하인 것

(3) 용어의 정의

1) 중결점은 다음의 것을 말한다.
    ① 부패·변질 : 화구와 줄기가 부패 또는 변질된 것
    ② 병충해 : 병해, 충해 등의 피해가 있는 것
    ③ 냉해, 상해 등이 있는 것. 다만, 경미한 것은 제외한다.
    ④ 모양 : 화구의 모양이 심히 불량한 것
    ⑤ 기타 : 경결점에 속하는 사항으로 그 피해가 현저한 것
2) 경결점은 다음의 것을 말한다.
    ① 품종 고유의 모양이 아닌 것
    ② 병충해가 외피에 그친 것
    ③ 상해 및 기타 결점의 정도가 경미한 것

[표 1] 크기 구분

구 분 \ 호 칭	2L	L	M	S
화구 1개의 무게(g)	330 이상	330 미만	270 미만	200 미만

농산물표준규격
비 트

[규격번호 : 3091]

(1) 적용 범위

본 규격은 국내에서 생산되어 신선한 상태로 유통되는 비트에 적용하며, 가공용 또는 수출용에는 적용하지 않는다.

(2) 등급 규격

등급 항목	특	상	보통
낱개의 고르기	별도로 정하는 크기 구분표[표1]에서 무게가 다른 것이 10%이하인 것 단, 크기구분표의 해당 크기에서 1단계를 초과할 수 없음	별도로 정하는 크기 구분표[표1]에서 무게가 다른 것이 20%이하인 것 단, 크기구분표의 해당 크기에서 1단계를 초과할 수 없음	특상에 미달하는 것
신선도	손으로 만져 단단한 정도가 뛰어난 것	손으로 만져 단단한 정도가 적당한 것	특상에 미달하는 것
손질	흙, 줄기 등 이물질 제거 정도가 뛰어나고 표면이 적당히 건조된 것	흙, 줄기 등 이물질 제거 정도가 뛰어나고 표면이 적당히 건조된 것	특상에 미달하는 것
중결점	없는 것	없는 것	5% 이하인 것(부패·변질된 것은 할 수 없음)
경결점	5% 이하인 것	10% 이하인 것	20% 이하인 것

(3) 용어의 정의

1) 중결점은 다음의 것을 말한다.
   ① 부패·변질 : 비트 표면 및 과육이 부패 또는 변질된 것
   ② 병충해 : 병해, 충해 등의 피해가 있는 것
   ③ 상해 등이 있는 것. 다만, 경미한 것은 제외한다.
   ④ 모양 : 열 개된 것, 모양이 심히 불량한 것
   ⑤ 기타 : 경결점에 속하는 사항으로 그 피해가 현저한 것

2) 경결점은 다음의 것을 말한다.
   ① 품종 고유의 모양이 아닌 것
   ② 병충해가 외피에 그친 것
   ③ 상해 및 기타 결점의 정도가 경미한 것

[표 1] 크기 구분

구 분 \ 호 칭	2L	L	M	S
1개의 무게(g)	600 이상	500 이상 600 미만	400 이상 500 미만	400 미만

9회 기출문제

감자150개 1상자(15kg)중 녹변된 것 1개 병충해 피해가 외피에 그친 것 4개이다. 해당등급을 쓰고 이유를 설명하시오?

▶ 중결점 0.6% 경결점2.6%이므로 경결점은 특이 되나 중결점은 보통에 해당되므로 등급은 보통(최저등급항목이 상위등급항목을 지배한다.)

농산물표준규격
감 자

[규격번호 : 4011]

(1) 적용 범위

본 규격은 국내에서 생산되어 신선한 상태로 유통되는 감자에 적용하며, 가공용 또는 수출용에는 적용하지 않는다.

(2) 등급 규격

등급 항목	특	상	보통
낱개의 고르기	별도로 정하는 크기구분표[표1]에서 무게가 다른 것이 10% 이하인 것	별도로 정하는 크기구분표[표1]에서 무게가 다른 것이 20% 이하인 것	특상에 미달하는 것
손 질	흙 등 이물질 제거 정도가 뛰어나고 표면이 적당하게 건조된 것	흙 등 이물질 제거 정도가 양호하고 표면이 적당하게 건조된 것	특상에 미달하는 것
중결점	없는 것		5% 이하인 것(부패·변질된 것은 포함할 수 없음)
경결점	5% 이하인 것	10% 이하인 것	20% 이하인 것

12회 기출문제

A작목반은 감자(수미)를 10kg 단위로 공동선별하여 B물류센터에 유통하게 되었다. B물류센터에서는 1상자에서 50개를 무작위 채취하여 농산물품질관리사에게 등급판정을 의뢰하여 계측한 결과는 다음과 같다. 농산물 표준규격에 따른 등급과 이유를 답란에 쓰시오.(단, 주어진 항목 외에는 등급판정에 고려하지 않음)

구분	크기구분(개)	경결점수
계측 결과	3L(4개), 2L(43개), L(3개)	2개

▶ 등급 : 상

이유 : 무게구분에서 무게가 다른 것이 14.0%이고 경결점은 4%이므로 상에 해당

(3) 용어의 정의

1) 중결점은 다음의 것을 말한다.
    ① 이품종 : 품종이 다른 것
    ② 부패, 변질 : 감자가 부패 또는 변질된 것
    ③ 병충해 : 둘레썩음병, 겹둥근무늬병, 더뎅이병, 굼벵이 등의 피해가 육질까지 미친 것
    ④ 상해 : 열상, 자상 등 상처가 있는 것. 다만, 경미하거나 상처 부위가 아문 것은 제외한다.
    ⑤ 기형 : 2차 생장 등 그 형상 불량 정도가 현저한 것
    ⑥ 싹이 난 것, 광선에 의해 녹변된 것 등 그 피해가 현저한 것

2) 경결점은 다음의 것을 말한다.
    ① 품종 고유의 모양이 아닌 것
    ② 병충해가 외피에 그친 것
    ③ 상해 및 기타 결점의 정도가 경미한 것

> **9회 기출문제**
>
> 고구마100개 중 크기구분에서 표시량 50개는 2L 4개 M 41개 S가 5개이다. 크기 구분에 따른 등급은?
>
> ▶ 2L이 8% S가 10% 계18%이므로 등급은 상이다.(상은 M이상인 것)

[표 1] 크기 구분

품 종	호 칭	3L	2L	L	M	S	2S
1개의 무게 (g)	수미 및 이와 유사한 품종	280 이상	220 이상 280 미만	160 이상 220 미만	100 이상 160 미만	40 이상 100 미만	40 미만
	대지 및 이와 유사한 품종	500 이상	400 이상 500 미만	300 이상 400 미만	200 이상 300 미만	40 이상 200 미만	40 미만

농산물표준규격
고구마

[규격번호 : 4021]

(1) 적용 범위

본 규격은 국내에서 생산되어 신선한 상태로 유통되는 고구마에 적용하며, 가공용 또는 수출용에는 적용하지 않는다.

(2) 등급 규격

등급 항목	특	상	보통
낱개의 고르기	별도로 정하는 크기구분표[표1]에서 무게가 다른 것이 10% 이하인 것	별도로 정하는 크기구분표[표1]에서 무게가 다른 것이 20% 이하인 것	특상에 미달하는 것
손 질	흙, 줄기 등 이물질 제거 정도가 뛰어나고 표면이 적당하게 건조된 것	흙, 줄기 등 이물질 제거정도가 양호하고 표면이 적당하게 건조된 것	흙, 줄기 등 이물질을 제거하고 표면이 적당하게 건조된 것
중결점	없는 것		5% 이하인 것(부패·변질된 것을 포함할 수 없음)
경결점	5% 이하인 것	10% 이하인 것	20% 이하인 것

(3) 용어의 정의

1) 중결점은 다음의 것을 말한다.
   ① 이품종 : 품종이 다른 것
   ② 부패, 변질 : 고구마가 부패 또는 변질된 것
   ③ 병충해 : 검은무늬병, 검은점박이병, 근부병, 굼벵이 등의 피해가 육질까지 미친 것
   ④ 자상, 찰상 등 상처가 심한 것

2) 경결점은 다음의 것을 말한다.
   ① 품종 고유의 모양이 아닌 것
   ② 병충해가 외피에 그친 것
   ③ 상해 및 기타 결점의 정도가 경미한 것

[표 1] 크기 구분

구분 \ 호칭	2L	L	M	S
1개의 무게(g)	250 이상	150 이상 250 미만	100 이상 150 미만	40 이상 100 미만

※ 호칭과 병행하여 장폭비(길이÷두께)가 3.0 이하인 것이 80% 이상은 "둥근형", 3.1 이상인 것이 80% 이상은 "긴형"의 형태를 표기할 수 있다.

농산물표준규격
참 깨

[규격번호 : 5011]

(1) 적용 범위

본 규격은 국내에서 생산되어 신선한 상태로 유통되는 참깨에 적용하며, 가공용 또는 수출용에는 적용하지 않는다.

(2) 등급 규격

등급 항목	특	상	보통
모 양	품종 고유의 모양과 색택을 갖춘 것으로 껍질이 얇고, 충실하며 고르고 윤기가 있는 것	특상에 미달하는 것	
수 분	10.0% 이하인 것		
용적중 (g/L)	600 이상인 것	580 이상인 것	550 이상인 것
이종 피색립	1.0% 이하인 것	2.0% 이하인 것	5.0% 이하인 것
이 물	1.0% 이하인 것	2.0% 이하인 것	5.0% 이하인 것
조 건	생산 연도가 다른 참깨가 혼입된 경우나, 수확 연도로부터 1년이 경과되면 「특」이 될 수 없음	-	

(3) 용어의 정의

1) 백분율(%) : 전량에 대한 무게의 비율을 말한다.
2) 용적중 : 「별표6」 「항목별 품위계측 및 감정방법」에 따라 측정한 1L의 무게를 말한다.
3) 이종피색립 : 껍질의 색깔이 현저하게 다른 참깨를 말한다.
4) 이물 : 참깨 외의 것을 말한다.

농산물표준규격
피땅콩

[규격번호 : 5021]

(1) 적용 범위

본 규격은 국내에서 생산되어 유통되는 피땅콩을 대상으로 하며, 가공용 또는 수출용에는 적용하지 않는다.

(2) 등급 규격

등급 항목	특	상	보통
모 양	품종 고유의 모양과 색택으로 크기가 균일하고 충실한 것		특상에 미달하는 것
수 분	10.0% 이하인 것		
빈꼬투리	3.0% 이하인 것	5.0% 이하인 것	10.0% 이하인 것
피 해 꼬투리	3.0% 이하인 것	5.0% 이하인 것	10.0% 이하인 것
이 물	0.5% 이하인 것	1.0% 이하인 것	2.0% 이하인 것

(3) 용어의 정의

1) 백분율(%) : 전량에 대한 무게의 비율을 말한다.
2) 빈 꼬투리 : 수정불량 등으로 알땅콩이 정상 발육되지 않은 것
3) 피해 꼬투리 : 병해충, 부패, 변질, 파손 등 알땅콩에 영향을 현저하게 미친 것
4) 이물 : 땅콩 외의 것을 말한다.

농산물표준규격
알땅콩

[규격번호 : 5022]

(1) 적용 범위

본 규격은 국내에서 생산되어 유통되는 알땅콩을 대상으로 하며, 가공용 또는 수출용에는 적용하지 않는다.

(2) 등급 규격

등급 항목	특	상	보통
낱알 고르기	별도로 정하는 크기구분표[표1]에서 「L」인 것이 95% 이상인 것	별도로 정하는 크기구분표[표1]에서 「L·M」인 것이 90% 이상인 것	특·상에 미달하는 것
모 양	낱알의 모양과 크기가 균일하고 충실하며 껍질 벗겨진 것이 5.0% 이하인 것	낱알의 모양과 크기가 균일하고 충실하며 껍질 벗겨진 것이 10.0% 이하인 것	
수 분	9.0% 이하		
피해립	3.0% 이하인 것	5.0% 이하인 것	10.0% 이하인 것
이 물	0.1% 이하인 것	0.5% 이하인 것	1.0% 이하인 것

(3) 용어의 정의

1) 백분율(%) : 전량에 대한 무게의 비율을 말한다.
2) 피해립 : 부패·변질립, 병충해립, 발아립, 미숙립, 깨진립 등을 말한다. 다만, 피해 정도가 경미하여 품질에 영향을 미치지 않는 것은 제외한다.
3) 이물 : 알땅콩 외의 것을 말한다.

[표 1] 크기 구분

구분	호칭	L	M	S
1 립의 무게(g)		0.7 이상	0.4 이상 0.7 미만	0.4 미만

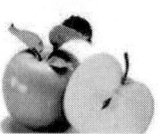

농산물표준규격
들 깨

[규격번호 : 5031]

(1) 적용 범위

본 규격은 국내에서 생산되어 유통되는 들깨에 적용하며, 가공용 또는 수출용에는 적용하지 않는다.

(2) 등급 규격

등급 항목	특	상	보통
모 양	낟알의 모양과 크기가 균일하고 충실한 것		특상에 미달하는 것
수 분	10.0% 이하인 것		
용적중 (g/L)	500 이상인 것	470 이상인 것	440 이상인 것
피해립	0.5% 이하인 것	1.0% 이하인 것	2.0% 이하인 것
이종곡립	0.0% 이하인 것	0.3% 이하인 것	0.5% 이하인 것
이 종 피색립	2.0% 이하인 것	5.0% 이하인 것	10.0% 이하인 것
이 물	0.5% 이하인 것	1.0% 이하인 것	2.0% 이하인 것
조 건	생산 연도가 다른 들깨가 혼입된 경우나, 수확 연도로부터 1년이 경과되면 「특」이 될 수 없음	-	

(3) 용어의 정의

1) 백분율(%) : 전량에 대한 무게의 비율을 말한다.
2) 용적중 : 「별표6」「항목별 품위계측 및 감정방법」에 따라 측정한 1L의 무게를 말한다.
3) 피해립 : 병해립, 충해립, 변질립, 변색립, 파쇄립 등을 말한다. 다만, 들깨 품위에 영향을 미치지 아니할 정도의 것은 제외한다.
4) 이종곡립 : 들깨 외의 다른 곡립을 말한다.
5) 이종피색립 : 껍질의 색깔이 현저하게 다른 들깨를 말한다.
6) 이물 : 들깨 외의 것을 말한다.

농산물표준규격
수 삼

[규격번호 : 5041]

(1) 적용 범위

본 규격은 국내에서 재배·생산되어 신선한 상태로 유통되는 4년근 이상의 수삼에 적용하며, 가공용 또는 수출용에는 적용하지 않는다.

(2) 등급 규격

등급 항목	특	상	보통
낱개의 고르기	별도로 정하는 크기 구분표[표1]에서 무게가 다른 것이 10%이하인 것. 단, 크기구분표의 해당무게에서 1단계를 초과 할 수 없다.	별도로 정하는 크기 구분표[표1]에서 무게가 다른 것이 15%이하인 것	별도로 정하는 크기 구분표[표1]에서 무게가 다른 것이 30% 이하인 것
모 양	수삼의 고유 형태인 머리, 몸통, 다리의 모양을 갖춘 것		특상에 미달하는 것
육 질	조직이 치밀하고 탄력이 있는 것		특상에 미달하는 것
색 택	표피의 색이 연한 황색 또는 황백색인 것		특상에 미달하는 것
손 질	-수삼 : 흙 등 이물질이 적당히 제거된 것 -세척수삼 : 흙 등 이물질이 완전히 제거된 것		특상에 미달하는 것
신선도	수확당시 수준의 신선도를 유지하고 있는 것		특상에 미달하는 것
중결점	없는 것		10% 이하인 것(부패·변질된 것은 포함할 수 없음)
경결점	5% 이하인 것	10% 이하인 것	20% 이하인 것

(3) 용어의 정의

1) 중결점은 은피삼, 주름삼, 결빙된 삼, 눈(牙)이 완전히 개열된 삼, 상해, 충해, 적변삼, 균열삼 등으로 품위에 영향을 미치는 정도가 현저한 것을 말한다.
2) 경결점은 다음의 것으로 품위에 영향을 미치는 정도가 경미한 것을 말한다.
    ① 상해·충해 : 피해 정도가 몸통면적의 5% 이하인 것
    ② 적변삼 : 표피가 몸통면적의 5% 이하로 붉게 변한 것
    ③ 균열삼 : 균열의 길이가 1cm 이하인 것
    ④ 난발삼 : 몸통이 거의 없고 뿌리가 수평으로 발달한 것("상" 이하 에서는 적용하지 않음)

[표 1] 크기 구분

구 분 \ 호 칭	2L	L	M	S
개체(1뿌리)당 무게(g)	94 이상	68 이상 94 미만	50 이상 68 미만	50 미만
750g당 뿌리수	8 이하	9~11	12~15	16 이상

> **11회 기출문제**
> 상재배 느타리 버섯 갓의 크기에 따른 등급평가
> 2kg 한 상자 중 무게가 다른 것이 100g(L)나머지가 1900g(M)이다. 1개의 갓의 크기가 주된 것이 M일 때
> ➡ 특

농산물표준규격 느타리버섯

[규격번호 : 6011]

(1) 적용 범위

본 규격은 국내에서 생산되어 신선한 상태로 유통되는 느타리버섯, 애느타리버섯에 적용하며, 가공용 또는 수출용에는 적용하지 않는다.

(2) 등급 규격

등급 항목	특	상	보통
낱개의 고르기	-느타리버섯, 애느타리버섯 : 별도로 정하는 크기 구분표[표1]에서 크기가 다른 것이 20% 이하인 것	-느타리버섯, 애느타리버섯 : 별도로 정하는 크기 구분표[표1]에서 크기가 다른 것이 40% 이하인 것	특상에 미달하는 것
갓의 모양	품종의 고유 형태와 색깔로 윤기가 있는 것		특상에 미달하는 것
신선도	신선하고 탄력이 있는 것으로 갈변현상이 없고 고유의 향기가 뛰어난 것		특상에 미달하는 것
이 물	없는 것		없는 것
중결점	없는 것		5% 이하인 것 (부패·변질된 것은 포함할 수 없음)
경결점	3% 이하인 것	5% 이하인 것	10% 이하인 것

(3) 용어의 정의

1) 낱개의 고르기는 포장단위별로 크기 구분표[표1]에서 크기가 다른 것의 무게비율을 말한다.
2) 결점 혼입율은 포장단위별로 전체 버섯 중 결점이 있는 버섯의 무게비율을 말한다.
3) 이물 : 느타리버섯 이외의 것을 말한다.
4) 중결점은 다음의 것을 말한다.
   ① 병충해 : 곰팡이, 달팽이, 버섯파리 등의 피해가 현저한 것
   ② 상해 : 갓 또는 자루의 손상 정도가 현저한 것
   ③ 기형 : 버섯 모양의 변형이 현저한 것
   ④ 부패·변질된 것, 기타 피해 정도가 현저한 것
3) 경결점은 병충해, 상해 및 기타 결점의 정도가 경미한 것을 말한다.

[표 1] 크기 구분

구 분 \ 호 칭	2L	L	M	S
갓의 지름(cm)	6 이상	4 이상 6 미만	2 이상 4 미만	1 이상 2 미만

※ 갓의 지름 : 갓의 최대지름을 말한다(군생 버섯의 경우 가장 큰 갓의 최대지름을 말한다).

농산물표준규격
큰느타리버섯(새송이버섯)

[규격번호 : 6013]

(1) 적용 범위

본 규격은 국내에서 생산되어 신선한 상태로 유통되는 큰느타리버섯(새송이버섯)에 적용하며, 가공용 또는 수출용에는 적용하지 않는다.

(2) 등급 규격

등급 항목	특	상	보통
낱개의 고르기	별도로 정하는 크기 구분표 [표 1]에서 무게가 다른 것의 혼입이 10%이하인 것. 단, 크기 구분표의 해당 무게에서 1단계를 초과할 수 없다.	별도로 정하는 크기 구분표 [표 1]에서 무게가 다른 것의 혼입이 20%이하인 것. 단, 크기 구분표의 해당 무게에서 1단계를 초과할 수 없다.	특상에 미달하는 것
갓의 모양	갓은 우산형으로 개열되지 않고, 자루는 굵고 곧은 것	갓은 우산형으로 개열이 심하지 않으며, 자루가 대체로 굵고 곧은 것	특상에 미달하는 것
갓의 색깔	품종 고유의 색깔을 갖춘 것	품종 고유의 색깔을 갖춘 것	특상에 미달하는 것
신선도	육질이 부드럽고 단단하며 탄력이 있는 것으로 고유의 향기가 뛰어난 것	육질이 부드럽고 단단하며 탄력이 있는 것으로 고유의 향기가 양호한 것	특상에 미달하는 것
피해품	5% 이하인 것	10% 이하인 것	20% 이하인 것
이 물	없는 것	없는 것	없는 것

(3) 용어의 정의

1) 낱개의 고르기는 포장단위별로 전체 버섯 중 크기 구분표 [표1]에서 무게가 다른 것의 무게비율을 말한다.
2) 피해품은 포장단위별로 전체 버섯에 대한 무게비율을 말한다.
    ① 병충해품 : 곰팡이, 달팽이, 버섯파리 등 병해충의 피해가 있는 것. 다만, 경미한 것은 제외한다.
    ② 상해품 : 갓 또는 자루가 손상된 것. 다만, 경미한 것은 제외한다.
    ③ 기형품 : 갓 또는 자루가 심하게 변형된 것
    ④ 오염된 것 등 기타 피해의 정도가 현저한 것
2) 이물 : 새송이버섯 이외의 것

[표 1] 크기 구분

구 분 \ 호 칭	L	M	S
1개의 무게(g)	90 이상	45 이상 90 미만	20 이상 45 미만

농산물표준규격
양송이버섯

[규격번호 : 6021]

(1) 적용 범위

본 규격은 국내에서 생산되어 신선한 상태로 유통되는 양송이버섯에 적용하며, 가공용 또는 수출용에는 적용하지 않는다.

(2) 등급 규격

등급 항목	특	상	보통
낱개의 고르기	별도로 정하는 크기 구분표[표1]에서 크기가 다른 것이 5% 이하인 것. 다만, 크기 구분표의 해당 크기에서 1단계를 초과 할 수 없다.	별도로 정하는 크기 구분표[표1]에서 크기가 다른 것이 10% 이하인 것. 다만, 크기 구분표의 해당 크기에서 1단계를 초과 할 수 없다.	특상에 미달하는 것
갓의 모양	버섯 갓과 자루사이의 피막이 떨어지지 아니하고 육질이 두껍고 단단하며 색택이 뛰어난 것	버섯 갓과 자루사이의 피막이 떨어지지 아니하고 육질이 두껍고 단단하며 색택이 양호한 것	특상에 미달하는 것
신선도	버섯 갓이 퍼지지 않고 탄력이 있는 것		특상에 미달하는 것
자루길이	1.0cm 이하로 절단된 것	2.0cm 이하로 절단된 것	특상에 미달하는 것
이 물	없는 것		없는 것
중결점	없는 것		5% 이하인 것(부패·변질된 것은 포함할 수 없음)
경결점	3% 이하인 것	5% 이하인 것	20% 이하인 것

(3) 용어의 정의

1) 낱개의 고르기는 포장단위별로 크기 구분표 [표1]에서 크기가 다른 것의 무게비율을 말한다.
2) 자루길이 : 피막과 자루가 접합된 지점부터 절단부위까지의 길이를 말한다.
3) 이물 : 양송이버섯 이외의 것을 말한다.
4) 결점 혼입율은 포장단위별로 전체 버섯 중 결점이 있는 버섯의 무게비율을 말한다.
5) 중결점은 다음의 것을 말한다.
   ① 병충해 : 갈색무늬병, 곰팡이 또는 세균성 무늬병, 버섯모기, 진드기 등 품질에 영향을 미치는 정도가 현저한 것
   ② 자상, 찰상 등의 정도가 현저한 것
   ③ 기형 : 버섯 모양의 변형이 현저한 것
   ④ 부패·변질된 것, 기타 피해 정도가 현저한 것
6) 경결점은 병충해 및 기타 결점의 정도가 경미한 것을 말한다.

[표 1] 크기 구분

구분 \ 호칭	L	M	S
갓의 지름(cm)	5.0 이상	3.0 이상 5.0 미만	3.0 미만

※ 갓의 지름 : 갓의 최대지름을 말한다.

농산물표준규격
팽이버섯

[규격번호 : 6031]

(1) 적용 범위

본 규격은 국내에서 생산되어 신선한 상태로 유통되는 팽이버섯에 적용하며, 가공용 또는 수출용에는 적용하지 않는다.

(2) 등급 규격

등급 항목	특	상	보통
갓의 모양	갓이 펴지지 않은 것		특상에 미달하는 것
갓의 크기	갓의 최대 지름이 1.0cm 이상인 것이 5개 이내인 것(150g 기준)	갓의 최대 지름이 1.0cm 이상인 것이 20개 이내인 것(150g 기준)	적용하지 않음
색 택	품종 고유의 색택이 뛰어난 것	품종 고유의 색택이 양호한 것	특상에 미달하는 것
신선도	육질의 탄력이 있으며 고유의 향기가 있는 것		특상에 미달하는 것
이 물	없는 것		
중결점	없는 것		5% 이하인 것(부패·변질된 것은 포함할 수 없음)
경결점	3% 이하인 것	5% 이하인 것	10% 이하인 것

(3) 용어의 정의

1) 이물 : 팽이버섯 이외의 것을 말한다. 다만, 부착된 배지는 제외한다.
2) 결점 혼입율은 포장단위별로 전체 버섯 중 결점이 있는 버섯의 무게비율을 말한다.
3) 중결점은 다음의 것을 말한다.
    ① 병충해 : 세균, 곰팡이, 버섯파리 등이 품질에 영향을 미치는 정도가 심한 것
    ② 갓 또는 자루의 손상 정도가 현저한 것
    ③ 기형 : 갓 모양의 변형이 현저한 것
    ④ 부패·변질된 것, 기타 피해 정도가 현저한 것
3) 경결점과는 병충해 및 기타 결점의 정도가 경미한 것을 말한다.

농산물표준규격
영지버섯

[규격번호 : 6041]

(1) 적용 범위

본 규격은 국내에서 생산되어 건조한 상태로 유통되는 원형 및 절편 영지버섯에 적용하며, 가공용 또는 수출용에는 적용하지 않는다.

(2) 등급 규격

등급 항목	특	상	보통
낱개의 고르기	- 원형 : 별도로 정하는 크기 구분표[표1]에서 크기가 다른 것이 섞이지 않은 것 - 절편 : 절편길이가 9.0cm 이상인 것이 40%이상이고, 5.0cm 이하인 것이 10% 이하인 것	- 원형 : 별도로 정하는 크기 구분표[표1]에서 크기가 다른 것이 섞이지 않은 것 - 절편 : 절편길이가 7.0cm이상인 것이 40% 이상이고, 5.0cm 이하인 것이 10% 이하인 것	특상에 미달하는 것
갓의 모양	품종 고유의 모양과 색택을 갖추고 조직이 단단한 것		특상에 미달하는 것
절편의 넓이	2~8mm인 것		
갓의 두께	1.0cm 이상인 것	0.7cm 이상인 것	적용하지 않음
자루길이	2.0cm 이하인 것	3.0cm 이하인 것	3.0cm 이하인 것
수 분	13.0% 이하인 것		
이 물	없는 것		
중결점	없는 것		5% 이하인 것(부패·변질된 것은 포함할 수 없음)
경결점	없는 것	5% 이하인 것	10% 이하인 것

(3) 용어의 정의

1) 낱개의 고르기는 포장단위별로 크기 구분표[표1]에서 크기가 다른 것의 무게비율을 말한다.
2) 절편의 넓이 : 가장 넓은 곳의 크기를 말한다.
3) 갓의 크기 : 갓의 가장 넓은 직경을 말한다.
4) 갓의 두께 : 정상적인 버섯 10개의 평균 두께를 말한다.
5) 자루길이 : 갓의 하단 부위에서 자루 절단부위까지의 길이를 말한다.
6) 이물 : 영지버섯 외의 것을 말한다.
7) 결점 혼입율은 포장단위별로 전체 버섯 중 결점이 있는 버섯의 무게비율을 말한다.
8) 중결점은 다음의 것을 말한다.
   ① 병충해, 부패·변질 등이 품질에 영향을 미치는 정도가 현저한 것
   ② 갓의 변형 정도가 심한 것
   ③ 기타 피해의 정도가 심한 것
7) 경결점은 병충해 및 기타 결점의 정도가 경미한 것을 말한다.

[표 1] 크기 구분

구 분 \ 호 칭	L	M	S
갓의 지름 (cm)	15 이상	10 이상 15 미만	5 이상 10 미만

※ 갓의 지름 : 갓의 최대지름을 말한다.

10회 기출문제

국화(스탠다드) 20본이 있다. 등급을 쓰고 사유를 적으시오.

1. 70~75mm(평균 73mm) 19본, 79mm 1본
2. 개화 : 2/3 개화
3. 정상본 19본, 형상불량 1본

▶ 보통, 중결점이 5%이므로

9회 기출문제

절화용 국화 300본 중에서 품종고유의 모양이 아닌 것 15본 이품종화 15본이다. 해당등급을 쓰시오?

▶ 등급은 보통

이유는 중결점 4% 경결점 5%이므로 중결점에 의하여 등급은 보통으로 판정

농산물표준규격
쌀

[규격번호 : 7011]

(1) 적용 범위

쌀의 표준규격은 양곡관리법 시행규칙 제7조의3(양곡의 표시사항 등)에 따라 농림축산식품부장관이 고시하는 '쌀의 등급 및 단백질 함량기준' [별표 1] 쌀 등급 기준에 따르고, 국내에서 생산하여 유통되는 멥쌀에 적용하며, 가공용·수출용에는 적용하지 않는다.

(2) 등급 규격

항목	등급	특	상	보통
최고한도 (%)	수분	16.0	16.0	16.0
	싸라기	3.0	7.0	20.0
	분상질립	2.0	6.0	10.0
	피해립	1.0	2.0	4.0
	열손립	0.0	0.0	0.1
	기타이물	0.1	0.3	0.6

※ 기타조건
○ 열손립은 시료 1kg 중 '특'은 3립 이하, '상'은 7립 이하여야 함
○ 기타이물 중 '돌, 플라스틱, 유리, 쇳조각' 등 고형물은 시료 1kg 3반복 조사 합산하여 1개 이내여야 하며, '이종곡립(뉘 포함)'은 '특'과 '상'은 2개 이하, '보통'은 5개 이하여야 함
○ 완전립 비율이 96.0%이상인 경우에는 '특'표시와는 별도로 '완전미(Head Rice)'로 표시할 수 있음

(3) 용어의 정의

1) 백분율(%) : 전량에 대한 무게비율을 말하며, 소수점 둘째자리에서 반올림한다.
2) 수분 : 105℃ 건조법 또는 이와 동등한 결과를 얻을 수 있는 방법에 의하여 측정한 함수율을 말한다.
3) 싸라기 : KS A 5101-1(금속망체) 중 호칭치수 1.7㎜ 금속망체로 쳐서 체를 통과하지 아니하는 낱알 중 그 길이가 완전한 낱알 평균길이의 3/4미만인 것을 말한다.

12회 기출문제

생산자P씨는 국화(스프레이) 100본을 수확하였다. 1상자당 50본씩 2개 상자를 등급 '특'으로 표시하여 도매시장에 출하하고자 농산물품질관리사 K씨에게 등급 판정의 적정 여부를 의뢰하였다. K씨는 '특'2개상자를 점검하여 농산물 표준규격에 따라 등급 판정을 하여 출하자가 표시한 등급을 수정하였다. 농산물품질관리사가 판정한 등급과 그 이유를 쓰시오.(단, 주어진 항목 외에는 등급판정에 고려하지 않음)

구분	A상자	B상자
점검 결과	○꽃봉오리가 3~4개 정도 개화된 것 50본 ○마른 잎이나 이물질이 깨끗이 제거된 것 50본 ○자상이 있는 것 2본	○꽃봉오리가 3~4개 정도 개화된 것 50본 ○마른 잎이나 이물질이 깨끗이 제거된 것 50본 ○품종고유의 모양이 아닌 것 1본

➡

구분	A상자	B상자
등급	보통	특
판정 이유	자상은 중결점이므로 4%로 보통에 해당	품종고유의 모양이 아닌 것 1본은 2%이므로 특에 해당

4) 분상질립 : 체적의 1/2이상이 분상질 상태인 낟알을 말한다.
5) 피해립 : 오염된립, 병해립·충해립·발아립·생리장해립, 적조 및 흑조가 낟알 길이의 1/4이상 부착된 것을 말한다. 다만, 피해가 쌀의 품질에 영향을 미치지 아니할 정도의 경미한 것은 제외한다.
6) 열손립 : 열 등에 의하여 변색 또는 손상된 낟알을 말하며 미립표면적의 1/4 이상이 주황색(한국표준색표집 2.5Y8/4 기준 이상)으로 착색된 것을 말한다. 다만, 착색 정도가 주황색 기준 이하이거나 1/4미만인 것은 피해립으로 적용한다.
7) 기타이물 : 쌀 이외의 것('돌, 플라스틱, 유리, 쇳조각' 등 고형물, 이종곡립)과 KS A 5101-1(금속망체) 중 호칭치수 1.7㎜의 금속망체로 쳐서 체를 통과한 것을 말한다.
  * 이종곡립 : 쌀 이외의 곡립(뉘 포함)
8) 완전립 : 쌀의 외관특성상 완전한 낟알 또는 완전한 낟알 평균길이의 3/4 이상의 형태를 가지고 있는 것 중 분상질립, 피해립, 열손립을 제외한 것을 말한다.
  * 낟알의 평균길이는 완전한 낟알 15개 이상을 계측하여 산출함

농산물표준규격
찹 쌀

[규격번호 : 7012]

(1) 적용 범위

본 규격은 국내에서 생산하여 유통되는 찹쌀에 적용하며, 가공용 또는 수출용에는 적용하지 않는다.

(2) 등급 규격

등급 항목	특	상	보통
모양	강층이 완전히 제거되고 낟알의 윤기가 뛰어나고, 충실한 것	강층이 완전히 제거되고 낟알의 윤기가 뛰어나고, 충실한 것	특상에 미달하는 것
냄새	곰팡이 및 묵은 냄새가 없는 것	곰팡이 및 묵은 냄새가 없는 것	곰팡이 및 묵은 냄새가 없는 것
수분	16.0% 이하인 것	16.0% 이하인 것	16.0% 이하인 것
멥쌀혼입	3.0% 이하인 것	8.0% 이하인 것	15.0% 이하인 것
싸라기	3.0% 이하인 것	7.0% 이하인 것	20.0% 이하인 것
피해립	1.0% 이하인 것	2.0% 이하인 것	6.0% 이하인 것
열손립	0.0% 이하인 것	0.1% 이하인 것	0.5% 이하인 것
기타이물	0.1% 이하인 것	0.3% 이하인 것	1.0% 이하인 것
조건	생산 연도가 다른 찹쌀이 혼입된 경우나, 수확 연도로부터 1년이 경과되면 「특」이 될 수 없음		

(3) 용어의 정의

① 백분율(%) : 전량에 대한 무게의 비율을 말한다.
② 수분 : 105℃ 건조법 또는 이와 동등한 결과를 얻을 수 있는 방법에 의하여 측정한 함수율을 말한다.

③ 멥쌀혼입 : 찹쌀 속에 포함된 멥쌀을 말한다.
④ 싸라기 : 1.7mm 금속망 체(KSA 5101-1 시험용체 규격)로 쳐서 체 위에 남는 것 중 완전한 낟알 평균길이의 3/4미만의 깨진 낟알을 말한다.
⑤ 피해립 : 오염된 낟알, 병해립, 충해립, 발아립, 생리장해립, 적조 및 흑조가 낟알 길이의 1/4이상 부착된 낟알을 말한다. 다만, 피해가 경미하여 쌀의 품질에 영향을 미치지 아니할 정도의 것은 제외한다.
⑥ 열손립 : 열에 의하여 변색 또는 손상된 낟알을 말하며 미립표면적 1/4이상이 주황색(한국표준색표집 2.5Y8/4기준이상)으로 착색된 것을 말한다. 다만, 착색된 정도가 주황색 기준 이하이거나 1/4미만인 것은 피해립으로 적용한다.
⑦ 기타이물 : 찹쌀 이외의 것과 1.7mm 금속망 체(KSA 5101-1 시험용체 규격)로 쳐서 통과되는 것을 말한다. 다만, 돌, 광물질의 고형물은 3반복 조사 합산하여 1개 이내이어야 한다.

> **11회 기출문제**
>
> 장미스탠다드 등급에서 크기의 고르기 20본 중 1본의 크기가 다르고 개화정도 20% 200본 중 40본이 피어 있으며 경결점 200본 중 9본이고 다른 항목은 모두 특이다. 이때의 등급은?
>
> ➡ 상

농산물표준규격
현 미

[규격번호 : 7013]

(1) 적용 범위

본 규격은 국내에서 생산하여 유통되는 메·찰현미에 적용하며, 가공용 또는 수출용에는 적용하지 않는다.

(2) 등급 규격

등급 항목	특	상	보통
모양	품종 고유의 모양으로 낟알 표면의 긁힘이 거의 없고 광택이 뛰어나며 낟알이 충실하고 고른 것	품종 고유의 모양으로 낟알 표면의 긁힘이 거의 없고 광택이 뛰어나며 낟알이 충실하고 고른 것	특상에 미달하는 것
용적중(g/L)	810 이상인 것	800 이상인 것	780이상인 것
정립	85.0% 이상인 것	75.0% 이상인 것	70.0%이상인 것
수분	16.0% 이하인 것	16.0% 이하인 것	16.0% 이하인 것
사미	3.0% 이하인 것	6.0% 이하인 것	10.0% 이하인 것
피해립	5.0% 이하인 것	7.0% 이하인 것	10.0% 이하인 것
열손립	0.0% 이하인 것	0.1% 이하인 것	0.3% 이하인 것
메현미 혼입	3.0% 이하인 것(찰현미에만 적용)	8.0% 이하인 것(찰현미에만 적용)	15.0% 이하인 것(찰현미에만 적용)
돌	없는 것	없는 것	없는 것
뉘,이종곡립(15kg중)	없는 것	없는 것	3개 이하인 것
이물	0.0% 이하인 것	0.3% 이하인 것	0.5% 이하인 것
조건	생산연도가 다른 현미가 혼입된 경우나 수확 연도로부터 1년이 경과되면 「특」이 될수 없음		

(3) 용어의 정의

① 백분율(%) : 전량에 대한 무게의 비율을 말한다.
② 용적중 : [별표 6] 「항목별 품위계측 및 감정방법」에 따라

측정한 1L의 무게를 말한다.

③ 정립 : 피해립, 사미, 열손립, 미숙립, 뉘, 이종곡립 및 이물을 제외한 낱알을 말한다.

④ 수분 : 105℃ 건조법 또는 이와 동등한 결과를 얻을 수 있는 방법에 의하여 측정한 함수율을 말한다.

⑤ 사미 : 체적의 4분의3 이상이 분상질 상태인 낱알을 말한다.

⑥ 피해립 : 손상된 낱알(발아립, 병해립, 충해립, 부패립, 금간 낱알, 기형립, 싸라기 등)을 말한다. 다만, 피해가 경미하여 현미의 품질에 영향을 미치지 아니할 정도의 것은 제외한다.

⑦ 열손립 : 열에 의하여 변색 또는 손상된 낱알을 말한다. 다만, 현미의 품질에 영향을 미치지 아니할 정도의 것은 제외한다.

⑧ 돌 : 돌, 콘크리트 조각 등 광물성의 고형물로서 1.7mm 금속망 체(KSA 5101-1 시험용체 규격)를 통과하지 아니하는 크기의 것을 말한다.

⑨ 이종곡립 : 현미, 뉘 외의 다른 곡립을 말한다.

⑩ 이물 : 곡립 외의 것과 1.7mm 금속망 체(KSA 5101-1 시험용체 규격)로 치면 체를 통과하는 것을 말한다.

농산물표준규격
보리쌀

[규격번호 : 7021]

(1) 적용 범위

본 규격은 국내에서 생산하여 유통되는 보리쌀(겉보리쌀, 찰보리쌀, 쌀보리쌀, 찹쌀보리쌀)에 적용하며, 가공용 또는 수출용에는 적용하지 않는다.

(2) 등급 규격

항목 \ 등급	특	상	보통
모양	강층이 완전히 제거된 것으로 품종 고유의 모양을 갖춘 것	강층이 완전히 제거된 것으로 품종 고유의 모양을 갖춘 것	특상에 미달하는 것
냄새	곰팡이 및 묵은 냄새가 없는 것	곰팡이 및 묵은 냄새가 없는 것	곰팡이 및 묵은 냄새가 없는 것
수분	14.0% 이하인 것	14.0% 이하인 것	14.0% 이하인 것
메보리쌀 혼입	5.0% 이하인 것(찰보리쌀, 찹쌀보리쌀에 적용)	10.0% 이하인 것(찰보리쌀, 찹쌀보리쌀에 적용)	20.0% 이하인 것(찰보리쌀, 찹쌀보리쌀에 적용)
열손립	0.0% 이하인 것	0.1% 이하인 것	0.2% 이하인 것
싸라기	-겉보리쌀, 찰보리쌀 : 4.0% 이하인 것 -쌀보리쌀, 찹쌀보리쌀 : 2.0% 이하인 것	-겉보리쌀, 찰보리쌀 : 8.0% 이하인 것 -쌀보리쌀, 찹쌀보리쌀 : 4.0% 이하인 것	-겉보리쌀, 찰보리쌀 : 15.0% 이하인 것 -쌀보리쌀, 찹쌀보리쌀 : 10.0% 이하인 것
돌 (1.5kg중)	없는 것	없는 것	없는 것
이물	0.0% 이하인 것	0.2% 이하인 것	0.4% 이하인 것

(3) 용어의 정의

① 백분율(%) : 전량에 대한 무게의 비율을 말한다.
② 메보리쌀 혼입 : 찰보리쌀 속에 포함된 메보리쌀을 말한다.
③ 수분 : 105℃ 건조법 또는 이와 동등한 결과를 얻을 수 있는 방법에 의하여 측정한 함수율을 말한다.
④ 열손립 : 열에 의하여 변색 또는 손상된 낱알을 말한다. 다만, 보리쌀의 품질에 영향을 미치지 아니할 정도의 것은 제외한다.
⑤ 싸라기 : 1.7mm 금속망 체(KSA 5101-1 시험용체 규격)로 쳐서 체 위에 남는 것 중 부러졌거나 깨진 낱알을 말한다.
⑥ 돌 : 1.7mm 금속망 체(KSA 5101-1 시험용체 규격)로 쳐서 체 위에 남은 돌, 콘크리트 조각 등 광물성의 고형물질을 말한다.
⑦ 이물 : 보리쌀 외의 것과 1.7mm 금속망 체(KSA 5101-1 시험용체 규격)로 치면 체를 통과하는 것을 말한다.

농산물표준규격
좁쌀

[규격번호 : 7031]

(1) 적용 범위
본 규격은 국내에서 생산하여 유통되는 차·메좁쌀에 적용하며, 가공용 또는 수출용에는 적용하지 않는다.

(2) 등급 규격

항목\등급	특	상	보통
모양	강층이 완전히 제거된 것으로 낟알이 충실한 것	강층이 완전히 제거된 것으로 낟알이 충실한 것	특상에 미달하는 것
냄새	곰팡이 및 묵은 냄새가 없는 것	곰팡이 및 묵은 냄새가 없는 것	곰팡이 및 묵은 냄새가 없는 것
수분	14.0% 이하인 것	14.0% 이하인 것	14.0% 이하인 것
피해립	5.0% 이하인 것	10.0% 이하인 것	15.0% 이하인 것
이물	0.0% 이하인 것	0.3% 이하인 것	0.5% 이하인 것
메좁쌀 혼입	5.0% 이하인 것(차좁쌀에 적용)	10.0% 이하인 것(차좁쌀에 적용)	15.0% 이하인 것(차좁쌀에 적용)
이종곡립	0.0% 이하인 것	0.3% 이하인 것	0.5% 이하인 것
조	0.3% 이하인 것	0.5% 이하인 것	1.0% 이하인 것
조건	생산연도가 다른 좁쌀이 혼입된 경우나 수확 연도로부터 1년이 경과되면 「특」이 될수 없음		

(3) 용어의 정의

① 백분율(%) : 전량에 대한 무게의 비율을 말한다.
② 피해립 : 오염된 립, 병해립, 충해립, 변질립, 변색립, 파쇄립 등을 말한다.
③ 수분 : 105℃ 건조법 또는 이와 동등한 결과를 얻을 수 있는 방법에 의하여 측정한 함수율을 말한다.
④ 이물 : 850㎛(0.85㎜) 금속망 체(KS A 5101-1 시험용체 규격)로 쳐서 체 위에 남은 곡립 이외의 것과 체를 통과한 것을 말한다.
⑤ 메좁쌀 혼입 : 차좁쌀 속에 포함된 메좁쌀을 말한다.
⑥ 조 : 도정되지 않은 조곡 상태인 것을 말한다.
⑦ 이종곡립 : 좁쌀 외의 곡립을 말한다.

농산물표준규격
율무쌀

[규격번호 : 7041]

(1) 적용 범위

본 규격은 국내에서 생산하여 유통되는 율무쌀에 적용하며, 가공용 또는 수출용에는 적용하지 않는다.

(2) 등급 규격

항목 \ 등급	특	상	보통
모양	강층이 완전히 제거된 것으로 낟알이 충실한 것	강층이 완전히 제거된 것으로 낟알이 충실한 것	특상에 미달하는 것
냄새	곰팡이 및 묵은 냄새가 없는 것	곰팡이 및 묵은 냄새가 없는 것	곰팡이 및 묵은 냄새가 없는 것
수분	13.0% 이하인 것	13.0% 이하인 것	13.0% 이하인 것
정립	75.0% 이상인 것	65.0% 이상인 것	55.0% 이상인 것
열손립	0.0% 이하인 것	0.1% 이하인 것	0.2% 이하인 것
피해립	0.2% 이하인 것	0.5% 이하인 것	1.0% 이하인 것
피율무 (1.5kg중)	3립 이하인 것	5립 이하인 것	10립 이하인 것
이종곡립	0.0% 이하인 것	0.3% 이하인 것	0.5% 이하인 것
돌	없는 것	없는 것	없는 것
이물	0.3% 이하인 것	0.5% 이하인 것	1.0% 이하인 것
조건	생산연도가 다른 율무쌀이 혼입된 경우나 수확 연도로부터 1년이 경과되면 「특」이 될수 없음		

(3) 용어의 정의

① 백분율(%) : 전량에 대한 무게의 비율을 말한다.
② 수분 : 105℃ 건조법 또는 이와 동등한 결과를 얻을 수 있는 방법에 의하여 측정한 함수율을 말한다.
③ 정립 : 1.7mm 금속망 체(KSA 5101-1 시험용체 규격)로 쳐서 체 위에 남은 율무쌀로서 그 길이가 완전한 낟알의 3/4이상인 것
④ 열손립 : 열에 의하여 변색 또는 손상된 낟알을 말한다. 다만, 율무쌀의 품질에 영향을 미치지 아니할 정도의 것은 제외한다.
⑤ 피해립 : 오염된 낟알, 병해립, 충해립, 반점립, 흑점립, 생리장해립 등을 말한다. 다만, 피해가 경미하여 율무쌀의 품질에 영향을 미치지 아니할 정도의 것은 제외한다.
⑥ 피율무 : 율무의 껍질이 벗겨지지 아니한 것
⑦ 돌 : 1.7mm 금속망 체(KSA 5101-1 시험용체 규격)로 쳐서 체위에 남은 돌, 콘크리트 조각 등 광물성의 고형물질을 말한다.
⑧ 이물 : 1.7mm 금속망 체(KSA 5101-1 시험용체 규격)로 쳐서 체 위에 남은 돌, 콘크리트 조작 등 광물성의 고형물질을 말한다.

농산물표준규격
국 화

[규격번호 : 8011]

(1) 적용 범위

본 규격은 국내에서 생산되어 신선한 상태로 유통되는 국화에 적용하며, 수출용에는 적용하지 않는다.

(2) 등급 규격

등급 항목	특	상	보통
크기의 고르기	크기 구분표[표1]에서 크기가 다른 것이 없는 것	크기 구분표[표1]에서 크기가 다른 것이 5% 이하인 것	크기 구분표[표1]에서 크기가 다른 것이 10% 이하인 것
꽃	품종 고유의 모양으로 색택이 선명하고 뛰어난 것	품종 고유의 모양으로 색택이 선명하고 양호한 것	특·상에 미달하는 것
줄기	세력이 강하고, 휘지 않으며, 굵기가 일정한 것		특·상에 미달하는 것
개화정도	-스탠다드 : 꽃봉오리가 1/2정도 개화된 것 -스프레이 : 꽃봉오리가 3~4개 정도 개화되고 전체적인 조화를 이룬 것	-스탠다드 : 꽃봉오리가 2/3정도 개화된 것 -스프레이 : 꽃봉오리가 5~6개 정도 개화되고, 전체적인 조화를 이룬 것	특·상에 미달하는 것
손질	마른 잎이나 이물질이 깨끗이 제거된 것	마른 잎이나 이물질 제거가 비교적 양호한 것	특·상에 미달하는 것
중결점	없는 것	없는 것	5% 이하인 것
경결점	3% 이하인 것	5% 이하인 것	10% 이하인 것

(3) 용어의 정의

1) 크기의 고르기는 매 포장단위마다 상단·중단·하단에서 각각 3묶음씩 총 9묶음의 표본을 추출하여 해당 크기 구분표에서 크기가 다른 것의 개수비율을 말한다.
2) 결점 혼입률은 포장 단위별로 전체 본에 대한 결점본의 개수비율을 말한다.
3) 중결점은 다음의 것을 말한다.
   ① 이품종화 : 품종이 다른 것
   ② 상처 : 자상, 압상, 동상, 열상 등이 있는 것
   ③ 병충해 : 병해, 충해 등의 피해가 심한 것
   ④ 생리장해 : 기형화, 노심현상, 버들눈, 관생화 등이 있는 것
   ⑤ 형상불량, 파손, 굽힘, 개화 차이가 심히 불량한 것
   ⑥ 기타 결점의 정도가 현저하게 품위에 영향을 미치는 것
4) 경결점은 다음의 것을 말한다.
   ① 품종 고유의 모양이 아닌 것
   ② 경미한 약해, 생리장해, 상처, 농약살포 등으로 외관이 떨어지는 것
   ③ 손질 정도가 미비한 것
   ④ 기타 결점의 정도가 경미한 것

[표 1] 크기 구분

구 분	호 칭	1급	2급	3급	1묶음의 본수(본)
1묶음 평균의 꽃대길이(cm)	스탠다드	80 이상	70 이상 80 미만	30 이상 70 미만	20
	스프레이	70 이상	60 이상 70 미만	30 이상 60 미만	5또는10

농산물표준규격
카네이션

[규격번호 : 8021]

(1) 적용 범위

본 규격은 국내에서 생산되어 신선한 상태로 유통되는 카네이션에 적용하며, 수출용에는 적용하지 않는다.

(2) 등급 규격

항목 \ 등급	특	상	보통
크기의 고르기	크기 구분표[표1]에서 크기가 다른 것이 없는 것	크기 구분표[표1]에서 크기가 다른 것이 5% 이하인 것	크기 구분표[표1]에서 크기가 다른 것이 10% 이하인 것
꽃	품종 고유의 모양으로 색택이 선명하고 뛰어난 것	품종 고유의 모양으로 색택이 선명하고 양호한 것	특·상에 미달하는 것
줄기	세력이 강하고, 휘지 않으며, 굵기가 일정한 것	세력이 강하고, 휘어진 정도가 약하며 굵기가 비교적 일정한 것	특·상에 미달하는 것
개화정도	-스탠다드 : 꽃봉오리가 1/4정도 개화된 것 -스프레이 : 꽃봉오리가 1~2개 정도 개화되고 전체적인 조화를 이룬 것	-스탠다드 : 꽃봉오리가 1/2정도 개화된 것 -스프레이 : 꽃봉오리가 3~4개 정도 개화되고, 전체적인 조화를 이룬 것	특·상에 미달하는 것
손질	마른 잎이나 이물질이 깨끗이 제거된 것	마른 잎이나 이물질 제거가 비교적 양호한 것	특·상에 미달하는 것
중결점	없는 것	없는 것	5% 이하인 것
경결점	3% 이하인 것	5% 이하인 것	10% 이하인 것

(3) 용어의 정의

1) 크기의 고르기는 매 포장단위마다 상단·중단·하단에서 각각 3묶음씩 총 9묶음의 표본을 추출하여 해당 크기 구분표[표 1]에서 크기가 다른 것의 개수비율을 말한다.
2) 결점 혼입률은 포장 단위별로 전체 본에 대한 결점본의 개수비율을 말한다.
3) 중결점은 다음의 것을 말한다.
   ① 이품종화 : 품종이 다른 것
   ② 상처 : 자상, 압상 동상, 열상 등이 있는 것
   ③ 병충해 : 병해, 충해 등의 피해가 심한 것
   ④ 생리장해 : 약할, 관생화, 수곡, 변색 등의 피해가 심한 것
   ⑤ 형상불량, 파손, 굽힘, 개화 차이가 심히 불량한 것
   ⑥ 기타 결점의 정도가 현저하게 품위에 영향을 미치는 것
4) 경결점은 다음의 것을 말한다.
   ① 품종 고유의 모양이 아닌 것
   ② 경미한 약해, 생리장해, 상처, 농약살포 등으로 외관이 떨어지는 것
   ③ 손질 정도가 미비한 것
   ④ 기타 결점의 정도가 경미한 것

[표 1] 크기 구분

구 분	호 칭	1급	2급	3급	1묶음의 본수(본)
1묶음 평균의 꽃대길이(cm)	스탠다드	70 이상	60 이상 70 미만	30 이상 60 미만	20
	스프레이	60 이상	50 이상 60 미만	30 이상 50 미만	10

농산물표준규격
장 미

[규격번호 : 8031]

(1) 적용 범위
본 규격은 국내에서 생산되어 신선한 상태로 유통되는 장미에 적용하며, 수출용에는 적용하지 않는다.

(2) 등급 규격

등급 항목	특	상	보통
크기의 고르기	크기 구분표[표1]에서 크기가 다른 것이 없는 것	크기 구분표[표1]에서 크기가 다른 것이 5% 이하인 것	크기 구분표[표1]에서 크기가 다른 것이 10% 이하인 것
꽃	품종 고유의 모양으로 색택이 선명하고 뛰어난 것	품종 고유의 모양으로 색택이 선명하고 양호한 것	특·상에 미달하는 것
줄 기	세력이 강하고, 휘지 않으며, 굵기가 일정한 것	세력이 강하고, 휘어진 정도가 약하며 굵기가 비교적 일정한 것	특·상에 미달하는 것
개화정도	-스탠다드 : 꽃봉오리가 1/5정도 개화된 것 -스프레이 : 꽃봉오리가 1~2개 정도 개화된 것	-스탠다드 : 꽃봉오리가 2/5정도 개화된 것 -스프레이 : 꽃봉오리가 3~4개 정도 개화된 것	특·상에 미달하는 것
손 질	마른 잎이나 이물질이 깨끗이 제거된 것	마른 잎이나 이물질 제거가 비교적 양호한 것	특·상에 미달하는 것
중결점	없는 것	없는 것	5% 이하인 것
경결점	3% 이하인 것	5% 이하인 것	10% 이하인 것

(3) 용어의 정의

1) 크기의 고르기는 매 포장단위마다 상단·중단·하단에서 각각 3묶음씩 총 9묶음의 표본을 추출하여 해당 크기 구분표[표 1]에서 크기가 다른 것의 개수비율을 말한다.
2) 결점 혼입률은 포장 단위별로 전체 본에 대한 결점본의 개수비율을 말한다.
3) 중결점은 다음의 것을 말한다.
   ① 이품종화 : 품종이 다른 것
   ② 상처 : 자상, 압상 동상, 열상 등이 있는 것
   ③ 병충해 : 병해, 충해 등의 피해가 심한 것
   ④ 생리장해 : 꽃목굽음, 기형화 등의 피해가 심한 것
   ⑤ 형상불량, 파손, 굽힘, 개화 차이가 심히 불량한 것
   ⑥ 기타 결점의 정도가 현저하게 품위에 영향을 미치는 것
4) 경결점은 다음의 것을 말한다.
   ① 품종 고유의 모양이 아닌 것
   ② 경미한 약해, 생리장해, 상처, 농약살포 등으로 외관이 떨어지는 것
   ③ 손질 정도가 미비한 것
   ④ 기타 결점의 정도가 경미한 것

[표 1] 크기 구분

구 분	호 칭	1급	2급	3급	1묶음의 본수(본)
1묶음 평균의 꽃대길이(cm)	스탠다드	80 이상	70 이상 80 미만	20 이상 70 미만	10
	스프레이	70 이상	60 이상 70 미만	30 이상 60 미만	5또는10

농산물표준규격
백 합

[규격번호 : 8041]

(1) 적용 범위
본 규격은 국내에서 생산되어 신선한 상태로 유통되는 백합에 적용하며, 수출용에는 적용하지 않는다.

(2) 등급 규격

등급 항목	특	상	보통
크기의 고르기	크기 구분표[표1]에서 크기가 다른 것이 없는 것	크기 구분표[표1]에서 크기가 다른 것이 5% 이하인 것	크기 구분표[표1]에서 크기가 다른 것이 10% 이하인 것
꽃	품종 고유의 모양으로 색택이 선명하고 뛰어나며 크기가 균일한 것	품종 고유의 모양으로 색택이 선명하고 양호한 것	특·상에 미달하는 것
줄기	세력이 강하고, 휘지 않으며, 굵기가 일정한 것	세력이 강하고, 휘어진 정도가 약하며 굵기가 비교적 일정한 것	특·상에 미달하는 것
개화정도	꽃봉오리 상태에서 화색이 보이고 균일한 것	꽃봉오리가 1/3정도 개화된 것	특·상에 미달하는 것
손질	마른 잎이나 이물질이 깨끗이 제거된 것	마른 잎이나 이물질 제거가 비교적 양호하며 크기가 균일한 것	특·상에 미달하는 것
중결점	없는 것	없는 것	5% 이하인 것
경결점	3% 이하인 것	5% 이하인 것	10% 이하인 것

(3) 용어의 정의

1) 크기의 고르기는 매 포장단위마다 상단·중단·하단에서 각각 3묶음씩 총 9묶음의 표본을 추출하여 해당 크기 구분표[표1]에서 크기가 다른 것의 개수비율을 말한다.

2) 결점 혼입률은 포장 단위별로 전체 본에 대한 결점본의 개수 비율을 말한다.

3) 중결점은 다음의 것을 말한다.
   ① 이품종화 : 품종이 다른 것
   ② 상처 : 자상, 압상 동상, 열상 등이 있는 것
   ③ 병충해 : 병해, 충해 등의 피해가 심한 것
   ④ 생리장해 : 블라스팅, 엽소, 블라인드, 기형화 등의 피해가 심한 것
   ⑤ 형상불량, 파손, 굽힘, 개화 차이가 심히 불량한 것
   ⑥ 기타 결점의 정도가 현저하게 품위에 영향을 미치는 것

4) 경결점은 다음의 것을 말한다.
   ① 품종 고유의 모양이 아닌 것
   ② 경미한 약해, 생리장해, 상처, 농약살포 등으로 외관이 떨어지는 것
   ③ 손질 정도가 미비한 것
   ④ 기타 결점의 정도가 경미한 것

[표 1] 크기 구분

구 분 \ 호 칭	1급	2급	3급	1묶음의 본수(본)
1묶음 평균의 꽃대길이(cm)	70 이상	60 이상 70 미만	30 이상 60 미만	5또는10

농산물표준규격
글라디올러스

[규격번호 : 8051]

(1) 적용 범위
본 규격은 국내에서 생산되어 신선한 상태로 유통되는 글라디올러스에 적용하며, 수출용에는 적용하지 않는다.

(2) 등급 규격

등급 항목	특	상	보통
크기의 고르기	크기 구분표[표1]에서 크기가 다른 것이 없는 것	크기 구분표[표1]에서 크기가 다른 것이 5% 이하인 것	크기 구분표[표1]에서 크기가 다른 것이 10% 이하인 것
꽃	품종 고유의 모양으로 색택이 선명하고 뛰어난 것	품종 고유의 모양으로 색택이 선명하고 양호한 것	특·상에 미달하는 것
줄기	세력이 강하고, 휘지 않으며, 굵기가 일정한 것	세력이 강하고, 휘어진 정도가 약하며 굵기가 비교적 일정한 것	특·상에 미달하는 것
개화정도	꽃봉오리 2~3개의 화색이 보이는 것	꽃봉오리 3~4개의 화색이 보이는 것	특·상에 미달하는 것
손 질	마른 잎이나 이물질이 깨끗이 제거된 것	마른 잎이나 이물질 제거가 비교적 양호한 것	특·상에 미달하는 것
중결점	없는 것	없는 것	5% 이하인 것
경결점	3% 이하인 것	5% 이하인 것	10% 이하인 것

(3) 용어의 정의

1) 크기의 고르기는 매 포장단위마다 상단·중단·하단에서 각각 3묶음씩 총 9묶음의 표본을 추출하여 해당 크기 구분표[표1]에서 크기가 다른 것의 개수비율을 말한다.
2) 결점 혼입률은 포장 단위별로 전체 본에 대한 결점본의 개수비율을 말한다.
3) 중결점은 다음의 것을 말한다.
   ① 이품종화 : 품종이 다른 것
   ② 상처 : 자상, 압상 동상, 열상 등이 있는 것
   ③ 병충해 : 병해, 충해 등의 피해가 심한 것
   ④ 생리장해 : 수곡현상, 잎끝마름현상, 일소 등의 피해가 심한 것
   ⑤ 화수의 끝 부분이 심하게 휘어진 것
   ⑥ 기타 결점의 정도가 현저하게 품위에 영향을 미치는 것
4) 경결점은 다음의 것을 말한다.
   ① 품종 고유의 모양이 아닌 것
   ② 경미한 약해, 생리장해, 상처, 농약살포 등으로 외관이 떨어지는 것
   ③ 손질 정도가 미비한 것
   ④ 기타 결점의 정도가 경미한 것

[표 1] 크기 구분

구 분 \ 호 칭	1급	2급	3급	1묶음의 본수(본)
1묶음 평균의 꽃대 길이(cm)	100 이상	80 이상 100 미만	60 이상 80 미만	10
꽃의 수	14 이상	11 이상 14 미만	11미만	

농산물표준규격
튤립

[규격번호 : 8061]

(1) 적용 범위
본 규격은 국내에서 생산되어 신선한 상태로 유통되는 튤립에 적용하며, 수출용에는 적용하지 않는다.

(2) 등급 규격

등급 항목	특	상	보통
크기의 고르기	크기 구분표[표1]에서 크기가 다른 것이 없는 것	크기 구분표[표1]에서 크기가 다른 것이 5% 이하인 것	크기 구분표[표1]에서 크기가 다른 것이 10% 이하인 것
꽃	품종 고유의 모양으로 색택이 선명하고 뛰어난 것	품종 고유의 모양으로 색택이 선명하고 양호한 것	특·상에 미달하는 것
줄 기	세력이 강하고, 휘어지 않으며, 굵기가 일정한 것	세력이 강하고, 휘어진 정도가 약하며 굵기가 비교적 일정한 것	특·상에 미달하는 것
개화정도	꽃봉오리 상태에서 화색이 보이는 것	꽃봉오리가 1/3 정도 개화된 것	특·상에 미달하는 것
손 질	마른 잎이나 이물질이 깨끗이 제거된 것	마른 잎이나 이물질 제거가 비교적 양호한 것	특·상에 미달하는 것
중결점	없는 것	없는 것	5% 이하인 것
경결점	3% 이하인 것	5% 이하인 것	10% 이하인 것

(3) 용어의 정의

1) 크기의 고르기는 매 포장단위마다 상단·중단·하단에서 각각 3묶음씩 총 9묶음의 표본을 추출하여 해당 크기 구분표[표1]에서 크기가 다른 것의 개수비율을 말한다.
2) 결점 혼입률은 포장 단위별로 전체 본에 대한 결점본의 개수 비율을 말한다.
3) 중결점 : 약해, 일소, 상처, 형상불량 등이 품질에 심한 영향을 미치는 것
4) 경결점 : 피해 정도가 품질에 경미한 영향을 미치는 것

[표 1] 크기 구분

구 분 \ 호 칭	1급	2급	3급	1묶음의 본수(본)
1묶음 평균의 꽃대 길이(cm)	50 이상	40 이상 50 미만	20 이상 40 미만	10

농산물표준규격
거베라

[규격번호 : 8071]

(1) 적용 범위
본 규격은 국내에서 생산되어 신선한 상태로 유통되는 거베라에 적용하며, 수출용에는 적용하지 않는다.

(2) 등급 규격

등급 항목	특	상	보통
크기의 고르기	크기 구분표[표1]에서 크기가 다른 것이 없는 것	크기 구분표[표1]에서 크기가 다른 것이 5% 이하인 것	크기 구분표[표1]에서 크기가 다른 것이 10% 이하인 것
꽃	품종 고유의 모양으로 색택이 선명하고 뛰어난 것	품종 고유의 모양으로 색택이 선명하고 양호한 것	특·상에 미달하는 것
줄기	세력이 강하고, 휘지 않으며, 굵기가 일정한 것	세력이 강하고, 휘어진 정도가 약하며 굵기가 비교적 일정한 것	특·상에 미달하는 것
개화정도	4/5 정도 개화된 것	완전히 개화된 것	특·상에 미달하는 것
손질	이물질이 깨끗이 제거된 것	이물질 제거가 비교적 양호한 것	특·상에 미달하는 것
중결점	없는 것	없는 것	5% 이하인 것
경결점	3% 이하인 것	5% 이하인 것	10% 이하인 것
조건	꽃봉오리에 캡을 씌우고 줄기 18cm까지 테이핑한 것	꽃봉오리에 캡을 씌우고 줄기 18cm까지 테이핑한 것	

(3) 용어의 정의

1) 크기의 고르기는 매 포장단위마다 상단·중단·하단에서 각각 3묶음씩 총 9묶음의 표본을 추출하여 해당 크기 구분표[표 1]에서 크기가 다른 것의 개수비율을 말한다.
2) 결점 혼입률은 포장 단위별로 전체 본에 대한 결점본의 개수비율을 말한다.
3) 중결점은 다음의 것을 말한다.
   ① 이품종화 : 품종이 다른 것
   ② 상처 : 꽃잎에 자상, 압상, 동상, 열상 등이 심한 것
   ③ 병충해 : 병해, 충해 등의 피해가 심한 것
   ④ 생리장해 : 관생화, 경할현상, 일소 등의 피해가 심한 것
   ⑤ 통상화의 모양이 찌그러진 것
   ⑥ 기타 결점의 정도가 현저하게 품위에 영향을 미치는 것
4) 경결점은 다음의 것을 말한다.
   ① 품종 고유의 모양이 아닌 것
   ② 경미한 약해, 생리장해, 상처, 농약살포 등으로 외관이 떨어지는 것
   ③ 손질 정도가 미비한 것
   ④ 기타 결점의 정도가 경미한 것

[표 1] 크기 구분

구 분 \ 호 칭	1급	2급	3급	1묶음의 본수(본)
1묶음 평균의 꽃대 길이(cm)	70 이상	60 이상 70 미만	40 이상 60 미만	10

농산물표준규격 아이리스

[규격번호 : 8081]

(1) 적용 범위

본 규격은 국내에서 생산되어 신선한 상태로 유통되는 아이리스에 적용하며, 수출용에는 적용하지 않는다.

(2) 등급 규격

등급 항목	특	상	보통
크기의 고르기	크기 구분표[표1]에서 크기가 다른 것이 없는 것	크기 구분표[표1]에서 크기가 다른 것이 5% 이하인 것	크기 구분표[표1]에서 크기가 다른 것이 10% 이하인 것
꽃	품종 고유의 모양으로 색택이 선명하고 뛰어난 것	품종 고유의 모양으로 색택이 선명하고 양호한 것	특·상에 미달하는 것
줄기	세력이 강하고, 휘지 않으며, 굵기가 일정한 것	세력이 강하고, 휘어진 정도가 약하며 굵기가 비교적 일정한 것	특·상에 미달하는 것
개화정도	꽃봉오리가 1/3 정도 올라온 것	꽃봉오리가 1/2 정도 올라온 것	특·상에 미달하는 것
손질	마른 잎이나 이물질이 깨끗이 제거된 것	마른 잎이나 이물질 제거가 비교적 양호한 것	특·상에 미달하는 것
중결점	없는 것	없는 것	5% 이하인 것
경결점	3% 이하인 것	5% 이하인 것	10% 이하인 것

(3) 용어의 정의

1) 크기의 고르기는 매 포장단위마다 상단·중단·하단에서 각각 3묶음씩 총 9묶음의 표본을 추출하여 해당 크기 구분표[표 1]에서 크기가 다른 것의 개수비율을 말한다.
2) 결점 혼입률은 포장 단위별로 전체 본에 대한 결점본의 개수비율을 말한다.
3) 중결점 : 약해, 일소, 상처, 형상불량 등이 품질에 심한 영향을 미치는 것
4) 경결점 : 피해 정도가 품질에 경미한 영향을 미치는 것

[표 1] 크기 구분

구 분 \ 호 칭	1급	2급	3급	1묶음의 본수(본)
1묶음 평균의 꽃대 길이(cm)	60 이상	50 이상 60 미만	30 이상 50 미만	10

농산물표준규격
프리지아

[규격번호 : 8091]

(1) 적용 범위
본 규격은 국내에서 생산되어 신선한 상태로 유통되는 프리지아에 적용하며, 수출용에는 적용하지 않는다.

(2) 등급 규격

등급 항목	특	상	보통
크기의 고르기	크기 구분표[표1]에서 크기가 다른 것이 없는 것	크기 구분표[표1]에서 크기가 다른 것이 5% 이하인 것	크기 구분표[표1]에서 크기가 다른 것이 10% 이하인 것
꽃	품종 고유의 모양으로 색택이 선명하고 뛰어난 것	품종 고유의 모양으로 색택이 선명하고 양호한 것	특·상에 미달하는 것
줄기	세력이 강하고, 휘지 않으며, 굵기가 일정한 것	세력이 강하고, 휘어진 정도가 약하며 굵기가 비교적 일정한 것	특·상에 미달하는 것
개화정도	꽃봉오리 아래 부분의 소화가 화색이 보이는 것	꽃봉오리 아래 부분의 소화가 1~2개 개화된 것	특·상에 미달하는 것
손 질	마른 잎이나 이물질이 깨끗이 제거된 것	마른 잎이나 이물질 제거가 비교적 양호한 것	특·상에 미달하는 것
중결점	없는 것	없는 것	5% 이하인 것
경결점	3% 이하인 것	5% 이하인 것	10% 이하인 것

(3) 용어의 정의

1) 크기의 고르기는 매 포장단위마다 상단·중단·하단에서 각각 3묶음씩 총 9묶음의 표본을 추출하여 해당 크기 구분표[표 1]에서 크기가 다른 것의 개수비율을 말한다.
2) 결점 혼입률은 포장 단위별로 전체 본에 대한 결점본의 개수비율을 말한다.
3) 중결점은 다음의 것을 말한다.
   ① 이품종화 : 품종이 다른 것
   ② 상처 : 꽃봉오리 혹은 꽃잎에 탈리, 열상, 자상, 압상 등이 심한 것
   ③ 병충해 : 병해, 충해 등의 피해가 심한 것
   ④ 생리장해 : 꽃띰현상, 경할현상, 일소 등의 피해가 심한 것
   ⑤ 꽃대가 절화 길이의 10% 이상 휘어있는 것
   ⑥ 기타 결점의 정도가 현저하게 품위에 영향을 미치는 것
4) 경결점은 다음의 것을 말한다.
   ① 품종 고유의 모양이 아닌 것
   ② 경미한 약해, 생리장해, 상처, 농약살포 등으로 외관이 떨어지는 것
   ③ 손질 정도가 미비한 것
   ④ 기타 결점의 정도가 경미한 것

[표 1] 크기 구분

구 분	호 칭	1급	2급	3급	1묶음의 본수(본)
1묶음 평균의 꽃대 길이(cm)		50 이상	40 이상 50 미만	20 이상 40 미만	10또는 20

농산물표준규격
금어초

[규격번호 : 8111]

(1) 적용 범위
본 규격은 국내에서 생산되어 신선한 상태로 유통되는 금어초에 적용하며, 수출용에는 적용하지 않는다.

(2) 등급 규격

등급 항목	특	상	보통
크기의 고르기	크기 구분표[표1]에서 크기가 다른 것이 없는 것	크기 구분표[표1]에서 크기가 다른 것이 5% 이하인 것	크기 구분표[표1]에서 크기가 다른 것이 10% 이하인 것
꽃	품종 고유의 모양으로 색택이 선명하고 뛰어난 것	품종 고유의 모양으로 색택이 선명하고 양호한 것	특·상에 미달하는 것
줄기	세력이 강하고, 휘지 않으며, 굵기가 일정한 것	세력이 강하고, 휘어진 정도가 약하며 굵기가 비교적 일정한 것	특·상에 미달하는 것
개화정도	전체 소화 중 1/3 정도 개화환 것	전체 소화 중 1/2 정도 개화된 것	특·상에 미달하는 것
손 질	마른 잎이나 이물질이 깨끗이 제거된 것	마른 잎이나 이물질 제거가 비교적 양호한 것	특·상에 미달하는 것
중결점	없는 것	없는 것	5% 이하인 것
경결점	3% 이하인 것	5% 이하인 것	10% 이하인 것

(3) 용어의 정의
  1) 크기의 고르기는 매 포장단위마다 상단·중단·하단에서 각각 3묶음씩 총 9묶음의 표본을 추출하여 해당 크기 구분표[표 1]에서 크기가 다른 것의 개수비율을 말한다.
  2) 결점 혼입률은 포장 단위별로 전체 본에 대한 결점본의 개수비율을 말한다.
  3) 중결점은 다음의 것을 말한다.
    ① 이품종화 : 품종이 다른 것
    ② 상처 : 꽃봉오리 혹은 꽃잎에 탈리, 열상, 자상, 압상 등이 심한 것
    ③ 병충해 : 병해, 충해 등의 피해가 심한 것
    ④ 생리장해 : 수곡현상, 꽃띰현상, 일소 등의 피해가 심한 것
    ⑤ 화수의 끝 부분이 심하게 휘어진 것
    ⑥ 기타 결점의 정도가 현저하게 품위에 영향을 미치는 것
  4) 경결점은 다음의 것을 말한다.
    ① 품종 고유의 모양이 아닌 것
    ② 경미한 약해, 생리장해, 상처, 농약살포 등으로 외관이 떨어지는 것
    ③ 손질 정도가 미비한 것
    ④ 기타 결점의 정도가 경미한 것

[표 1] 크기 구분

구 분 \ 호 칭	1급	2급	3급	1묶음의 본수(본)
1묶음 평균의 꽃대 길이(cm)	80 이상	70 이상 80 미만	40 이상 70 미만	10

농산물표준규격
스타티스

[규격번호 : 8121]

(1) 적용 범위
본 규격은 국내에서 생산하여 신선한 상태로 유통되는 스타티스에 적용하며, 수출용에는 적용하지 않는다.

(2) 등급 규격

등급 항목	특	상	보통
크기의 고르기	크기 구분표[표1]에서 크기가 다른 것이 없는 것	크기 구분표[표1]에서 크기가 다른 것이 5% 이하인 것	크기 구분표[표1]에서 크기가 다른 것이 10% 이하인 것
꽃	품종 고유의 모양으로 색택이 선명하고 뛰어난 것	품종 고유의 모양으로 색택이 선명하고 양호한 것	특·상에 미달하는 것
줄기	세력이 강하고, 휘지 않으며, 굵기가 일정한 것	세력이 강하고, 휘어진 정도가 약하며 굵기가 비교적 일정한 것	특·상에 미달하는 것
개화정도	전체 소화 중 2/3 정도 개화환 것	전체 소화 중 2/3 정도 개화된 것	특·상에 미달하는 것
손 질	마른 잎이나 이물질이 깨끗이 제거된 것	마른 잎이나 이물질 제거가 비교적 양호한 것	특·상에 미달하는 것
중결점	없는 것	없는 것	5% 이하인 것
경결점	3% 이하인 것	5% 이하인 것	10% 이하인 것

(3) 용어의 정의

1) 크기의 고르기는 매 포장단위마다 상단·중단·하단에서 각각 3묶음씩 총 9묶음의 표본을 추출하여 해당 크기 구분표[표 1]에서 크기가 다른 것의 개수비율을 말한다.
2) 결점 혼입률은 포장 단위별로 전체 본에 대한 결점본의 개수비율을 말한다.
3) 중결점은 다음의 것을 말한다.
    ① 이품종화 : 품종이 다른 것
    ② 상처 : 꽃봉오리 혹은 꽃잎에 탈리, 열상, 자상, 압상등이 심한 것
    ③ 병충해 : 병해, 충해 등의 피해가 심한 것
    ④ 생리장해 : 피해가 심한 것
    ⑤ 형상불량, 파손, 굽힘, 개화 차이가 심히 불량한 것
    ⑥ 기타 결점의 정도가 현저하게 품위에 영향을 미치는 것
4) 경결점은 다음의 것을 말한다.
    ① 품종 고유의 모양이 아닌 것
    ② 경미한 약해, 생리장해, 상처, 농약살포 등으로 외관이 떨어지는 것
    ③ 손질 정도가 미비한 것
    ④ 기타 결점의 정도가 경미한 것

[표 1] 크기 구분

구 분 \ 호 칭	1급	2급	3급	1묶음의 본수(본)
1묶음 평균의 꽃대 길이(cm)	70 이상	60 이상 70 미만	30 이상 60 미만	10

농산물표준규격 칼 라

[규격번호 : 8141]

(1) 적용 범위

본 규격은 국내에서 생산하여 신선한 상태로 유통되는 칼라에 적용하며, 수출용에는 적용하지 않는다.

(2) 등급 규격

등급 항목	특	상	보통
크기의 고르기	크기 구분표[표1]에서 크기가 다른 것이 없는 것	크기 구분표[표1]에서 크기가 다른 것이 5% 이하인 것	크기 구분표[표1]에서 크기가 다른 것이 10% 이하인 것
꽃	품종 고유의 모양으로 색택이 선명하고 뛰어난 것	품종 고유의 모양으로 색택이 선명하고 양호한 것	특·상에 미달하는 것
줄 기	세력이 강하고, 휘지 않으며, 굵기가 일정한 것	세력이 강하고, 휘어진 정도가 약하며 굵기가 비교적 일정한 것	특·상에 미달하는 것
개화정도	-백색 : 꽃봉오리가 1/3 정도 개화된 것 -유색 : 꽃봉오리가 2/3 정도 개화된 것	-백색 : 꽃봉오리가 2/3 정도 개화된 것 -유색 : 꽃봉오리가 완전히 개화된 것	특·상에 미달하는 것
손 질	마른 잎이나 이물질이 깨끗이 제거된 것	마른 잎이나 이물질 제거가 비교적 양호한 것	특·상에 미달하는 것
중결점	없는 것	없는 것	5% 이하인 것
경결점	3% 이하인 것	5% 이하인 것	10% 이하인 것

(3) 용어의 정의

1) 크기의 고르기는 매 포장단위마다 상단·중단·하단에서 각각 3묶음씩 총 9묶음의 표본을 추출하여 해당 크기 구분표[표 1]에서 크기가 다른 것의 개수비율을 말한다.
2) 결점 혼입률은 포장 단위별로 전체 본에 대한 결점본의 개수비율을 말한다.
3) 중결점은 다음의 것을 말한다.
   ① 이품종화 : 품종이 다른 것
   ② 상처 : 화포에 탈리, 열상, 자상, 압상 등이 심한 것
   ③ 병충해 : 병해, 충해 등의 피해가 심한 것
   ④ 생리장해 : 겹피기현상, 녹화현상, 악할현상, 일소 등의 피해가 심한 것
   ⑤ 줄기를 세웠을 때 90°이상 휘는 것
   ⑥ 기타 결점의 정도가 현저하게 품위에 영향을 미치는 것
4) 경결점은 다음의 것을 말한다.
   ① 품종 고유의 모양이 아닌 것
   ② 경미한 약해, 생리장해, 상처, 농약살포 등으로 외관이 떨어지는 것
   ③ 손질 정도가 미비한 것
   ④ 기타 결점의 정도가 경미한 것

[표 1] 크기 구분

구 분 \ 호 칭	1급	2급	3급	1묶음의 본수(본)
1묶음 평균의 꽃대 길이(cm)	80 이상	70 이상 80 미만	40 이상 70 미만	5(유색) 10(백색)

농산물표준규격
리시안사스

[규격번호 : 8151]

(1) 적용 범위
본 규격은 국내에서 생산하여 신선한 상태로 유통되는 리시안사스에 적용하며, 수출용에는 적용하지 않는다.

(2) 등급 규격

등급 항목	특	상	보통
크기의 고르기	크기 구분표[표1]에서 크기가 다른 것이 없는 것	크기 구분표[표1]에서 크기가 다른 것이 5% 이하인 것	크기 구분표[표1]에서 크기가 다른 것이 10% 이하인 것
꽃	품종 고유의 모양으로 색택이 선명하고 뛰어난 것	품종 고유의 모양으로 색택이 선명하고 양호한 것	특·상에 미달하는 것
줄기	세력이 강하고, 휘지 않으며, 굵기가 일정한 것	세력이 강하고, 휘어진 정도가 약하며 굵기가 비교적 일정한 것	특·상에 미달하는 것
개화정도	각 측지의 1번화가 1/2 정도 개화된 것	각 측지의 1번화가 완전히 개화된 것	특·상에 미달하는 것
손질	마른 잎이나 이물질이 깨끗이 제거된 것	마른 잎이나 이물질 제거가 비교적 양호한 것	특·상에 미달하는 것
중결점	없는 것	없는 것	5% 이하인 것
경결점	3% 이하인 것	5% 이하인 것	10% 이하인 것

(3) 용어의 정의

1) 크기의 고르기는 매 포장단위마다 상단·중단·하단에서 각각 3묶음씩 총 9묶음의 표본을 추출하여 해당 크기 구분표[표 1]에서 크기가 다른 것의 개수비율을 말한다.
2) 결점 혼입률은 포장 단위별로 전체 본에 대한 결점본의 개수비율을 말한다.
3) 중결점은 다음의 것을 말한다.
   ① 이품종화 : 품종이 다른 것
   ② 상처 : 꽃에 탈리, 열상, 자상, 압상 등이 심한 것
   ③ 병충해 : 병해, 충해 등의 피해가 심한 것
   ④ 생리장해 : 피해가 심한 것
   ⑤ 형상불량, 파손, 굽힘, 개화 차이가 심히 불량한 것
   ⑥ 기타 결점의 정도가 현저하게 품위에 영향을 미치는 것
4) 경결점은 다음의 것을 말한다.
   ① 품종 고유의 모양이 아닌 것
   ② 경미한 약해, 생리장해, 상처, 농약살포 등으로 외관이 떨어지는 것
   ③ 손질 정도가 미비한 것
   ④ 기타 결점의 정도가 경미한 것

[표 1] 크기 구분

구 분 \ 호 칭	1급	2급	3급	1묶음의 본수(본)
1묶음 평균의 꽃대 길이(cm)	70 이상	60 이상 70 미만	30 이상 60 미만	10

MEMO

(3) 용어의 정의

1) 크기의 고르기는 매 포장단위마다 상단·중단·하단에서 각각 3묶음씩 총 9묶음의 표본을 추출하여 해당 크기 구분표[표 1]에서 크기가 다른 것의 개수비율을 말한다.
2) 결점 혼입률은 포장 단위별로 전체 본에 대한 결점본의 개수비율을 말한다.
3) 중결점 : 약해, 일소, 상처, 형상불량 등이 품질에 심한 영향을 미치는 것
4) 경결점 : 피해 정도가 품질에 경미한 영향을 미치는 것

[표 1] 크기 구분

구 분 \ 호 칭	1급	2급	3급	1묶음의 본수(본)
1묶음 평균의 꽃대 길이(cm)	60 이상	50 이상 60 미만	30 이상 50 미만	20~50

농산물표준규격 스토크

[규격번호 : 8191]

(1) 적용 범위

본 규격은 국내에서 생산하여 신선한 상태로 유통되는 스토크에 적용하며, 수출용에는 적용하지 않는다.

(2) 등급 규격

등급 항목	특	상	보통
크기의 고르기	크기 구분표[표1]에서 크기가 다른 것이 없는 것	크기 구분표[표1]에서 크기가 다른 것이 5% 이하인 것	크기 구분표[표1]에서 크기가 다른 것이 10% 이하인 것
꽃	품종 고유의 모양으로 색택이 선명하고 뛰어난 것	품종 고유의 모양으로 색택이 선명하고 양호한 것	특·상에 미달하는 것
줄기	세력이 강하고, 휘지 않으며, 굵기가 일정한 것	세력이 강하고, 휘어진 정도가 약하며 굵기가 비교적 일정한 것	특·상에 미달하는 것
개화정도	전체의 소화 중 1/3 정도 개화된 것	전체의 소화 중 2/3 정도 개화된 것	특·상에 미달하는 것
손 질	마른 잎이나 이물질이 깨끗이 제거된 것	마른 잎이나 이물질 제거가 비교적 양호한 것	특·상에 미달하는 것
중결점	없는 것	없는 것	5% 이하인 것
경결점	3% 이하인 것	5% 이하인 것	10% 이하인 것

(3) 용어의 정의

1) 크기의 고르기는 매 포장단위마다 상단·중단·하단에서 각각 3묶음씩 총 9묶음의 표본을 추출하여 해당 크기 구분표[표 1]에서 크기가 다른 것의 개수비율을 말한다.

2) 결점 혼입률은 포장 단위별로 전체 본에 대한 결점본의 개수비율을 말한다.

3) 중결점은 다음의 것을 말한다.
   ① 이품종화 : 품종이 다른 것
   ② 상처 : 꽃봉오리 혹은 꽃잎, 잎에 탈리, 열상, 자상, 압상 등이 심한 것
   ③ 병충해 : 병해, 충해 등의 피해가 심한 것
   ④ 생리장해 : 양분결핍증, 경할현상, 일소 등의 피해가 심한 것
   ⑤ 줄기가 심하게 휘어진 것
   ⑥ 기타 결점의 정도가 현저하게 품위에 영향을 미치는 것

4) 경결점은 다음의 것을 말한다.
   ① 품종 고유의 모양이 아닌 것
   ② 경미한 약해, 생리장해, 상처, 농약살포 등으로 외관이 떨어지는 것
   ③ 손질 정도가 미비한 것
   ④ 기타 결점의 정도가 경미한 것

[표 1] 크기 구분

구 분	호 칭	1급	2급	3급	1묶음의 본수(본)
1묶음 평균의 꽃대 길이(cm)		70 이상	60 이상 70 미만	30 이상 60 미만	5또는10

농산물표준규격
공작초

[규격번호 : 8221]

(1) 적용 범위

본 규격은 국내에서 생산하여 신선한 상태로 유통되는 공작초에 적용하며, 수출용에는 적용하지 않는다.

(2) 등급 규격

항목\등급	특	상	보통
크기의 고르기	크기 구분표[표1]에서 크기가 다른 것이 없는 것	크기 구분표[표1]에서 크기가 다른 것이 5% 이하인 것	크기 구분표[표1]에서 크기가 다른 것이 10% 이하인 것
꽃	품종 고유의 모양으로 색택이 선명하고 뛰어난 것	품종 고유의 모양으로 색택이 선명하고 양호한 것	특·상에 미달하는 것
줄기	세력이 강하고, 휘지 않으며, 굵기가 일정한 것	세력이 강하고, 휘어진 정도가 약하며 굵기가 비교적 일정한 것	특·상에 미달하는 것
개화정도	전체의 꽃봉오리 중 1/3 정도 개화된 것	전체의 꽃봉오리 중 2/3 정도 개화된 것	특·상에 미달하는 것
손질	마른 잎이나 이물질이 깨끗이 제거된 것	마른 잎이나 이물질 제거가 비교적 양호한 것	특·상에 미달하는 것
중결점	없는 것	없는 것	5% 이하인 것
경결점	3% 이하인 것	5% 이하인 것	10% 이하인 것

(3) 용어의 정의

1) 크기의 고르기는 매 포장단위마다 상단·중단·하단에서 각각 3묶음씩 총 9묶음의 표본을 추출하여 해당 크기 구분표[표 1]에서 크기가 다른 것의 개수비율을 말한다.
2) 결점 혼입률은 포장 단위별로 전체 본에 대한 결점본의 개수비율을 말한다.
3) 중결점 : 약해, 일소, 상처, 형상불량 등이 품질에 심한 영향을 미치는 것
4) 경결점 : 피해 정도가 품질에 경미한 영향을 미치는 것

[표 1] 크기 구분

구 분	호 칭	1급	2급	3급	1묶음의 본수(본)
1묶음 평균의 꽃대 길이(cm)		80 이상	70 이상 80 미만	30 이상 70 미만	10

농산물표준규격 알스트로메리아

[규격번호 : 8231]

(1) 적용 범위

본 규격은 국내에서 생산하여 신선한 상태로 유통되는 알스트로메리아에 적용하며, 수출용에는 적용하지 않는다.

(2) 등급 규격

등급 항목	특	상	보통
크기의 고르기	크기 구분표[표1]에서 크기가 다른 것이 없는 것	크기 구분표[표1]에서 크기가 다른 것이 5% 이하인 것	크기 구분표[표1]에서 크기가 다른 것이 10% 이하인 것
꽃	품종 고유의 모양으로 색택이 선명하고 뛰어난 것	품종 고유의 모양으로 색택이 선명하고 양호한 것	특·상에 미달하는 것
줄 기	세력이 강하고, 휘지 않으며, 굵기가 일정한 것	세력이 강하고, 휘어진 정도가 약하며 굵기가 비교적 일정한 것	특·상에 미달하는 것
개화정도	-하계(5월~10월) : 꽃봉오리 중 가장 빠른 것의 개화가 1/3 정도인 것 -동계(11월~익년4월) : 꽃봉오리 중 가장 빠른 것의 개화가 2/3정도인 것	-하계(5월~10월) : 꽃봉오리 중 가장 빠른 것의 개화가 1/3 정도인 것 -동계(11월~4월) : 꽃봉오리 중 가장 빠른 것의 개화가 2/3 정도인 것	특·상에 미달하는 것
손 질	마른 잎이나 이물질이 깨끗이 제거된 것	마른 잎이나 이물질 제거가 비교적 양호한 것	특·상에 미달하는 것
중결점	없는 것	없는 것	5% 이하인 것
경결점	3% 이하인 것	5% 이하인 것	10% 이하인 것

(3) 용어의 정의

1) 크기의 고르기는 매 포장단위마다 상단·중단·하단에서 각각 3묶음씩 총 9묶음의 표본을 추출하여 해당 크기 구분표[표 1]에서 크기가 다른 것의 개수비율을 말한다.
2) 결점 혼입률은 포장 단위별로 전체 본에 대한 결점본의 개수비율을 말한다.
3) 중결점 : 약해, 일소, 상처, 형상불량 등이 품질에 심한 영향을 미치는 것
4) 경결점 : 피해 정도가 품질에 경미한 영향을 미치는 것

[표 1] 크기 구분

구 분	호 칭	1급	2급	3급	1묶음의 본수(본)
1묶음 평균의 꽃대 길이(cm)		80 이상	70 이상 80 미만	50 이상 70 미만	5또는10

농산물표준규격 포인세티아

[규격번호 : 8251]

(1) 적용 범위

본 규격은 국내에서 생산되어 신선한 상태로 유통되는 포인세티아에 적용하며, 수출용에는 적용하지 않는다.

(2) 등급 규격

등급 항목	특	상	보통
기본품질	잎이 풍성하며 화분의 흙이 보이지 않고, 병충해 및 상처가 없고 신선한 것	잎이 풍성하지 않고 화분의 흙이 약간 보이며 병충해 흔적 등 상처가 경미하게 있는 것	특·상에 미달하는 것
잎	잎의 색상이 선명한 것	잎의 색상의 선명도가 조금 떨어지는 것	특·상에 미달하는 것
개화정도	꽃가루가 터지지 않은 상태의 것	꽃가루가 조금 터진 상태의 것	특·상에 미달하는 것
착색정도	포엽과 착색엽이 완전히 착색된 것	포엽과 착색엽이 완전히 착색되지 않는 것	특·상에 미달하는 것
볼륨감	잎의 수가 일정수준 이상으로 30장 내외인 것	잎의 수가 일정수준 이상으로 25장 내외인 것	특·상에 미달하는 것
균형미 (초폭/초장)	1.6±0.2, 치우침 없음	1.6±0.2초과, 치우침 없음	특·상에 미달하는 것

(3) 용어의 정의

① 포엽 : 하나의 꽃 또는 꽃차례를 안고 있는 소형의 잎
② 착색엽 : 잎과 포엽 사이에 줄기가 형성되는 것으로 일부만 착색이 되는 경우도 있다.
③ 초장 : 지제부로부터 식물체 선단부까지의 높이
④ 초폭 : 식물의 가로폭으로 넓은 쪽을 측정한 것
⑤ 균형미 : 분과 조화롭고, 균형잡힌 구조/꽃의 높이 차이

(4) 최소기준

① 잎이나 꽃, 화분에 흙이 직접 닿지 않도록 주의한다.
② 꽃대가 정상적으로 형성되어야 한다.
③ 충해에 의한 꽃대 손상이 없어야 한다.
④ 운반상자 및 포장재는 청결하게 유지하여야 한다.
⑤ 수송기간 중 물리적 상처 및 수분손실이 없어야 한다.
⑥ 시든 꽃이 없고 꽃가루 등이 떨어져 있지 않아야 한다.

농산물표준규격
칼랑코에

[규격번호 : 8261]

(1) 적용 범위

본 규격은 국내에서 생산되어 신선한 상태로 유통되는 칼랑코에에 적용하며, 수출용에는 적용하지 않는다.

(2) 등급 규격

등급 항목	특	상	보통
기본품질	잎이 풍성하며 화분의 흙이 보이지 않고, 병충해 및 상처가 없는 것	잎이 풍성하지 않고 화분의 흙이 약간 보이며 병충해 흔적 등 상처가 경미하게 있는 것	특·상에 미달하는 것
꽃	품종 고유의 색상으로 화색이 선명한 것	품종 고유의 색상으로 화색이 조금 떨어지는 것	특·상에 미달하는 것
잎	잎의 색상, 무늬가 선명하고 윤기가 있는 것	잎의 색상, 무늬 선명도 및 윤기가 조금 떨어지는 것	특·상에 미달하는 것
개화정도	꽃대가 균일하게 올라오고 30~50% 개화된 것	꽃대가 균일하게 올라오는 정도는 약간 다르며 50~80% 개화된 것, 또는 30% 미만으로 개화된 것	특·상에 미달하는 것
분지수/꽃대수	7개/15대 이상	5~7개/10~15대	특·상에 미달하는 것
균형미 초폭/초장	1.5±0.2, 치우침 없음	1.5±0.2초과, 치우침 없음	특·상에 미달하는 것

(3) 용어의 정의

① 분지수 : 한 줄기에서 분지되어 개화 가능한 가지
② 꽃대수 : 분지된 가지에서 나온 전체 꽃대의 수
③ 초장 : 지제부로부터 식물체 선단부까지의 높이
④ 초폭 : 식물의 가로폭으로 넓은 쪽을 측정한 것
⑤ 균형미 : 분과 조화롭고, 균형잡힌 구조/꽃의 높이 차이

(4) 최소기준

① 잎이나 꽃, 화분에 흙이 직접 닿지 않도록 주의한다.
② 꽃대가 정상적으로 형성되어야 한다.
③ 충해에 의한 꽃대 손상이 없어야 한다.
④ 운반상자 및 포장재는 청결하게 유지하여야 한다.
⑤ 수송기간 중 물리적 상처 및 수분손실이 없어야 한다.

농산물표준규격
시클라멘

[규격번호 : 8271]

(1) 적용 범위

본 규격은 국내에서 생산되어 신선한 상태로 유통되는 시클라멘에 적용하며, 수출용에는 적용하지 않는다.

(2) 등급 규격

등급 항목	특	상	보통
기본품질	잎이 풍성하며 화분의 흙이 보이지 않고, 병충해 및 상처가 없는 것	잎이 풍성하지 않고 화분의 흙이 약간 보이며 병충해 흔적 등 상처가 경미하게 있는 것	특·상에 미달하는 것
꽃	품종 고유의 색상으로 화색이 선명한 것	품종 고유의 색상으로 화색이 조금 떨어지는 것	특·상에 미달하는 것
잎	잎의 색상, 무늬가 선명하고 윤기가 있는 것	잎의 색상, 무늬 선명도 및 윤기가 조금 떨어지는 것	특·상에 미달하는 것
개화정도	꽃대가 균일하게 올라오고 8개 이상 개화된 것(전체 10~13개)	꽃대가 균일하게 올라오는 정도는 약간 다르며 4~6개 개화된 것(전체 6~8개)	특·상에 미달하는 것
기형화	전체꽃의 15% 이하	전체꽃의 15~30% 이하	특·상에 미달하는 것
균형미 초폭/초장	1.6±0.2, 치우침 없음	1.6±0.2초과, 치우침 없음	특·상에 미달하는 것

(3) 용어의 정의

① 대륜 : 꽃잎의 길이가 4.5cm 이상인 것
② 소륜 : 꽃잎의 길이가 4.5cm 이하인 것
③ 기형화 : 꽃잎이 수평으로 피어 있는 비율이 25% 이상인 것
④ 초장 : 지제부로부터 식물체 선단부까지의 높이
⑤ 초폭 : 식물의 가로폭으로 넓은 쪽을 측정한 것

(4) 최소기준

① 잎이나 꽃, 화분에 흙이 직접 닿지 않도록 주의한다.
② 꽃대가 정상적으로 형성되어야 한다.
③ 충해에 의한 꽃대 손상이 없어야 한다.
④ 운반상자 및 포장재는 청결하게 유지하여야 한다.
⑤ 수송기간 중 물리적 상처 및 수분손실이 없어야 한다.

MEMO

제 3 장
수확 후의 품질관리기술

MEMO

농산물 품질관리사 대비

제 3장 | 수확 후의 품질관리기술

01 성숙과 수확

❶ 수확 후 품질관리의 개념

(1) 의의
   1) 수확된 농산물이 생산자의 손을 떠나 최종 소비자의 손에 도달되는 전 과정에서
   2) 신선도를 유지하고 부패를 방지함으로써 품질을 높이고 손실을 줄이며 유통기간을 연장시키기 위한 목적으로
   3) 실시되는 각종 조치들을 총칭하는 의미이다.

(2) 수확 후 전처리 방법
   1) 과일이나 채소작물의 예냉
   2) 감자·고구마 등의 치유(curing)
   3) 배·단감·결구배추·양배추의 예건
   4) 화학적 처리
      ① 양파·감자·마늘 등의 맹아억제제(MH) 처리
      ② 항산화제 처리
      ③ 포도의 아황산가스 훈증처리
      ④ 사과의 칼슘 처리
   5) 양파·딸기·버섯 등에 방사선 조사
   6) 딸기·복숭아의 고농도 이산화탄소 처리
   7) 절화류 장미의 열탕침지

❷ 성숙도

(1) 성숙의 의미
1) 농산물의 종자나 과실에서
2) 품종별 특징인 외관이 갖추어지고 내용물이 충실해지며
3) 발아력도 완전하여
4) 해당 품종을 수확하는데 최적상태에 도달하는 것을
5) 성숙이라고 한다.

(2) 성숙도의 중요성
원예식물의 성숙도는 해당 작물의 수확적기를 결정하거나 해당 품목의 등급을 판정하는데 중요한 기준이 된다.

(3) 성숙도의 구분
1) 성숙도는 생리적 성숙도와 원예적 또는 상업적 성숙도로 구분하며 원예식물에 따라 생리적 성숙도, 원예적 성숙도, 상업적 성숙도가 다르다.
2) 식물의 생장과정 자체에 성숙의 기준을 두었을 때를 생리적 성숙도라 하고 해당 작물의 이용측면에 기준을 두었을 때를 원예적 성숙도라 하며 시장에서 소비자에게 판매하는데 기준을 두었을 때를 상업적 성숙도라 한다.
3) 해당 작물의 수확적기 판단의 기준은 원예적 성숙도이다.
4) 예를 들면 애호박, 오이, 가지 등은 생리적 성숙도에는 이르지 못하였더라도 원예적 성숙도에 따라 수확한 반면에 사과, 양파, 감자 등은 생리적 성숙도와 원예적 성숙도가 일치할 때 수확한다.

(4) 과실성숙의 특징
과실이 성숙의 단계에 다다르면 다음과 같은 성분변화가 나타난다.
1) 크기와 형태는 비대하고, 품종 고유의 향기가 난다.
2) 엽록소가 분해되어 과피의 바탕색이 녹색에서 품종 고유의 색택을 갖고
3) 엽록소는 감소되고 카로티노이드와 안토시아닌이 증가한다.
4) 세포의 중층에서 펙틴질이 분해되어 가용성 펙틴이 증가한다.

참고

• **발아력(発芽力)**
1) 종자에서 어린 눈이나 뿌리가 출현하는 것을 발아라 하고
2) 발아하려는 힘을 발아력이라고 한다.

참고

• **엽록소(chlorophyll)**
1) 녹색식물의 잎속에 들어 있는 화합물을 말하는데 클로로필이라고도 한다.
2) 엽록소는 엽록체의 그러나(grana) 속에 함유되어 있으며 그라나를 구성하고 있는 단백질과 결합하고 있다.
3) 엽록소는 빛에너지를 흡수하여 이산화탄소를 탄수화물로 동화시키는 광합성에서 가장 중요한 역할을 하는 물질이다.

• **펙틴(pectin)**
1) 식물의 세포벽 사이에 존재하면서 세포를 단단하게 유지시켜 주는 다당류 물질이다.
2) 과실이나 채소의 육질 정도를 지배하는 중요한 성분으로 과실의 경도나 먹는 촉감에 크게 영향을 준다.
3) 미숙과에서는 불용성의 프로토펙틴으로서 Ca, Mg, 당, 셀룰로오스 등과 결합하고 있지만 성숙이 진행되면 가용성 펙틴(펙틴산)으로 변한다.

5) 가용성 고형물이 증가하고 유기산은 감소한다.
6) 생리적으로 저장되어 있던 전분이 가수분해되어 자당과 환원당이 많아진다.
7) 에틸렌 생성이 증가되고
8) 특히 사과의 경우 호흡급등현상이 나타난다.

(5) 과실의 성숙도 판정기준

1) 품종 고유의 색택을 나타낼 때 숙성이 된 것으로 판단한다.
2) 잘익은 과실은 수확하기에 힘들지 않도록 꼭지가 잘 떨어진다.
3) 익어가는 과실은 과육이 연하여 물러지고 단맛이 많아지는 반면에 신맛이 적어진다.
4) 과실은 성숙될수록 불용성 펙틴이 가용성으로 분해되어 경도가 감소된다.
5) 특수한 향기가 나고 씨가 굳고 착색이 된다.
6) 꽃핀 다음 성숙기까지 거의 일정한 기일이 걸린다.

③ 수 확

(1) 수확기

1) 수확기란 수확의 시기를 말하는데 수확시기를 결정하는 요인은 원예작물의 발육정도, 재배조건, 시장조건, 기상조건 등이다.
2) 외관으로 수확기를 판정할 수 있는 품종도 있으나 어려운 것도 많다. 따라서 개화기의 일자를 기록하여 날수로 판단함이 정확하다.

(2) 수확적기의 판정

수확적기의 판정은 호흡량의 변화, 개화 후 생육일수, 과실의 색택, 과실의 경도, 과실의 크기와 형태 등에 의한다.

1) 호흡량의 변화
① 과실의 호흡량이 최저에 달한 후 약간 증가되는 초기단계를 클라이 메트릭라이스라고 하는데 이때를 수확적기로 판정하는 것이다.
② 호흡급등형과실은 완숙시기보다 조금 일찍 수확한다.
2) 개화 후 생육일수

10회 기출문제

과일이 수확 후 연화되는 것은 ( )이 가수분해 되기 때문이다.

➡ 펙틴

9회 기출문제

OX 문제

방울 토마토와 포도의 수확시기는 완숙이전( )
감자의 동결장해는 수침 투명 함몰 현상 발생( )
복숭아 과육연화는 세포벽분해효소 때문( )

➡ X, X, O

① 과실마다 개화 후 일정기일이 지나면 수확을 위한 성숙에 달하기 때문에 품종마다 개화일자를 기록하였다가 수확적기를 판정한다. 다만, 만개 후 일수도 기상, 수세 등을 고려한다.
② 애호박은 만개 후 7~10일 정도, 오이는 10일 정도, 토마토는 40~50일 정도인 반면에 사과는 품종별로 작게는 120일 정도에서 많게는 180일 정도로 각각 다르다.

3) 과실색택
   사과, 토마토 등의 과실은 과피의 착색정도에 따라서 수확적기를 판정한다.
4) 과실경도
   과실의 과육이 물러지는 정도로 수확적기를 판정한다.

4회 기출문제

사과의 적색 부분은 카로티노이드계 색소 중 어떤 색소에 기인한 것인가? (2점)

➡ 안토시아닌

■ 과실별 주요판정지표 ■

판정지표	과실종류
전분함량	사과
주스함량	밀감류
떫은 맛	감
결구상태	배추, 양배추
산함량	밀감, 메론, 키위

5) 과실의 크기와 형태
   과실의 크기와 형태 그리고 열매꼭지의 탈락 정도에 의해서 수확적기를 판정한다.
6) 요오드 염색법
   전분은 요오드와 결합하면 청색으로 변하는 성질을 이용하여 수확적기를 판정하는 방법인데 과실을 요오드화칼륨용액에 침지하여 청색의 면적이 작으면 과실이 성숙하여 수확기가 된 것으로 판정한다.

(3) 수확방법

1) 신선한 작물을 판매하는데는 품질이 매우 중요하기 때문에 물리적인 손상을 받기 쉬운 작물에 있어 손수확은 아직까지 절대적인 수확방법이며 일반적인 수확방법은 다음과 같다.
① 기온이 낮은 아침부터 오전 10시 경까지 수확한다.

② 익은 과일부터 몇 차례 나누어 수확한다.
③ 상처가 나지 않게 하기 위해서 치켜 올려 따거나 꼭지가 질긴 것은 가위나 칼로 딴다.
④ 호흡급등형 과실은 약간 덜 익은 것을 수확하고 즉석에서 팔거나 먹을 것은 완숙한 것을 따는 것이 좋다.

2) 과실을 기계에 의하여 수확할 경우
① 생력화(省力化) 수확이 가능하여 단시간에 많은 면적을 수확한다.
② 생식용보다는 가공용 과실수확에 많이 이용된다.
③ 성숙상태의 과실수확에는 적당하지 않다.

3) 작물별 수확방법은 다음과 같다.
① 결구배추는 뿌리를 잘라서 수확한다.
② 방울토마토는 하나하나 따서 수확한다.
③ 고추는 꼭지를 분리하지 않고 함께 수확한다.
④ 절화용 장미는 꽃대를 길게 하여 수확한다.
⑤ 감자나 고구마 등은 기계적(물리적) 손상이 입지 않도록 수확한다.

02 수확 후의 생리작용

❶ 호흡작용

(1) 의 의

1) 호흡작용이란 작물이 산소를 흡수하여 탄수화물, 지방, 단백질 등의 유기물질을 산화하여 에너지(ATP)를 얻고 체외로 탄산가스와 물을 배출하는 작용을 말한다.
2) 호흡에서 산소를 사용하는 호흡을 유기호흡이라 하고 산소를 사용하지 않는 호흡을 무기호흡 또는 혐기적 호흡이라 한다.

(2) 호흡작용식

호흡작용을 정리하면 다음과 같다.

> 포도당 + 산소 → 이산화탄소 + 수분 + 에너지 생산 및 호흡열 발생
> $C_6H_{12}O_6 + 6O_2 \rightarrow 6CO_2 + 6H_2O +$ 에너지

(3) 호흡열과 저장수명과의 관계

1) 호흡하는동안 발생하는 열을 호흡열이라고 하는데 이는 작물을 부패시키는 원인이 된다.
2) 호흡열의 발생으로 원예식물의 당분, 향미 등이 소모되기 때문에 호흡열은 원예작물의 저장수명을 단축시킨다.
3) 호흡률이 높은 작물은 저장성이 낮다.
4) 수확 후 호흡을 억제시키면 대부분 상품성이 오래 유지된다.
5) 수확 후 관리기술은 호흡작용시 발생하는 호흡열을 줄이기 위하여 외부환경 요인을 조절하는 기술이라고 할 수 있다.
6) 호흡열은 저장고 온도를 상승시키므로 저장고 건축시 냉각 용적 설계에 중요한 참고자료가 된다.

❷ 호흡에 영향을 미치는 요인

(1) 온 도

1) 온도와 저장수명
   ① 온도는 원예작물의 대사과정이나 호흡 등 생물학적 반응에 영향을 미치는데 온도상승은 호흡반응의 기하급수적인 상승을 유도한다.
   ② 따라서 수확 후 저장 수명에 가장 크게 영향을 주는 요인은 온도라고 할 수 있다.

2) 온도상수와 저장수명
   ① 온도 10℃ 상승에 대한 온도상수를 Q10이라 부르는데 Q10은 높은 온도에서의 호흡률을 10℃ 낮은 온도에서의 호흡률(R1)로 나눈 값으로 Q10=R2/R1이라 표시한다.
   ② Q10은 다른 온도에서 알고 있는 값에서 어떤 온도에서의 호흡률을 계산하는데 이용되는데 보통 Q10은 온도에 따라 다르게 변화하며 높은 온도일수록 낮은 온도에서 보다 Q10값이 적게 나타난다.

③ 20℃에서 13일간 저장수명이 유지되는 저장산물이 0℃에서는 100일간 유지될 수 있고 반대로 40℃에서는 4일 밖에 유지되지 않는다.

(2) 저온 스트레스와 고온 스트레스

1) 스트레스와 호흡률

식물은 수확 후 받는 스트레스에 따라 호흡률이 크게 영향 받는데 일반적으로 식물은 수확 후 저장온도가 낮을수록 호흡률은 떨어지고 온도가 생리적인 범위를 넘어서면 호흡상승률이 떨어진다.

2) 저온스트레스와 고온스트레스

식물은 고온스트레스뿐만 아니라 저온스트레스에 의해서 영향을 받는데 열대나 아열대 원산인 식물은 수확 후 10~12℃ 이하의 온도에서는 저온에 의하여 저온 스트레스를 받게 된다.

(3) 대기 조성

1) 산소농도와 호흡률

① 대부분의 작물은 산소농도가 21% 정도의 산소조건에서는 호기성 호흡을 하지만 산소농도가 2~3%정도 떨어지면 호흡률과 대사과정은 감소한다.

② 저산소 농도에서나 저장온도가 높을 때는 ATP(아데노신3인산)에 의한 산소소모가 있기 때문에 혐기성 호흡으로 변하게 된다.

2) 산소농도와 포장

① 포장 시에는 충분한 산소 농도를 감안한 대기조성이 중요한데 대기조성이 잘못될 경우 저장산물은 혐기성 호흡이 진행되어 이취가 발생하게 된다.

② 더구나 저장농산물 주변의 이산화탄소 농도가 증가된 경우
 ㉠ 호흡을 감소시키고
 ㉡ 노화를 지연시키며
 ㉢ 균의 생장을 지연시키지만
 ㉣ 낮은 산소 조건과 높은 이산화탄소 농도는 발효과정을 촉진시킬 수 있기 때문에 유의해야 한다.

(4) 물리적 스트레스

10회 기출문제

Q_{10}(온도상수)의 법칙은 높은 온도의 ( )에서 10℃ 낮은 온도의 호흡률로 나눈 값을 말한다.

▶ 호흡열

참 고

- Q_{10}
 1) 온도 10℃ 상승에 대한 온도상수
 2) R_2/R_1

4회 기출문제

수확 후 산물에 있어서 영양분 감소, 중량 감소, 시듦 등의 품질 저하 방지를 위해 호흡억제가 필요하다. 호흡억제에 영향을 미치는 가장 대표적인 요인은? (2점)

▶ 온도

2회 기출문제

5℃의 호흡률이 10(mg CO_2/kg·hr)이고 15℃의 호흡률이 25(mg CO_2/kg·hr)인 경우 온도상수 Q_{10}? (2점)

▶ $Q_{10} = R_2/R_1 = 25/10 = 2.5$

1) 물리적 스트레스의 영향

   수확 후 농산물은 약간의 물리적 스트레스에도 호흡증가, 에틸렌 발생, 페놀물질의 대사 등의 생리적 변화가 발생한다.

2) 물리적 상처 등의 영향

   ① 물리적 상처 등은 해당 조직뿐만 아니라 피해받지 않은 인접조직에까지 영향을 미쳐 에틸렌 발생과 더불어 급격한 호흡증가를 가져온다.

   ② 더구나 여러 조직에서의 상처는 숙성을 촉진하는 등의 지속적인 호흡증가를 유발하여 에틸렌 발생뿐만 아니라 나머지 저장농산물에도 생리적 변화를 유발시킨다.

③ 호흡상승과와 비호흡상승과

(1) 의 의

작물이 숙성함에 따라 호흡도 현저히 증가하는 현상을 보이는 과실을 호흡상승과(climacteric fruits)라 하고 숙성을 하더라도 호흡상승을 나타내지 않는 작물을 비호흡상승과(non-climacteric fruits)라 한다.

(2) 호흡상승과와 비호흡상승과의 예

1) 토마토, 사과와 같은 작물은 숙성과 일치하여 호흡이 현저히 증가하는 현상을 보이므로 그러한 호흡현상을 나타내는 작물을 호흡상승과라고 분류한다.

   > 호흡상승과 : 사과, 바나나, 토마토, 복숭아, 감, 키위, 망고

2) 감귤류·딸기·파인애플과 같은 작물들은 호흡상승을 나타내지 않으며 이러한 작물들은 비호흡 상승과로 분류하는데 대부분의 채소류는 비호흡 상승과로 분류된다.

   > 비호흡상승과 : 고추, 가지, 오이, 딸기, 호박, 감귤, 포도, 오렌지, 파인애플

(3) 작물의 성숙과 호흡률 관계

1) 작물의 무게 단위당 호흡률은 미숙상태일 때 가장 높게 나타나며 이후 지속적으로 감소한다.

2) 식물조직이 성숙하게 되면 미성숙과와는 달리 호흡률은 전형적으로 감소한다.
3) 채소류와 미성숙과일 같은 생장 중 수확된 산물의 호흡률은 매우 높은 반면, 성숙한 과일과 휴면 중인 눈 그리고 저장기관은 상대적으로 낮다.

(4) 호흡률의 변화
수확 후의 호흡률은 일반적으로 낮아지는데 비호흡 상승과와 저장기관에서는 천천히 낮아지고 영양조직과 미성숙 과일에서는 빠르게 낮아진다.

(5) 호흡속도
1) 의 의
   호흡속도란 작물이 호흡하는 속도를 말하는데 일정 무게의 식물체가 단위시간당 발생하는 이산화탄소(CO_2)의 무게나 부피의 변화로 표시한다.
2) 호흡속도와 저장력
   ① 호흡은 저장양분을 소모시키는 대사작용이므로 호흡속도는 원예생산물의 저장력과 밀접한 관련이 있어 저장력의 지표로 사용된다.
   ② 수확 후 호흡속도는 원예생산물의 형태적 구조나 숙도에 따라 다르다.
   ③ 생리적으로 미숙한 식물이나 표면적이 큰 엽채류는 호흡속도가 빠르고 감자, 양파 등 저장기관이나 성숙한 식물은 호흡속도가 느리다.
   ④ 호흡속도가 빠른 식물은 저장력이 약한 반면에 호흡속도가 낮은 작물은 증산에 의한 중량감소가 잘 조절될 수 있으므로 저장력이 강하다고 할 수 있다.
3) 물리적·생리적 장해와 호흡속도
   원예산물이 물리적·생리적 장해를 받았을 경우에 호흡속도는 상승하므로 호흡은 해당 작물의 온전성을 타진하는 수단으로도 이용할 수 있고 호흡의 측정은 원예생산물의 생리적 변화를 합리적으로 예측할 수 있게 해 준다.
4) 호흡속도의 특징
   ① 호흡속도는 해당 작물의 온전성을 타진하는 수단이 된다.

7회 기출문제

원예생산물의 호흡억제의 환경적 요인에 대해서 3가지 쓰시오. (5점)

▶ 적정온도, 에틸렌 제거, 고이산화탄소, 저산소농도(CA 저장의 원리)

3회 기출문제

숙성노화의 단계에서 호흡의 속도가 급격히 상승하였다가 감소하는 현상은? (2점)

▶ 호흡상승효과(climacteric)

② 호흡속도는 물리적·생리적 영향을 받았을 때 증가한다.
③ 호흡속도는 저장가능기간에 영향을 준다.
④ 호흡속도는 주위온도가 높아지면 빨라진다.
⑤ 호흡속도는 내부성분의 변화에 영향을 준다.
⑥ 호흡속도가 상승하면 저장기간이 단축된다.

(6) 호흡양상

호흡반응에서 수확 후 언젠가 호흡이 급격히 증가하는 현상은 호흡상승과의 숙성 중 일어나는데 이는 호흡양상의 예외이다.

※ 과실의 생장과 호흡양상

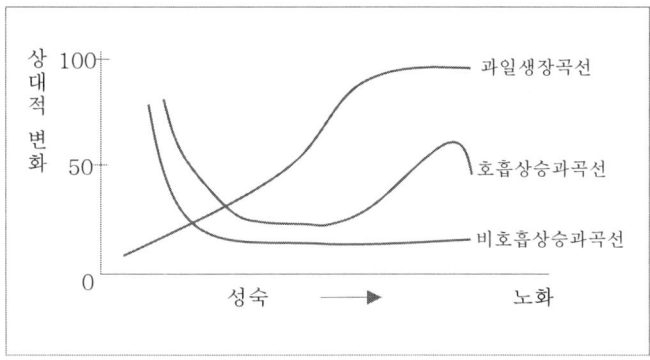

④ 에틸렌

(1) 의의와 발생

1) 에틸렌은 기체형태로 존재하는 식물호르몬으로서 과실의 숙성 및 잎이나 꽃의 노화를 촉진시키므로 숙성호르몬 또는 노화호르몬이라고 부르기도 한다.
2) 대부분의 원예산물은 수확 후 노화가 진행되거나 과실이 익는동안 에틸렌이 생성되고 또한 외부에서의 옥신처리나, 스트레스, 상처 등에 의해서 발생한다.
3) 원예산물을 취급하는 과정에서 상처나 불리한 조건에 처하면 조직으로부터 에틸렌이 발생하는데 이는 산물의 품질을 나쁘게 변화시키는 요인으로 작용한다.
4) 에틸렌은 일단 생성되면 스스로 생합성을 촉진시키는 자기촉매적 성질이 있다.

5) 엽록소(클로로필)를 분해하는 작용을 한다.

(2) 에틸렌 발생과 저장성

1) 에틸렌은 식물의 노화를 촉진시켜 저장성을 약화시키는데
2) 5ppm 에틸렌 농도에서 양배추의 경우에는 엽록소 분해에 의한 황백화 현상이 나타나기도 하고 오이, 수박 등은 과육이나 과피가 물러지는 현상이 발생한다.
3) 따라서 농산물을 신선한 상태로 유지하기 위해서는 에틸렌의 합성을 낮추어야 하는데 이를 위해서 CA 저장법이 많이 이용되고 있다.

(3) 원예생산물별 에틸렌발생과 보관시 주의사항

1) 에틸렌이 다량 발생하는 품목으로는 토마토, 바나나, 복숭아, 참다래, 사과, 배 등이 있고 에틸렌 발생이 미미한 과실에는 포도, 딸기, 귤, 신고배, 엽근채류 등이 있다.
2) 엽근채류는 에틸렌 발생이 매우 적지만 주위의 에틸렌에 의해서 쉽게 피해를 받아 상추나 배추는 조직이 갈변하고 당근은 쓴맛이 나며 오이는 과피의 황화를 촉진한다.
3) 따라서 에틸렌을 다량 발생하는 품목은 그렇지 않은 다른 품목과 같은 장소에 저장하거나 운송되지 않도록 주의하여야 한다.

(4) 에틸렌 이용과 숙성촉진

1) 호흡상승과는 익으면서 에틸렌의 생성과 호흡이 증가한다. 따라서 에틸렌 처리에 의해서 생합성이 촉진되지만 비호흡상승과는 에틸렌 생성이 촉진되지 않는다.
2) 에틸렌은 엽록소분해촉진과 안토시아닌 또는 카로티노이드 색소의 합성을 유도하므로 감귤류, 고추, 토마토의 착색증진에 이용되기도 하는데 이것이 에틸렌 숙성촉진작용의 실용적 이용이다.

(5) 에틸렌(에세폰)의 농업적 이용

에틸렌은 기체로서 처리가 곤란하여 합성호르몬인 에세폰을 이용하여 다음과 같이 현장에서 이용한다.

1) 과일의 성숙, 수확촉진 및 착색촉진제

참 고

• **엽록소(葉綠素)**
1) 녹색식물의 잎속에 들어 있는 화합물로서 클로로필(chloro-phyll)이라고도 한다.
2) 엽록소는 그 빛깔이 녹색이므로 식물의 잎이 녹색으로 보인다.

9회 기출문제

떫은 감 저장과 후숙처리에 있어 ( )안에 적당한 말을 넣으시오.

- 수확 후 신선도 유지 저장방법 ( )
- 연시로 만들기 위한 상업적 방법 ( )
- 이유는 ( )

▷ 1. 저온저장 또는 MA포장 CA저장
2. 카바이트 에세폰 에틸렌 이용
3. 이유는 숙성 및 노화호르몬으로 처리하므로 세포벽의 펙틴이 가용성으로 변하므로

11회 기출문제

에틸렌 발생과 그 전구체는 ( )이다.

▷ ACC

1회 기출문제

사과와 결구상추, 녹색꽃양배추를 혼합 저장하였는데 결구상추와 녹색꽃양배추의 잎 및 꽃이 황화 또는 갈변되었다. 그 이유를 서술하라. (7점)

➡ 사과에서 생성되는 에틸렌 발생량이 상대적으로 적은 결구상추와 녹색꽃양배추에 영향을 미친다.

참 고

- STS(silver thiosulfate)
  1) 티오황산은이라 하는데 이는 에틸렌 작용의 억제제로 사용한다.
  2) 가장 효과적인 노화억제물질이지만 환경오염물질로 유럽에서는 사용을 규제하고 있다.

8회 기출문제

장마로 인하여 토마토를 수확기보다 일찍 수확하여 시장여건상 5일 후 녹숙인 토마토에 처리해야할 알맞은 처리조건 2가지만 쓰시오.(2점)

저온처리, 에틸렌처리, 지베렐린 처리, 항산화제 처리

➡ 에틸렌 처리, 지베렐린 처리

1회 기출문제

(1) 저장 중인 사과를 절단하니, 과심부가 갈색으로 변하였다. 이를 원예학적으로 무엇이라 하는가?(4점)

(2) 또한 그 이유를 설명하라.(3점)

➡ (1) 내부갈변 현상
(2) 저장고 내 이산화탄소 축적

---

2) 파인애플의 개화유도
3) 오이, 호박 등의 암꽃 발생 유도
4) 종자의 발아촉진
5) 정아우세타파로 곁눈의 발달 조장
6) 신장 생장 억제와 비대 생장 촉진
7) 이층형성(離層形成)촉진으로 낙엽이나 낙과 발생
8) 맹아 촉진과 휴면타파

(6) 에틸렌 발생 억제

STS, NBA, 1-MCP, ethanol은 에틸렌이 세포막의 에틸렌 수용체와의 결합을 방해하므로 에틸렌의 작용을 억제하는 효과가 있으며 6% 이하의 저농도산소도 에틸렌 합성차단 효과가 있다.

(7) 에틸렌 제거

1) 에틸렌의 제거방법에는
   ① 흡착식
   ② 자외선 파괴식
   ③ 촉매분해식 등이 있으며
2) 흡착제로는
① 과망간산칼륨($KMnO_4$), zeolite
② 목탄, 활성탄
③ 오존, 자외선 등이 이용되고 있다.

❺ 증산작용

(1) 증산의 의미

1) 수분은 신선한 과일이나 채소의 경우 중량의 70~95%를 차지하는 가장 많은 성분이고 신선한 농산물의 저장 생리에서 매우 중요하다.
2) 증산이란 식물체에서 이렇게 중요한 수분이 빠져 나가는 현상을 말하는데
3) 이러한 증산작용은 식물생장에는 필수적인 대사작용이지만 수확 후의 농산물에 있어서는 여러 가지 나쁜 영향을 미친다.

(2) 증산작용이 농산물에 미치는 영향

1) 일반적으로 증산으로 인한 농산물의 중량 감소는 호흡으로 발생하는 중량 감소의 10배 정도나 된다.
2) 더구나 대부분 채소는 수분함량이 채소 중량의 90% 이상 되는데 증산이 많아질 경우 농산물의 생체중이 5~10%까지 줄어들며 상품성이 크게 떨어지는 현상이 발생한다.
3) 상품성이 떨어지는 구체적 내용을 보면 생산물의 모양, 질감 등에서 등급의 저하를 가져와 총수입을 감소시킨다.

(3) 증산의 증감

1) 증산속도는 주위의 습도가 낮고 온도가 높을수록 증가한다.
2) 대기의 수증기압과 식물 자체의 수증기압의 차이가 클 때 속도는 증가한다.
3) 상대습도가 낮을수록 증가한다.
4) 온도가 높을수록 증가한다.
5) 원예산물의 표면적이 클수록 증가한다.
6) 큐티클층이 두꺼울수록 감소한다.

(4) 증산작용의 억제

1) 대기 중의 수증기압과 농산물 자체의 수증기압 차이를 줄여 저장산물의 수분증산을 억제하기 위해서 상대습도를 올린다.
2) 원예산물을 보관하는 저장고의 습도를 높여준다. 즉 고습도를 유지한다.
3) 저온을 유지시킨다.
4) 실내공기유통을 최소화시킨다.
5) 저장식 벽면의 단열 및 방습처리를 한다.
6) 증발기의 코일과 저장고 내 온도차이를 최소화한다.
7) 유닛쿨러의 표면적을 넓힌다.
8) 플라스틱 필름포장을 한다.

6회 기출문제

에틸렌가스 억제제를 3가지만 쓰시오. (3점)

▶ STS, NBA, 1-MCP

9회 기출문제

사과껍질 수축현상이 발생한 원인과 해결방법은?

▶ 과다한 증산작용으로 인한 중량감소

해결방법 : 증산억제 호흡율억제 저온저장

11회 기출문제

증산량에 대하여 옳으면 ○ 틀리면 ×표 하라.
가. 온도가 높을수록 증산량은 많다.
나. 압력이 클수록 증산량은 많다.
다. 증산량이 많을수록 보관력은 저하한다.

▶ ○○○

03 품질구성과 평가

❶ 품질구성요소

- 원예작물의 품질 구성 요인
- 외적 요인 : – 시각적 요인 : 색깔, 광택, 크기 및 모양, 상처
  – 촉각적 요인 : 질감– 후각 및 미각적 요인 : 향기, 맛
- 내적 요인 : – 영양적 가치 : 비타민, 광물질 등
  – 독성 : 솔라닌 등
  – 안전성 : 농약잔류 등

(1) 품질구성의 외적 요인

1) 외 관

과실의 외형을 결정하는 양적인 요인으로 크기·무게·길이·둘레·직경·부피 등이 있는데 일반적으로 크기로 객관적 구분을 한다.

① 크기
② 모양과 형태
③ 색 상

원예생산물의 미숙단계에서는 엽록소가 많지만 성숙해 감에 따라 엽록소는 파괴되고 그 작물의 독특한 색깔이 형성되는데 토마토과실은 주황색 색소인 리코펜이 발현되고 딸기는 적색색소인 안토시아닌이 발현되며 바나나는 황색의 카로티노이드가 발현된다.

2) 조직감

① 원예작물의 조직감은 수분, 전분 등의 복합체 및 세포벽을 구성하는 펙틴류와 섬유질의 함량 등의 구성성분에 따라서 결정되는데 복합체 등의 함량이 낮을수록 조직은 연하다.
② 질감에 궁극적으로 영향을 끼치는 구조적 요인으로는 세포벽 구성물(전분, 효소, 펙틴) 및 그것들과 결합된 다당류와 리그닌 등이 있다.
③ 조직감은 원예산물의 식미의 가치를 결정하는 중요한 요인

이며 수송력에도 많은 영향을 미친다.
④ 원예생산물의 일반적인 질감평가는 경도로서 표시할 수 있으며 신선작물의 경우 가공식품과 달리 조직의 단단함 정도가 경도를 의미한다고 할 수 있다.

3) 풍미(맛, 향기)
① 맛을 구성하는 기본적인 기준은 단맛, 신맛, 짠맛, 쓴맛 등의 4가지로 나타낼 수 있다.
  ㉠ 단맛 : 단맛은 가용성 당의 함량에 의해서 결정되는데 과실류에서는 일반적으로 굴절 당도계를 이용한 당도로 표시한다.
  ㉡ 신맛 : 원예생산물이 가지고 있는 유기산의 함량에 의하여 결정되는데 사과·복숭아는 사과산(능금산), 포도의 주석산, 밀감류·딸기의 구연산 등이 그 예이며 산도측정은 수산화나트륨(NaOH) 용액이 사용된다.
  ㉢ 짠맛
  ㉣ 쓴맛 : 원예생산물에 특정한 조건이나 생리적 장해가 발생했을 때 조직이 나타내는 맛이다. 예를 들면 당근이 에틸렌에 노출될 때 이소쿠마린을 합성하여 쓴맛을 나타내는 경우 등이다.
② 이 4가지 맛 이외에 떫은맛이 있는데 이는 성숙하지 않는 원예작물에서 나타나는 맛으로 가용성 탄닌과 관련되어 있다.

(2) 품질 구성의 내적 요인

품질을 구성하는 내적 요인으로는 영양적 가치, 천연독성물질, 미생물오염, 잔류농약 등이 있다.
1) 영양적 가치
2) 천연 독성물질
농산물에 함유되어 있는 성분 중 천연독성물질은 다음과 같다.
① 오이의 쿠쿠비타신(cucurbitacin)과 상추의 락투시린(lactucirin) 같은 배당체는 쓴맛을 내는 독성물질이다.
② 근대나 토란 같은 근채류의 성숙과정에서 영양적인 불균형에 의해 수산염이 생성된다.
③ 배추나 양배추 같은 십자화과에서도 재배과정에서 글루코시놀레이트(glucosinolate)가 축적될 수 있다.
④ 감자는 괴경(덩이줄기)이 광(光)에 노출되면 솔라닌(solanine)

4회 기출문제

녹색의 토마토가 붉은 색으로 착색될 때의 효소는? (4점)

➡ 리코핀(라이코핀), 카로티노이드

참 고

• 리코핀(라이코핀, lycopene)
1) 카로티노이드의 일종으로 적색을 나타내고 토마토나 감 같은 붉은 색의 과실에 포함되어 있다.
2) 토마토 과실 중의 리코핀은 20~24℃에서 가장 잘 발현되고 30℃에서는 억제된다.

7회 기출문제

원예산물 수확 후 원예산물의 조직감과 관계된 것은?

➡ 경도

7회 기출문제

과실의 단맛은 ( )에서 나온다. ( )에 들어갈 말은?

➡ 과당

참 고

• 아스코르브(빈)산(ascorbic acid)
1) 비타민 C의 별칭이다.
2) 흰색의 냄새없는 결정체로 물과 알코올에 잘 녹으며 상쾌한 신맛을 갖는다.
3) 과일과 채소에 많이 함유되어 있는데 특히 감귤이나 키위에 많다.

이 축적되는데 이것이 고농도일 경우 인체에 치명적일 수 있다.
⑤ 고구마에서는 이포메아마론(ipomeamarone)이 축적될 수 있다.
⑥ 병든 작물에서는 곰팡이에 의해 생성되는 진독균(mycotosxin)과 박테리아에서 분비되는 독소(toxin)가 발생된다.
⑦ 보리에는 아플로톡신(붉은곰팡이), 수수에는 청산(HCl)과 같은 독성이 있다.
⑧ 파라쿼트(paraquat)는 제초제 그라목손의 원료로 대단한 독성이 있다.

② 품질 평가

(1) 품질 평가 기준
1) 상품성과 관련된 품질 평가는 지금까지 주로
   ① 품종의 크기
   ② 부피
   ③ 모양
   ④ 색깔 등의 외적 요인을 기준으로 수행되어 왔으나
2) 최근에는
   ① 색깔
   ② 당도
   ③ 조직감
   ④ 안전성 등 산물의 외적요인과 내적 요인을 기준으로 한 품질평가가 이루어지고 있다.

(2) 평가방법
1) 품질평가방법은 파괴적인 방법으로 오래 전부터 사용되어 온 관능검사법(파괴적 방법)과 대형물류센터 같은 곳에서 많은 물량의 품질을 신속하게 판단할 수 있도록 정밀분석기기를 이용한 비파괴적 방법으로 구분된다.
2) 최근까지 주로 크기, 부피, 무게를 기준으로 한 비파괴적 품질평가와 당도, 과피색 등을 구별하는 선별기가 개발되어 왔다.

(3) 항목별 측정방법

1) 경도

   과실의 단단한 정도를 알아보기 위해서는 경도계를 이용하여 측정한다.

2) 당도

   과실의 당도를 측정하는데는 굴절당도계를 이용한다.

   ① 굴절당도계는 빛이 통과할 때 과즙 속에 녹아 있는 고형물에 의해서 굴절되는 원리를 이용한다.

   ② 온도에 따라서 과즙의 당도가 달라진다.

   ③ 측정단위는 °Brix이다.

3) 과피색

   영상처리를 통해서 과피색을 구분한다.

4) 내부충실도

   X-ray를 이용해서 과실의 내부충실도를 측정한다.

5) 생리장해

   MRI를 이용해서 과실의 생리장해를 측정한다.

(4) 관능검사법

1) 관능검사법은 검사원의 주관적인 판단에 의하여 품질을 평가하는 방법이다.

2) 보통 맛, 색깔, 질감, 크기와 모양 등을 보고 상품성 등을 평가하는 방법인데, 이 중 맛, 질감, 상품성 등은 씹을 때 느낌에 의하여 해당 농산물의 품질을 판단하므로 관능검사법은 파괴적인 방법으로 분류한다.

(5) 비파괴 품질평가방법

1) 비파괴 품질평가방법이란 해당 농산물의 품질평가를 비파괴적으로 실시하는 방법으로 비파괴적 방법에 의한 평가요인은 색, 모양, 크기 등의 외양, 질감과 향미 등이 있다.

2) 지금까지 이용되고 있는 비파괴 품질평가방법에는

   ① 광학적 특성 이용방법

   ② X-ray 이용방법

   ③ MRI 이용방법

   ④ 경도측정 방법

   ⑤ 음향 또는 초음파 이용 기술 등이 있다.

3) 비파괴적 품질평가방법은 파괴적 평가방법에 비해서 다음과 같은 장점을 가지고 있다.
   ① 빠르고 신속하게 할 수 있다.
   ② 동일한 시료를 반복해서 사용할 수 있다.
   ③ 숙련된 검사원을 필요로 하지 않는다.

> **7회 기출문제**
> 굴절당도계는 과즙의 ( )를 측정한다. ( )에 알맞은 말은?
> ▶ 당도

> **2회 기출문제**
> 비파괴적으로 과실의 당도를 측정하는 방법을 쓰시오.
> ▶ 근적외선 분광분석법으로 반사식과 투과식이 있다.

04 세척과 선별

❶ 농산물별 세척방법

(1) 근채류

1) 수확 시에 당근, 감자, 무 등에 묻어 있는 이물질을 제거하기 위해서 세척은 필수적이나
2) 세척으로 인하여 향후 수분손실이나 곰팡이 증식이 발생할 수 있으므로 작물의 세척시점과 소비시점이 길지 않아야 한다.

(2) 엽채류

1) 취급과정에서 생긴 상처부위에 따라 곰팡이의 증식정도가 달라지므로 유의해서 세척한다.
2) 곰팡이의 억제제로 클로린(염소) 100ppm 정도를 사용한다.

(3) 과채류

1) 세척 후 과일을 닦게 되면 이물질을 제거하거나 광택을 낼 수 있는 장점이 있는 반면에
2) 다른 한편으로는
   ① 상처를 낼 수 있고
   ② 손상된 세포를 통하여 숙성을 촉진시키고
   ③ 에틸렌 발생을 증가시켜 부패를 촉진하는 요인이 되기도 한다.

② 세척수 활용 및 처리과정

1) 수확 후 농산물의 세척에 사용되는 물은 음용수기준 이상이어야 한다.
2) 폐기물처리시설이 필요한 경우 폐기물처리시설은 작업장과 떨어진 곳에 설치·운영되어야 한다.
3) 폐수처리시설은 작업장과 떨어진 곳에 설치·운영되어야 한다. 다만, 단순세척을 할 경우에는 폐수처리시설을 갖추지 않을 수 있다.
4) 오존수 세척공정에서 발생하는 오존가스는 세척실 밖으로 배출시켜야 한다.
5) 절단채소를 세척할 때 염소수의 농도는 비절단채소에 비해 낮게 처리한다.

> **참고**
>
> 세척 ─ 건식세척법
>   └ 습식세척법

③ 선별의 의의

1) 농산물의 선별이란 품목별로 객관적인 품질평가기준에 따라 품목별로 등급을 분류하는 것을 말한다.
2) 선별은 분류된 등급에 상응하는 품질을 보증함으로써 농산물의 균일성으로 상품가치를 높이고 유통 상의 상거래질서를 공정하게 유지하여 준다.

> **참고**
>
> - nm
>
> 10^{-9}미터를 말하며 나노메타라 읽는다.

④ 품목별 선별기 이용 비교

(1) 스프링식 중량선별기

과실을 중량별로 선별하는 기기로 중량에 오차가 생길 수 있어 감귤과 같은 작은 수확물보다는 크기가 큰 사과, 배, 토마토, 참외 등의 선별에 이용된다.

(2) 전자식 중량선별기

수확된 과실의 중량의 차이를 선별하는 것으로 정밀전자센서를 이용하는데 중량의 오차가 작아 스프링식 선별기보다 정밀도가 좋으며 사과, 배, 토마토 등의 선별에 이용된다.

> **참고**
>
> - ppm(parts per million)
> 1) 100만분의 1을 비율로 미량의 농도를 표시하는 단위
> 2) 즉 농도의 단위로 1ppm은 100만분의 1이다.

(3) 드럼식 형상선별기

수확된 과실의 크기 차이를 구멍의 크기가 다른 회전통을 이용해서 선별하는 것으로 우리나라에서 가장 많이 이용하는데 감귤, 방울토마토, 매실 등과 같이 크기가 작은 과실선별에 이용된다.

(4) 광학적 선별기

수확된 과실의 숙도, 색깔, 크기에 의한 등급판별에 이용되는 선별기로 전자센서, 컴퓨터제어기 등으로 구성된다.

(5) 비파괴 과실당도 측정기

수확된 과실을 파괴하지 않고 해당 과실의 당도, 산도 등을 측정한다.

(6) 절화류 선별기

CCD카메라와 컴퓨터 등의 영상처리를 이용해서 절화류를 선별하는 것으로 꽃의 크기, 개화상태 등의 선별조건의 설정이 가능하다.

05 예냉

1 의 의

1) 예냉은 수확한 원예생산물을 수송 또는 저장하기 전의 전처리과정으로서 수확 후 바로 원예생산물의 품온을 내려서 생리작용을 억제하므로써 품질변화를 방지하는 것을 말한다.
   즉, 수확 직후 과실의 품질을 유지하기 위하여 포장열을 제거하고 급속히 품온을 낮추는 것을 말한다.
2) 특히 여름철에 수확한 원예생산물을 포장유통할 경우 호흡열로 품질이 손상되므로 예냉의 중요성은 매우 크다고 할 수 있다.
3) 따라서 호흡량을 줄임으로써 저장양분의 소모를 감소시키고 저장력을 증가시킨다.
4) 예냉을 위하여 호흡량을 억제하는 냉각작업으로서 저온유통체

계를 활성화시키는 특징이 있다.

② 예냉적용 품목

다음과 같은 품목은 예냉적용대상이다.
1) 수확기의 기온에 관계없이 호흡작용이 격심한 품목
2) 한낮 또는 여름철 등 주로 고온기에 수확되는 품목
3) 인공적으로 높은 온도(하우스 재배 등)에서 수확된 시설 채소류
4) 절화(切花) 또는 선도 저하가 빠르면서 부피에 비하여 가격이 비싼 품목
5) 에틸렌 발생을 많이 하는 품목
6) 수분 증산이 비교적 많은 품목

③ 예냉방식

과실에 널리 이용되는 예냉방법으로는 외온예냉식, 인공예냉식이 있는데 이 중 인공예냉식에는 다음과 같은 방법이 있다.

(1) 차압통풍식

1) 예냉에는 약 2~6시간 정도 소요되고 공기의 압력차를 이용하고 차압팬에 의해 흡기 및 배기가 되는 예냉방식이다.
2) 장점은
   ① 약간의 경비로 기존 저온저장고의 개조가 가능하다.
   ② 강제대류에 의하므로 냉각능력을 증대시킬 수 있다.
   ③ 냉각속도는 강제통풍에 비해 빨라 예냉효과가 좋고 냉각불균일도 비교적 적다.
3) 단점은
   ① 포장용기 및 적재방법에 따라 냉각편차가 발생하기 쉽다.
   ② 골판지 상자에 통기구멍을 내야 하므로 압축강도가 낮아진다.

(2) 진공예냉식

1) 원예산물에서 증발잠열을 빼앗는 원리를 이용하여 냉각하는 방식이다.
2) 장점은

참고

• **품온(品溫)**
청과물 자체의 온도를 말하는데 과일의 경우에는 과온이라고도 한다.

6회 기출문제

예냉방법 중 증발잠열을 빼앗는 원리를 이용하여 예냉하는 방법은 무엇인가? (2점)

▶ 진공예냉식

참고

- **잠열(潛熱)**
1) 온도는 변하지 않고 상태가 변하면서 출입하는 열을 말한다.
2) 0℃의 얼음이 0℃의 물로 변한다든지, 100℃의 물이 100℃의 수증기로 변하는 것이다.

TIP

- 예냉방식 중 냉각속도가 가장 빠른 것은?

  진공예냉식이다.

10회 기출문제

진공예냉의 원리를 쓰시오.

➡ 증발잠열을 이용

7회 기출문제

통기공을 해야하는 예냉방식은 무엇이며 내부 온도와 외부 온도차를 이용한 것은? (2점)

➡ 차압통풍식, 기압차, 포장용기 및 적재방법에 따라 냉각 편차가 발생하기 쉽다. 차압팬을 사용. 차압시트가 필요.

1회 기출문제

1) 엽채류의 효과적인 예냉방법을 쓰시오. (3점)
2) 화학처리제를 사용하여 채소류를 세척하는 방법을 서술하라. (4점)

➡ 1) 진공예냉식
2) 염소에 5분간 담근 후 헹궈낸다.

---

① 20~40분의 빠른 속도로 냉각되고 온도편차가 적다.
② 높은 선도유지로 당일 출하가 가능하고 엽채류에서 효과가 크다.

3) 단점은
① 설치비가 많이 든다.
② 예냉 후 저온유통시스템이 필요하다.
③ 시설의 대형화가 요구된다.

(3) 강제통풍식

1) 예냉에는 약 12~20시간 정도 소요되는 예냉방식이다.
2) 장점은
① 온도 편차가 적고 예냉 후 저온저장고로 이용할 수 있다.
② 저온저장고에 비하여 냉각능력과 순환송풍량을 증대시킬 수 있다.
③ 시설이 비교적 간단하다.
3) 단점은
① 예냉속도가 비교적 늦다.
② 가습장치가 없을 경우 과실의 수분손실을 가져올 수 있는 단점이 있다.

(4) 냉수냉각식

1) 냉수샤워나 냉수침지에 의해 30분~1시간의 냉각속도로 냉각하고 세척효과도 있는 예냉방식으로 시금치, 브로콜리, 무, 당근 등에 이용된다.
2) 장점으로는
① 예냉과 함께 세척 효과도 있다.
② 냉각부하가 큰 수박을 비롯하여 무, 당근 등과 같은 근채류에 많이 이용된다.
③ 예냉 중에는 감모현상이 없으며 오히려 시듦 현상이 회복된다.
④ 설비비가 싸고 운영비용도 낮다.
3) 단점으로는
① 골판지 상자 등 물에 약한 포장재는 사용이 불가능하다.
② 물기를 제거해야 하고 제거하지 않으면 부패가능성이 크다.

(5) 빙냉식

잘게 부순 얼음을 원예산물 상자에 담아 냉각시키는 방법이다.

④ 예냉의 효과

(1) 일반적 효과

1) 수분손실 억제
   수확한 원예산물을 예냉하므로써 증산작용에 의한 수분손실을 억제하여 시드는 것을 방지한다.
2) 호흡활성 억제 및 에틸렌 생성 억제
   호흡급등형 과실을 예냉 함으로써 호흡활성과 에틸렌 생성을 억제한다.
3) 병원균의 번식 억제
   병원균은 상온에서 번식속도가 빠르기 때문에 예냉을 함으로써 병원균의 번식을 억제한다.
4) 유통과정에서의 수분 손실 감소 효과
   유통과정에 있는 농산물을 예냉 함으로써 수분손실을 감소시킨다.

(2) 품목별 예냉효과 비교

1) 예냉효과가 높은 품목
   예냉효과가 높은 품목에는 사과, 포도, 오이, 딸기 등이 있다.
2) 예냉효과가 낮은 품목
   예냉효과가 낮은 품목에는 감귤, 마늘, 양파, 감자 등이 있다.

(3) 예냉효율

예냉효율은 생산물의 온도저하속도를 의미하며 생산물과 냉각매체와의 접촉성, 생산물의 품온과 냉각매체와의 온도차이, 냉각매체의 이동속도, 냉각매체의 물리적 성상, 생산물 표면의 기하학적 구조 등에 의하여 결정된다.

5회 기출문제

예냉과 함께 세척효과도 있고 근채류에 적합하나 골판지 상자 사용이 불가능하고 부착수를 제거해야 하는 단점이 있다. 시금치, 브로콜리, 무, 당근에 이용된다. 어떤 방식인가? (3점)

➡ 냉수냉각식

1회 기출문제

예냉법 중 엽채류에 효과적이며 세척도 겸할 수 있는 방법은? (3점)

➡ 냉수냉각법(수냉식 예냉법)

9회 기출문제

브로콜리 저장관련에서 수확 후 출하때까지 황화현상 발생방지예냉방법과 그 효과는?

➡ 빙냉식 예냉 그 효과는 수확한 브로콜리에 −0.5도 0도의 얼음의 슬러지를 이용하여 물을 통과시켜 재빠르게 품온을 떨어뜨림과 동시에 얼음을 채우는 방식으로 브로콜리의 시듦음 및 황화를 방지할 수 있는 가장 적합한 방법이다.

9회 기출문제

매실수확후 예냉한 농가와 아닌 농가 중 A농가는 수확후 실온에서 선별후 판매, B농가는 수확후 얘냉을 거쳐서 판매 구입장가 받았을 때 A농가와 B농가의 차이?

➡ A농가의 품질은 과피가 황변하거나 과육이 연화되었고 B농가의 것은 정상적으로 매실의 상태가 양호함(증산작용 및 호흡작용 억제)

06 저장전처리(예건·맹아억제·반감기·

❶ 예 건

(1) 의 의

1) 수확한 과실을 바로 저장고에 보관하면 저장고 내의 과습으로 인하여 과피흑변현상 같은 생리장해가 발생한다.
2) 따라서 수확 직후에 과습으로 인한 부패를 방지하기 위해 식물의 외층을 미리 건조시켜 내부조직의 수분 증산을 억제시키는 방법을 예건이라 한다.

(2) 품목별 예건

1) 마늘·양파

   수확 직후 수분함량이 85% 정도인 마늘과 양파는 예건을 통해서 수분 함량을 약 65% 정도까지 감소시키면 부패를 막고 응애와 선충의 밀도를 낮추어 저장기간을 길게 할 수 있다.

2) 단 감

   현재 우리나라 일반 농가에서는 예냉시설부족으로 예건을 실시하여 수확 후 과실의 호흡작용을 안정시키고 과피의 수분을 제거함으로 곰팡이의 발생을 억제하고 과피가 탄력적으로 되어 상처발생이 어렵다.

3) 배

   수확 직후 나무그늘 등 통풍이 잘 되고 직사광선이 닿지 않는 곳을 택하여 예건한 후 기온이 낮은 아침에 저장고에 입고시키면 부패율과 호흡량을 줄이고 신선도를 장시간 유지시킬 수 있다.

❷ 맹아(萌芽, 움돋이) 억제

(1) 맹아의 의의

TIP

- 예냉의 효과
1) 증산에 의한 수분손실 억제
2) 호흡과 에틸렌 생성 억제
3) 병원균 번식 억제
4) 수분 손실 감소

12회기출문제

다음은 저장 중 전처리에 관한 설명이다. ( )안에 알맞은 답을 답란에 쓰시오.

수확한 후 일정기간 동안 방치하여 농산물 외층의 수분함량을 낮추는 (①)처리를 할 경우 저장 중 증산작용을 억제하여 부패율을 경감시킬 수 있으며 수확과정에서 발생된 농산물의 물리적 상처 부위에 코르크층을 형성시키는 (②)처리를 할 경우 수분증발과 미생물의 침입을 줄일 수 있다.

➡ ① 예건 ② 큐어링

양파, 마늘, 감자 등은 어느 정도의 기간이 지나면 휴면이 끝나는데 이를 휴면타파라 하고 휴면이 끝난 양파, 마늘, 감자 등에서 싹이 자라는 것을 맹아라 한다.

(2) 맹아억제방법

양파, 마늘, 감자 등이 저장 중 맹아가 발생하면 상품가치가 급속히 저하되므로 맹아의 발생을 방지하기 위하여 NAA, MH 등을 사용한다.

1) MH 처리

   양파는 수확 약 2주 전에 0.2~0.25%의 MH를 엽면 살포하면 생장점의 세포분열이 억제되면서 맹아의 생장을 억제한다.

2) 방사선처리

   적당량의 방사선 조사로 생장점 조직의 세포분열을 저해하여 맹아를 억제할 수 있으며 양파, 마늘, 감자 등에 이용되고 있다.

(3) 씨감자의 맹아촉진제

씨감자의 맹아촉진제로 일반적으로 지베렐린이 쓰인다.

③ 반감기 (半減期)

1) 반감기는 예냉효율의 지표가 되는 것으로 예냉효율은 반감기 개념을 이용하여 표시한다.
2) 방사성 물질의 반감기는 방사성 물질의 양이 반으로 줄어드는데 소요되는 시간을 의미하는 것과 마찬가지로
3) 예냉에서 말하는 반감기는 원예산물의 온도를 처음 온도에서 목표하는 온도까지 반감되는데 소요되는 시간을 의미한다.
4) 예를 들어 과일의 현재 품온 30℃와 최종목표온도 0℃의 차이인 30℃의 반에 해당되는 15℃까지 낮추는데 소요시간을 예냉의 반감기라 한다.
5) 반감기가 짧을수록 예냉이 빠르게 이루어진다고 한다.
6) 예를 들어 단감의 품온 반감시간은 50분 정도이며 목표온도까지 떨어지는데 6~8시간이 소요된다.

9회 기출문제

배의 과피흑변 문제 원인과 해결방법?

➡ 저온저장시에 과습으로 인한 생리장해현상으로 발생하며 대책은 직사광선이 닿지 않는 곳을 택하여 예건한 후 기온이 낮은 아침에 저장고에 입고시키되 CA저장이 효과적이다.

참 고

- 과피흑변현상
  1) 과실의 표피가 흑갈색으로 변하는 현상이다.
  2) 과피흑변현상은 저온저장시에 과습으로 인한 생리장해현상이다.

2회 기출문제

마늘, 양파, 감자 등의 저장 중 맹아가 나타나는 생리적 원인은?

➡ 휴면타파

3회 기출문제

종자를 젖은 배지 상태로 5~10℃로 일정기간 유지하는 이유는? (2.5점)

➡ 생리적 휴면타파

④ 큐어링 (curing : 치유)

(1) 의 의
1) 특히 땅속에서 자라는 감자, 고구마는 수확 시 많은 상처를 입게 되고 마늘, 양파 등 인경채류는 잘라낸 줄기부위가 제대로 아물고 바깥의 보호엽이 제대로 건조되어야 병균의 침입을 방지하고 장기 저장할 수 있다.
2) 따라서 수확 시 원예 생산물이 받은 상처를 아물게하거나 코르크층을 형성시켜 수분증발 및 미생물의 침입을 줄이는 방법을 큐어링이라 한다.

(2) 농산물별 큐어링
1) 감 자
   감자는 수확 후 온도 15~20℃, 습도 85~90%에서 2주일 정도 큐어링하여 코르크층이 형성되면 수분 손실과 부패균의 침입을 막을 수 있다.
2) 고구마
   고구마는 수확 후 1주일 이내에 온도 30~33℃, 습도 85~90%에서 4~5일간 큐어링한 후 열을 방출시키고 저장하면 상처가 잘 치유되고 당분 함량이 증가한다.
3) 양파와 마늘
   ① 양파와 마늘은 보호엽이 형성되고 건조가 잘 되어야 저장 중 손실이 적다.
   ② 일반적으로 밭에서 1차 건조시키고 저장 전에 선별장에서 완전히 건조시켜 입고하고 온도를 낮추기 시작한다.

10회 기출문제
품온이 29℃의 원예생산물을 5℃의 냉수로 예냉하고자 한다. 반감기는 20분이라 할 때 7/8까지 예냉하고자 한다. 목표온도에 걸리는 시간과 그 때의 품온은?

2회 기출문제
고구마의 저장에서 전처리방법으로 적당한 것은?
▶ 큐어링

07 포 장(包裝)

1 의의와 기능·분류

(1) 의 의
1) 포장이란 적절한 용기나 재료를 사용하여 해당 수확물을 감싸서 외부접촉을 차단하고 위생적으로 장기간 보관할 수 있도록 둘러싸 주는 것을 말한다.
2) 포장재의 물리적 강도, 외부와의 차단성과 수확물 성분과의 반응에 따른 안전성이 중요하다.

(2) 기 능
포장은 운송과 소비에 이르는 과정에서 물리적인 충격, 병충해, 미생물 등에 의한 오염과 광선, 온도, 습도 등에 의한 변질을 방지하는 기능을 한다.

(3) 분 류
포장은 크게 외포장과 내포장으로 분류할 수 있다.
1) 외포장
   외포장은 농산물을 수송·하역·보관하는데 외부압력이나 부적합한 환경으로부터 보호하기 위해 포장하는 것을 말한다.
2) 내포장
   내포장은 농산물 개개의 손상을 방지하기 위해 외포장 내부에 포장하는 것을 말하는데 내포장 재료는 비닐이나 타원형 등의 칸막이 감이 많이 쓰인다.

2 포장재의 구비조건

(1) 지지력(支持力)
취급과 수송 중 내용물을 보호할 수 있는 지지력을 갖추어야 한다.

(2) 방수성과 방습성
수분, 습기 등의 물리적 힘에 영향을 받지 않는 방수성과 방습성이 우수해야 한다.

(3) 내용물의 비유동성
포장 내에서 내용물의 움직임이 없어야 한다.

(4) 무공해성과 투과성
독성이 있거나 오염제를 함유치 않은 무공해성으로 호흡가스의 충분한 투과성을 지닌 소재를 사용하여야 한다.

(5) 차단성
빛이나 외부열을 차단할 수 있어야 한다.

(6) 취급의 용이성
무게, 크기, 모양이 취급과 판매에 적합하고 봉합과 개봉이 편리하여야 한다.

(7) 빠른 예냉성과 내열성
내용물의 빠른 예냉 및 내열성을 갖추어야 한다.

(8) 처분이나 재활용의 용이성
포장재는 처분하거나 재활용하기에 용이한 것이 좋다.

③ 포장재료

(1) 주재료와 부재료
수확물을 둘러싸거나 담는 재료인 종이, 플라스틱필름, 포대 등을 주재료라 하고 포장하는데 보조적으로 사용하는 접착제, 테이프, 끈 등을 부재료라 한다.

(2) 골판지
  1) 골판지는 물결모양으로 골이 진 판지의 한쪽 또는 양쪽에 다른 판지를 붙인 것이다.
  2) 국내에서 가장 많이 사용하고 있는 외포장재로 사과, 배 등의 과일과 당근, 오이 등의 채소, 그리고 화훼류의 포장에 사용된다.
  3) 골판지는 강도가 강하고 완충성이 뛰어나며 무공해이고 봉

합과 개봉이 편리하다.

(3) PE, PP, PVC

1) PE(polyethylene)는 가스투과도가 높아서 채소류와 과일의 포장재료로 많이 사용된다.
2) PP(polypropylene)는 방습성, 내열·내한성, 투명성이 높아 투명포장과 채소류의 수축포장에 이용되고
3) PVC(polyvinyl chloride)는 채소류, 과일, 식품포장에 사용된다.

(4) 기능성 포장재

포장기능 뿐만 아니라 저장효과를 동시에 얻을 수 있게 다양한 기능성 물질을 포장재 제조시 포장재에 첨가한 포장재를 말한다.

1) 방담 필름
   필름에 첨가제를 분산시켜 결로현상을 방지해서 부패균의 발생을 방지하는 기능을 한다.
2) 항균 필름
   곰팡이 등 유해 미생물에 대한 항균력있는 물질을 코팅한 필름이다.
3) 고차단성 필름
   차단성은 수분, 산소, 질소, CO_2와 저장산물의 고유한 향을 내는 유기화합물까지도 포함하고 있다.
4) 키토산 필름
   키토산은 유해균의 성장을 억제하는 효과가 있는데 이러한 키토산이용 기능성 필름이다.
5) 미세공필름
   포장 내부의 습도유지를 위해 미세한 공기구멍이 있어 수증기 투과도를 높인 필름이다.

④ 포장규격

1) 겉포장의 길이, 너비는 한국산업규격에서 정한 수송포장 계열치수 69개 모듈(1,100mm×1,100mm)과 골판지상자, 지대, PE대, PP대, 그물망의 농산물용 포장치수로 하고 높이는 해당 농산물의 포장이 가능한 적정 높이로 한다.

11회 기출문제

필름 중 계면활성제를 첨가하여 결로현상을 예방하는 기능성 포장재는?

▶ 방담필름

2) 농산물의 포장은 농산물 표준규격의 규정에 의한 포장규격의 거래단위를 적용하되 5kg 미만의 농산물을 포장할 때는 농산물 표준규격의 규정에 의한 포장규격의 거래단위와 다른 거래단위를 적용할 수 있다.

⑤ MA (Modifide Atmosphere) 포장

(1) 의 의

1) MA포장이란 수확 후 호흡하는 원예농산물을 고분자 필름으로 밀봉하여 포장내 산소와 이산화탄소의 농도를 바꾸어 주는 포장 단위를 말한다.
2) 원예농산물을 자연적 호흡 또는 인위적인 기체조성으로 산소소비와 이산화탄소의 방출로 포장 내에 적절한 대기가 조성되도록 하는 방법이다.

(2) MA포장의 원리

1) 필름포장 내에서 지나치게 산소농도가 낮고 이산화탄소의 농도가 높게 되면 이취 등이 발생하는 고이산화탄소 장해가 발생하게 되므로
2) 이산화탄소의 투과도를 산소투과도의 3~5배에 이르게 하여
3) 포장된 농산물의 대사과정에 영향을 주거나 부패균의 활성을 억제하여 농산물의 저장수명을 연장시키는 포장방법이다.

(3) MA포장용 필름의 조건

1) 필름의 이산화탄소투과도가 산소투과도보다 높아야 한다.
2) 필름이 투습도가 있어야 한다.
3) 필름의 인장강도와 내열강도가 높아야 한다.
4) 포장 내에 유해물질을 방출하지 않아야 한다.

(4) MA포장시 고려할 사항

MA포장시 저장효과를 최대로 하기 위해서 고려할 사항은 다음과 같다.
① 필름종류·두께·재질
② 원예산물의 호흡속도

참 고

• 모듈
건축물의 각 부분의 상대적인 균형을 측정하는 기준이 되는 척도

4회 기출문제

포장재 표면에 계면활성제를 처리하여 응결현상을 방지하는 포장재는? (3점)

▷ 방담필름

12회 기출문제

창원의 A농가는 단감을 수확한 후 50㎛ PE필름에 5개씩 포장하여 저온에 저장한 결과 장기간 동안 조직감이 단단하고 풍미를 우수하게 유지시킬 수 있었다. 필름포장이 신선도 유지 효과를 나타내는 원리를 설명하시오.

▷ 저온저장에 따른 호흡억제와 자연적 호흡에 의한 산소 소비와 이산화탄소의 방출과 포장내에 적절한 대기가 조성되었기 때문

③ 원예산물의 호흡량
④ 원예산물의 에틸렌 발생량
⑤ 원예산물의 에틸렌 감응도

(5) 수동적·능동적 포장

1) 수동적 MA포장

원예농산물의 자연적 호흡에 의한 산소소비와 이산화탄소의 방출로 포장 내에 적절한 대기가 조성되도록 하는 방법이다.

2) 능동적 MA포장

① 수동적 MA포장방식으로는 포장 내의 적절한 대기조성에 한계가 있으므로 포장 내부의 공기를 인위적으로 원하는 농도의 가스로 채워주는 포장방법이다.
② 능동적 MA포장에는 포장재 표면에 계면활성제를 처리하여 결로현상을 방지하는 방담필름과 항균물을 첨가한 항균필름 등이 이용된다.

(6) MA포장의 효과

1) 사과와 같은 호흡급등형 과실의 숙성 및 노화지연
2) 엽채류와 과채류에서의 수분손실 억제
3) 에틸렌 발생의 감소
4) 저온장해 등과 같은 생리적 장해 억제
5) 병충해 발생 억제

(7) 필름 종류별 가스투과성

저밀도폴리에틸렌(LDPE) 〉 폴리스틸렌(PS) 〉 폴리프로필렌(PP) 〉 폴리비닐클로라이드(PVC) 〉 폴리에스터(PET)

필름종류	가스투과성(ml/㎡·0.025mm·1day)		포장내부 이산화탄소:산소
	이산화탄소	산소	
저밀도폴리에틸렌(LDPE)	7,700~77,000	3,900~13,000	2.0~5.9
폴리비닐클로라이드(PVC)	4,263~8,138	620~2,248	3.6~6.9
폴리프로필렌(PP)	7,700~21,000	1,300~6,400	3.3~5.9
폴리스티렌(PS)	10,000~26,000	2,600~2,700	3.4~5.8
폴리에스터(PET)	180~390	52~130	3.0~3.5

5회 기출문제

플라스틱 필름 등으로 원예산물을 포장함으로써 생산물의 호흡에 의한 자연적인 현상을 이용하여 비교적 간단하게 CA저장효과를 내는 저장방법은? (2점)

▶ MA 저장, MAP

5회 기출문제

절화수명을 연장하기 위하여 처리하는 STS (silver thiosulfate)는 기체식물 호르몬인 ( )의 작용을 억제하는 효과가 있다. 이 식물호르몬에 대한 다른 억제제 AVG, AOA, 1-MCP 중에서 ( )는 무색 무취가스상태로 처리되며 원예산물의 수확후 품질유지를 위해 상용화되어 있다. 괄호 안의 정답을 아래 답란에 쓰시오.(4점)

▶ 1. 에틸렌 2. 1-MCP

4회 기출문제

수확 후 전처리 방법으로 호흡을 억제하고 수분증발 및 미생물의 침입을 막아주며 표면에 윤기가 나게 하는 전처리 방법은? (2점)

▶ 피막코팅 처리(왁스처리도 동일어임)

❺ MA (Modifide Atmosphere) 포장

(1) 필름포장

1) 엽채류와 비급등형 작물은 주로 수분 손실억제와 생리적 장해 및 노화 지연에 목적을 두고 있다.
2) 호흡급등형에 속하는 작물은 포장 내 가스조성의 변화를 통한 저장효과에 목적을 둔다.
3) 흡착물질을 첨가하여 품질유지효과를 보기도 한다.
4) 단감의 PE필름 저장 : 저밀도 PE필름 MA저장으로 4~5개월 장기 저장이 가능하다.
5) 유의사항
   ① 지나친 차단성은 이산화탄소 축적에 따른 생리적 장해와 결로현상에 의한 미생물 증식의 위험성이 있다.
   ② 속포장에 플라스틱 필름을 사용하는 경우는 저산소 장해, 이산화탄소 장해, 과습에 따른 부패 등에 따른 포장재를 선택하거나 가스 투과성을 고려하여야 한다.

(2) 피막제

1) 왁스 및 동식물성 유지류 등이 산물의 저장, 수송, 유통 중 품질유지를 위하여 사용되고 있다.
2) 피막제의 도포는 경도와 색택을 유지하고 산함량 감소를 방지하는 효과를 볼 수 있다.
3) 과일의 색감 증가나 표면의 광택증진 등 외관을 향상시키는 왁스처리가 실용화되어 있다.
4) 부분적 위축과 상처 및 장해 현상을 유기하기도 하므로 작물의 종류에 따라 적합한 피막제를 선택하여야 한다.

(3) 기능성 포장재의 개발

12회 기출문제

MA(modified atmosphere)포장을 이용한 저장의 효과를 최대화하려면 작물의 종류, 가스투과성 등을 고려하여야 한다. 보기의 포장재 중 산소투과율이 높은 순서대로 번호를 답란에 쓰시오.

① 저밀도폴리에틸렌(LDPE)
② 폴리비닐클로라이드(PVC)
③ 폴리스틸렌(PS)
④ 폴리에스터(PET)

▶ 1 〉 3 〉 2 〉 4

08 저장

① 저장의 개념과 기능

(1) 의의와 목적

1) 원예작물은 수확한 후에도 호흡작용을 계속해서 당분, 산 및 기타 영양분 등이 소모되고, 품질이 변하게 되는데
2) 저장이란 식품의 품질이 위와 같이 변하지 않도록 하는 것을 말한다.
3) 원예작물의 화학성분, 물리적 성분 및 조직적 상태 등의 성상이 변치 않도록 하는 수단이 저장의 궁극적인 목적이라 할 수 있다.

(2) 기능

1) 원예작물이 소비될 때까지 신선도를 유지하게 한다.
2) 계절성이 높은 농산물을 장기간 저장하여 연중 소비를 가능하게 한다.
3) 수확시기에 홍수출하에 의한 가격하락 방지와 유통량의 수급을 조절할 수 있다.
4) 수출이나 가공에 농산물을 연중 지속적으로 공급함으로써 수출산업이나 가공산업을 발전시킨다.
5) 장거리 수송을 가능하게 하여 수요를 확대할 수 있다.

(3) 수분활성도 (Aw, Water activity)

1) 수분활성도(Aw)란 미생물이 생육에 필요한 물의 활성 정도를 나타내는 지표이다.
2) 0에서 1까지의 범위를 갖는데 1에 가까울수록 미생물이 번식하기 좋은 환경이 되므로 건조·냉동·소금 첨가 등으로 Aw를 낮춰서 저장해야 한다.

② 저장력에 영향을 미치는 주요 요인

> **TIP**
>
> • 저장의 목적
> 1) 원예작물의
>   ① 화학성분
>   ② 물리적 성분
>   ③ 조직적 상태의 변화를 막기 위해서
> 2) 즉, 원예작물의 품질의 저하를 막는데 있다.

(1) 수확 후의 온도

1) 온도는 수확된 원예작물의 저장력에 중요한 영향력을 미친다.
2) 저장 중 온도가 높으면 과실의 호흡작용이 왕성해져 영양성분이 많이 소비되고 부패균의 활동이 왕성해져 저장력을 저하시키므로 0℃가 적당하지만 품목에 따라 차이가 있다.

(2) 수확 후의 습도

저장 중인 저장고의 습도가 낮아지면 위조현상이 나타나고 건조하지만 너무 습하면 부패과가 발생하므로 85~90%의 습도유지가 적당하다.

(3) 재배 중 온도와 강우

재배기간 중의 온도와 강우도 저장력에 영향을 미치는데 과일은 건조하고 높은 온도조건에서 재배된 것은 저장력이 강하다.

(4) 재배 중 토양조건

경사지는 일반적으로 배수가 잘 되므로 평지에서 생산된 과실보다 저장력이 강하다.

(5) 재배 중 비료조건

1) 질소의 과다 사용은 과실을 크게는 하지만 맛이 없어지고 고두병을 발생시키며 저장력을 저하시킨다.
2) 과다한 칼륨성분은 사과의 과피에 반점을 생기게 하지만 충분한 칼슘은 과실을 단단하게 하여 저장력을 높인다.

(6) 품종과 수확시기

1) 일반적으로 만생종은 조생종에 비해서 저장력이 강하다.
2) 장기저장용 과일의 수확은 일반적으로 적정수확시기보다 일찍 수확하는 것이 저장력을 높인다.

③ 저온저장

(1) 의 의

저온저장이란 냉장시설을 이용해서 저장고 안의 온도를 동결점 이상의 온도로 조절하여 원예생산물을 저장하는 방법이다.

참 고

- **위조(萎凋)현상**
  1) 토양의 수분함량이 점차 감소하여 식물이 수분부족으로 시들고 마르는 현상을 말한다.
  2) 즉, 식물체의 수분이 결핍하여 식물체가 시들고 마르는 현상을 말한다.

8회 기출문제

원예산물의 저장에 영향을 미치는 요인에 관한 설명으로 알맞은 것은? (2점)

(1) 품종에 따라 저장력에 차이가 있어 일반적으로 만생종이 조생종에 비하여 저장력이 (강, 약)하다.
(2) 동일 품종의 경우 수확 시기가 저장력에 영향을 미치는데 일반적으로 장기 저장용 과실은 적정 수확시기보다 (빨리, 늦게) 수확하는 것이 좋다.

➡ (1) 만생종이 강하다.
(2) 빨리 수확하는 것이 좋다.

2회 기출문제

원예생산물의 저장에 관여하는 요인 3가지는? (2점)

➡ 1. 온도 2. 상대습도 3. 대기조성

(2) 효과

1) 수확 후 작물의 호흡·대사 작용을 감소시킨다.
2) 수확한 작물의 저장양분의 소모를 줄인다.
3) 미생물의 증식과 부패균의 활동을 억제한다.
4) 효소에 의한 산화작용과 갈변현상을 억제시킨다.
5) 증산작용을 감소시켜 수분손실을 억제한다.

(3) 저장적온과 저온장해

1) 채소나 과일의 종류에 따라 저장적온은 다르다.
   ① 동결점~0℃ : 브로콜리, 당근, 상추, 시금치, 양파, 셀러리 등
   ② 0~2℃ : 아스파라거스, 사과, 배, 복숭아, 포도, 매실 등
   ③ 3~6℃ : 감귤
   ④ 7~13℃ : 바나나, 오이, 가지, 수박, 애호박, 감자 등
   ⑤ 13℃ 이상 : 고구마, 생강, 미숙 토마토 등
2) 저장적온이 높은 채소나 과일인 바나나, 오이, 고구마, 감자 등을 낮은 온도에 저장할 경우 장해를 입기 쉽다.

④ CA저장 (Controlled Atmosphere Storage)

(1) 의의

1) CA저장은 저온저장고 내부의 공기조성을 인위적으로 조정하여 대기조성(대략 N_2 78%, O_2 21%, CO_2 0.03%)과는 다른 공기조성을 갖는 조건을 만들어 원예생산물을 저장하는 것을 말한다.
2) 일반적으로 산소는 8% 이하 그리고 이산화탄소(CO_2)는 1% 이상으로 만들어 주는 것이다.

(2) 원리 및 특징

1) 호흡은 원예산물 내 저장양분이 소모되면서 이산화탄소와 열을 발산하는 대사작용으로 산소가 필수적이다.
2) CA저장은 이러한 원예생산물의 호흡이론에 근거하여 저장기간을 연장하는 방식이다.
3) 따라서 저장양분의 소모를 줄이려면 호흡작용을 억제하여야 하며 이를 위해서는 산소를 줄이고 이산화탄소를 증가시킴

12회 기출문제

전북의 A농가는 0℃와 10℃의 저장고를 보유하고 있다. 이 농가에서 수확한 포도, 토마토, 마늘, 오이의 저장특성을 고려하여 선도를 오래 유지시키고자 할 때 저장온도에 따라 품목을 분류한 후, 그 이유를 설명하시오.

▶

구분	0℃저장고	10℃저장고
품목	포도, 마늘	오이, 토마토
이유	포도와 마늘은 0~2℃의 저장이 적당하고 오이, 토마토는 낮은 온도에 저장할 경우 장해를 입기 쉽다.	

4회 기출문제

대기 조성과 다른 공기 조성을 갖는 조건에서 각 작물마다 적절한 온도와 상대습도 조건을 충족하여야 하는 저장은? (2점)

▶ CA 저장

9회 기출문제

떫은 감 저장과 후숙처리에 있어 ( )안에 적당한 말을 넣으시오.

- 수확 후 신선도 유지 저장방법 ( )
- 연시로 만들기 위한 상업적 방법( )
- 이유는( )

▶ 1. 저온저장 또는 MA포장 CA저장
2. 카바이트 에세폰 에틸렌 이용
3. 이유는 숙성 및 노화호르몬으로 처리하므로 세포벽의 펙틴이 가용성으로 변하므로

으로써 가능하다.

(3) 이산화탄소 및 에틸렌 농도 제어

1) CA저장고 내 이산화탄소의 농도는 무한정으로 증가시켜서는 안 되고 일정수준까지 증가시키다가 장해가 발생하는 시점에서는 제거해 주어야 할 뿐만 아니라 숙성호르몬으로 일컫는 에틸렌가스의 제거가 수반되어야 한다.
2) 에틸렌가스의 제거방식으로는 흡착식, 자외선 파괴식, 촉매 분해식 등이 있는데 이 중에서 경제적 타당성이 있는 촉매 분해식이 많이 이용되고 있다. 그리고 과망간산칼륨, 오존, 자외선 등이 이용되고 있다.

(4) CA저장의 효과

1) 작물의 노화를 방지한다.
2) 작물에 따라서 저온 장해와 같은 생리적 장해를 개선한다.
3) 조절된 대기가 곰팡이의 발생률을 감소시킨다.

(5) CA저장의 문제점

1) 토마토와 같은 일부작물에서 고르지 못한 숙성을 야기할 수 있다.
2) 감자의 흑색심부, 상추의 갈색반점과 같은 생리적 장해를 유발할 수 있다.
3) 낮은 산소 농도에서 혐기적 호흡의 결과로 이취를 유발할 수 있다.

(6) CA저장의 장점·단점

1) 장 점
   ① 엽록소 분해억제 및 노화지연
   ② 발근 등 생리현상 억제
   ③ 저장기간 증대
   ④ 호흡작용의 감소
   ⑤ 미생물 번식억제
2) 단 점
   ① 시설비와 유지비가 많이 든다.
   ② 공기조성이 부적절할 경우 장해를 일으킨다.
   ③ 저장고를 자주 열 수 없어 저장물의 상태를 파악하기 힘들다.

3회 기출문제

CA 저장시 이산화탄소(CO_2)의 장해로 사과나 배에 나타나는 장해는? (4점)

▶ 배의 과피흑변 및 사과의 내부갈변

4회 기출문제

대기 조성과 다른 공기 조성을 갖는 조건에서 각 작물마다 적절한 온도와 상대습도 조건을 충족하여야 하는 저장은? (2점)

▶ CA 저장

09 수확 후의 장해

생산물의 수확 후 장해는 크게 생리적 장해, 기계적 장해, 병리적 장해로 구분된다.

❶ 생리적 장해

(1) 온도에 의한 장해

1) 동해장해
   저온에 의해서 작물의 조직 내에 결빙이 생겨 받는 피해를 동해라 하고 동해에 의한 장해에는 엽채류, 사과 등의 수침현상 등이 있다.
2) 저온장해
   생육에 알맞은 적온(適溫)보다 낮은 온도에 장기간 저장하므로써 발생하는 장해로 과육 변색, 토마토·고추에서의 함몰 등이 있다.
3) 고온장해
   높은 온도에 저장 또는 노출됨으로써 발생되는 장해로 사과나 배의 껍질덴병이 발생한다.

(2) 가스에 의한 장해

1) 고농도의 탄산가스에 의한 갈색의 함몰부분 발생
2) 저산소, 미성숙 등으로 과육 갈변현상 발생
3) 저산소와 에틸렌 가스에 의한 장해

(3) 영양장해

영양장해로 발생하는 저장 중인 사과의 고두병, 토마토의 배꼽썩음병 등은 칼슘의 첨가로 억제할 수 있다.

❷ 기계적 장해 (물리적 손상)

(1) 의 의

4회 기출문제

고구마의 저장에 있어서 물러지면서 이취가 발생하고 단맛이 증가하는 장해는? (2점)

▶ 저온장해

12회 기출문제

다음 중 ( )안에 알맞은 답을 쓰시오.

농산물 저장시 빙결점 이하에서는 세포내 결빙에 의한 (①)(장)해가 발생되며, 일부 농산물 0℃이상에서 한계온도 이하에 일정기간 노출될 경우 세포막의 상전환과 원형질 분리에 의해 (②)(장)해가 발생되므로 품목에 따른 적정 온도 설정에 유의해야 한다.

▶ ① 동해 ② 냉해(저온장해)

5회 기출문제

토마토, 풋고추, 가지의 저장 중에 발생하는 생리적 장해는? (2점)

▶ 저온저장장해

9회 기출문제

OX 문제

방울 토마토와 포도의 수확시기는 완숙이전( )
감자의 동결장해는 수침 투명 함몰 현상 발생( )
복숭아 과육연화는 세포벽분해효소 때문( )

▶ X, X, O

기계적 장해는 물리적인 힘에 의하여 발생하는 모든 종류의 장해를 말하며 각종 영양의 손실은 물론 과일의 향미에도 크게 영향을 준다.
- 1) 마찰에 의한 장해
- 2) 압축에 의한 장해
- 3) 진동에 의한 장해

(2) 장해영향
- 1) 부패발생율이 증가한다.
- 2) 에틸렌 발생율이 증가한다.
- 3) 호흡량이 증가한다.
- 4) 중량감소가 두드러진다.

❸ 병리적 장해

1) 농산물이 수확 후 소비자의 손에 들어갈 때까지 각 병해에 의한 농산물의 피해를 말한다.
2) 병리적 장해에 의한 부패율을 줄이기 위해 수송 및 저장 중 약제처리, 환경요인 조절 등 최적의 조건을 만들어야 한다.

❹ 수확 후 중요장해 종류

(1) 갈변현상

과일 내부가 갈색으로 변하는 현상으로
- 1) 사과는 탄산가스의 축적으로 내부 갈변현상이 나타나는데 밀병이 많을수록 증상이 심하다.
- 2) 배는 고온에 장기노출이나 장기저장으로 과심갈변현상이 나타나면서 과즙유출현상이 나타난다.
- 3) 단감은 저온저장 중 산소농도의 저하나 이산화탄소의 증가로 과육갈변현상이 나타난다.

(2) 과피흑변

배의 과피에 짙은 흑색의 반점이 생기는 증상이고 단감은 과피가

12회 기출문제

과실의 수확 후 성숙 및 숙성과정에서 나타나는 대사산물의 변화에 관한 설명이다. 설명이 옳으면 ○, 옳지 않으면 ×를 ( )안에 표시하시오.

① 세포내에 전분이 축적되어 세포벽이 단단해 진다.(×)
② 유기산이 감소하여 사과, 키위 등의 신맛이 감소한다. (○)
③ 과실표면의 왁스 물질이 합성되거나 분비된다. (○)
④ 휘발성 에스테르의 합성이 저해된다. (×)

9회 기출문제

산소20% 이산화탄소3%일 때 다음의 각 증상은?

사과 포도 파프리카

▶ 사과는 내부갈변현상이 발생 원인은 고이산화탄소 축적
포도는 탈립 낱알이 떨어지는 현상
파프리카는 유공pe0.03mm필름을 사용하므로 14일간은 저장기간을 연장할 수 있다.

검게 변하는 증상이다.

(3) 고두병
사과의 경우 칼슘결핍으로 껍질에 갈색반점이 생기고 껍질을 벗기면 스폰지 모양이 되는 현상이다.

(4) 껍질덴병
사과의 껍질이 불규칙하게 갈변되어 건조되는 증상이다.

(5) 밀병
사과의 경우 솔비톨(solbitol)이라는 당류가 과육에 축적되어 과육의 일부가 투명해지는 증상이다.

6회 기출문제
사과에 발생하는 고두병은 무엇이 부족해서 발생하는가? (2점)
▶ 칼슘

7회 기출문제
꿀사과 발생의 증상과 현상은? (2점)
▶ 밀증상, 솔비톨, 과육갈변현상

10 안전성

① 식품의 위험요소

식품의 안전성에 가장 큰 위협이 되고 있는 것은 미생물독소(toxin)인데 미생물독소 중 곰팡이 독소는 곰팡이가 생산하는 2차 대사산물로서 사람이나 동물에 대하여 생리적 장해를 일으킨다.
① 옥수수, 땅콩, 쌀, 보리 등에서 검출되는 곡류독인 아플라톡신
② 밀, 옥수수 등의 곡류와 육류, 가공식품에서 검출되는 오크라톡신
③ 옥수수, 맥류 등에서 검출되고 생식기능장애, 불임 등을 유발하는 제잘레논
④ 사과쥬스에서 오염되는 것으로 알려진 파튤린 등

② 위해요소중점관리기준
(HACCP : Hazard Analysis Critical Control Point)

(1) 의 의
1) 식품의 원료, 제조, 가공, 조리 및 유통의 전과정에서 위해

물질이 해당 식품에 혼입되거나 오염되는 것을 사전에 방지하기 위하여 각 과정을 중점적으로 관리하는 기준을 말한다.
2) 이는 식품의 안전성을 확보하기 위한 시스템적 접근으로 농산물의 품질을 보장해 주는 수단은 아니다.

(2) HACCP

1) HACCP는 위해분석(HA : Hazard Analysis)과 중요관리점으로(CCP : Critical Control Point) 구성되며
2) HA는 위해가능성이 있는 생물학적, 화학적 또는 물리적 요소를 찾아 분석·평가하는 것이고
3) CCP는 해당 위해요소를 방지·제거하고 안전성을 확보하기 위하여 중점적으로 다루어야 할 관리점을 말한다.

(3) 중요성

1) 농산물을 포장하고 가공하는 동안 물리적, 화학적 그리고 미생물들의 오염을 예방하는 일은 안전한 농산물의 생산에 필수적인 것이다.
2) 해썹은
   ① 자주적이고 체계적이며 효율적인 관리로
   ② 식품의 안전성을 확보하기 위한 과학적인 위생관리체계라 할 수 있다.

> **2회 기출문제**
> 땅콩에서 곰팡이 생성시 생성되는 천연독성물질은?
> ➡ 아플라톡신

11 콜드체인시스템 (저온유통체계 cold chain system)

1 의의

1) 원예작물을 수확 즉시 품온을 낮춰 유통과정동안 적정 저온이 유지되도록 관리하는 체계를 콜드체인시스템(저온유통체계)이라 부른다.
2) 즉, 농산물의 품질을 최대한 유지하기 위하여 작물에 알맞은 저온으로 냉각시킨 다음 저장·수송·판매에 걸쳐 일관성 있게

적정온도로 관리하는 것이다.

② 관리방법

1) 산지에서 출하 전까지 적정 저온에 저장할 수 있도록 저온저장고의 구비가 필요하다.
2) 저온을 유지하면서 산지에서 소비지까지 운송될 수 있는 냉장차량의 보급이 선결되어야 한다.
3) 판매하는 판매대에도 냉장시설이 설치되어야 한다.
4) 상온유통에 비해 압축강도가 큰 포장상자를 사용한다.
5) 장기수송시에는 농산물의 혼합적재가능성을 고려한다.

③ 저온유통체계의 장점

1) 호흡을 억제시킨다.
2) 연화를 억제시킨다.
3) 미생물 증식을 억제시킨다.
4) 작물이 부패되는 것을 억제한다.
5) 작물의 상처발생을 억제시킨다.

④ 저온저장고

(1) 냉장원리

1) 저온저장은 냉매가 기화되면서 주변으로부터 열을 흡수하여 주변온도를 낮추는 냉장원리를 이용한다.
2) 즉, 압축기에서 압축된 냉매가스는 응축기에서 액체로 되고 이 액화된 냉매는 팽창밸브를 거치면서 저압으로 변하고 이 저압의 냉매는 증발기 내를 흐르면서 기체로 변한다.

(2) 냉장기기

저온저장고 내 온도조절은 적정온도에서 ±0.5도를 벗어나지 않도록 온도편차를 줄이는 것이 냉장기기 설계 시 중요한 일이다.
1) 압축기

3회 기출문제

수확에서부터 소비자에게 도달하는 전과정을 저온상태로 유지관리하는 유통시스템은? (2.5점)

➡ 콜드체인 시스템(저온유통체계)

12회 기출문제

농산물의 cold-chain 시스템 과정 중 농산물이 외부 온·습도의 변화가 급격한 환경에 노출될 경우 수분이 응결되어 골판지 상자의 강도가 약해지거나 농산물의 표면에 얼룩이 생기는 원인이 되는 현상을 쓰시오.

➡ 결로 현상

2) 응축기
3) 팽창밸브
4) 냉각기
5) 제상장치

(3) 저온저장고 출고와 결로현상의 영향

저온저장했던 원예산물을 출고할 때 발생한 결로현상은 원예산물의 품온과 외기의 온도 및 습도의 차이로 발생하는데 이는
① 미생물의 번식을 촉진한다.
② 포장했던 골판지 상자의 강도가 저하된다.

(4) 적정습도 유지방법

1) 저장고 구조 및 냉장기기 조절
  ① 저장고 내 상대습도를 적정하게 유지할 용량의 냉장기기가 필요하다.
  ② 저장고 벽면의 단열처리 및 방습처리에 만전을 기한다.
  ③ 저장고 내 저장산물의 온도가 상승하지 않는 선에서 공기의 유동을 억제한다.
  ④ 환기는 가능한 한 극소화한다.
  ⑤ 증발기 코일의 온도와 저장고 내의 온도편차가 작아야 한다.
  ⑥ 냉각기의 표면적이 넓고 송풍량이 충분하여야 한다.
2) 저장고 운영
  ① 저장고 바닥에 충분히 물을 뿌려준다.
  ② 가습기를 설치하여 주기적으로 가습기를 가동시킨다.
  ③ 폴리에틸렌 필름을 이용해서 저장산물 상자를 덮어준다.
  ④ 저장고 내에 용기는 가능한 수분흡수가 적은 것을 이용한다.

12 수 송

❶ 수송방법

1) 수송방법은 크게

① 육로수송
② 해상수송
③ 항공수송으로 나누고
2) 수송기간별로는
① 장기수송과
② 단기수송으로 나눈다.
3) 보통 장기수송은 해상수송으로 그리고 단기수송은 육로수송과 항공수송이 해당된다.

(2) 장거리·단거리 수송방법

1) 장거리 수송의 경우 고가의 신선농산물을 대상으로 저온 컨테이너를 이용한 수송으로 계속적으로 수송비율이 증가하고 있다.
2) 단기간 육로수송인 경우는 냉장차를 이용하고 수송수단은 냉장 트레일러나 컨테이너를 이용하여 산지로부터 최종 목적지까지 수송되어야 하나 우리나라의 경우 냉장차에 의한 수송은 미흡한 실정이다.

(3) 수송수단

1) 저온 및 예냉처리된 농산물은 냉동기가 부착된 냉장차를 이용하여 10℃ 이하에서 수송하는 것이 바람직하다.
2) 표준 팰릿(1,100×1,100mm)에 적재한 채로 수송하는 것이 상하차시나 보관시 지게차를 이용할 수 있어 인력이 절감되고 파손되지 않으며 쓰레기를 줄일 수 있으므로 거래가 신속하게 이루어져 시간이나 비용을 절감할 수 있는 장점이 있다.

❷ 일관운송체계

(1) 의 의

일관운송체계란
1) 수확포장된 농산물이
2) 생산지에서 소비지에 이르는 유통과정에서
3) 해체하거나 옮겨 쌓지 않고 팰릿에 적재한 채로 수송하는

것을 말한다.

(2) 종 류

1) 단위화물적재시스템 (ULS : Unit Load System)

   규격에 맞게 포장된 농산물을 생산지에서 하역 및 운송에 적합한 단위로 조작하여 소비지까지 해체나 재포장 없이 하역·운송보관을 기계화하는 일관운송체계이다.

2) 팰릿공용(풀)시스템

   팰릿의 규격을 1,100×1,100mm으로 표준화해서 이 표준화로 팰릿을 공동으로 이용함으로써 운송비용을 절감하려는 제도이다.

(3) 일관운송체계의 이점

1) 지게차를 이용할 수 있어 상하차 시 인력이 절감된다.
2) 운송뿐만 아니라 상하차 시 파손 없이 작업이 이루어진다.
3) 상하차 작업이 빠르게 진행할 수 있어 경비가 절감된다.
4) 유통과정에서 발생되는 쓰레기를 줄일 수 있다.

13 신선 편이 농산물

❶ 의의와 특성

(1) 의 의

1) 신선편이농산물이란 수확한 농산물의 세척·세절·절단표피제거·다듬기 등을 미리 처리해서 소비자가 별도의 처리과정 없이 조리하여 먹을 수 있도록 한 농산물을 말한다.
2) 신선 편이 농산물은 초기에는 단체급식, 음식점 등에 납품하기 위하여 포장단위도 매우 컸지만 지금에 와서는 소비자가 직접 구입해서 바로 소비할 수 있도록 규격이 소규모 및 다양하게 포장되고 있다.

(2) 특 성

신선편이농산물은 생산 후 운송하기 전에 세척, 세절절단, 표피와 껍질제거 등을 미리 시행함으로써
1) 호흡열이 높고
2) 에틸렌 발생이 높으며
3) 미생물 침입이 쉬워지며
4) 증산량이 증가하고
5) 펙틴량이 감소하며
6) 노출된 표면적이 크고 취급단계가 복잡하여 스트레스가 심하며 가공작업이 물리적 상처로 작용하는 특성이 있다.

(3) 신선편이농산물의 변색억제
1) 저온저장에 의한 저온으로 유지한다.
2) 항산화제를 사용한다.
3) 효소를 불활성화한다.

❷ 상품화 공정과 주의사항

(1) 상품화 공정
신선 편이 농산물의 상품화 공정은
첫째, 청과물의 살균 및 세척
둘째, 박피 및 절단
셋째, 선별
넷째, MAP 포장 시 CO_2를 충전하여 호흡을 억제시키고
다섯째, 적정온도에 맞게 저온저장 및 저온유통을 반드시 실시한다.

(2) 주의사항
신선 편이 농산물을 제작하는 과정에서 항시 고려해야 할 사항은 다음과 같다.
첫째 농산물의 품질이 쉽게 변한다.
둘째 절단, 물리적 상처, 화학적 변화 등이 초래되어 일반적으로 유통기간은 가능한 짧아야 한다.
셋째 정밀한 온도관리가 중요하며 청결위생, 즉 안전성 확보가 기본 전제조건이며 제품의 품질은 향기와 영양가를 동시에 만족시킬 수 있어야 한다.

(3) 신선편이농산물 가공공장 위생관리

1) 공장 내의 작업자와 출입자의 위생관리를 철저히 한다.
2) 가공기계 및 내부 바닥을 매일 깨끗이 청소한다.
3) 세척수를 철저히 소독하여야 한다.
4) 원료반입장과 세척·절단실은 분리하여 설치한다.

제4장 기출문제와 예상문제 연구

■■■ 기출문제

3회
1. 숙성노화의 단계에서 호흡의 속도가 급격히 상승하였다가 감소하는 현상은? (2점)

   정답 및 해설   호흡상승효과(climacteric)

1회
2. 사과와 결구상추, 녹색꽃양배추를 혼합 저장하였는데 결구상추와 녹색꽃양배추의 잎 및 꽃이 황화 또는 갈변되었다. 그 이유를 서술하라. (7점)

   정답 및 해설   사과에서 생성되는 에틸렌 발생량이 상대적으로 적은 결구상추와 녹색꽃양배추에 영향을 미친다.

1회
3. 1) 엽채류의 효과적인 예냉방법을 쓰시오. (3점)
   2) 화학처리제를 사용하여 채소류를 세척하는 방법을 서술하라. (4점)

   정답 및 해설   1) 진공예냉식 2) 염소에 5분간 담근 후 헹궈낸다.

4회
4. 마늘, 양파, 감자 등의 저장 중 맹아가 나타나는 생리적 원인은?

   정답 및 해설   휴면타파

2회기출
5. 고구마의 저장에서 전처리방법으로 적당한 것은?

   정답 및 해설   큐어링

6. 원예생산물의 저장에 관여하는 요인 3가지는? [2회]

정답 및 해설 1. 온도 2. 상대습도 3. 대기조성

7. CA 저장시 이산화탄소(CO_2)의 장해로 사과나 배에 나타나는 장해는? (4점) [3회]

정답 및 해설 배의 과피흑변 및 사과의 내부 갈변

8. 수확에서부터 소비자에게 도달하는 전과정을 저온상태로 유지관리하는 유통시스템은? (2.5점) [3회]

정답 및 해설 콜드체인 시스템(저온유통체계)

9. 신선편이 사업장에서 구연산, 비타민 C, MA포장 등을 하는 이유는? (2.5점) [3회]

정답 및 해설 갈변방지(부패방지)

10. 종자를 젖은 배지 상태로 5~10℃로 일정기간 유지하는 이유는? (2.5점) [3회]

정답 및 해설 생리적 휴면타파

11. 사과, 배, 단감, 토마토, 멜론, 느타리버섯, 바나나를 할인마트의 매장에 진열하려고 한다. 이 품목들을 보관해야 할 온도에 따라 높은 온도 및 낮은 온도대로 구분하시오. (7점) [1회]

> **정답 및 해설** 높은 온도 : 토마토, 멜론, 바나나
> 낮은 온도 : 사과, 배, 단감, 느타리버섯

[1회]

12. 예냉법 중 엽채류에 효과적이며 세척도 겸할 수 있는 방법은? (3점)

> **정답 및 해설** 냉수냉각법(수냉식 예냉법)

[1회]

13. (1) 저장 중인 사과를 절단하니, 과심부가 갈색으로 변하였다. 이를 원예학적으로 무엇이라 하는가? (4점)
 (2) 또한 그 이유를 설명하라. (3점)

> **정답 및 해설** (1) 내부갈변 현상
> (2) 저장고 내 이산화탄소 축적

[2회]

14. 비파괴적으로 과실의 당도를 측정하는 방법을 쓰시오.

> **정답 및 해설** 근적외선 분광분석법으로 반사식과 투과식이 있다.

[2회]

15. 5℃의 호흡률이 10(mg CO_2/kg·hr)이고 15℃의 호흡률이 25(mg CO_2/kg·hr)이 경우 온도상수 Q_{10}의 값을 쓰시오.

> **정답 및 해설** $Q_{10} = \dfrac{R_2}{R_1} = \dfrac{25}{10} = 2.5$

[2회]

16. 땅콩에서 곰팡이 생성시 생성되는 천연독성물질은?

> **정답 및 해설** 아플라톡신

`2회`
17. 호흡과 증산량이 왕성한 팽이버섯을 필름으로 밀폐 후 유통시킬 때 나타나는 장해는 무엇인가?

> **정답 및 해설** 저산소장해

`2회`
18. 저장고 내의 상대습도를 높게 유지하기 위한 △T의 의미를 쓰시오.

> **정답 및 해설** 증발기 코일의 온도와 저장고 내의 온도차이

`4회`
19. 저수확 후 산물에 있어서 영양분 감소, 중량 감소, 시듦 등의 품질저하 방지를 위해 호흡억제가 필요하다. 호흡억제에 영향을 미치는 가장 대표적인 요인은? (2점)

> **정답 및 해설** 온도

■■■ 예상문제

1. 원예생산물의 성숙이란 원예생산물이 수확의 최적상태에 도달하는 것을 말하고 이는 생리적 성숙과 원예적 성숙으로 구분된다. 이 때 ㄱ. 생리적 성숙, ㄴ. 원예적 성숙의 의미를 기재하시오.

> **정답 및 해설**
> ㄱ. 생리적 성숙은 식물생장 자체에 기준을 둔 성숙의 정도를 의미한다.
> ㄴ. 원예적 성숙은 원예생산물을 이용하는 측면에 기준을 둔 성숙의 정도로 수확적기에 있음을 의미한다.

2. 원예생산물 중 생리적 성숙보다 원예적 성숙에서 이용하는 생산물 3가지 (ㄱ),(ㄴ),(ㄷ)만 기재하시오.

> **정답 및 해설** ㄱ. 오이 ㄴ. 애호박 ㄷ. 가지

3. 다음은 과실의 수확기 판정에 이용되는 요오드 염색법에 대한 내용이다. (ㄱ),(ㄴ)(ㄷ)에 알맞은 말을 쓰시오.

> 과실은 성숙기에 달하면 전분이 당으로 변화되고 (ㄱ)은 요오드와 결합하면 (ㄴ)으로 변하기 때문에 과실을 요오드화칼륨 용액에 침지하면 성숙한 과실일수록 (ㄴ)의 면적이 (ㄷ)진다.

> **정답 및 해설** ㄱ. 전분 ㄴ. 청색 ㄷ. 작아

4. 다음은 수확기판정에 대한 내용이다. (ㄱ)에 알맞는 말을 쓰시오.

> 수확기 판정은 외관으로 판정하는 품종도 있으나 어려운 점이 많아서 (ㄱ)일자를 기록하여 날수로 판단하는 것이 정확하다고 할 수 있다.

> **정답 및 해설** ㄱ. 개화기

5. 원예생산물의 맛과 관련하여 신맛에 관계되는 내부물질 (ㄱ)과 떫은맛에 관계된 내부 물질
   (ㄴ)이 있다. (ㄱ),(ㄴ)에 알맞는 단어를 쓰시오

   > **정답 및 해설** ㄱ. 유기산 ㄴ. 탄닌

6. 다음은 원예생산물과 관계 있는 천연독성물질에 대한 내용이다. (ㄱ),(ㄴ),(ㄷ)에 알맞는 말을 쓰시오.

   > 오이에 관계있는 천연독성물질은 (ㄱ)이고 감자에 관계되는 천연독성물질은 (ㄴ)이며, 땅콩에 관계되는 천연독성물질은 (ㄷ)이다.

   > **정답 및 해설** ㄱ. 쿠쿠비타신 ㄴ. 솔라닌 ㄷ. 아플라톡신

7. 원예생산물의 호흡에 영향을 미치는 환경요인에는 어떤 것이 있는지 3가지 (ㄱ),(ㄴ), (ㄷ)을 쓰시오.

   > **정답 및 해설** ㄱ. 온도 ㄴ. 대기조성 ㄷ. 스트레스

8. 온도상수 Q_{10}에 대해 공식을 나열하면서 설명하시오.

   > **정답 및 해설**
   > ㄱ. Q_{10}이란 온도 10℃ 간격에 대한 온도계수를 말한다.
   > ㄴ. 즉 높은 온도에서의 호흡률(R_2)을 10℃ 낮은 온도에서의 호흡률(R_1)로 나눈 값을 말한다.

ㄷ. Q 10을 나타내는 공식은 다음과 같다. Q 10 = R 2 / R 1

9. 원예생산물은 호흡양상에 따라 호흡상승과와 비호흡상승과로 분류할 수 있다. 다음 보기에 제시된 원예생산물을 호흡상승과 (ㄱ)와 비호흡상승과 (ㄴ)로 분류하시오.

사과, 딸기, 오렌지, 복숭아, 오이, 감, 바나나, 고추, 토마토, 포도

정답 및 해설
ㄱ. 사과, 복숭아, 감, 바나나, 토마토
ㄴ. 딸기, 오렌지, 오이, 고추, 포도

10. 다음 설명은 원예생산물의 수확 후 호흡속도를 나타낸 것이다. (ㄱ),(ㄴ)에 알맞은 말을 쓰시오.

생리적으로 미숙한 식물이나 표면적이 큰 엽채류는 성숙한 식물에 비해서 호흡속도가 (ㄱ), 감자양파 등 저장기관이나 성숙한 식물은 호흡속도가 (ㄴ).

정답 및 해설 ㄱ. 빠르고 ㄴ. 느리다

11. 과일의 숙성이나 외부에서의 스트레스, 상처 등에 의해 발생되는 식물호르몬은 무엇인지 쓰시오.

정답 및 해설 에틸렌

12. 다음 원예생산물 중 에틸렌 생성량이 높은 과실을 2개만 고르시오.

고추, 토마토, 사과, 감, 바나나, 멜론, 수박, 복숭아, 귤, 포도

> **정답 및 해설** 사과, 복숭아

13. 채소나 과일의 숙성과정에서 나타나는 변화현상 3가지 (ㄱ),(ㄴ),(ㄷ)를 쓰시오.

> **정답 및 해설**
> ㄱ. 유기산이 감소하고 단맛이 증가한다.
> ㄴ. 에틸렌의 생성이 증가한다.
> ㄷ. 세포벽의 펙틴질이 분해되어 조직이 연화된다.

14. 원예생산물을 수확한 후 원예생산물에서 발생하는 생리현상을 3가지 (ㄱ),(ㄴ),(ㄷ)를 쓰시오.

> **정답 및 해설** ㄱ. 호흡작용 ㄴ. 증산작용 ㄷ. 노화작용

15. 당도를 측정하는 방법은 크게 파괴적 방법과 비파괴적 방법으로 분류되는데 X-ray로 과실의 내부를 촬영하여 당도 등을 측정하는 선별방법을 (ㄱ) 선별방법이라 한다. (ㄱ) 안에 알맞은 단어를 쓰시오.

> **정답 및 해설** ㄱ. 비파괴적

16. 예냉의 적용이 가능한 특성을 가진 품목 3가지 (ㄱ),(ㄴ),(ㄷ) 이상을 쓰시오.

> **정답 및 해설**
> ㄱ. 호흡작용이 격심한 품목
> ㄴ. 여름철에 주로 수확되는 품목
> ㄷ. 하우스 재배 등에서 수확된 시설채소류

17. 예냉방식 중 대표적인 예냉방식 4가지 (ㄱ),(ㄴ),(ㄷ),(ㄹ)를 쓰시오.

> **정답 및 해설** ㄱ. 강제통풍식 ㄴ. 차압통풍식 ㄷ. 진공예냉식 ㄹ. 냉수냉각식

18. 품목에 따라서 예냉효과에 차이가 있는데 예냉의 효과가 높은 품목을 3가지 이상 쓰시오.

> **정답 및 해설** ㄱ. 사과 ㄴ. 포도 ㄷ. 오이

19. 저장 전 처리로 큐어링이 요구되는 원예작물 3가지 이상을 쓰시오.

> **정답 및 해설** ㄱ. 감자 ㄴ. 고구마 ㄷ. 양파

20. 저장 중 휴면이 타파되면 맹아가 발생하여 조직이 물러지고 상품가치가 급속히 저하되는 품목 3가지 이상 (ㄱ)과 맹아의 발생을 억제하는 방법 2가지 (ㄴ)을 쓰시오.

> **정답 및 해설** ㄱ. 양파, 마늘, 감자, 고구마 ㄴ. MH 처리, 방사선 처리·클로르프로팜

21. 다음은 CA저장에 대한 설명이다.

> CA저장은 일반적인 대기조성과는 다른 공기조성을 갖는 조건에서 저장하는 것을 말하는데 일반적으로 산소는 (ㄱ), 이산화탄소는 (ㄴ)을 의미한다.

> **정답 및 해설** ㄱ. 8% 이하 ㄴ. 1% 이상

22. 다음은 MA 포장에 대해 설명이다. (ㄱ),(ㄴ),(ㄷ)에 알맞는 말을 쓰시오

> MA 포장은 플라스틱필름으로 호흡하는 원예생산물을 밀봉함으로써 필름 내 공기의 조성을 (ㄱ), (ㄴ)의 환경으로 만들어 주는 포장기술로 주로 (ㄷ) 단위를 말한다.

정답 및 해설 ㄱ. 저산소 ㄴ. 고이산화탄소 ㄷ. 소포장

23. MA 포장에 관한 설명이다 (ㄱ)에 알맞은 말을 쓰시오.

> MA 포장은 산소농도가 지나치게 낮고 이산화탄소 농도가 지나치게 높게 되면 이미(異味), 이취(異臭) 등이 발생하는 (ㄱ) 장해가 발생하여 상품성이 떨어지게 된다.

정답 및 해설 ㄱ. 저산소

24. MA 포장재 중 가스투과도가 높아 과일과 채소의 포장재로 널리 이용되는 필름은?

정답 및 해설 폴리에틸렌 필름(PE 필름)

25. 수확 후 생리적 장해의 원인을 3가지 이상(ㄱ, ㄴ, ㄷ) 쓰시오

정답 및 해설 ㄱ. 온도장해 ㄴ. 가스장해 ㄷ. 영양장해

26. 저장 중인 복숭아의 과육이 섬유질화되어 질겨지고 맛이 급격히 저하되었다면 (ㄱ) 라고 할 수 있다. (ㄱ)에 들어갈 알맞은 말을 쓰시오.

정답 및 해설 ㄱ. 저온장해

27. 다음은 수분활성도(Aw)에 대한 설명이다. (ㄱ),(ㄴ)에 알맞는 말을 쓰시오.

수분활성도는 미생물이 이용 가능한 수분의 비율로 0에서 (ㄱ)까지의 범위를 갖는다. 수분활성도가 (ㄴ) 미생물이 이용하기 쉬우므로 건조·냉동·소금첨가 등으로 Aw를 낮추어야 부패를 방지할 수 있다.

정답 및 해설   ㄱ. 1   ㄴ. 클수록

MEMO

PERFECT! 농산물품질관리사대비

부록 1
농산물 검사·검정의 표준계측 및 감정방법

MEMO

농산물 검사·검정의 표준계측 및 감정방법

국립농산물품질관리원고시 제정 제 2000 - 7호(2000. 3. 3.)
개정 제 2000 - 8호(2000. 7. 3.)
개정 제 2011 - 6호(2011. 2. 11.)

Ⅰ. 총 칙

1. 목 적
이 고시는「농산물품질관리법」제27조제1항과 같은법 시행규칙 제43조의 규정에 따라 농산물 및 그 가공품의 검사검정에 필요한 계측방법 및 감정방법에 관하여 필요한 사항을 정함을 목적으로 한다.

2. 정 의
이 고시에서 사용하는 용어의 정의는 다음 각 호와 같다.
가. "검사"라 함은 농산물의 상품적 가치를 평가하기 위하여 정해진 기준에 따라 검정 또는 감정하여 등급 또는 적·부로 판정하는 것을 말한다.
나. "검정"이라 함은 농산물 및 그 가공품의 품위·성분 및 유해물질 등을 기계기구 또는 약품 등을 사용하여 대상농산물 및 그 가공품을 측정·시험·분석하여 수치로 나타내는 것을 말한다.
다. "감정"이라 함은 농산물의 품위 등을 이화학적방법 등을 통하여 농산물의 가치를 판정하는 것을 말한다.
라. "측정"이라 함은 농산물의 품위 등을 일정한 시험방법에 따라 어떤 성질을 수량적으로 수치화 하는 것을 말한다.
마. "시험"이라 함은 일정기간의 실험을 통하여 농산물의 변화 등을 밝혀내는 것을 말한다.
바. "분석"이라 함은 농산물이 함유하고 있는 유기·무기성분 및 잔류농약 등을 정성·정량적으로 검출하는 것을 말한다.

3. 검정기관
가. 농산물 및 그 가공품 검정은 국립농산물품질관리원(이하 "품관원"이라한다) 시험연구소, 지원·출장소(이하 "검정기관"이라 한다)와「농산물품질관리법」제26조제1항의 규정에 따라 품관원장이 지정한 농산물 및 그 가공품 검정기관(이하 "지정검정기관"이라한다.)에서 실시한다. 다만, 지정검정기관은 지정받은 검정항목에 한하여 검정할 수 있다.
나. 검정항목별 검정기관은 "별표"와 같다.
다. 검정업무의 관할구역은 품관원 지원 및 출장소는 관할구역을 기준으로 한다. 다만, 시험연구소와 지정검정기관은 전국을 관장할 수 있다.
라. 품관원 지원장 및 출장소장은 검정업무 등에 기술지도가 필요하거나 자체시설 및 장비 등으로 검정이 불가능할 때는 시험연구소장에게 기술지도를 요구하거나 검정을 요청할 수 있다

4. 검정절차
   가. 검정신청
   (1) 검정을 신청하고자 하는 자는 「농산물품질관리법시행규칙」 제46조의 규정에 의한 해당 검정항목의 검정수수료와 농산물 검정신청서를 품관원 농식품 안전·품질통합시스템 또는 서면으로 신청하여야 한다. 검정기관의 장은 서면으로 검정의뢰 신청이 있을 때에는 농식품 안전·품질통합시스템에 입력하여야 한다.
   (2) 검정용 공시품은 "별표"에서 정한 양을 검정기관의 장에게 제출하여야 한다.
   나. 검정 및 증명서의 발급
   (1) 검정기관 및 지정검정기관의 장은 검정을 한 때에는 「농산물품질관리법」 제27조 제1항 및 같은 법 시행규칙 제41조의 규정에 따라 농산물 및 그 가공품 검정증명서를 신청인에게 발급하여야 한다.
   (2) 검정기관 및 지정검정기관의 장은 검정을 신청한 자 이외의 자에게는 농산물 및 그 가공품 검정증명서를 교부하여서는 아니된다. 다만, 검정을 신청한 자의 동의서를 첨부한 때에는 그러하지 아니하다.
   (3) 검정결과에 대한 증명을 재교부 받고자 하는 자는 "별지 제1호서식"의 농산물 및 그 가공품검정증명 재교부신청서를 당해 검정기관 및 지정검정기관의 장에게 제출하여야 하며, 검정기관 및 지정검정기관의 장은 농산물 및 그 가공품검정증명서의 우측상단에 "재교부"표시를 하여 발급하여야 한다.
   다. 시료의 보관 및 폐기
   (1) 검정기관 및 지정검정기관의 장은 검정의뢰 받은 시료를 시료균분기 등으로 축분하여 검정용과 보관용으로 구분하여야 한다.
   (2) "(1)"항의 규정에 의한 보관용 공시품은 시료봉투 또는 용기에 관련번호를 부여하고 내용물의 품위가 변화되지 않도록하여 "별표"에서 정하는 보관기간까지 보관하여야 한다. 다만, 상온보관이 어려운 시료는 냉동 또는 냉장 보관하여야 하며 필요시에는 보관기간을 단축 또는 연장할 수 있다.

5. 시료축분 및 체별방법
   가. 시료 축분법
   시료 축분은 원칙적으로 균분기에 의한다. 다만, 균분기가 없을 경우 또는 균분기로 축분할 수 없는 시료에 대하여는 그 보조방법으로 4분법에 의하여 축분한다.
   (1) 균분기에 의한 시료 축분법
    (가) 시료는 축분 전에 충분히 혼합한다.
    (나) 균분기를 수평으로 안치한 후 깔때기에 시료를 넣고 개폐기를 일시에 가볍게 완전히 연다.
    (다) 2분된 시료 중 임의로 그 하나를 선택하여 소요량이 될 때까지 반복 축분한다.
   (2) 4분법(보조방법)

(가) 시료는 축분 전에 충분히 혼합한다.
(나) 혼합한 시료를 다음 그림과 같이 원형으로 평평히 엷게 펴놓고 종횡으로 선을 그어 4등분한다.

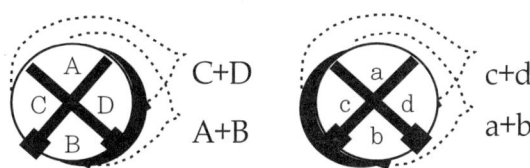

4분법 도해

(다) 4등분된 시료는 대각의 부분끼리 모아 2개로 축분한다.
(라) 2개로 축분된 시료 중 그 하나를 임의로 택하여 이와 같은 방법으로 소요량이 될 때까지 반복 축분한다.

나. 체별법

시료의 체별은 원칙적으로 사동기에 의한다. 다만, 사동기가 없을 경우 또는 사동기로써 체별을 할 수 없는 시료에 대하여는 그 보조방법으로 체별한다.

(1) 시료

미맥류 및 잡곡류의 시료량은 체판 면적 100㎠당 50g±10%을 기준으로 한다.

(2) 사용법

(가) 사동기에 의한 체별법
 1) 진동폭이 250㎜인 사동기를 사용한다.
 2) 체눈 연속선상의 직선방향 또는 체눈의 길이가 긴쪽의 방향을 사동기의 직선 왕복선과 일치시켜 체를 고정한다.
 3) 체별 횟수 및 시간은 25±0.5초 동안에 왕복 30회를 체별한다.

(나) 수동(보조방법)
 1) 자세를 바로 하고 양 팔꿈치를 양 허리에 부착시켜 팔꿈치와 손과 체판을 수평으로 하고 체별한다.
 2) 그물체 및 삼각눈의 판체는 정면에서 보아 체눈이 정방형 및 정삼각형이 되도록 잡고 치며, 세로눈의 판체 및 줄체와 둥근눈의 판체는 체눈의 방향으로 잡고 치되, 편심원(偏心圓)을 그리며 친다.
 3) 체별 횟수 및 시간은 20초 동안에 좌우 30회를 체별한다.

(3) 체별 후 체눈에 걸린 것은 체 위에 가산한다.

6. 수치 취급방법

수치의 취급방법은 다음 각호와 같다.
 가. 계측에 있어서 측정치는 규격수치 단위 이하 1위까지 산출한다.
 나. 검정치는 규격수치 단위 이하 1위에서 4사5입한 수치로 한다.

다. 모든 계측표에는 측정치로 표시하여야 하며, 검사관계 증빙서류에는 검정치로 표시한다.

Ⅱ. 측 정

1. 제현율(製玄率)

    가. 벼 시료를 시료축분법에 따라 50g 이상을 축분하여 계량한 후 제현기로 벼 껍질을 벗긴다.

    나. 현미 중에 섞여 있는 왕겨와 이물을 제거한 후 소정의 1.6㎜줄체로써 체별법에 따라 체별한다.

    다. 체 위에 남은 현미를 활성현미와 사미로 구분한다. 다만, 체를 통과한 것 중 활성현미는 체 위 활성현미에 환원한다.

    라. 활성현미와 사미를 각각 계량하여 아래와 같이 제현율을 산출한다.

    (1) 체 위 현미중 사미가 차지하는 비율이 동일 계통의 쌀 검사기준상 "분상질립·피해립·착색립계"의 최고한도 이내일 때

    $$제현율(\%) = \frac{활성현미무게(g) + 체위사미무게(g)}{공시무게(g)} \times 100$$

    (2) 체 위 현미중 사미가 차지하는 비율이 동일 계통의 쌀 검사기준상 "분상질립·피해립·착색립계"의 최고한도를 초과할 때

    $$제현율(\%) = \frac{활성현미무게(g) \times \left(1 + \frac{기준한계치}{100 - 기준한계치}\right)}{공시무게(g)} \times 100$$

    ※ 기준한계치 : 쌀 검사규격 1유형의 "분상질립·피해립·착색립계"의 최고한도

2. 정립(整粒)

    가. 미맥류·두류잡곡류의 건전립을 정립이라 하며, 정립률은 공시량에 대한 정립의 무게 백분비로 표시한다.

    나. 시료는 시료축분법에 의하여 벼·맥류는 50g 이상을, 그 외 다른 품목은 「포장검사 및 종자검사 실시요령」(품관원고시) 별표2 소집단과 시료의 순도검사 중량 이상을 채취하여 사용하고 계량한다.

    다. 정립률 산출은 다음에 의한다.

    $$정립률(\%) = \frac{정립의\ 무게(g)}{공시\ 무게(g)} \times 100$$

    * 품목별 정립의 정의 및 한계는 검사기준 참조

3. 용적중(容積重)

가. 용적중은 시료 1L의 무게로 표시한다.
나. 용적중은 "1L 용적중 측정 곡립계"로 측정함을 원칙으로 하되 이와 동등한 측정결과를 얻을 수 있는 부라웰 곡립계, 전기식 곡립계 등에 의한 측정을 보조방법으로 할 수 있다
다. "1L 용적중 측정 곡립계"의 제원은 다음과 같다. 「그림」참조
  (1) 1L용기는 안쪽지름 119.6㎜, 안쪽높이 91.3㎜의 용기로 제작하여 내용적이 1000.0㎖가 되어야 한다.
  (2) 호퍼(hopper)는 상부 안쪽지름 196㎜, 수직 높이 169㎜(개폐구간 10㎜포함)의 원뿔대 형태이어야 한다.
  (3) 개폐구(조리개형) 크기는 호퍼 하부 안쪽지름 31.8㎜
  (4) 낙하높이는 호퍼 밑면에서 1L용기 상단까지 50㎜
  (5) 시료 수평판은 목재 230㎜×70㎜×8㎜
  (6) 지지대, 수평기, 시료회수통 등 용적중을 안정되게 측정할 수 있어야 한다.
라. 설치
  (1) 호퍼와 1L용기는 수평으로 설치하고 시료 낙하높이는 50㎜가 되도록 고정한다.
  (2) 호퍼와 1L용기의 중심선이 일치되게 한다.
마. 측정방법
  (1) 시료 1.2L를 호퍼에 넣고 개폐구를 짧은 시간에 완전히 가볍게 열어 1L용기에 넘쳐야 한다.
  (2) "시료 수평판"을 수직한 상태로 1L용기의 한쪽 면에서 가볍게 놓고 지그재그로 반복하여 시료를 수평으로 만든 후 첫달림 0.0g 이하의 저울로 계량한다.
  (3) 용적중은 3회 반복 측정치의 평균치를 측정값으로 한다.

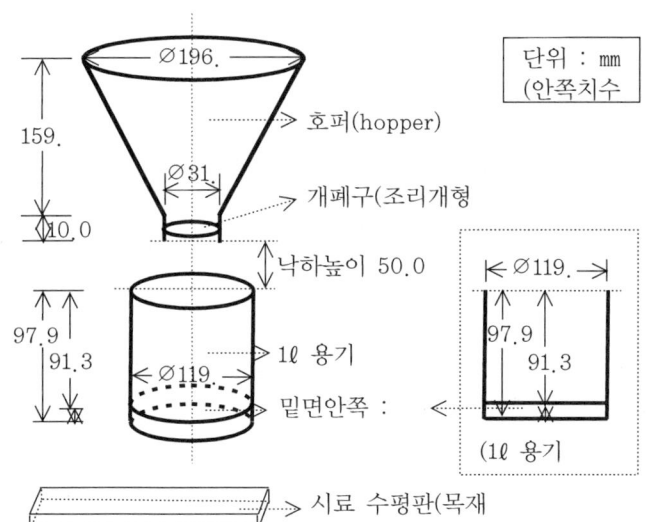

1ℓ 용적중 측정 곡립계

4. 싸라기
   가. 큰싸라기는 KS A 5101-1(금속망체) 중 호칭치수 1.7㎜의 금속망체로 쳐서 체를 통과하지 아니하는 싸라기로서 그 길이가 완전한 낟알 평균길이의 2분의 1미만인것을 말한다. 다만, 1.7㎜의 금속망체를 통과하지 아니하는 싸라기 중 세로로 쪼개진 것은 그 길이에 구애없이 큰싸라기로 간주한다.
   나. 잔싸라기는 KS A 5101-1(금속망체) 중 호칭치수 1.7㎜의 금속망체를 통과하고 KS A 5101-1 중 호칭치수가 1.4㎜의 금속망체를 통과하지 아니하는 싸라기를 말한다.
   다. 시료의 양은 각 품목별로 특별히 정해진 경우를 제외하고 잔싸라기 계측용 시료는 약1.0kg, 큰싸라기 계측용 시료는 KS A 5101-1(금속망체) 중 호칭치수 1.7㎜의 금속망체 위의시료 중 50g이상을 시료축분법에 의하여 채취 사용한다.
   라. 체의 사용은 체별법에 의한다.
   마. 완전한 낟알의 평균 길이는 시료 중 무작위로 일부를 채취하여 일렬로 나열하고 선단에서부터 완전한 것 30립을 취하여, 그 길이를 각각 입형측정기(마이크로미터)로 측정하여 산출한 평균치로 한다.
   바. 싸라기는 공시량에 대한 싸라기 무게 백분비로 표시하며, 다음 식에 의하여 산출한다.

$$싸라기(\%) = \frac{싸라기무게(g)}{공시무게(g)} \times 100$$

5. 낟알의 고르기
   가. 품목별로 검사기준에 정해진 체로 쳐서, 공시량에 대한 체 위에 남은 시료의 무게 백분비로 표시한다.
   나. 시료채취는 시료축분법에 의한다.
   다. 체의 사용은 체별법에 의한다.
   라. 입도 산출은 다음 식에 의한다.

$$낟알의 고르기(\%) = \frac{체 위에 남은 시료무게(g)}{공시무게(g)} \times 100$$

6. 세맥(細麥)
   가. 세맥은 맥주보리를 체 눈의 크기가 2.2㎜인 세로눈의 판체로 치면 통과하는 낟알을 말하며, 공시량에 대한 세맥의 무게 백분비로 표시한다.
   나. 시료는 이물과 이종곡립을 제외한 시료 중에서 시료축분법에 따라 50g 이상을 축분하여 계량한 후 사용한다.

다. 체의 사용은 체별법에 의한다.

7. 사분(砂分)
   가. 사분은 4염화탄소 비중 선별법에 의하며 공시량에 대한 사분의 무게 백분비로 표시한다.
   나. 시료는 시료축분법에 따라 25g이상을 축분하여 계량 후 사용한다.
   다. 사분측정병은 내경 40㎜, 길이 160㎜의 유리병으로서 병 하단에 내경 3.5㎜, 길이 40㎜, 내용적이 0.25㎖이며, 한 눈금이 0.005㎖로 나뉘어진 가느다란 관이 달려 있는 검정필 측정병을 사용한다.
   라. 먼저 병의 가느다란 부분에 4염화탄소를 채운 다음 시료를 넣고 다시 30㎖의 4염화탄소를 추가한다.
   마. 4염화탄소 추가 후 2분 가량 유리막대로 잘 저어주고 30분간 놓아둔다. 이를 다시 1분간 저어주고 30분간 놓아두었다가 가라앉은 사분의 양(㎖)을 읽는다.
   바. 사분 1㎖ = 1.25g로 하여 다음 식에 의하여 산출한다.

$$사분(\%) = \frac{사분(㎖) \times 1.25}{공시무게(g)} \times 100$$

8. (조)회분(灰分)
   조회분은 600℃ 연소회화법에 의하여 측정함을 원칙으로 하되 경우에 따라 다음에서 규정한 보조방법으로 측정할 수 있으며, 공시량에 대한 조회분의 무게 백분비로 표시한다.
   가. 시 료
      축분하여 분쇄한 시료 약 2~5g를 무작위로 채취하여 15㎖(철분을 병행 측정코자 할 때는 25㎖) 사기 도가니(600℃의 전기로에서 1~2시간 태운 도가니를 데시게이터(Desiccator)에서 실온으로 방냉한 도가니)에 넣고 저울로 정확히 계량한다.
   나. 방 법
      (1) 600℃ 연소회화법
         (가) 칭량된 시료는 회화로에 안치하고 서서히 강하게 가열하다가 600℃에 달한 때부터 2~4시간 동안 동일한 온도를 유지하면서 회화시킨다. (엷은 회색 및 또는 항량이 될 때까지 회화)
         (나) 회화가 완료되면 데시게이터(Desiccator)에 넣어 실온에서 냉각한 후 칭량하여 항량에 도달한 때를 회화 종료점으로 한다.(회분은 용융상태가 되어서는 안된다.)
         (다) 조회분은 다음 식에 의하여 산출한다.

$$조회분(\%) = \frac{(회화후회분 + 도가니\ 무게) - 도가니\ 무게}{(시료 + 도가니\ 무게) - 도가니\ 무게} \times 100 = \frac{회분\ 무게}{시료\ 무게} \times 100$$

         (라) 동일 시료에 대하여 3점을 병행 측정하여 근사치 범위 내에 있는 것의 산술평균치를 조회분 측정값으로 한다.

(2) 초산마그네슘법

600℃ 연소회화법에 의하여 회화가 되지 않거나 회화시간을 단축시킬 필요가 있을 때에는 다음에 의하여 측정한다.

(가) 시료를 넣은 도가니에 초산마그네슘[Mg(CH3COO)2·4H2O] 용액 3㎖를 정확히 취해 시료 전면이 젖도록 천천히 떨어뜨린다.

(나) 약 5분간 놓아두었다가 850℃의 회화로에 넣고 불길이 꺼진 후 회화로 문을 닫고 1시간 동안 회화시킨다.

(다) 회화가 끝나면 데시게이터(Desiccator) 내에서 실온으로 방열 후 측량하여 조회분 양을 구한다.

(라) 같은 방법으로 시료를 넣지 않은 공시험을 병행하고 다음 식에 의하여 조회분을 산출한다.

$$조회분(\%) = \frac{(회화후회분+도가니무게)-(도가니무게+초산마그네슘용액의 공시험량)}{(시료+도가니 무게)-도가니 무게} \times 100$$

(마) 초산마그네슘용액의 조제법

초산마그네슘[Mg(CH3COO)2·4H2O] 15g를 순도 95%이상인 에탄올에 용해시켜 1L로 한 다음 1일 동안 놓아두었다가 사용하되, 용액이 불투명하면 여과하여 사용한다.

(3) 고온회화법

위의 (1)(2)항에서 정해진 방법에 의하여 회화가 되지 않는 경우에는 회화가 완전히 이루어질 수 있도록 회화 온도를 높이거나 회화 시간을 연장할 수 있다. 다만, 이때 회화중 용융이나 탄화가 생겨서는 안 된다.

9. 피해립·착색립·사미·분상질립·이종곡립·이물 등

가. 표시는 공시무게에 대한 중량 백분비로 한다.

나. 피해립·착색립·사미·분상질립·이종곡립·이물 등의 정의 및 한계는 「농산물검사기준」(농식품부 고시)에 품목별로 정해진 규정에 따른다. 다만, 시중유통쌀의 품위 규격은 「쌀의 품위규격 및 품질기준」(농식품부 고시)에 따른다.

다. 시료취급 및 검정순서는 「곡류검사 실시요령」(품관원고시)에 따른다.

라. 시료는 시료축분법에 따라 채취하여 사용한다.

마. 산출은 다음식에 의한다.

$$혼입률(\%) = \frac{검정대상 항목의 검출치(g)}{공시무게(g)} \times 100$$

10. 다른 종피색립(種皮色粒)

가. 다른 종피색립은 공시료에 대한 중량 백분비로 표시한다.
나. 곡종별 다른 종피색립 정의 및 한계는 농산물검사기준 상에 품목별로 정해진 규정에 따른다.
다. 시료는 시료축분법에 의해 두류 100g, 참깨 20g(이물 제외)이상을 채취한다.
라. 다른 종피색립 산출은 다음의 식으로 한다.

$$다른\ 종피색립(\%) = \frac{다른\ 종피색립무게(g)}{공시무게(g)} \times 100$$

11. 과균비율(果均比率)
    가. 과균비율은 공시료 중에서 최대과와 최소과로 인정되는 것을 각각 3과씩 채취하여 감정과로 선정한다. 다만, 귤은 1개의 지름이 검사규격의 최소치 미만인 것과 최대치 이상인 것을 제외한 것 중에서 선정한다.
    나. 감정과의 최대과와 최소과의 평균무게 또는 평균지름을 각각 구하여 다음과 같이 산출한다.
    (1) 사과, 배, 단감 등
        최대치 : (+)R = (B-A)/A×100(%)
        최소치 : (-)R = (C-A)/A×100(%)
            - R = 과균비율
            - A = 해당시료의 전체 평균무게
            - B = 최대 감정과 3개 평균무게
            - C = 최소 감정과 3개 평균무게
    (2) 감귤
        R = (A-B)/C×100(%)
        - R = 과균비율
        - A = 최대 감정과 3개 평균지름
        - B = 최소 감정과 3개 평균지름
        - C = A+B

12. 착색비율(着色比率)
    가. 공시량 중에서 품종 고유의 색깔이 가장 떨어지는 5과의 착색비율을 평균한 것으로 한다.
    나. 금감은 공시량 전량에 대하여 등급별 착색비율에 미달하는 것의 개수비율을 구한다.
    다. 낱개마다 품종 고유의 색깔에 대비하여 착색 정도별 면적비율과 해당 면적별 착색비율을 각각 측정하고 다음과 같이 산출한다.
        ※ 착색비율(%) = (A1·B1+A2·B2+A3·B3 ····· +An·Bn)/100

- A1, A2, A3, ···An = 착색정도별 면적비율
- B1, B2, B3, ···, Bn = 해당면적별 착색비율

13. 결점과(缺點果) 혼입률
  가. 결점과 혼입률은 공시료 개수의 백분비로 표시한다.
  나. 결점과는 공시료 매과마다 결점별 기준과 대비하여 경결점과 이상인 것을 공시료 전량에서 선별한 후 이를 다시 경결점과, 중결점과로 분류하여 각각 개수비를 구한다.
  다. 결점별 기준은 당해 품목별 농산물검사기준에 따른다.
  라. 결점과 혼입률 산출은 다음의 식에 의한다

$$혼입률(\%) = \frac{중결점(경결점)과수(개)}{공시과수(개)} \times 100$$

Ⅲ. 시 험

1. 발아율(發芽率)

  발아율이란 정한 조건과 기간에서 총 공시종자에 대한 발아종자 중 정상묘로 분류된 종자의 개수(입수)비율을 말하며, 시험방법은 다음과 같다.
  가. 시료는 정립 종자중에서 400립을 사용하며, 100립씩 4반복 시험한다. 종자의 크기와 종자 사이의 간격 유지에 따라 50립씩 8반복 또는 25립씩 16반복으로 나눌 수 있다.
  나. 발아상의 종류에는 종이배지(TP, BP, PP), 모래, 흙 등이 있으며, 종이배지와 모래가 주로 사용된다.
  다. 종자 발아촉진 처리방법에는 생리적 휴면타파 방법과 경실종자 처리방법이 있는데, 생리적 휴면타파 방법에는 건조보관, 예냉, 예열, 광, 질산카리(KNO3)처리, 지베레린산 처리, 폴리에틸렌 피복이 있으며, 경실종자 처리 방법에는 침지, 기계적인 상처내기와 산으로 상처내기가 있다.
  라. 묘의 평가는 정상묘, 비정상묘 및 불발아 종자(경실종자, 신선종자, 죽은종자, 기타범주)로 구분한다.
  마. 발아시험의 결과는 100립씩 4반복의 평균으로 계산하며 비율은 정수로 한다. 또한, 정상묘, 비정상묘 및 불발아 종자의 합은 100이 되어야 한다. 단, 반복간 최고치와 최저치 사이의 차가 허용오차 이내이어야 한다.
  바. 기타 세부사항은 「포장검사 및 종자검사 실시요령」(품관원고시)에 의한다.

2. 발아세(發芽勢)

  발아세란 맥주보리에 한하여 일정기간까지 유아 또는 유근의 백체가 출현한 낟알 수의 비율을 말하며, 그 시험방법은 다음과 같다.

가. 시료는 정립 종자중에서 400립을 사용하며, 100립씩 4반복 실험한다.
나. 발아시험 방법으로 휴면타파 후 BP(Between Paper : 배지 사이 치상)상에서 온도조건은 20℃ 항온, 발아조사 기간은 96시간으로 한다.
   ※ 생리적 휴면타파 방법은 예냉(치상하여 젖은 배지 상태로 5~10℃로 7일간 유지), 예열(30~35℃의 조건에 7일간 환기가 잘되는 곳에 둔다), 지베렐린산 처리(물 1L에 GA3 500㎎을 녹인 0.05% 액으로 배지를 적신다)등이 있다.
다. 측정방법은 백체가 출현한 낟알 수를 계산하여 평균을 산출한다.

3. 도정수율(搗精收率)
   양곡의 도정수율은 공시 원료곡에 대한 도정한 제품 및 부산물의 무게비율을 말하며, 그 시험방법은 정부관리양곡 도정수율시험 실시요령을 원칙으로 하되, 이와 동등한 시험 성적을 얻을 수 있는 시험용 기계에 의한 방법을 보조방법으로 채택할 수 있다.
   가. 도정시설에 의한 방법
   (1) 공시량은 1점당 3,000kg 이상으로 한다.
   (2) 시험 횟수는 3회 이상 반복시험을 원칙으로 하며, 산술평균치를 시험성적으로 한다.
   (3) 제품의 생산 기준 및 도정수율 산출방법은 다음과 같다.
     (가) 도정도는 검정의뢰인이 요구하는 수준으로 한다.
     (나) 제품중의 싸라기·뉘·이물 등의 혼입률은 검사기준상의 최고한도 수치를 초과하지 아니하는 범위에서 그 수치에 접근되도록 한다.
     (다) 도정은 일련공정에 의한 유출식으로 하되, 벼는 제현공정과 현백공정으로 구분 실시한다.
     (라) 도정수율 산출은 다음 공식에 의한다.

$$\text{제품 수율(\%)} = \frac{\text{제품 무게}}{\text{공시료 무게}} \times 100$$

$$\text{부산물 수율(\%)} = \frac{\text{부산물 무게}}{\text{공시료 무게}} \times 100$$

나. 시험용 기계에 의한 방법(보조방법)
(1) 공시량은 1점당 3kg이상으로 한다. 시험기의 사용방법은 기계별로 규정된 방법에 의한다.
(2) 시험 횟수는 3회 이상 반복 시험하며, 산술평균치를 시험성적으로 한다.
(3) 제품의 생산 기준 및 도정수율 산출방법은 도정시설에 의한 방법과 같다.

Ⅳ. 분 석

1. 일반성분
농산물에 일반적으로 함유되어 있는 성분에 관한 시험으로 수분, 산도, 단백질, 지방, 조섬유, 당도 등을 분석한다.
가. 수분
수분은 105℃ 건조법에 의하여 측정함을 원칙으로 하되 이와 동등한 측정결과를 얻을 수 있는 130℃ 건조법, 적외선 조사식 수분계, 전기저항식 수분계, 전열건조식 수분계 등에 의한 측정을 보조방법으로 채택할 수 있다.
(1) 105℃ 건조법
 (가) 칭량관은 사전에 깨끗이 비눗물로 씻고 100~110℃로 조절된 건조로 속에서 항량에 도달할 때 까지 건조시킨 다음 데시게이터(Desiccator)에 넣어 30분 냉각시킨 후 저울로 정확히 계량한다.
 (나) 공시료
  1) 시료 채취
    모체의 평균치를 나타낼 수 있는 시료 30g정도를 채취한다. 다만, 시료중 조곡은 협잡물을 제거한 정립을 사용한다.
  2) 시료의 분쇄
    시료의 분쇄는 롤러 분쇄기 또는 유발(乳鉢; mortar)을 사용하여 20mesh (약 1㎜)정도로 분쇄하고(분쇄하여도 20mesh체를 통과하지 않는 정도의 부편상(簿片狀) 또는 사상(絲狀)의 것은 그대로 시료에 공한다) 분쇄한 시료를 정밀한 저울로 계량하여 5g 정도를 취하여 칭량관에 넣어 저울로 정확히 계량한다.
  3) 건조
    시료를 넣은 칭량관의 마개를 약간 열어 건조로 내에 넣고 온도가 105~110℃로 유지되기 시작한 때부터 항량에 도달할 때까지 건조시킨 다음 칭량관의 마개를 닫고 데시게이터(Desiccator) 내에서 30분간 냉각시켜 다시 정밀한 저울에 의하여 정확히 계량한다.
  4) 수분 산출식
    수분함유율(%) 계산은 다음 방식에 의한다.

$$수분(\%) = \frac{(공시료+칭량관)의\ 무게-건조후의(공시료+칭량관)의\ 무게}{(공시료+칭량관)의\ 무게-칭량관의\ 무게} \times 100$$

  5) 동일 시료 5점에 대하여 동시에 병행 실시하여 근사치 범위 내에 있는 것의 평균치를 측정값으로 한다.
(2) 보조 측정방법
 (가) 조정
   보조 측정방법에 의하여 사용되는 수분계는 반드시 원칙적 방법에 의한 기준기와 대비 점검하여 정확한 측정결과를 얻을 수 있도록 수시로 조정하여야 한다.
(나) 측정
　　수분계의 측정조작은 기계별로 규정된 조작방법에 의하되, 동일한 시료에 대하여 3회 이상 반복 측정하여 근사치 범위 내에 있는 것의 평균치를 측정값으로 한다.

나. (조)단백질
조단백질은 켈달(Kieldhal) 질소정량법을 변형한 페린(Perrin) 변법에 의하여 정량한 질소함량에 다음 계수를 곱하여 산출하는 것을 원칙으로 하되, 이와 동등한 측정결과를 얻을 수 있는 단백질 신속 측정기의 사용을 보조방법으로 채택할 수 있다.

- 조단백질 산출용 질소 계수 -

종 별	계수	종 별	계수
땅콩	5.46	호두, 참깨, 피마자, 삼씨, 참외씨, 해바라기씨, 아마씨, 호박씨	5.30
밀가루(제분율 93%이하)	5.70		
콩 및 콩제품	5.71	옥수수, 녹말, 기타	6.25
밀, 보리, 쌀보리	5.83	메밀	6.31
현미, 쌀	5.95		

(1) 켈달 측정방법
(가) 시료는 무작위로 0.5~2g를 화학천칭으로 정밀히 칭량한다.
(나) 측정조작은 다음과 같이 한다.
　1) 시료를 켈달플라스크에 넣고 3~4개의 비석(沸石 ; boiling stone)과 13.5g의 산화수은 촉매제와 농황산(H2SO4)25㎖을 가한 다음 켈달분해장치에 놓고 가열한다.
　2) 가열시 초기에는 비점(沸點) 하에서 서서히 가열하다가 차츰 온도를 높여 혼합액이 투명하게 된 다음 다시 15분간 가열을 계속하여 완전히 분해시킨다.
　3) 분해된 액은 실온으로 냉각시킨 후 250㎖의 증류수을 가한 다음 10메쉬(mesh) 아연분말 0.5g(아연립(粒)2~3개)와 가성소다용액 80㎖을 넣어 켈달증류장치에 놓고 가열하여 증류되어 나오는 암모니아(ammonia)를 수기(75㎖의 붕산용액이 들어 있는)에 흡수시킨다.
　4) 증류는 수기용액이 250㎖ 정도 될 때까지 계속한다.
　5) 증류가 끝나면 청록색의 수용액이 회백색이 될 때까지 N/10 염산(N/10-HCl) 용액으로 적정한다.
　6) 같은 조작으로 공시험을 병행한다.
(다) 조단백질 함량은 다음 식에 의하여 산출한다

$$조단백질(\%) = (A-B) \times F \times 0.0014 \times C \times \frac{100}{W}$$

A : 적정에 소요된 N/10 염산용액의 ml수

B : 공시험 적정에 의한 N/10 염산용액의 ㎖수
　　　F : N/10 염산용액의 역가(factor)
　　　0.0014 : 염산용액 1㎖에 상당하는 질소의 중량
　　　C : 질소에 의한 단백질 환산계수
　　　W : 공시중량
(라) 3점을 병행 시험하여 근사치 범위 내에 있는 것의 산술 평균치를 산출한다.
(마) 조단백질 정량에 사용되는 시약은 다음과 같이 조제한다.
　1) 산화수은촉매제 : 150g의 산화수은(HgO 황색)과 1,200g의 황산가리(K_2SO_4)를 혼합하여 만든다.
　2) 4% 붕산용액 : 40g의 붕산(H_3BO_3)을 물에 녹여 1L로 만든다.
　3) 가성소다용액 : 2.5kg의 가성소다(NaOH)를 4L의 물에 녹이고 500g의 치오황산소다($Na_2S_2O_3\cdot5H_2O$) [무수치오황산소다($Na_2S_2O_3$)인 경우는 320g]를 소량의 물에 녹여 혼합하여 5L로 한다.
　4) N/10 염산용액 : 1N 염산(HCl)용액을 조제하고 역가(factor)를 정하여 10배로 희석하여 만드는데 그 조제법과 역가 측정은 다음과 같이 행한다. N/10염산용액의 역가가 정확히 1,000이면 이 용액 1㎖는 질소 1.4㎎에 해당된다.
　　가) 특급 탄산소다(Na_2CO_3) 5g를 도가니(crucible)에 취하여 260 ~ 270℃ 머플로(muffle furnace)에서 1시간 건조시킨 후 데시게이터(Desiccator) 내에서 30분간 냉각시킨다.
　　나) 0.15g를 정확히 칭량하여 비커에 넣고 물 100㎖을 가하여 녹인후 이중 25㎖을 취하여 메칠 오렌지(methyl orange) 지시약 1~2방울을 가하여 황색이던 것이 담홍색이 될 때까지 N/10 염산용액으로 적정한 후 일단 가열하고 재차 담홍색이 될 때까지 적정한다.
　　다) 규정도 : 역가는 다음 식에 의하여 산출한다.

$$\text{역가(factor)} = 188.67 \times \frac{x}{b}$$

　　　　x : 탄산나트륨의 중량(g)
　　　　b : 적정에 사용된 0.1NHCl
　5) 지시약 : 0.5g의 부롬크레졸그린(bromo cresol green : B.C.G)과 0.1g의 메칠레드(methyl red)를 순도 95%의 에탄올 300㎖에 녹여 원액을 만들고 이 원액 20㎖을 5L의 붕산용액에 넣는다.
(2) 보조측정방법
(가) 조정
　보조측정방법에 의하여 사용되는 측정기는 반드시 원칙적 방법에 의한 기준기와 대비 점검하여 정확한 측정결과를 얻을 수 있도록 수시로 조정하여야 한다.
(나) 측정

측정기의 사용방법은 기계별로 규정된 방법에 의한다.

다. 조지방(粗脂肪 ; 油分)
(1) 조지방측정은 쏙시렡(soxhelt)-지방추출법에 의하여 추출한 조지방을 공시무게에 대한 중량 백분비로 표시한다.
(2) 분쇄된 시료 2~3g를 원통여지(圓筒濾紙)에 넣고 상부를 탈지면으로 막는다(건조가 필요한 것은 95~100℃에서 2~3시간 건조시킴)
(3) 시료를 알콜 또는 에테르(ether)로 잘 씻은 추출기의 추출관에 넣는다.
(4) 미리 세척하고 항량을 구해둔 조지방 정량병을 추출기에 연결하고 각부위를 완전 조립한다.
(5) 추출기의 상부로부터 에테르 약 70~80㎖를 가하고 탕욕상(湯浴上)에서 50℃ 전후로 가온하여 지방을 추출시킨다.
(6) 가온은 에테르의 떨어지는 속도가 매초 5~6방울로 하여 16시간 계속한다.
(7) 추출이 끝나면 에테르를 증발시키고(탕욕상에서) 95~100℃의 건조기에 넣어 1시간 건조시키고 데시게이터(Desiccator) 내에서 30분간 방열 후 칭량한다.
(8) 이와 같이 건조방냉칭량을 반복하면 에테르의 증발로 점차 중량이 감소되나 지방의 산화에 의한 중량증가가 일어나는 수가 있다. 이때 건조를 중지하고 그의 최저치로부터 지방정량병의 중량을 감하여 조지방으로 한다.

$$조지방(\%) = \frac{(정량병+조지방)의 \ 최저무게 - 정량병의 \ 무게}{시료무게} \times 100$$

라. 조섬유(粗纖維)
(1) 조섬유측정은 헨네베르크·스토오만개량법에 의한 칭량법에 의한다.
(2) 분쇄한 시료 2~5g을 에테르로 5~6회 씻어 탈지하고 500㎖의 플라스크에 넣고 석면 약 0.5g을 가한다.
(3) 뜨거운 1.25%황산 200㎖를 넣고 즉시 환류냉각기를 설치하여 1분 이내에 끓기 시작하도록 가열한다. 끓기 시작하면 조용히 끓도록 버너를 조절한다. 때때로 플라스크를 흔들고 기포가 심하게 일어나면 아밀알코올 0.5㎖를 냉각기의 상부로부터 가한다.
(4) 정확히 30분간 끓인 다음 냉각기를 떼어 내고 플라스크에 여과관을 넣고 흡인 여과한다. 열탕으로 세척액이 산성을 나타내지 않을 때까지 플라스크와 잔류물을 4~5회 씻는다.
(5) 다음 뜨거운 1.25% 수산화나트륨용액 200㎖를 사용하여 잔류물을 500㎖의 플라스크에 씻어 넣고 3분 후에 끓기 시작하도록 가열한다. 끓기 시작하면 조용히 끓도록 버너를 조절하고 정확히 30분이 되면 유리여과기(1G-3)를 사용하여 흡인 여과한다.
(6) 세척액이 알칼리성을 나타내지 아니할 때까지 4~5회 열탕으로 씻은 다음 에탄올 15㎖로 씻고 110℃의 건조기에서 건조하여 에테르로 씻은 다음 항량이 될 때까지 다시 건조하여(약 1시간) 데시게이터(Desiccator)에서 식히고 칭량한다. 다음 500~550℃의 전기로 중에서 항량이 될 때까지 가열하고(약 1시간) 식힌 후 칭량하여 다음 식에 따라 조섬

유의 양을 구한다.

$$조섬유(\%) = \frac{W_1 - W_2}{S} \times 100$$

W_1 : 유리여과기를 110℃를 건조하여 항량이 되었을 때의 무게(g)
W_2 : 전기로에서 가열하여 항량이 되었을 때의 무게(g)
S : 공시료 무게(g)

마. 산도(酸度)

(1) 밀가루 산도 측정

(가) 밀가루의 산도는 시료중의 산의 양을 유산으로 환산하고 시료에 대한 백분비로 표시한다.

(나) 시료 10g(밀인 경우는 분쇄하여 20메쉬 체를 통과토록 함)을 상명천칭(上皿天秤)(감도 0.1g)으로 채취하고 200㎖의 삼각플라스크에 넣어 40℃의 물 100㎖을 가하여 3분간 진탕하고 탕전(湯煎) 또는 정온기에서 1시간동안 40℃로 유지시킨다(도중 30분에 1분간 진탕시킨다).

(다) 건조여지로 여과하여 여액 50㎖를 홀피펫(Hole pipette)으로 100㎖ 삼각 플라스크에 취하여 0.1% 페놀프탈레인(Phenolphthalein) 용액 2방울을 가하고 N/10 가성소다 용액으로 적색이 30초간 소실되지 않을 때까지 적정한다.

(라) 적정에 소요된 ㎖수로부터 유산(乳酸)함량을 산출한다. 즉 N/10유산 1㎖ 중화에는 N/10가성소다 1㎖를 요하며, N/10 1㎖에는 0.009g의 유산이 함유되므로 N/10가성소다 1㎖은 유산 0.009g에 상당한다.

(마) 산도 산출은 다음에 의한다.

$$산도(\%) = T \times F \times 0.009 \times \frac{A}{B} \times \frac{1}{S} \times 100$$

T : 적정에 요한 N/10 가성소다용액의 ㎖
F : N/10 가성소다 용액의 역가
A : 침출에 사용한 침출액의 ㎖수
B : 적정에 공한 침출액의 ㎖수
S : 공시료 무게

(바) 0.1% 페놀프탈레인 용액 : 페놀프탈레인 0.1g를 칭량하여 에탄올에 녹여 100㎖로 한다.

(2) 녹말의 산도

(가) 녹말의 산도는 시료중의 산의 양을 알카리의 소요 ㎖로 나타낸다.

(나) 시료 100g을 상명천칭으로 취하여 300㎖ 삼각플라스크에 넣고 40℃의 물 100㎖를 가하여 진탕 후 1시간 방치한다(도중 수회 진탕함).

(다) 건조여지로 여과하여 여액 10㎖를 취하여 0.1% 페놀프탈레인 5방울을 가하고 30초간

방치하여도 적색이 소실되지 않을 때까지 N/50가성소다 용액으로 적정한다.
(라) 적정 ㎖를 2배하여 산도로 한다.

$$산도 = T \times F \times 2$$

T : N/50가성소다 소요㎖수
F : N/50가성소다용액의 역가

(마) 석회처리 : 녹말 등에는 알카리성의 경우가 있으므로 이때는 N/50황산(H2SO4)으로 적정하고 적정 ㎖수를 2배로 하여 "-"부호를 붙여 산도로 한다.

바. 산가(酸價)

산가란 유지 1g중에 함유되어 있는 유리지방산을 중화하는데 소요되는 KOH의 ㎎수이다.

(1) 시 약

(가) 에틸에테르 또는 석유에테르
(나) 1.0% 페놀프탈레인(Phenolphthalein) 용액 : 페놀프탈레인 1.0g을 95%의 에탄올(Ethanol)에 녹여 100㎖로 만든다.
(다) 중성용매 : 에탄올 : 에틸에테르를 1 : 1(부피비율)로 혼합하여 사용직전에 페놀프탈레인 지시약으로 하여 0.1N-KOH 알콜성 표준액으로 중화한 것
(라) 0.1N 알콜성 KOH용액
  1) KOH 6.4g을 소량의 물에 녹인 후 95%이상의 에탄올로 1L가 되도록 만든다.
  2) 제조한 용액은 2~3일간 방치후 여과(No.5)하여 사용한다.
  3) KOH용액의 농도계수(factor)는 다음과 같이 구한다.
    ○ 벤조산(Benzoic acid) 0.2 ~ 0.3g 정확히 칭량한다.
    ○ 중성용매(에탄올 : 에테르 → 1:1) 10㎖를 가한다.
    ○ 1.0% 페놀프탈레인 지시액 2~3방울을 떨어뜨린다.
    ○ 0.1N 알콜성 KOH 용액으로 엷은 분홍색이 30초이상 유지될때까지 적정한다.

$$KOH용액의\ 농도계수(factor) = \frac{벤조산\ 채취량(g)}{122 \times KOH\ 적정량} \times 10,000$$

(2) 측정

(가) 분쇄한 시료 100g 정도를 삼각플라스크에 넣는다.
(나) 시료가 잠길 정도로 에틸에테르 또는 석유에테르를 가한 후 호일로 덮는다.(500㎖ 비이커의 경우 약 300㎖ 눈금까지 채운다.)
(다) 2~3회 반복하여 진탕하여 정치시킨다.
(라) 상등액만 깔대기와 여과지를 사용하여 여과시킨다.
(마) 감압농축기를 사용하여 농축(40℃이하)한 후 105℃건조기에 1시간정도 넣어 에테르를 완전히 증발시킨다.

(바) 미리 건조된 200㎖ 비이커 3개에 추출된 유분을 각각 5g씩 정확히 칭량한다.
(사) 중성용매(에탄올 : 에테르 → 1:1) 100㎖를 가한다.
(아) 1.0% 페놀프탈레인 용액 2~3방울을 떨어뜨린다.
(자) 0.1N 알콜성 KOH용액으로 연분홍색이 30초간 지속될 때까지 적정하여 종말점을 찾는다.

(3) 산가는 다음 식에 의하여 산출한다.

$$\text{산가(KOH mg/g)} = \frac{56.11 \times M \times F \times B}{S(g)}$$

S : 추출된 유분 무게
M : KOH의 적정량
F : KOH의 역가
B : KOH의 노르말 농도

사. 당도(糖度)
 (1) 적용대상 : 과실류 및 과채류
 (2) 측정기기는 "과실류 당도 측정기- 시험방법(KS B 5642)"에 적합한 것으로 한다.
 (3) 1과의 당도는 씨방, 핵, 껍질(감귤, 수박, 조롱수박, 메론, 배, 참외)등을 제외한 과실 가식부 전체를 착즙하여 측정한 값을 원칙으로 한다. 다만, 다른 규정이 있을경우에는 그 규정에 따를수 있다.
 (4) 이 규정에서 정하지 아니한 것은 「농산물 표준규격」(품관원 고시)의 항목별 품위계측 방법에 따를 수 있다.

2. 무기성분·유해중금속·잔류농약·곰팡이독소 등
 농산물에 포함된 무기성분·유해중금속·잔류농약·곰팡이독소·항생물질 등의 분석은 「식품위생법」에서 규정한 식품공전상의 분석법을 준용한다. 다만, 식품공전에서 규정한 분석방법보다 더 정밀하다고 인정된 분석방법이 있을 경우에 그 방법을 사용할 수 있다.

V. 감 정

1. 도정도(搗精度) 감정
 양곡의 도정도는 엠이(M.E : Methylene Blue, Eosin Y) 시약 처리에 의하여 강층의 박리(剝離) 정도를 표준품과 비교 감정함을 원칙으로 하되, 보조방법으로 요오드염색법(Iodine染色法)에 의할 수 있다.
 가. 도정도 표시기준
  (1) 적 : 도정도가 표준품과 같은 정도
  (2) 약간 저하 : 도정도가 표준품보다 약간 낮다는 느낌을 가질 정도

(3) 저하 : 도정도가 낮음을 식별할 수 있는 정도
(4) 부적 : 도정도가 상당히 낮은 정도

나. 시약 처리 방법
　(1) 엠이시약 염색법
　　(가) 엠이시약 조제
　　　① 쌀용 : 메탄올 1,000㎖에 Methylene Blue 1.5g와 Eosin Y 0.75g를 용해하여 원액을 만든다.
　　　② 보리쌀용 : 메탄올 1,000㎖에 Methylene Blue 1.6g와 Eosin Y 1.5g를 용해하여 원액을 만든다.
　　　③ 엠이시약을 사용할 때는 원액을 메탄올로 3배 희석하여 사용한다.
　　(나) 트리에타놀아민(Triethanolamine : 착색 촉매제) 시약 조제
　　　트리에타놀아민 3㎖를 100㎖ 메스플라스크에 넣고 증류수 또는 수돗물로 희석하여 3%액으로 만든다.
　　(다) 시약 처리 방법 및 순서
　　　① 시료 5g를 취하여 3%의 트리에타놀아민 용액 15㏄ 정도에 30초간 침지한 다음 맑은 물에 30초간 세척한다.
　　　② 엠이시약 8㏄ 정도에 1분간 침지하여 착색시킨다.
　　　③ 순도 99% 이상의 메탄올에 약 30초간 잘 흔들어 세척한 후 유리판에 엷게 펴놓고 감정한다.
　　(라) 도정도 판별 : 외피는 녹색, 호분층은 청색, 배유부는 도색(桃色)으로 착색되므로 청색 또는 녹색 부분의 다소에 따라 판별한다.
　(2) 요오드염색법(Iodine染色法)
　　(가) 시약은 요오드 0.5g, 요오드화칼륨(Potdssium iodide) 0.5g를 먼저 소량의 물에 녹인 다음 물을 가하여 1L가 되도록 하여 사용한다.
　　(나) 시험관에 시료 5g와 시약을 넣고 가볍게 흔들어서 정색된 후 1회 수세하여 감정한다.
　　(다) 배유부는 흑갈색으로 정색되므로 그의 정색반응 정도로서 도정도를 판별한다.

2. 메·찰(粳糯) 감정
　가. 메·찰 감정은 요오드 처리에 의한 배유부분의 정색반응에 의한다.
　나. 시료는 적당량을 채취하여 사용한다.
　다. 시료가 현미 또는 벼인 경우에는 도정하든가 절단 또는 분쇄하여 시료로 사용한다.
　라. 요오드 액은 요오드 0.5g 요오드화 칼륨 0.5g를 먼저 소량의 물에 녹인 다음 물을 가하여 1L가 되도록 희석하여 사용한다.
　마. 시료를 유리판 위에 놓고 요오드 액을 적당량(시료에 따라 가감) 떨어뜨려 자색이 되면 메, 갈색이 되면 찰로 판별한다.

3. 신선도(新鮮度) 감정

가. 적용대상 : 미곡, 맥류 및 두류등
나. 감정범위 : 신선도 감정은 G·O·P시약 처리에 의한 산화효소작용의 정도로써 판별 감정한다.
다. 감정방법 : 신선도감정은 G·O·P시약처리 방법을 원칙으로 하되, 보조방법으로 구아야콜 처리에 의한 방법을 활용할 수 있다.

(1) G·O·P시약 처리 방법
　(가) G·O·P시약의 농도
　　1) 구아야콜 : 1% 액
　　2) 과산화수소 : 3% 액
　　3) 파라페닐엔디아민(P-Phenylenediamine) : 0.2% 액이 시약이 산성일 경우 수산화나트륨(NaOH)를 0.1%의 농도로 첨가하여 중화시킨다.
　　　〈예시〉
　　　○ 파라페닐엔디아민의 화학 기호가 "NH2C6H4NH2·2HCl"일 경우에는 수산화나트륨을 첨가하고, "C6H4 (NH2)2"일 경우에는 그대로 사용한다.
　(나) 시약처리 방법 및 순서
　　1) 시료(곡류인 현미·쌀·보리·콩 등) 2g(100립 내외) 정도를 분쇄 또는 원형으로 시험관에 넣는다.
　　2) 구아야콜 4㎖을 가하여 10회 흔들어준 다음 2분간 정치한다.
　　3) 과산화수소 3~4방울 가하여 10회 흔들어준 다음, 즉시 파라페닐엔디아민 3㎖을 가하여 다시 10회 흔든 다음 5분간 정치한다.
　　4) 맑은 물로 2회 수세하여 감정한다.
　(다) 정색 반응
　　1) 신선한 쌀은 배아부, 배유부와 시약이 자색으로 변한다.
　　2) 약간 오래된 쌀은 배아 부위만 착색된다.
　　3) 오래되거나 발열 또는 변색된 쌀은 착색 반응이 일어나지 않는다.

(2) 구아야콜시약 처리 방법(보조방법)
　(가) 시료는 무작위로 3~5g정도 분쇄 또는 원형으로 시험관에 넣어 구아야콜 1%액(원액을 100배로 희석한 액)을 가한 다음 과산화수소 1%액(시판옥시풀은 3%과산화수소)2~3방울을 떨어뜨린다.
　(나) 시약 반응 정도를 관찰하면 신선도가 좋은 것은 산화효소작용이 강하여 입면과 액의 착색이 잘 되고, 신선도가 낮은 것은 산화효소작용이 약하게 나타나며, 아주 낮은 것은 거의 반응이 없다. 다만, 쌀의 수확시기 및 보관상태에 따라 산화효소작용이 달라질수 있다.

부록 2
기출문제

MEMO

부록 제 15회 기출문제

1. 농수산물품질관리법령상 검사를 받은 농산물에 대한 '검사판정 취소'에 해당하는 사유를 다음에서 모두 찾아 번호를 쓰시오.

   ① 농림축산식품부령으로 정하는 검사 유효기간이 지난 경우
   ② 검사 결과의 표시 또는 검사증명서를 위조하거나 변조한 사실이 확인된 경우
   ③ 거짓이나 그 밖의 부정한 방법으로 검사를 받은 사실이 확인된 경우
   ④ 검사 결과의 표시가 없어지거나 명확하지 아니하게 된 경우
   ⑤ 검사를 받은 농산물의 포장이나 내용물을 바꾼 사실이 확인된 경우

   정답 및 해설 ② 검사 결과의 표시 또는 검사증명서를 위조하거나 변조한 사실이 확인된 경우
   ③ 거짓이나 그 밖의 부정한 방법으로 검사를 받은 사실이 확인된 경우
   ⑤ 검사를 받은 농산물의 포장이나 내용물을 바꾼 사실이 확인된 경우

   농수산물품질관리법
   * 제87조(검사판정의 취소) 농림축산식품부장관은 제79조에 따른 검사나 제85조에 따른 재검사를 받은 농산물이 다음 각 호의 어느 하나에 해당하면 검사판정을 취소할 수 있다. 다만, 제1호에 해당하면 검사판정을 취소하여야 한다. 〈개정 2013. 3. 23.〉
   1. 거짓이나 그 밖의 부정한 방법으로 검사를 받은 사실이 확인된 경우
   2. 검사 또는 재검사 결과의 표시 또는 검사증명서를 위조하거나 변조한 사실이 확인된 경우
   3. 검사 또는 재검사를 받은 농산물의 포장이나 내용물을 바꾼 사실이 확인된 경우
   * 제86조(검사판정의 실효) 제79조제1항에 따라 검사를 받은 농산물이 다음 각 호의 어느 하나에 해당하면 검사판정의 효력이 상실된다. 〈개정 2013. 3. 23.〉
   1. 농림축산식품부령으로 정하는 검사 유효기간이 지난 경우
   2. 제84조에 따른 검사 결과의 표시가 없어지거나 명확하지 아니하게 된 경우
   따라서 ①, ④는 실효사유에 해당한다.

2. 농수산물품질관리법령상 농산물 생산자단체가 농산물 우수관리인증을 신청할 때 신청서에 첨부하여 제출하여야 할 서류 2가지를 쓰시오.

> **정답 및 해설** 위해요소관리계획서, 사업운영계획서
>
> 시행규칙
>
> 제10조(우수관리인증의 신청) ① 법 제6조제3항에 따라 우수관리인증을 받으려는 자는 별지 제1호서식의 농산물우수관리인증 (신규·갱신)신청서에 다음 각 호의 서류를 첨부하여 법 제9조제1항에 따라 우수관리인증기관으로 지정받은 기관(이하 "우수관리인증기관"이라 한다)에 제출하여야 한다. 〈개정 2014. 9. 30., 2018. 5. 3.〉
>
> 1. 삭제 〈2013. 11. 29.〉
> 2. 법 제6조제6항에 따른 우수관리인증농산물(이하 "우수관리인증농산물"이라 한다)의 위해요소관리계획서
> 3. 생산자단체 또는 그 밖의 생산자 조직(이하 "생산자집단"이라 한다)의 사업운영계획서(생산자집단이 신청하는 경우만 해당한다)
>
> ② 우수관리인증농산물의 위해요소관리계획서와 사업운영계획서에 포함되어야 할 사항, 우수관리인증의 신청 방법 및 절차 등에 필요한 세부 사항은 국립농산물품질관리원장이 정하여 고시한다. 〈개정 2014. 9. 30.〉

3. 다음 농수산물품질관리법령에 관한 내용 중 아래 (   )에 들어갈 내용을 〈보기〉에서 찾아 쓰시오.

> ○ 임산물을 생산하는 A영농조합법인은 (①)에게 지리적표시의 등록을 신청
> ○ 임산물을 생산하는 B농가는 (②)에게 농산물 이력추적관리 등록을 신청
> ○ (③)은 농산물우수관리기준을 제정하여 고시
> ○ (④)은 유전자변형농산물 중 식용으로 적합하다고 인정하는 품목을 유전자변형농산물 표시대상으로 고시
>
> 〈보기〉
> 식품의약품안전처장 농촌진흥청장 산림청장 농림축산검역본부장 국립농산물품질관리원장

> **정답 및 해설** ① 산림청장 ② 국립농산물품질관리원장 ③ 농촌진흥청장 ④ 식품의약품안전처장
>
> ① 시행규칙 제56조(지리적표시의 등록 및 변경) ① 법 제32조제3항 전단에 따라 지리적표시의 등록을 받으려는 자는 별지 제30호서식의 지리적표시 등록(변경) 신청서에 다음 각 호의 서류를 첨부하여 농산물(임산물은 제외한다. 이하 이 장에서 같다)은 국립농산물품질관리원장, 임산물은 산림청장, 수산물은 국립수산물품질관리원장에게 각각 제출하여야 한다.
>
> ② 시행규칙 제47조(이력추적관리의 등록절차 등) ① 법 제24조제1항 또는 제2항에 따라 이력추적관리 등록을 하려는 자는 별지 제23호서식의 농산물이력추적관리 등록(신규·갱신)신청서에 다음 각 호의 서류를 첨부하여 국립농산물품질관리원장에게 제출하여야 한다. 〈개정 2013. 3. 24., 2016. 4. 6.〉

③ 시행령 42조 ③ 농림축산식품부장관은 법 제115조제1항에 따라 법 제6조제1항에 따른 농산물우수관리기준의 고시에 관한 권한을 농촌진흥청장에게 위임한다. 〈개정 2013.3.23〉

④ 시행령 제19조(유전자변형농수산물의 표시대상품목) 법 제56조제1항에 따른 유전자변형농수산물의 표시대상품목은 「식품위생법」 제18조에 따른 안전성 평가 결과 식품의약품안전처장이 식용으로 적합하다고 인정하여 고시한 품목(해당 품목을 싹틔워 기른 농산물을 포함한다)으로 한다. 〈개정 2013. 3. 23.〉

4. 다음 농산물 검사·검정의 표준계측 및 감정방법의 내용 중 ( )에 들어갈 용어를 쓰시오.

○ 쌀의 (①) 감정은 요오드 처리에 의한 배유부분의 정색반응에 따른다. 시료를 유리판 위에 놓고 요오드액을 적당량 떨어뜨려 자색과 갈색의 색깔로 판별한다.
○ 양곡의 (②) 감정은 엠이(M.E: Methylene Blue, Eosin Y) 시약 처리에 의하여 강층의 벗겨진 정도를 표준품과 비교 감정함을 원칙으로 하되, 보조방법으로 요오드염색법(Iodine염색법)을 따를 수 있다.
○ 미곡, 맥류 및 두류 등의 (③) 감정은 G·O·P시약 처리에 의한 산화효소작용의 정도로 판별 감정한다. G·O·P시약 처리 방법을 원칙으로 하되, 보조방법으로 (④) 처리에 따른 방법을 활용할 수 있다.

정답 및 해설 ① 메찰감정 ② 도정도감정 ③ 신선도감정 ④ 구아야콜

① 메·찰(粳糯) 감정: 메·찰 감정은 요오드 처리에 의한 배유부분의 정색반응에 따른다.
② 도정도(搗精度) 감정: 양곡의 도정도는 엠이(M.E: Methylene Blue, Eosin Y) 시약 처리에 의하여 강층의 벗겨진 정도를 표준품과 비교 감정함을 원칙으로 하되, 보조방법으로 요오드염색법(Iodine染色法)을 따를 수 있다.
③, ④ 신선도(新鮮度) 감정
(1) 적용대상: 미곡, 맥류 및 두류 등
(2) 감정범위: 신선도 감정은 G·O·P시약 처리에 의한 산화효소작용의 정도로써 판별 감정한다.
(3) 감정방법: 신선도감정은 G·O·P시약처리 방법을 원칙으로 하되, 보조방법으로 구아야콜처리에 따른 방법을 활용할 수 있다.

5. 벼 제현율을 측정하고자 할 때, 다음 조건에서의 ①제현율 계산식과 ②제현율(%)을 쓰시오. (단, 제현율은 수치 취급방법에 따른 검정치로 기재)

○ 공시무게: 50g
○ 활성현미 무게: 32.4g
○ 체위 현미 중 사미 무게: 5.2g
○ 기준한계치: 8.0

정답 및 해설 ① 제현율(%) = $\dfrac{활성현미무게(g) + 체위사미무게(g)}{공시무게(g)} \times 100$ ② 75.2%

① 체 위 현미 중 사미가 차지하는 비율이 동일 계통의 쌀 검사기준상 "분상질립·피해립·열손립"의 최고 한도를 더한 수치 이내일 때

제현율(%) = $\dfrac{활성현미무게(g) + 체위사미무게(g)}{공시무게(g)} \times 100$

6. 다음은 원예작물의 성숙과정과 숙성과정에서 일어나는 일련의 대사과정이다. ( )에 올바른 내용을 쓰시오.

○ 토마토는 성숙을 거쳐 숙성을 하면서 푸른색의 (①)이/가 감소하고, 빨간색의 리코핀이 증가한다.
○ 떫은감의 떫은맛을 내는 물질은 (②)이며, 연화가 되면서 가용성(②)이/가 불용성(②)으로 전환된다.
○ 과육이 연화되는 이유는 (③)이/가 붕괴되기 때문이다.

정답 및 해설 ① 클로로필 ② 탄닌 ③ 세포벽

7. 다음 내용에서 옳으면 O, 틀리면 X를 순서대로 쓰시오.

① 원예작물은 품온을 낮추기 위해 예냉을 빨리 실시하여야 하며, 예냉 후에는 저온에 유통시키는 것이 바람직하다.
② 수확시기 판정에서 호흡급등형(Climacteric-type) 과실은 에틸렌 발생 증가와는 무관하다.
③ 결로현상은 원예작물의 품온과 외기온도가 같을 때 가장 많이 발생한다.
④ 원예작물의 객관적 품질인자에는 경도, 당도, 산도, 색도 등이 있다.

정답 및 해설 ① ○, ② ×, ③ ×, ④ ○

② 에틸렌 대사 : 호흡급등형 과실은 성숙과정과 에틸렌 발생량이 매우 밀접한 관계를 가지고 있어 에틸렌 발생량이나 과일 내부의 에틸렌 농도를 측정하여 성숙 정도를 알 수 있어 수확 시기를 결정할 수 있다.

③ 결로현상은 원예작물의 품온과 외기온도 편차가 클 때 가장 많이 발생한다.

8. 일반적으로 단감은 APC에서 11월경에 0.06mm 폴리에틸렌(PE) 필름에 5개씩 밀봉하여 저장 및 유통을 한다. 다음 물음에 답하시오. (단, 단감의 수분함량은 90%, 저장온도는 0℃ 이다.)

① 밀봉 1개월이 지난 후에 필름내 상대습도를 쓰시오.
② 저온저장 2~3개월 후에도 밀봉한 단감이 물러지지 않고, 단단함을 유지하는 이유를 쓰시오.

정답 및 해설 ① 단감의 수분함량과 비슷한 정도가 된다.
② 단감의 호흡에 의하여 산소가 감소하고 이산화탄소가 증가하여 호흡이 감소되어 숙성, 노화가 지연되었기 때문이다.

9. 배의 수확후 생리적 장해증상에 관한 설명이다. 〈보기 1〉에 해당하는 생리적 장해를 쓰고, 이를 억제할 수 있는 방법을 〈보기 2〉에서 찾아 해당 번호를 쓰시오.

〈 보 기 1 〉
○ 배의 품종 중 '추황배', '신고'에서 많이 발생한다.
○ 배를 저온저장 할 때 초기에 많이 발생하고, 고습조건에서 더욱 촉진된다.
○ 배의 과피에 존재하는 폴리페놀이 산화효소에 의해 멜라닌을 형성하여 과피에 반점을 발생시킨다.

〈 보 기 2 〉
① 배의 품온을 낮추기 위해 수확 직후 0~2℃의 냉각수로 세척한다.
② 배 수확 직후 온도 30℃, 상대습도 90% 조건에서 5일정도 저장한다.
③ 배 수확 직후 저장고내에서 이산화탄소를 처리한다.(처리온도 0℃, 상대습도 90%,

> 이산화탄소 농도 30%, 처리시간 3시간)
> ④ 배 수확 직후 바람이 잘 통하는 곳에서 7~10일간 통풍처리를 한 다음 저장한다.

정답 및 해설 * 생리적 장해 : 과피흑변   * 억제방법 : ④

배의 과피흑변
(1) 저온저장 초기에 발생하며 과피에 짙은 흑색의 반점이 생기는 증상이다.
(2) 재배 중 질소비료 과다사용으로 많이 발생하며 수확이 늦어진 과일의 저장고 입고시 그리고 저장고 내의 과습에 의해서도 많이 발생한다.
(3) 저온 저장 전에 예건하여 과피의 수분함량을 감소시켜 과피흑변을 줄일 수 있다.

10. 다음과 같은 설명에 적합한 ①수확후 처리기술과 ②이에 알맞은 원예작물 2개를 쓰시오.

> ○ 수확시 발생한 물리적 상처를 제어한다.
> ○ 상처제어시 코르크층을 형성하여 수분증발 및 미생물 침입을 억제한다.
> ○ 수확후 처리조건은 일반적으로 저온보다는 고온이다.

정답 및 해설 ① 큐어링 ② 감자, 고구마, 생강

큐어링
(1) 수확시 원예산물이 받은 상처에 상처 치료를 목적으로 유상조직을 발달시키는 처리과정을 말한다.
(2) 땅속에서 자라는 생강, 감자, 고구마는 수확시 많은 물리적인 상처를 입게 되고 마늘, 양파 등 인경채류는 잘라낸 줄기부위가 제대로 아물고 바깥의 보호엽이 제대로 건조되어야 장기저장 할 수 있다.
(3) 수확시 입은 상처는 병균의 침입구가 되므로 빠른 시일 내에 치유가 되어야 수확 후 손실을 줄일 수 있다.

11. 농산물품질관리사는 해외로 수출되는 한국산 원예작물의 검역과정에서 아래와 같은 증상을 발견하였다. 다음 물음에 답하시오.
① 증상 1)이 발생되지 않도록 하는 방법을 쓰시오. ② 증상 2)의 발생원인과 예방법을 쓰시오. ③ 증상 3)의 발생이 억제되도록 고안된 필름이 무엇인지 쓰시오.

> ○ 증상 1) : 딸기, 포도, 복숭아의 과피나 과경에 미생물에 의한 부패 발생

○ 증상 2) : 참외 과피에 반점이 생기고, 하얀 골에도 갈변이 발생
○ 증상 3) : 단감은 필름에 밀봉되어 있는데 필름 내부에 이슬이 맺혀서 단감이 잘 보이지 않음

정답 및 해설 ① 유황, 아황산 등을 이용한 훈증처리 ② 원인: 저온장해, 예방법: 예냉 후 적정온도 약 6℃에 저장한다. ③ 방담필름

12. APC에서 5개월 저장된 사과(후지)를 대량으로 구매한 대형마트의 농산물 판매책임자는 사과를 판매한 후에 소비자로부터 다음과 같은 불만을 들었다. 다음 물음에 답하시오.
① 불만이 발생한 사과의 생리적 원인을 쓰시오. ② 불만을 해결하기 위한 사과 저장기간 동안의 수확후관리 방법을 쓰시오.

〈 불 만 〉
"사과 과육이 부분적으로 갈변이 되어서 먹을 수가 없다."

정답 및 해설 ① 고이산화탄소 장해 ② CA환경 조성과 저온유지로 호흡을 억제한다.

13. APC에서 사과(홍로)와 혼합 저장한 브로콜리에 생리적 장해가 발생하여 판매를 할 수 없는 상황이 발생하였다. 다음 물음에 답하시오.
① 아래와 같은 생리적 장해증상의 발생 원인을 쓰시오. ② 아래와 같은 생리적 장해증상을 저장 초기에 경감하기 위한 유용한 방법 2가지를 쓰시오.

저장조건	저장온도 0℃, 상대습도 90% (저장고 규모 30평, 높이 6m, 온도편차 상하1℃)
저장기간	4주
혼합품목	사과(홍로), 브로콜리
저장물량	○ 사과(홍로) 2,000상자(20kg/PT 상자) ○ 브로콜리 100상자(8kg/PT 상자) ※ 단, 모든 품목은 MA처리를 하지 않음

| 생리적 장해증상 | 브로콜리: 황화현상 |

정답 및 해설 ① 사과에서 발생된 에틸렌가스 ② CA환경조성과 1-MCP 처리

14. 다음은 A집단급식소 메뉴 게시판의 원산지 표시이다. 표시방법이 잘못된 부분을 모두 찾아 번호와 그 이유를 쓰시오. (단, 돼지갈비는 국내산 30%, 호주산 70% 사용)

〈 메뉴 게시판 〉
① 등심(쇠고기: 국내산)
② 공기밥(쌀: 국내산)
③ 훈제오리(오리고기: 중국산)
④ 돼지갈비(돼지고기: 국내산, 호주산)

정답 및 해설 ①, ④
① 쇠고기: 국내산(국산)의 경우 "국산"이나 "국내산"으로 표시하고, 식육의 종류를 한우, 젖소, 육우로 구분하여 표시한다. 다만, 수입한 소를 국내에서 6개월 이상 사육한 후 국내산(국산)으로 유통하는 경우에는 "국산"이나 "국내산"으로 표시하되, 괄호 안에 식육의 종류 및 출생국가명을 함께 표시한다.
④ 원산지가 다른 2개 이상의 동일 품목을 섞은 경우에는 섞음 비율이 높은 순서대로 표시한다.

15. 국립농산물품질관리원 소속 공무원 A는 공영도매시장에 2018년 7월 출하된 등급이 '특'으로 표시된 표준규격품 일반 토마토 1상자(5kg들이, 26과)를 표본으로 추출하여 계측한 결과 다음과 같았다. 국립농산물품질관리원장은 계측 결과를 근거로 출하자에게 표준규격품 표시위반으로 행정처분을 하였다. ①계측결과를 종합하여 판정한 등급과 ②그 이유, 출하자에게 적용된 농수산물품질관리법령에 따른 ③행정처분 기준을 쓰시오. (단, 의무표시사항 중 등급 이외 항목은 모두 적정하게 표시되었고, 위반 회수는 1차임)

| 1과의 무게 분포 | 계측 결과 |

210g 이상~250g 미만 : 1과 180g 이상~210g 미만 : 24과 150g 이상~180g 미만 : 1과	○ 색택: 착색상태가 균일하고, 각 과의 착색비율이 전체면적의 10% 내외임 ○ 신선도 : 꼭지가 시들지 않고 껍질의 탄력이 뛰어남 ○ 꽃자리 흔적 : 거의 눈에 띄지 않음 ○ 중결점과 및 경결점과 : 없음

정답 및 해설 ① 상

② 이유

* 낱개고르기: L-1과, M-24과, S-1과로 7.7%로 특의 조건 5%를 초과하고 상의 조건 10% 이내이므로 상

* 무게: 특   * 색택: 특   * 신선도: 특   * 꽃자리 흔적: 특   * 결점: 특

③ 표시정지 1개월

③ 내용물과 다르게 거짓표시나 과장된 표시를 한 경우 1회(표시정지 1개월), 2회(표시정지 3개월), 3회(표시정지 6개월)

등급 항목	특	상	보통
낱개의 고르기	별도로 정하는 크기 구분표 [표1]에서 무게가 다른 것이 5%이하인 것. 단, 크기 구분표의 해당 무게에서 1단계를 초과할 수 없다.	별도로 정하는 크기 구분표 [표1]에서 무게가 다른 것이 10%이하인 것. 단, 크기 구분표의 해당 무게에서 1단계를 초과할 수 없다.	특·상에 미달하는 것
무게	별도로 정하는 크기 구분표 [표1]에서 「L」, 「M」, 「S」인 것	적용하지 않음	적용하지 않음
색택	출하 시기별로 [표 2]의 착색기준에 맞고, 착색 상태가 균일한 것	출하 시기별로 [표 2]의 착색기준에 맞고, 착색 상태가 균일한 것	특·상에 미달하는 것
신선도	꼭지가 시들지 않고 껍질의 탄력이 뛰어난 것	꼭지가 시들지 않고 껍질의 탄력이 양호한 것	특·상에 미달하는 것
꽃자리 흔적	거의 눈에 띄지 않은 것	두드러지지 않은 것	특·상에 미달하는 것
중결점과	없는 것	없는 것	5% 이하인 것 (부패·변질과는 포함할 수 없음)
경결점과	없는 것	5% 이하인 것	20% 이하인 것

출하시기	착색비율	
	완숙 토마토	일반 토마토
3월 ~ 5월	전체 면적의 60% 내외	전체 면적의 20% 내외
6월 ~ 10월	전체 면적의 50% 내외	전체 면적의 10% 내외
11월 ~ 익년 2월	전체 면적의 70% 내외	전체 면적의 30% 내외

구분		호칭 3L	2L	L	M	S	2S
1과의 무게(g)	일반계	300 이상	250 이상 300 미만	210 이상 250 미만	180 이상 210 미만	150 이상 180 미만	100 이상 150 미만
	중소형계 (흑토마토)	90 이상	80 이상 90 미만	70 이상 80 미만	60 이상 70 미만	50 이상 60 미만	50 미만
	소형계 (캄파리)	-	50 이상	40 이상 50 미만	30 이상 40 미만	20 이상 30 미만	20 미만

16. 농산물품질관리사가 장미(스탠다드) 1상자(20묶음 200본)를 계측한 결과 다음과 같았다. 다음에서 농산물 표준규격에 따른 항목별 등급(①~③)을 쓰고, 이를 종합하여 판정한 등급(④)과 이유(⑤)를 쓰시오. (단, 크기의 고르기는 9묶음 추출하고, 주어진 항목 이외는 등급판정에 고려하지 않음)

평균길이 계측결과	개화정도 및 결점
○ 평균 50cm짜리 1묶음 ○ 평균 62cm짜리 5묶음 ○ 평균 68cm짜리 3묶음	○ 개화정도 : 꽃봉오리가 1/5 정도 개화됨 ○ 결점 : 품종 고유의 모양이 아닌 것 2본, 손질 정도가 미비한 것 5본

정답 및 해설

항목	해당 등급	종합 판정 및 이유
가. 크기의 고르기	(① 특)	라. 등급: (④ 상)
나. 개화정도	(② 특)	마. 이유: ⑤ 크기고르기, 개화정도는 특에 해당하나 경결점 7본
다. 결점	(③ 상)	3.5%로 특의 기준 3%를 초과하고 상의 기준 5%의 범위에 있다.

항목	등급	특	상	보통
크기의 고르기		크기 구분표 [표1]에서 크기가 다른 것이 없는 것	크기 구분표 [표1]에서 크기가 다른 것이 5% 이하인 것	크기 구분표 [표1]에서 크기가 다른 것이 10% 이하인 것
꽃		품종 고유의 모양으로 색택이 선명하고 뛰어난 것	품종 고유의 모양으로 색택이 선명하고 양호한 것	특·상에 미달하는 것
줄기		세력이 강하고, 휘지 않으며 굵기가 일정한 것	세력이 강하고, 휘어진 정도가 약하며 굵기가 비교적 일정한 것	특·상에 미달하는 것
개화정도	스탠다드	꽃봉오리가 1/5정도 개화된 것	꽃봉오리가 2/5정도 개화된 것	특·상에 미달하는 것

구분		스프레이	꽃봉오리가 1~2개 정도 개화된 것	꽃봉오리가 3~4개 정도 개화된 것	
손질			마른 잎이나 이물질이 깨끗이 제거된 것	마른 잎이나 이물질 제거가 비교적 양호한 것	특·상에 미달하는 것
중결점			없는 것	없는 것	5% 이하인 것
경결점			3% 이하인 것	5% 이하인 것	10% 이하인 것

구분	호칭	1급	2급	3급	1묶음의 본수 (본)
1묶음 평균의 꽃대 길이(㎝)	스탠다드	80이상	70이상 80미만	20이상 70미만	10
	스프레이	70이상	60이상 70미만	30이상 60미만	5또는10

17. 생산자 K는 사과(품종: 홍옥)를 도매시장에 출하하기 위해 표본으로 1상자(10kg들이)를 계측한 결과 다음과 같았다. 농산물 표준규격에 따른 항목별 등급(①~③)을 쓰고, 이를 종합하여 판정한 등급(④)과 이유(⑤)를 쓰시오. (단, 주어진 항목 이외는 등급 판정에 고려하지 않음)

항목	크기 구분	착색비율	결점과
계측결과 (40과)	2L : 1과 L : 38과 M : 1과	75 %	○ 생리장해 등으로 외관이 떨어지는 것: 2개 ○ 품종 고유의 모양이 아닌 것: 1개 ○ 꼭지가 빠진 것: 1개

정답 및 해설

항목	해당 등급	종합 판정 및 이유
가. 낱개의 고르기	(① 상)	라. 등급: (④ 상)
나. 색택	(② 특)	마. 이유: ⑤ 색택은 특에 해당하나 낱개고르기 특은 무게가 다른 것이 있지 않아야 하나 무게가 다른 것이 5%로 상의 기준 무게구분표상 무게가 다른 것이 5%에 해당하며 경결점이 4개 10%로 특의 없는 것을 초과하고 상의 기준 10%이하에 해당한다.
다. 결점과	(③ 상)	

등급 항목	특	상	보통
낱개의 고르기	별도로 정하는 크기 구분표 [표1]에서 무게가 다른 것이 섞이지 않은 것	별도로 정하는 크기 구분표 [표1]에서 무게가 다른 것이 5% 이하인 것. 단, 크기 구분표의 해당 무게에서 1단계를 초과 할 수 없다.	특·상에 미달하는 것
색택	별도로 정하는 품종별/등	별도로 정하는 품종별/등급별	별도로 정하는 품종별

	급별 착색비율 [표2]에서 정하는 「특」 이외의 것이 섞이지 않은 것. 단, 쓰가루(비착색계)는 적용하지 않음	착색비율 [표2]에서 정하는 「상」에 미달하는 것이 없는 것. 단, 쓰가루(비착색계)는 적용하지 않음	/등급별 착색비율 [표2]에서 정하는 「보통」에 미달하는 것이 없는 것
신선도	윤기가 나고 껍질의 수축현상이 나타나지 않은 것	껍질의 수축현상이 나타나지 않은 것	특·상에 미달하는 것
중결점과	없는 것	없는 것	5% 이하인 것(부패·변질과는 포함할 수 없음)
경결점과	없는 것	10% 이하인 것	20% 이하인 것

18. 올해 생산한 벼를 가공한 찰현미 1포대(10kg들이)의 품위를 계측한 결과가 다음과 같았다. 농산물 표준규격에 따른 ①등급을 판정하고, ②그 이유를 쓰시오. (단, 주어진 항목 이외는 등급판정에 고려하지 않음)

항목	수분	정립	피해립	사미	메현미
계측결과(%)	15.5	91.2	2.8	3.4	2.0

정답 및 해설 ① 상

② 수분, 정립, 피해립, 메현미 혼입은 특에 해당하나 사미가 3.4%로 특의 조건 3.0%를 초과하고 상의 조건 6.0% 이하에 해당된다.

항목	수분	정립	피해립	사미	메현미
계측결과(%)	15.5	91.2	2.8	3.4	2.0
등급	특	특(85.0%)	특(5.0%)	상(특-3.0, 상-6.0%)	특(3.0%)

항목 \ 등급	특	상	보통
수분	16.0% 이하인 것		
모양	품종 고유의 모양으로 낱알 표면의 긁힘이 거의 없고 광택이 뛰어나며 낱알이 충실하고 고른 것		특·상에 미달하는 것
용적중(g/ℓ)	810 이상인 것	800 이상인 것	780 이상인 것
정립	85.0% 이상인 것	75.0% 이상인 것	70.0% 이상인 것
사미	3.0% 이하인 것	6.0% 이하인 것	10.0% 이하인 것
피해립	5.0% 이하인 것	7.0% 이하인 것	10.0% 이하인 것
열손립	0.0% 이하인 것	0.1% 이하인 것	0.3% 이하인 것
메현미 혼입	3.0% 이하인 것(찰현미에만 적용)	8.0% 이하인 것(찰현미에만 적용)	15.0% 이하인 것(찰현미에만 적용)
돌	없는 것	없는 것	없는 것

뉘, 이종곡립(1.5kg중)	없는 것	없는 것	3개 이하인 것
이물	0.0% 이하인 것	0.3% 이하인 것	0.5% 이하인 것
조건	생산 연도가 다른 현미가 혼입된 경우나, 수확 연도로부터 1년이 경과되면 「특」이 될 수 없음		

19. 농산물품질관리사가 시중에 유통되고 있는 양파 1망(20kg들이)을 농산물 표준규격에 따라 품위를 계측한 결과가 다음과 같았다. 농산물 표준규격에 따른 ①종합등급을 판정하고, ②그 이유를 쓰시오. (단, 주어진 항목 이외는 등급판정에 고려하지 않음)

항목	1구의 지름(cm)	결점구
계측결과 (50구)	○ 9.0 이상: 1구 ○ 8.0 이상~9.0 미만: 46구 ○ 7.0 이상~8.0 미만: 3구	○ 압상이 육질에 미친 것: 1구 ○ 병해충의 피해가 외피에 그친 것: 2구

정답 및 해설 ①

② 이유: 낱개고르기, 크기, 경결점은 특에 해당하나 압상이 육질에 미친 것 1구가 중결점으로 상의 기준 없는 것이 미달하고 보통의 조건 5% 이하에 해당된다.

* 낱개고르기: 2L-1구, L-46구, M-3구로 크기구분표에서 크기가 다른 것이 4개 8%로 특
* 중결점: 1구 2%로 보통
* 경결점: 2구 4%로 특

항목\등급	특	상	보통
낱개의 고르기	별도로 정하는 크기 구분표 [표 1]에서 크기가 다른 것이 10% 이하인 것	별도로 정하는 크기 구분표 [표 1]에서 크기가 다른 것이 20% 이하인 것	특·상에 미달하는 것
크기	별도로 정하는 크기 구분표 [표 1]에서 「2L」, 「L」, 「M」인 것	별도로 정하는 크기 구분표 [표 1]에서 「2L」, 「L」, 「M」인 것	적용하지 않음
모양	품종 고유의 모양인 것		특·상에 미달하는 것
색택	품종 고유의 선명한 색택으로 윤기가 뛰어난 것	품종 고유의 선명한 색택으로 윤기가 양호한 것	특·상에 미달하는 것
손질	흙 등 이물이 잘 제거된 것	흙 등 이물이 제거된 것	특·상에 미달하는 것

중결점구	없는 것		없는 것		5% 이하인 것 (부패·변질구는 포함할 수 없음)
경결점구	5% 이하인 것		10% 이하인 것		20% 이하인 것

구분 \ 호칭	2L	L	M	S
1구의 지름(cm)	9.0 이상	8.0 이상 9.0 미만	6.0 이상 8.0 미만	6.0 미만

20. A농가가 멜론(네트계)을 수확하여 선별하였더니 다음과 같았다. 1상자에 4개씩 담아 표준규격품으로 출하하려고 할 때, 등급별로 만들 수 있는 최대 상자수(①~③)와 등급별 상자들의 구성내용(④~⑥)을 쓰시오. (단, '특', '상', '보통' 순으로 포장하여야 하며, 주어진 항목 이외는 등급에 고려하지 않음)

1개의 무게	총 개수	정상과	결점과
2.7kg	6	4	○ 탄저병의 피해가 있는 것: 1개 ○ 과육의 성숙이 지나친 것: 1개
2.3kg	8	8	
1.9kg	8	6	○ 품종고유의 모양이 아닌 것: 1개 ○ 탄저병의 피해가 있는 것: 1개
1.5kg	8	6	○ 품종 고유의 모양이 아닌 것: 1개 ○ 열상이 있는 것: 1개

정답 및 해설 ① 4 ② 0 ③ 1

④ (2.7kg 4개), (2.3kg 4개), (2.3kg 4개), (1.9kg 4개)

⑤ 0

⑥ (1.9kg 2개 + 1.5kg 2개)

부록 제 16회 기출문제

1. 농수산물품질관리법령상 안전관리계획에 관한 내용이다. (   )에 들어갈 내용을 쓰시오.

   (①)은 농수산물(축산물은 제외)의 품질향상과 안전한 농수산물의 생산·공급을 위한 안전관리계획을 매년 수립·시행하여야 한다. 그 내용에는 관련 법조항에 따른 (②)조사, (③)평가 및 잔류조사, 농어업인에 대한 교육, 그 밖에 총리령으로 정하는 사항을 포함하여야 한다.

   정답 및 해설 ① 식품의약품안전처장, ② 안전성, ③ 위험

   제60조(안전관리계획) ① 식품의약품안전처장은 농수산물(축산물은 제외한다. 이하 이 장에서 같다)의 품질 향상과 안전한 농수산물의 생산·공급을 위한 안전관리계획을 매년 수립·시행하여야 한다. 〈개정 2013. 3. 23.〉

   ② 시·도지사 및 시장·군수·구청장은 관할 지역에서 생산·유통되는 농수산물의 안전성을 확보하기 위한 세부추진계획을 수립·시행하여야 한다.

   ③ 제1항에 따른 안전관리계획 및 제2항에 따른 세부추진계획에는 제61조에 따른 안전성조사, 제68조에 따른 위험평가 및 잔류조사, 농어업인에 대한 교육, 그 밖에 총리령으로 정하는 사항을 포함하여야 한다. 〈개정 2013. 3. 23.〉

   ④ 삭제 〈2013. 3. 23.〉

   ⑤ 식품의약품안전처장은 시·도지사 및 시장·군수·구청장에게 제2항에 따른 세부추진계획 및 그 시행 결과를 보고하게 할 수 있다. 〈개정 2013. 3. 23.〉

2. 배추김치(고춧가루를 사용한 제품)와 돼지고기를 사용한 김치찌개를 조리하여 판매하고 있는 일반음식점에 대한 원산지 단속과정에서 조사공무원이 아래의 [메뉴판] 표시내용을 보고 음식점 주인 Y씨와 다음과 같은 대화를 가졌다. 밑줄에 들어갈 Y씨의 원산지 표기사유에 대한 답변내용을 쓰시오(단, 주어진 내용 이외는 고려하지 않음).

   [메뉴판]
   김치찌개(배추김치 : 중국산, 돼지고기 : 멕시코산)
   [대화내용]
   ○ 조사공무원: "김치찌개의 원산지 중 배추김치에 대하여 배추와 고춧가루의 원산지를

각각 표시하지 않고 왜 중국산으로만 표시하였나요?"
○ Y씨: "_____."
○ 조사공무원: "아, 그렇군요. 그러면 원산지 표시가 현재 맞는다고 판단됩니다."

정답 및 해설 중국에서 가공한 완제품 김치를 사용했다.

시행규칙[별표4]

외국에서 가공한 농수산물 가공품 완제품을 구입하여 사용한 경우에는 그 포장재에 적힌 원산지를 표시할 수 있다.

[예시] 소세지야채볶음(소세지: 미국산), 김치찌개(배추김치: 중국산)

3. 농수산물 품질관리법령상 농산물이력추적관리를 등록한 생산자 A씨의 신규 등록, 행정처분 및 적발 등 일자별 추진상황은 다음과 같다. 이 경우 A씨가 국립농산물품질관리원장으로부터 받게 될 행정처분의 기준을 쓰시오(단, 경감사유는 없음).

추진일자	세부 추진상황
2018년 3월 8일	국립농산물품질관리원장으로 부터 농산물이력추적관리 신규등록증 발급받음
2018년 9월 4일	농산물이력추적관리 등록변경신고를 하지 않아 국립농산물품질관리원장으로부터 시정명령 처분을 받음
2019년 5월 9일	농산물이력추적관리 등록변경신고 사항이 있음에도 신고하지 않아 국립농산물품질관리원 조사공무원이 적발

정답 및 해설 표시정지 1개월

시행규칙[별표14]

위 반 행 위	근거 법조문	위반횟수별 처분기준		
		1차 위반	2차 위반	3차 위반 이상
다. 법 제24조제3항에 따른 이력추적관리 등록변경신고를 하지 않은 경우	법 제27조 제1항제3호	시정명령	표시정지 1개월	표시정지 3개월
라. 법 제24조제4항에 따른 표시방법을 위반한 경우	법 제27조 제1항제4호	표시정지 1개월	표시정지 3개월	등록취소
마. 이력추적관리기준을 지키지 않은 경우	법 제27조 제1항제5호	표시정지 1개월	표시정지 3개월	표시정지 6개월

4. 국립농산물품질관리원 조사공무원은 농수산물 품질관리법령에 따라 우수관리인증기관으로 지정된 Y기관을 대상으로 점검한 결과, 조직·인력기준 1건과 시설기준 2건이 지정기준에 미달되었다. 국립농산물품질관리원장이 조치할 수 있는 행정처분의 기준을 쓰시오(단, 처분기준은 개별기준을 적용하며, 경감사유는 없고, 위반횟수는 1회임).

정답 및 해설 업무정지 3개월

시행규칙[별표4]

위 반 행 위	근거 법조문	위반횟수별 처분기준		
		1차 위반	2차 위반	3차 위반 이상
라. 법 제9조제2항 본문에 따른 중요 사항에 대한 변경신고를 하지 않고 우수관리인증 또는 우수관리시설의 지정 업무를 계속한 경우	법 제10조 제1항제4호			
1) 조직·인력 및 시설 중 어느 하나가 변경되었으나 1개월 이내에 신고하지 않은 경우		경고	업무정지 1개월	업무정지 3개월
2) 조직·인력 및 시설 중 둘 이상이 변경되었으나 1개월 이내에 신고하지 않은 경우		업무정지 1개월	업무정지 3개월	업무정지 6개월
마. 우수관리인증 또는 우수관리시설의 지정 업무와 관련하여 인증기관의 장 등 임원·직원에 대하여 벌금 이상의 형이 확정된 경우	법 제10조 제1항제5호	지정 취소		
바. 법 제9조제5항에 따른 지정기준을 갖추지 않은 경우	법 제10조 제1항제6호			
1) 조직·인력 및 시설 중 어느 하나가 지정기준에 미달할 경우		업무정지 1개월	업무정지 3개월	업무정지 6개월
2) 조직·인력 및 시설 중 둘 이상이 지정기준에 미달할 경우		업무정지 3개월	업무정지 6개월	지정 취소

5. A미곡종합처리장은 농산물우수관리시설로 지정 받고자 우수관리인증기관에 지정신청서를 제출함에 따라 2019년 8월 13일 심사를 받은 결과, 지정기준에 적합하지 않다고 통보받았다. 심사결과를 고려하여 적합판정을 받을 수 있는 방법을 쓰시오(단, 주어진 항목만으로 판정하고, 이외 항목은 고려하지 않으며 A미곡종합처리장은 지리적 여건상 상수도를 사용할 수 없음).

항목	심사결과

수처리 설비	① 지하수를 사용하고 있으며, 화장실이 취수원으로부터 10m 떨어진 곳에 위치 ② 2017년 8월 16일 발행된 지하수 수질검사성적서(결과: 먹는물 수질기준에 적합)

정답 및 해설 ① 화장실을 취수원으로부터 20m 이상 떨어진 곳으로 이전

② 지하수 수질검사 재실시

수처리설비	가) 곡물의 세척 또는 가공에 사용되는 물은 「먹는물관리법」에 따른 먹는물 수질 기준에 적합해야 한다. 지하수 등을 사용하는 경우 취수원은 화장실, 폐기물처리설비, 동물사육장, 그밖에 지하수가 오염될 우려가 있는 장소로부터 20미터 이상 떨어진 곳에 있어야 한다. 나) 곡물에 사용되는 용수가 지하수일 경우에는 1년에 1회 이상 먹는물 수질 기준에 적합한지 여부를 확인해야 한다. 다) 용수저장용기는 밀폐가 되는 덮개 및 잠금장치를 설치하여 오염물질의 유입을 사전에 방지할 수 있는 구조여야 한다.

6. 수확한 농산물의 수분손실을 줄이기 위한 방법으로 옳으면 O, 틀리면 X를 순서대로 모두 쓰시오.

○ 진공식보다 차압식 예랭방식을 선택한다. ---------------(①)
○ 저장고의 밀폐도를 높이고 가습기를 설치한다. ---------------(②)
○ 저장고 냉기유속을 빠르게 유지한다. ---------------(③)
○ 저장고의 증발코일에 응축된 수분은 신속히 제거한다. ---------------(④)

정답 및 해설 ① X, ② O, ③ X, ④ O

① 차압식이 진공식에 비해 증산량이 클 수 있다.

② 저장고의 밀폐도를 높이고 가습기의 설치로 저장고 내 높은 습도유지가 가능하다.

③ 냉기유속은 저장고의 온도가 상승하지 않는 한 낮은 것이 유리하다.

④ 주기적인 제상은 온도유지에 유리하다.

7. 아래 ( )에 들어갈 내용을 [보기]에서 모두 찾아 순서대로 쓰시오.

과일의 유기산 함량은 착과 후 성숙단계에 이르기까지 (①)하며, 숙성이 진행되면 급격히 (②)한다. 유기산의 상대적 함량을 측정하기 위해 일정한 (③)의 과즙에 0.1N (④)용액을 첨가하여 pH 8.2까지 적정한 후 적정산도를 산출한다.

[보 기]

감소   증가   부피   중량   NaCl   NaOH

정답 및 해설 ① 증가, ② 감소, ③ 부피, ④ NaOH

8. 세 농가에서 수집된 '후지' 사과를 농가별로 아이오딘검사를 실시한 후, 사과 절단면의 청색 부분 면적을 측정하여 아래와 같은 결과를 얻었다. 다음 물음에 답하시오.

A 농가: 절단면의 50 %   B 농가: 절단면의 30 %   C 농가: 절단면의 10 %

① 아이오딘검사에서 측정하고자 하는 대상성분을 쓰시오.
② 오래 저장할 수 있는 농가를 순서대로 나열하시오.

정답 및 해설 ① 전분, ② A-B-C
요오드와 전분이 만나면 청색 또는 자색으로 변하는 성질을 이용한 사과의 성숙도를 판정하는 방법으로 청색의 부분이 많다는 것은 전분이 당으로 가수분해된 양이 상대적으로 적은 미숙과를 의미한다.
사과는 장기 저장은 완숙과 보다는 미숙과가 유리하다.

9. 다음은 생강이나 고구마와 같이 땅속에서 자라는 작물의 치유처리에 관한 설명이다. ①~④ 중 틀린 설명 2가지를 찾아 번호를 쓰고, 옳게 수정하시오.

① 상대습도가 높을수록 치유효과가 높아진다.
② 미생물 증식을 고려하여 치유 처리 시 35℃ 이상은 피한다.
③ 상처 부위에 펙틴과 같은 치유조직이 형성된다.
④ 치유조직은 증산에 대한 저항성을 낮춰 준다.

정답 및 해설

③ 상처 부위에 코르크층과 같은 치유조직이 형성된다.
④ 치유조직은 증산에 대한 저항성을 높여 준다.

10. 다음은 과실의 품질 유지를 위해 사용되는 각종 기술에 관한 설명이다. 수확 전후 처리기술이 잘못 설명된 곳을 ①~④ 모두에서 1군데씩 찾아 옳게 수정하시오.

① 단감은 과피흑변을 줄이기 위해 수확기 관수량을 늘리고 LDPE 필름으로 밀봉한다.
② 사과는 껍질덴병을 예방하기 위해 적기에 수확하며 훈증을 실시한다.
③ 배는 과피흑변을 막기 위해 재배 중 질소질 시비량을 늘리며 예건을 실시한다.
④ 감귤은 껍질의 강도를 높이고 산미를 감소시키기 위해 예랭을 실시한다.

정답 및 해설 ① 단감은 과피흑변을 줄이기 위해 수확기 관수량을 줄이고 LDPE 필름으로 밀봉한다.
② 사과는 껍질덴병을 예방하기 위해 적기에 수확하며 항산화제 처리한다.
③ 배는 과피흑변을 막기 위해 재배 중 질소질 시비량을 줄이며 예건을 실시한다.
④ 감귤은 껍질의 강도를 높이고 산미를 감소시키기 위해 예조를 실시한다.

11. A그룹(감귤류, 딸기, 포도 등)의 작물은 완전히 익은 후에 수확하나, B그룹(바나나, 토마토, 키위 등)의 작물은 완전히 익기 전에도 수확할 수 있다. A, B 그룹의 호흡 유형을 분류하여 숙성 특성을 비교 설명하시오.

정답 및 해설
① A그룹: 비호흡상승과로 성숙과정에서 호흡상승현상을 나타내지 않으며 호흡상승과에 비해 느린 성숙 변화를 보인다.
② B그룹: 호흡상승과로 성숙과정에서 호흡이 최저에 달해다가 급격히 증가하는 호흡급등현상을 보인다.

12. 일반음식점 영업을 하는 ○○식당은 [메뉴판]에 원산지 표시를 하지 않고 영업을 하다가 원산지 미표시로 적발되어 과태료를 부과 받았다. ① 과태료 부과 총금액을 쓰고, (②~⑤) 품목별로 표시대상 원료인 농축산물명과 그 원산지를 표시하시오. (단, 감경사유가 없는 1차위반의 경우이며, [메뉴판] 음식은 각각 10인분을 당일 판매 완

료하였으며, 모든 원료 및 재료는 국내산이며 쇠고기는 한우임)

```
                    [메뉴판]
        소갈비( ② )              30,000원(1인분)
        돼지갈비( ③ )            12,000원(1인분)
        콩국수( ④ )              7,000원(1그릇)
        누룽지( ⑤ )              1,000원(1그릇)
```

정답 및 해설 ① 쇠고기(100)+돼지고기(30)+콩(30)+쌀(30)=190만원

② 소갈비(쇠고기: 국내산 한우), ③ 돼지갈비(돼지고시: 국내산), ④ 콩국수(콩: 국내산),

⑤ 누룽지(쌀: 국내산)

위반행위	근거 법조문	과태료 금액		
		1차 위반	2차 위반	3차 위반
나. 법 제5조제3항을 위반하여 원산지 표시를 하지 않은 경우	법 제18조 제1항제1호			
2) 쇠고기의 원산지를 표시하지 않은 경우		100만원	200만원	300만원
3) 쇠고기 식육의 종류만 표시하지 않은 경우		30만원	60만원	100만원
4) 돼지고기의 원산지를 표시하지 않은 경우		30만원	60만원	100만원
8) 쌀의 원산지를 표시하지 않은 경우		30만원	60만원	100만원
10) 콩의 원산지를 표시하지 않은 경우		30만원	60만원	100만원

13. 농수산물 품질관리법령상 지리적표시 등록심의 분과위원회에서 지리적표시 무효심판을 청구할 수 있는 경우 1가지만 쓰시오.

정답 및 해설 1. 제32조 제9항에 따른 등록거절 사유에 해당함에도 불구하고 등록된 경우

2. 제32조에 따라 지리적표시 등록이 된 후에 그 지리적표시가 원산지 국가에서 보호가 중단되거나 사용되지 아니하게 된 경우

제43조(지리적표시의 무효심판) ① 지리적표시에 관한 이해관계인 또는 제3조 제6항에 따른 지리적표시 등록심의 분과위원회는 지리적표시가 다음 각 호의 어느 하나에 해당하면 무효심판을 청구할 수 있다.

1. 제32조 제9항에 따른 등록거절 사유에 해당함에도 불구하고 등록된 경우

2. 제32조에 따라 지리적표시 등록이 된 후에 그 지리적표시가 원산지 국가에서 보호가 중단되거나 사용되지 아니하게 된 경우

② 제1항에 따른 심판은 청구의 이익이 있으면 언제든지 청구할 수 있다.

③ 제1항제1호에 따라 지리적표시를 무효로 한다는 심결이 확정되면 그 지리적표시권은 처음부터 없었던 것으로 보고, 제1항제2호에 따라 지리적표시를 무효로 한다는 심결이 확정되면 그 지리적표시권은 그 지리적표시가 제1항제2호에 해당하게 된 때부터 없었던 것으로 본다.
④ 심판위원회의 위원장은 제1항의 심판이 청구되면 그 취지를 해당 지리적표시권자에게 알려야 한다.

14. 농산물품질관리사가 포도(거봉) 1상자(5kg)에 대해서 점검한 결과가 다음과 같을 때 낱개의 고르기 등급과 그 이유를 쓰시오(단, 주어진 항목 이외는 등급판정에 고려하지 않음).

포도(거봉) 송이별 무게 구분	○ 350~379g 범위 : 720g － M ○ 380~399g 범위 : 770g － M ○ 400~419g 범위 : 830g － L ○ 420~449g 범위 : 2,220g －L ○ 450~469g 범위 : 460g － L

정답 및 해설 ① 보통
② 이유 : M : 1,490g, L : 3,510g 무게 다른 것의 비율 : 1,490/3,510 = 42.45%로 "상"기준인 30% 이하를 충족하지 못하여 "특, 상"미달로 "보통"

15. 한지형 마늘 1망(100개들이)을 농산물품질관리사가 점검한 결과이다. 낱개의 고르기 등급과 경결점의 비율을 쓰고, 종합판정 등급과 그 이유를 쓰시오(단, 주어진 항목 이외는 등급판정에 고려하지 않음).

1개의 지름	점검결과
○ 5.1~5.5cm : 15개 ○ 5.6~6.0cm : 40개 ○ 6.1~6.5cm : 30개 ○ 6.6~7.0cm : 15개	○ 마늘쪽이 마늘통의 줄기로부터 1/4 이상 떨어져 나간 것: 2개 - 경결점 ○ 뿌리 턱이 빠진 것: 1개 - 경결점 ○ 뿌리가 난 것: 3개 - 중결점 ○ 벌마늘인 것: 1개 - 중결점

정답 및 해설

낱개의 고르기	경결점	종합판정 등급 및 이유	
등급 : (특)	비율 : (3)%	등급 : (보통)	이유 : (④)

④ 이유: 낱개고르기와 경결점은 특에 해당하나 뿌리가 난 것 3개와 벌마늘 1개가 중결점으로 중결점이 4%로 상의 조건 없는 것을 초과하고 보통의 조건 5% 이하에 해당하므로

등급 항목	특	상	보통
낱개의 고르기	별도로 정하는 크기 구분표 [표 1]에서 크기가 다른 것이 10% 이하인 것. 단, 크기 구분표의 해당 크기에서 1단계를 초과할 수 없다.	별도로 정하는 크기 구분표 [표 1]에서 크기가 다른 것이 20% 이하인 것. 단, 크기 구분표의 해당 크기에서 1단계를 초과할 수 없다.	특상에 미달하는 것
모양	품종 고유의 모양이 뛰어나며, 각 마늘쪽이 충실하고 고른 것	품종 고유의 모양을 갖추고 각 마늘쪽이 대체로 충실하고 고른 것	특상에 미달하는 것
손질	- 통마늘의 줄기는 마늘통으로부터 2.0㎝ 이내로 절단한 것 - 풋마늘의 줄기는 마늘통으로부터 5.0㎝ 이내로 절단한 것		
열구(난지형에 한한다)	20% 이하인 것	30% 이하인 것	특상에 미달하는 것
쪽마늘	4% 이하인 것	10% 이하인 것	15% 이하인 것
중결점과	없는 것	없는 것	5% 이하인 것(부패·변질구는 포함할 수 없음)
경결점과	5% 이하인 것	10% 이하인 것	20% 이하인 것

구분	호칭	2L	L	M	S
1개의 지름 (㎝)	한지형	5.0 이상	4.0 이상 ~ 5.0 미만	3.0 이상 ~ 4.0 미만	2.0 이상 ~ 3.0 미만
	난지형	5.5 이상	4.5 이상 ~ 5.5 미만	4.0 이상 ~ 4.5 미만	3.5 이상 ~ 4.0 미만

* 중결점구는 다음의 것을 말한다.

㉠ 병충해구 : 병충해의 증상이 뚜렷하거나 진행성인 것

㉡ 부패, 변질구 : 육질이 부패 또는 변질된 것

㉢ 형상불량구 : 기형 및 벌마늘(완전한 줄기가 2개 이상 발생한 2차 생성구), 싹이 난 것, 뿌리가 난 것

㉣ 상해구 : 기계적 손상이 마늘쪽의 육질에 미친 것

* 경결점구는 다음의 것을 말한다.

㉠ 마늘쪽이 마늘통의 줄기로부터 1/4 이상 떨어져 나간 것

㉡ 외피에 기계적 손상을 입은 것

ⓒ 뿌리 턱이 빠진 것

ⓔ 기타 중결점구에 속하지 않는 결점이 있는 것

16. 백합을 재배하는 K씨는 백합 20묶음(200본)을 수확하여 1상자에 담아 농산물표준규격에 따라 '상'등급으로 표시하여 출하하고자 하였으나 농산물품질관리사 A씨가 점검한 결과, 표준규격품으로 출하가 불가함을 통보하였다. 개화정도의 해당등급과 경결점 비율을 구하고, 표준규격품 출하 불가 이유를 쓰시오(단, 주어진 항목 이외는 등급판정에 고려하지 않으며, 비율은 소수점 첫째자리까지 구함).

점검결과	
○ 꽃봉오리가 1/3정도 개화되었음	
○ 열상의 상처가 있는 것 : 8본(중)	○ 손질 정도가 미비한 것 : 4본(경)
○ 품종 고유의 모양이 아닌 것 : 1본(경)	○ 품종이 다른 것 : 3본(중)
○ 상처로 외관이 떨어지는 것 : 2본(경)	○ 농약 살포로 외관이 떨어진 것 : 2본(경)

정답 및 해설

개화 정도	경결점	표준규격품 출하불가 이유
등급 : (상)	비율 : (6)%	이유 : (③)

③ 이유 : 개화정도는 상에 해당하고 경결점 9본 4.5%로 특의 조건 3% 초과하고 상의 조건 5% 이하에 해당하나 열상의 상처 8본, 품종이 다른 것 3본이 중결점 5.5%로 보통의 조건 5% 초과에 해당하므로 등외에 해당한다.

ⓐ 이품종화 : 품종이 다른 것

ⓑ 상처 : 자상, 압상, 동상, 열상 등이 있는 것

ⓒ 병충해 : 병해, 충해 등의 피해가 심한 것

ⓓ 생리장해 : 블라스팅, 엽소, 블라인드, 기형화 등의 피해가 심한 것

ⓔ 형상불량, 파손, 굽힘, 개화 차이가 심히 불량한 것

ⓕ 기타 결점의 정도가 현저하게 품위에 영향을 미치는 것

* 경결점은 다음의 것을 말한다.

ⓐ 품종 고유의 모양이 아닌 것

ⓑ 경미한 약해, 생리장해, 상처, 농약살포 등으로 외관이 떨어지는 것

ⓒ 손질 정도가 미비한 것

　ⓔ 기타 결점의 정도가 경미한 것

등급 항목	특	상	보통
크기의 고르기	크기 구분표 [표 1]에서 크기가 다른 것이 없는 것	크기 구분표 [표 1]에서 크기가 다른 것이 5% 이하인 것	크기 구분표 [표 1]에서 크기가 다른 것이 10% 이하인 것
꽃	품종 고유의 모양으로 색택이 선명하고 뛰어나며 크기가 균일한 것	품종 고유의 모양으로 색택이 선명하고 양호한 것	특상에 미달하는 것
줄기	세력이 강하고, 휘지 않으며 굵기가 일정한 것	세력이 강하고, 휘어진 정도가 약하며 굵기가 비교적 일정한 것	특상에 미달하는 것
개화정도	꽃봉오리 상태에서 화색이 보이고 균일한 것	꽃봉오리 1/3정도 개화된 것	특상에 미달하는 것
손질	마른 잎이나 이물질이 깨끗이 제거된 것	마른 잎이나 이물질 제거가 비교적 양호하며 크기가 균일한 것	특상에 미달하는 것
중결점	없는 것	없는 것	5% 이하인 것
경결점	3% 이하인 것	5% 이하인 것	10% 이하인 것

17. 새송이버섯(2kg, 소포장품) 1상자를 표준규격품으로 출하하고자 선별한 결과이다. 농산물 표준규격에 따른 낱개의 고르기 등급을 쓰고, 종합판정등급과 그 이유를 쓰시오 (단, 주어진 항목 이외는 등급판정에 고려하지 않음).

무게 구분	점검결과
○ 60~69g : 260g ○ 70~79g : 800g ○ 80~89g : 750g ○ 90~99g : 190g	○ 달팽이의 피해가 있는 것 : 70g – 피해품 ○ 갓이 손상되었으나 자루는 정상인 것 : 60g – 피해품 ○ 경미한 버섯파리 피해가 있는 것 : 300g – 정상품 ○ 갓의 색깔 : 품종 고유의 색깔을 갖추었음 – 특 ○ 신선도 : 육질이 부드럽고 단단하며 탄력이 있음 – 특

정답 및 해설

낱개고르기 10%로 특, 갓의 색깔 특, 신선도 특, 피해품 6.5%로 상

종합판정등급: 상

이유: 다른 조건은 모두 특에 해당하나 피해품 항목이 6.5%로 특의 조건 5%를 초과하고 상의 조건 10% 이하에 해당하므로 점검결과 중 버섯파리 피해가 경미한 경우는 피해품으로 보지 않는다.

등급 항목	특	상	보통
낱개의 고르기	별도로 정하는 크기 구분표 [표 1]에서 무게가 다른 것의 혼입이 10% 이하인 것. 단, 크기 구분표의 해당 무게에서 1단계를 초과할 수 없다.	별도로 정하는 크기 구분표 [표 1]에서 무게가 다른 것의 혼입이 20% 이하인 것. 단, 크기 구분표의 해당 무게에서 1단계를 초과할 수 없다.	특상에 미달하는 것
갓의 모양	갓은 우산형으로 개열되지 않고, 자루는 굵고 곧은 것	갓은 우산형으로 개열이 심하지 않으며, 자루가 대체로 굵고 곧은 것	특상에 미달하는 것
갓의 색깔	품종 고유의 색깔을 갖춘 것	품종 고유의 색깔을 갖춘 것	특상에 미달하는 것
신선도	육질이 부드럽고 단단하며 탄력이 있는 것으로 고유의 향기가 뛰어난 것	육질이 부드럽고 단단하며 탄력이 있는 것으로 고유의 향기가 양호한 것	특상에 미달하는 것
피해품	5% 이하인 것	10% 이하인 것	20% 이하인 것
이물	없는 것	없는 것	없는 것

구분 \ 호칭	L	M	S
1개의 무게(g)	90 이상	45 이상 ~ 90 미만	20 이상 ~ 45 미만

피해품은 포장단위별로 전체 버섯에 대한 무게비율을 말한다.

㉠ 병충해품 : 곰팡이, 달팽이, 버섯파리 등 병해충의 피해가 있는 것. 다만 경미한 것은 제외한다.

㉡ 상해품 : 갓 또는 자루가 손상된 것. 다만 경미한 것은 제외한다.

㉢ 기형품 : 갓 또는 자루가 심하게 변형된 것

㉣ 오염된 것 등 기타 피해의 정도가 현저한 것

18. 농산물품질관리사 A씨가 꽈리고추 1박스를 농산물 표준규격 등급판정을 위해 계측한 결과가 다음과 같았다. 낱개의 고르기 등급, 결점의 종류와 혼입율을 쓰고, 종합판정 등급과 그 이유를 쓰시오(단, 주어진 항목 이외는 등급판정에 고려하지 않음).

계측수량	낱개의 고르기	결점과
50개	○ 평균 길이에서 ±2.0cm를 초과하는 것 : 8개	○ 과숙과(붉은 색인 것) : 1개 ○ 꼭지 빠진 것 : 1개

낱개의 고르기	결점의 종류와 혼입율		종합판정 등급 및 이유	
등급 : (특)	종류 : (경결점)	혼입률 : (4%)	등급 : (상)	이유 : (⑤)

낱개고르기 16%, 경결점 2개 4%

⑤ 이유: 낱개고르기는 특에 해당하나 경결점이 특의 조건 3%를 초과하고 상의 조건 5% 이하에 해당하므로

등급 항목	특	상	보통
낱개의 고르기	평균 길이에서 ±2.0cm를 초과하는 것이 10% 이하인 것(꽈리고추는 20% 이하)	평균 길이에서 ±2.0cm를 초과하는 것이 20% 이하(꽈리고추는 50% 이하)로 혼입된 것	특상에 미달하는 것
길이(꽈리 고추에 적용)	4.0~7.0cm인 것이 80% 이상		
색택	-풋고추, 꽈리고추 : 짙은 녹색이 균일하고 윤기가 뛰어난 것 -홍고추(물고추) : 품종 고유의 색깔이 선명하고 윤기가 뛰어난 것	-풋고추, 꽈리고추 : 짙은 녹색이 균일하고 윤기가 있는 것 -홍고추(물고추) : 품종 고유의 색깔이 선명하고 윤기가 있는 것	특상에 미달하는 것
신선도	꼭지가 시들지 않고 신선하며, 탄력이 뛰어난 것	꼭지가 시들지 않고 신선하며, 탄력이 양호한 것	특상에 미달하는 것
중결점과	없는 것	없는 것	5% 이하인 것(부패·변질과는 포함할 수 없음)
경결점과	3% 이하인 것	5% 이하인 것	20% 이하인 것

19. 단감을 생산하는 농업인 K씨가 농산물 도매시장에 표준규격 농산물로 출하하고자 단감 1상자(15kg)를 표준규격 기준에 따라 단감 50개를 계측한 결과가 다음과 같았다. 농산물 표준규격상의 낱개의 고르기와 착색비율의 등급을 쓰고, 종합판정 등급과 그 이유를 쓰시오(단, 주어진 항목 이외는 등급판정에 고려하지 않음).

단감의 무게(g)	착색비율	결점과
○ 250g 이상~300g 미만 : 1개 ○ 214g 이상~250g 미만 : 46개 ○ 188g 이상~214g 미만 : 2개 ○ 167g 이상~188g 미만 : 1개	○ 착색비율 70%	○ 품종 고유의 모양이 아닌 것: 1개 ○ 꼭지와 과육 사이에 틈이 있는 것: 1개

낱개의 고르기	착색비율	종합판정 등급 및 이유	
등급: (①)	등급: (②)	등급: (③)	이유: (④)

정답 및 해설

항목 \ 등급	특	상	보통
낱개의 고르기	별도로 정하는 크기 구분표 [표 1]에서 무게가 다른 것이 5% 이하인 것. 단, 크기 구분표의 해당 무게에서 1단계를 초과할 수 없다.	별도로 정하는 크기 구분표 [표 1]에서 무게가 다른 것이 10% 이하인 것. 단, 크기 구분표의 해당 무게에서 1단계를 초과할 수 없다.	특·상에 미달하는 것
색택	착색비율이 80% 이상인 것	착색비율이 60% 이상인 것	특·상에 미달하는 것
숙도	숙도가 양호하고 균일한 것	숙도가 양호하고 균일한 것	특·상에 미달하는 것
중결점과	없는 것	없는 것	5% 이하인 것(부패·변질과는 포함할 수 없음)
경결점과	3% 이하인 것	5% 이하인 것	20% 이하인 것

구분 \ 호칭	3L	2L	L	M	S	2S	3S
g/개	300 이상	250 이상 ~ 300 미만	214 이상 ~ 250 미만	188 이상 ~ 214 미만	167 이상 ~ 188 미만	150 이상 ~ 167 미만	150 미만

① 보통 ② 상 ③ 보통

④ 낱개의 고르기는 무게가 다른 것이 비율 8%(4/50)이나 1단계 초과로 "보통", 착색비율은 "상", 경결점 비율은 4%(2/50)로 "상" 기준 5% 이하에 해당하여 종합판정 "보통"

낱개의 고르기 : 무게가 다른 것이 비율 8%(4/50)이나 1단계 초과로 "보통"

○ 250 g이상 ~ 300 g미만: 1개 - 2L

○ 214 g이상 ~ 250 g미만: 46개 - L

○ 188 g이상 ~ 214 g미만: 2개 - M

○ 167 g이상 ~ 188 g미만: 1개 - S

착색비율 : 80% 이상 "특", 60% 이상 "상"으로 "상"

경결점 : 조건은 모두 경결점과 이며 비율은 4%(2/50)로 "상" 기준 5% 이하에 해당

20. 1개의 무게가 100g인 참다래 200개를 선별하여 동일한 등급으로 4상자를 만들어 표준규격품으로 출하하고자 한다. 1상자당(5kg들이) 50과로 구성하며, 정상과는 48개씩 넣고 [보기] 내용에서 2과를 추가하여 상자를 구성할 경우, 4상자 모두를 동일 등급으로 구성할 수 있는 최고 등급을 쓰고, 최고 등급을 가능하게 할 2과를 [보기]에서 찾아 번호를 쓰시오(단, 주어진 항목 이외는 상자의 구성 및 등급판정을 고려하지 않으며, (②~⑤)에는 1개 번호만 답란에 기재하며 중복은 허용하지 않음).

[보 기]

(1번) 햇볕에 그을려 외관이 떨어지는 것 : 2과
(2번) 녹물에 오염된 것 : 2과
(3번) 품종이 다른 것 : 2과
(4번) 깍지벌레의 피해가 있는 것 : 2과
(5번) 품종 고유의 모양이 아닌 것 : 2과
(6번) 시든 것 : 2과
(7번) 약해로 외관이 떨어지는 것 : 2과
(8번) 바람이 들어 육질에 동공이 생긴 것 : 2과

정답 및 해설

4상자의 등급	상자당 구성내용
등급 : (특)	○ 상자(A) : 정상과 48과 + (1번) ○ 상자(B) : 정상과 48과 + (2번) ○ 상자(C) : 정상과 48과 + (5번) ○ 상자(D) : 정상과 48과 + (7번)

* 중결점과는 다음의 것을 말한다.

  ㉠ 이품종과 : 품종이 다른 것

  ㉡ 부패, 변질과 : 과육이 부패 또는 변질된 것

  ㉢ 과숙과 : 육질, 경도로 보아 성숙이 지나치게 된 것

  ㉣ 병충해과 : 연부병, 깍지벌레, 풍뎅이 등 병해충의 피해가 있는 것

  ㉤ 상해과 : 열상, 자상 또는 압상이 있는 것. 다만 경미한 것은 제외한다.

  ㉥ 모양 : 모양이 심히 불량한 것.

  ㉦ 기타 : 바람이 들어 육질에 동공이 생긴 것, 시든 것, 기타 경결점과에 속하는 사항으로 그 피해가 현저한 것

* 경결점과는 다음의 것을 말한다.

  ㉠ 품종 고유의 모양이 아닌 것

  ㉡ 일소, 약해 등으로 외관이 떨어지는 것

  ㉢ 병해충의 피해가 경미한 것

  ㉣ 경미한 찰상 등 중결점과에 속하지 않는 상처가 있는 것

  ㉤ 녹물에 오염된 것, 이물이 붙어 있는 것

  ㉥ 기타 결점의 정도가 경미한 것

부록 제17회 기출문제

1. 다음은 농수산물 품질관리법령상 농산물우수관리인증에 관한 내용이다. ①~③ 중 틀린 내용의 번호와 틀린 부분을 옳게 수정하시오. (수정 예: ①: ○○○ → □□□) [3점]

> ① 농산물우수관리인증기관은 인증의 유효기간이 끝나기 3개월 전까지 신청인에게 갱신절차와 갱신신청 기간을 미리 알려야 한다.
> ② 농산물우수관리기준에 따라 농산물을 생산·관리하는 자는 국립농산물품질관리원으로부터 인증을 받을 수 있다.
> ③ 농산물우수관리인증품이 아닌 농산물에 농산물우수관리인증품의 표시를 하거나 이와 비슷한 표시를 한 자는 1년 이하의 징역 또는 1천만원 이하의 벌금에 처한다.

정답 및 해설

① 3개월 → 2개월

시행규칙 제15조(우수관리인증의 갱신) ③ 우수관리인증기관은 유효기간이 끝나기 2개월 전까지 신청인에게 갱신절차와 갱신신청 기간을 미리 알려야 한다. 이 경우 통지는 휴대전화 문자메세지, 전자우편, 팩스, 전화 또는 문서 등으로 할 수 있다.

② 국립농산물품질관리원 → 농산물우수관리인증기관

법 제6조(농산물우수관리의 인증) ② 우수관리기준에 따라 농산물(축산물은 제외한다. 이하 이 절에서 같다)을 생산·관리하는 자 또는 우수관리기준에 따라 생산·관리된 농산물을 포장하여 유통하는 자는 제9조에 따라 지정된 농산물우수관리인증기관(이하 "우수관리인증기관"이라 한다)으로부터 농산물우수관리의 인증(이하 "우수관리인증"이라 한다)을 받을 수 있다.

③ 1년 이하의 징역 또는 1천만원 이하 → 3년 이하의 징역 또는 3천만원 이하

법 제119조(벌칙) 다음 각 호의 어느 하나에 해당하는 자는 3년 이하의 징역 또는 3천만원 이하의 벌금에 처한다. 〈개정 2012. 6. 1., 2014. 3. 24., 2015. 3. 27., 2017. 11. 28., 2019. 8. 27.〉

1. 제29조 제1항 제1호를 위반하여 우수표시품이 아닌 농수산물(우수관리인증농산물이 아닌 농산물의 경우에는 제7조 제4항에 따른 승인을 받지 아니한 농산물을 포함한다) 또는 농수산가공품에 우수표시품의 표시를 하거나 이와 비슷한 표시를 한 자

2. 다음은 농수산물의 원산지 표시에 관한 법률상 농산물의 원산지를 거짓으로 표시하여 적발된 경우에 대한 벌칙 및 처분기준이다. (   )에 알맞은 내용을 쓰시오. [5점]

○ 벌칙: 7년 이하의 징역이나 (①)원 이하의 벌금
○ 과징금: 최근 (②)년간 2회 이상 원산지를 거짓표시한 자에게 그 위반금액의 5배 이하에 해당하는 금액을 과징금으로 부과·징수
○ 위반업체 공표: 국립농산물품질관리원, 한국소비자원, 인터넷 정보, 제공 사업자 등의 홈페이지에 처분이 확정된 날부터 (③)개월간 공표

정답 및 해설 ① 1억원

법 제14조(벌칙) ①제6조 제1항 또는 제2항을 위반한 자는 7년 이하의 징역이나 1억원 이하의 벌금에 처하거나 이를 병과(倂科)할 수 있다. 〈개정 2016. 12. 2.〉
② 제1항의 죄로 형을 선고받고 그 형이 확정된 후 5년 이내에 다시 제6조 제1항 또는 제2항을 위반한 자는 1년 이상 10년 이하의 징역 또는 500만원 이상 1억5천만원 이하의 벌금에 처하거나 이를 병과할 수 있다. 〈신설 2016. 12. 2.〉

② 2년

법 제6조의2(과징금) ① 농림축산식품부장관, 해양수산부장관, 관세청장, 특별시장·광역시장·특별자치시장·도지사·특별자치도지사(이하 "시·도지사"라 한다) 또는 시장·군수·구청장(자치구의 구청장을 말한다. 이하 같다)은 제6조 제1항 또는 제2항을 2년 이내에 2회 이상 위반한 자에게 그 위반금액의 5배 이하에 해당하는 금액을 과징금으로 부과·징수할 수 있다. 이 경우 제6조 제1항을 위반한 횟수와 같은 조 제2항을 위반한 횟수는 합산한다.

③ 12개월

시행령 제7조(원산지 표시 등의 위반에 대한 처분 및 공표) ② 법 제9조 제2항에 따른 홈페이지 공표의 기준·방법은 다음 각 호와 같다. 〈신설 2012. 1. 25., 2013. 3. 23., 2016. 11. 15., 2017. 5. 29., 2018. 12. 11.〉
1. 공표기간: 처분이 확정된 날부터 12개월
2. 공표방법
 가. 농림축산식품부, 해양수산부, 관세청, 국립농산물품질관리원, 국립수산물품질관리원, 특별시·광역시·특별자치시·도·특별자치도(이하 "시·도"라 한다), 시·군·구(자치구를 말한다. 이하 같다) 및 한국소비자원의 홈페이지에 공표하는 경우: 이용자가 해당 기관의 인터넷 홈페이지 첫 화면에서 볼 수 있도록 공표
 나. 주요 인터넷 정보제공 사업자의 홈페이지에 공표하는 경우: 이용자가 해당 사업자의 인터넷 홈페이지 화면 검색창에 "원산지"가 포함된 검색어를 입력하면 볼 수 있도록 공표

3. 농수산물 품질관리법령상 안전성조사에 관한 설명이다. (   )에 알맞은 용어를 쓰시오. [2점]

식품의약품안전처장이나 시·도지사는 농산물의 안전관리를 위하여 농산물에 대하여 다음의 안전성조사를 하여야 한다.
○ (①)단계: 총리령으로 정하는 안전기준에의 적합 여부
○ (②)단계: 「식품위생법」 등 관계 법령에 따른 유해물질의 잔류허용기준 등의 초과 여부

정답 및 해설 ① 생산단계 ② 유통·판매단계

법 제61조(안전성조사) ① 식품의약품안전처장이나 시·도지사는 농수산물의 안전관리를 위하여 농수산물 또는 농수산물의 생산에 이용·사용하는 농지·어장·용수(用水)·자재 등에 대하여 다음 각 호의 조사(이하 "안전성조사"라 한다)를 하여야 한다. 〈개정 2013. 3. 23.〉
 1. 농산물
  가. 생산단계: 총리령으로 정하는 안전기준에의 적합 여부
  나. 유통·판매 단계: 「식품위생법」 등 관계 법령에 따른 유해물질의 잔류허용기준 등의 초과 여부

4. 일반음식점 B식당은 2019년 3월5일에 배추김치의 원산지를 표시하지 않아 과태료 처음 받은 사실이 있다. B식당이 2020년 7월5일에 돼지고기의 원산지와 쌀의 원산지를 표시하지 않아 단속 공무원에게 재차 적발되었다면 농수산물의 원산지 표시에 관한 법률상 과태료의 부과기준에 따라 처분될 수 있는 과태료를 쓰시오. (단, 처분기준은 개별기준을 적용하며, 경감 사유는 없다.) [4점]

과태료: 돼지고기 - (①)만원, 쌀 - (②) 만원

정답 및 해설 ① 30 ② 30

일반기준
 가. 위반행위의 횟수에 따른 과태료의 기준은 최근 1년간 같은 유형(제2호 각목을 기준으로 구분한다)의 위반행위로 과태료 부과처분을 받은 경우에 적용한다. 이 경우 위반행위에 대하여 과태료 부과처분을 한 날과 다시 같은 유형의 위반행위를 적발한 날을 각각 기준으로 하여 위반 횟수를 계산한다.

위반행위	근거 법조문	과태료 금액		
		1차 위반	2차 위반	3차 위반
나. 법 제5조제3항을 위반하여 원산지 표시를 하지 않은 경우	법 제18조 제1항제1호			
4) 돼지고기의 원산지를 표시하지 않은 경우		30만원	60만원	100만원

| 8) 쌀의 원산지를 표시하지 않은 경우 | | 30만원 | 60만원 | 100만원 |

5. 에틸렌 수용체에 결합하여 에틸렌의 작용을 억제하는 물질로서 현재 과일과 채소류에서 비교적 활발하게 응용되고 있는 물질의 명칭을 쓰시오. [3점]

> **정답 및 해설** 1-MCP
>
> 1-MCP(1-Methylcyclopropene): 새로운 식물생장조절제로서 식물체의 에틸렌 결합부위를 차단하여 에틸렌의 작용을 무력화하는 특성을 지닌 물질이다. 따라서 과실의 연화, 식물의 노화 등을 감소시켜 수확후 저장성을 향상시키는데 유용하게 쓰일 수 있다. 1,000ppb의 농도로 12~24시간 사용하여 호흡, 에틸렌 생성, 휘발성 물질 생성, 엽록소 소실, 색깔, 단백질, 세포막 붕괴, 연화, 산도, 당도 등에 영향을 미쳐 과일, 채소류 등의 수확 후 저장성 및 품질을 향상시킨다.

6. 원예산물의 저장 중 증산작용에 영향을 미치는 환경요인에 관한 설명이 옳으면 O, 틀리면 X를 쓰시오. [2점]

> ○ 저장고내 상대습도가 높을수록 증산속도가 증가한다. ----------(①)
> ○ 저장온도가 높을수록 증산속도가 증가한다. ----------(②)
> ○ 저장고내 공기 유속이 빠를수록 증산속도가 증가한다. ----------(③)
> ○ 저장고내 광이 많을수록 증산속도가 증가한다. ----------(④)
>
> **정답 및 해설** ① ×, ② O, ③ O, ④ O

7. M 농산물품질관리사는 내부 온도가 0℃와 10℃인 2개의 다른 저장고에 <보기>의 농산물을 적정 온도에 맞게 저장하려고 한다. ①0℃의 저장고에 저장할 농산물과 ②10℃의 저장고에 저장할 농산물을 구분하여<보기>에서 모두 찾아 쓰시오. (단, 상대습도, 공기의 속도 등 저장고의 다른 환경조건은 무시한다.) [5점]

> <보기>
> 오이,   양배추,   무,   고구마,   토마토,   당근

0℃ 저장고	10℃ 저장고
(①)	(②)

정답 및 해설 ① 양배추, 무, 당근

② 오이, 토마토

원예산물별 최적 저장온도

① 0℃ 혹은 그 이하 : 콩, 브로콜리, 당근, 샐러리, 마늘, 상추, 버섯, 양파, 파슬리, 시금치

② 0~2℃ : 아스파라거스, 사과, 배, 복숭아, 매실, 포도, 단감, 자두

③ 2~7℃ : 서양호박(주키니)

④ 4~5℃ : 감귤

⑤ 7~13℃ : 애호박, 오이, 가지, 수박, 단고추, 토마토(완숙과), 바나나

⑥ 13℃ 이상 : 생강, 고구마, 토마토(미숙과)

8. A영농조합법인이 APC에서 저온 저장된 '자두'를 상온 탑차에 실어 가락동 공영도매시장으로 출하하였다. 출하된 '자두'는 외부 온·습도의 급격한 환경변화로 과피에 물방울이 맺혀 일부 '자두'에는 얼룩이 생겨 제값을 받기 어려웠다. 얼룩이 생긴 '자두'에 발생한 현상을 쓰시오. [3점]

정답 및 해설 결로현상

저온상태에서 상온으로 노출 시 온도가 10℃의 편차를 보이면 온도가 낮은 쪽에 물방울이 맺히는 결로현상이 발생한다.

9. 다음에서 ( )에 들어갈 용어를 쓰시오. [3점]

배의 과피 흑변은 저온저장 초기에 발생되며 유전적 요인에 의해 영향을 받는다. 특히 (①)계통인 '신고'와 '추황배'에서 주로 나타나며, 재배 중에는 (②)비료의 과다 사용으로 발생하기 쉽다.

정답 및 해설

① 금촌추 ② 질소

과피흑변의 발생은 품종의 영향을 심하게 받으며 특히 금촌추에서 심하고, 금촌추에 대한 교배 육성된 신고배, 추황배, 영산배 등에서도 저장 중 과피흑변이 발생한다.

10. 다음은 원예작물의 성숙과정과 숙성과정에서 일어나는 일련의 대사과정이다. (　　) 에 올바른 내용을 쓰시오. [5점]

○ 토마토는 성숙을 거쳐 숙성이 되면서 녹색의 (①)이/가 감소하고, 빨간색의 라이코펜이 증가한다.
○ 사과는 숙성이 진행되면서 (②)이/가 당으로 분해되어 단맛이 증가한다.
○ 과육이 연화되는 이유는 펙틴이 분해되어 (③)이(가) 붕괴되기 때문이다.

정답 및 해설 ① 엽록소, ② 전분, ③ 세포벽

11. 종합할인마트에 근무하고 있는 B농산물품질관리사는 판매대에 진열한 '양파'와 '자몽'에 대하여 다음과 같은 방법으로 원산지를 표시하려고 한다. 농수산물의 원산지 표시에 관한 법률상 '양파'와 '자몽'의 원산지 표시(①, ③)와 최소 글자 크기(②, ④)를 쓰시오. [6점]

진열 상태	원산지 표시방법
○ 생산지가 전남 무안군인 '양파'를 판매대에 벌크 상태로 진열하고, 일괄 안내표시판에 표시 ⇒	○ '양파' 글자크기: 30포인트 ○ 원산지표시: (①) ○ 원산지의 최소 글자 크기: (②) 포인트
○ 생산지가 미국인 '자몽'을 판매대에 벌크 상태로 진열하고, 직경 4cm 크기의 스티커를 각각 부착하는 방법으로 표시 ⇒	○ '자몽' 글자 크기: 30포인트 ○ 원산지 표시: (③) ○ 원산지의 최소 글자크기: (④) 포인트

정답 및 해설 ① 국내산 또는 무안군 ② 20 ③ 미국산 ④ 15
① 국산 농수산물

1) 국산 농산물: "국산"이나 "국내산" 또는 그 농산물을 생산·채취·사육한 지역의 시·도명이나 시·군·구명을 표시한다.

② 다) 일괄 안내표시판

(1) 위치: 소비자가 쉽게 알아볼 수 있는 곳에 설치하여야 한다.

(2) 크기: 나)(2)에 따른 기준 이상으로 하되, 글자 크기는 20포인트 이상으로 한다.

④ 원산지를 표시하는 글자(일괄 안내표시판의 글자는 제외한다)의 크기는 제품의 명칭 또는 가격을 표시한 글자 크기의 1/2 이상으로 하되, 최소 12포인트 이상으로 한다.

12.
사과를 0℃와 10℃에서 각각 저장하면서 호흡률을 측정한 결과 0℃에서 5mgCO$_2$/kg·hr, 10℃에서는 12.5mgCO$_2$/kg·hr이었다. 이 때 호흡의 ①온도계수(Q_{10})를 구하고, ②'공기조성'이 호흡에 미치는 영향에 대해 간략히 설명하시오. [5점]

정답 및 해설 ① $Q_{10} = \dfrac{R_2}{R_1} = \dfrac{12.5}{5} = 2.5$

② 일반적인 대기조성 비율인 산소 21%, 이산화탄소 0.03%에서 산소의 비율이 낮아지고 이산화탄소의 비율이 증가하면 저장 중 산물의 호흡은 감소한다.

13.
신선편이 농산물의 살균소독을 위해 염소수 세척을 하려고 한다. 유효염소 5%가 함유되어 있는 차아염소산나트륨(NaOCl)을 이용하여 100ppm의 유효염소 농도를 갖는 염소수 400L를 만들고자 할 때 필요한 차아염소산나트륨의 양(mL)을 구하시오.(단, 계산 과정을 포함한다.) [6점]

정답 및 해설

$NaOCl\text{의 양} = \dfrac{\text{원하는 유효 염소농도} \times \text{필요한 용량}}{NaOCl\text{의 \%농도}} = \dfrac{100ppm \times 400{,}000ml}{5\%} = 800\text{mL}$

14.
단감을 플라스틱 필름으로 포장하여 저장하였더니 연화가 억제되고 저장성이 증대되었다. 이 ①저장법의 명칭과 ②원리를 설명하고, 현재 단감의 저장에 가장 많이 사용되고 있는 ③플라스틱 포장재료 1가지를 쓰시오. [6점]

> **정답 및 해설**
> ① MA포장
> ② 단감의 호흡에 의한 산소의 감소와 이산화탄소의 증가로 호흡이 감소된다.
> ③ PE필름

15. K생산자가 화훼공판장에 출하하기 위해 포장한 카네이션(스탠다드) 1상자(20묶음 400본)의 품위를 계측한 결과 다음과 같았다. 농산물 표준규격에 따른 항목별 등급(① ~ ④)을 쓰고, <u>종합등급</u>(⑤)과 <u>그 이유</u>(⑥)를 쓰시오. (단, 크기의 고르기는 9묶음을 추출하여 꽃대의 길이를 측정하였고, 주어진 항목 이외는 등급판정에 고려하지 않는다.) [7점]

1묶음 평균의 꽃대의 길이	꽃, 개화정도 및 결점
O 80cm짜리: 2묶음 O 78cm짜리: 5묶음 O 74cm짜리: 2묶음	O 품종 고유의 모양으로 색택이 선명하고 양호함 O 꽃봉오리가 1/4정도 개화됨 O 품종 고유의 모양이 아닌 것: 28본

항목	해당 등급	종합등급 및 이유
O 크기의 고르기	(①)	O 종합등급: (⑤)
O 꽃	(②)	
O 개화 정도	(③)	O 종합등급 판정 이유: (⑥)
O 결점	(④)	

> **정답 및 해설**
> ① 특: 모두 70cm 이상으로 1급에 해당하므로 크기가 다른 것이 섞이지 않음
> ② 상
> ③ 특
> ④ 보통: 품종고유의 모양이 아닌 경결점 28본으로 경결점 비율 7%
> ⑤ 보통
> ⑥ 크기고르기, 개화정도는 특에 해당하고 꽃은 상에 해당하나 경결점이 보통에 해당하므로

16. K 농산물품질관리사 공영도매시장에 출하된 마른고추 6kg들이 1포대를 농산물 표준규격 '항목별 품위계측 및 감점방법'에 따라 계측한 결과 다음과 같았다. ①낱개의 고

르기 등급, ②탈락씨의 등급, 결점과 (③~④) 및 ⑤종합등급을 쓰시오. (단, 주어진 항목 이외는 등급판정에 고려하지 않는다.) [6점]

낱개의 고르기	탈락씨	결점과
○ 평균길이에서 ±1.5cm를 초과하는 것 : 4개	25g	○ 길이의 1/3이 갈라진 것: 2개 ○ 꼭지 빠진 것: 2개

낱개의 고르기	탈락씨	결점과		종합등급
		종류	혼입율	
(①)	(②)	(③)	(④)	(⑤)

※결점과 종류: 경결점과, 중결점과 중에서 선택

정답 및 해설 ① 특: 평균길이 초과가 50개 중 4개로 8%이므로 특의 조건 10% 이하에 해당

② 특: 6kg 중 25g으로 4%이므로 특의 조건 5% 이하에 해당

③ 경결점: 모두 경결점에 해당

④ 8%: 모두 경결점으로 전체 50개 중 경결점 4개

⑤ 상: 낱개고르기, 탈락씨는 특에 해당하나 경결점이 특의 조건 5.0%를 초과하고 상의 조건 15.0% 이하에 해당한다.

17. C농산물품질관리사가 도매시장에서 포도(품종: 거봉) 1상자(5kg)에 대해서 품위를 계측한 결과 다음과 같았다. 농산물 표준규격에 따른 ①낱개의 고르기 등급과 ②그 이유를 쓰시오. (단, 주어진 항목 이외는 등급판정에 고려하지 않는다.) [5점]

○ 포도(거봉) 송이별 무게 구분	○ 360g ~ 399g 범위: 1송이 ○ 400g ~ 429g 범위: 6송이 ○ 430g ~ 459g 범위: 3송이 ○ 460g ~ 499g 범위: 2송이

정답 및 해설 ① 특

② M(300~400g) 1개와 L(400~500g) 11개로 무게가 다른 것의 혼입비율 8%로 특의 조건 10% 이하에 해당한다.

18. 농업인 A씨가 농산물 도매시장에 표준규격 농산물로 출하한 단감 1상(10kg)를 표준규격품 기준에 따라 단감 40개를 계측한 결과 다음과 같았다. 농산물 표준규격상 ①낱개의 고르기 등급, ②색택 등급, ③경결점과 등급을 쓰고, ④종합등급과 ⑤그 이유를 쓰시오. (단, 주어진 항목 이외는 등급판정에 고려하지 않는다.) [6점]

단감의 무게(g)	색택	경결점과
○ 350g이상~ : 1개 ○ 214g이상 ~ 250g미만 : 38개 ○ 188g이상 ~ 214g미만: 1개	○ 착색비율 85%	○ 품종 고유의 모양이아닌 것: 1개 ○ 약해 등으로 외관이 떨어지는 것: 1개

항목	해당 등급	종합등급 및 이유
○ 낱개의 고르기	(①)	○ 종합등급: (④)
○ 색택	(②)	○ 종합등급 판정 이유: (⑤)
○ 경결점과	(③)	

정답 및 해설

① 보통: 3L(300이상) 1개, L(214~250) 38개, M(188~214) 1개로 5%에 해당하나 1단계를 초과하였다.

② 특

③ 상: 5%

④ 보통

⑤ 경결점 상이나 낱개고르기가 보통에 해당한다.

19. A 농산물품질관리사가 시중에 유통되고 있는 참깨(1포대, 20kg들이)를 농산물 표준규격에 따라 품위를 계측한 결과 다음과 같았다. 농산물 표준규격에 따른 항목별 등급(①~③)을 쓰고 종합등급④과 그 이유(⑤)를 쓰시오. (단, 주어진 항목 이외는 등급판정에 고려하지 않는다.) [6점]

구분	이물	이종피색립	용적중
계측결과	0.5%	1.2%	605g/L
항목	해당등급	종합등급 및 이유	

O 이물	(①)	O 종합등급: (④)
O 이종피색립	(②)	O 종합등급 판정 이유: (⑤)
O 용적중	(③)	

정답 및 해설

① 특

② 특

③ 상

④ 전체등급: 상

⑤ 이물과 용적중은 특에 해당하나 이종피색립이 특의 조건 1.0%를 초과하고 상의 조건 2.0% 이하에 해당한다.

20. A 농가가 참외를 수확하여 선별하였더니 다음과 같았다. 5kg들이 상자에 담아 표준규격품으로 출하하려고 할 때, 등급별로 포장할 수 있는 <u>최대 상자수 (①~③)와 등급별 상자의 구성 내용(④~⑥)</u>을 쓰시오. (단, 주어진 참외를 모두 이용하여 '특', '상', '보통'순으로 포장하여야 하며 '등외'는 제외된다. 주어진 항목 이외는 등급에 고려하지 않는다.) [9점]

1개의 무게	개수	총 중량	정상과	결점과
750g	7	5,250g	7	O 없음
700g	5	3,500g	5	O 없음
600g	5	3,000g	5	O 없음
500g	7	3,500g	5	O 열상의 피해가 경미한 것: 1개 O 품종 고유의 모양이 아닌 것: 1개
계	24	15,250g	22	2개

등급	최대 상자 수	구성 내용
특	(①)	(④)
상	(②)	(⑤)
보통	(③)	(⑥)

※구성 내용 예시: (○○○g □개), (○○○g □개 + ○○○g □개)

정답 및 해설 ① 2 ② 0 ③ 1 ④ 750g 7개, 700g5개+500g3개 ⑤ 0 ⑥ 600g 5개+500g4개

	특	특	보통
750(7개)3L	5,250		
700(5개)2L		3,500(5개)	
600(5개)2L			3,000(5개)
500(7개)2L		1,500(3개)	2,000(4개)
결점과			500(2개)

제 17회 기출문제 | 417

부록 — 제 18회 기출문제

1. 오리농장과 음식점을 함께 운영하고 있는 A씨는 미국에서 수입한 오리를 국내에서 45일간 사육한 후 국내산으로 판매하려고 한다, 본인의 오리전문 일반음식점에서 오리탕 메뉴로 사용할 경우 농수산물의 원산지 표시에 관한 법령에 따른 메뉴판의 원산지 표시를 쓰시오.[3점]

> **정답 및 해설**
>
> 오리탕(오리고기 : 국내산, (출생국 : 미국))
>
> 소, 돼지, 양(염소 등 산양 포함) 이외 가축의 경우 사육국(국내)에서 1개월 이상 사육된 경우에는 사육국을 원산지로 하되, (   )내에 그 출생국을 함께 표시한다. 1개월 미만 사육된 경우에는 출생국을 원산지로 한다.

2. 농수산물 품질관리법령상 이력추적관리 등록에 관한 내용이다. 다음 (   )에 들어갈 내용을 쓰시오. [4점]

> 농산물에 대한 이력추적관리 등록의 유효기간은 등록한 날부터 (①)년으로 한다. 다만, 품목의 특성상 달리 적용할 필요가 있는 경우에는 (②)년의 범위에서 농림축산식품부령으로 유효기간을 달리 정할 수 있다. 유효기간을 달리 적용할 유효기간은 인삼류는 (③)년 이내, 약용작물류는 (④)년 이내의 범위 내에서 등록기관의 장이 정하여 고시한다.

> **정답 및 해설** ① 3 ② 10 ③ 5 ④ 6
>
> 법 25조1항 이력추적관리 등록의 유효기간은 등록한 날부터 3년으로 한다. 다만, 품목의 특성상 달리 적용할 필요가 있는 경우에는 10년의 범위에서 농림축산식품부령으로 유효기간을 달리 정할 수 있다.
>
> 시행규칙 제50조(이력추적관리 등록의 유효기간 등) 법 제25조제1항 단서에 따라 유효기간을 달리 적용할 유효기간은 다음 각 호의 구분에 따른 범위 내에서 등록기관의 장이 정하여 고시한다.
>
> 1. 인삼류 : 5년 이내
> 2. 약용작물류 : 6년 이내

3. 2021년 4월 14일 K시장에서 농산물 원산지 표시 실태 단속결과, 참깨를 판매하는 A점포와 녹두를 판매하는 B점포를 적발하였고 위반 내용은 아래와 같다. 농산물의 원산지 표시에 관한 법률상 다음 (   )에 들어갈 내용을 쓰시오. (단, 벌금 액수는 '1천5백만' 형식으로 기재할 것) [3점]

구 분	위반 내용	벌칙 및 처분 기준
A점포	국산과 수입산을 혼합하여 판매하면서 원산지를 국산으로 표시함, 또한, 4년 전에 동일한 행위의 죄로 형을 선고받고 그 형이 확정(2017년 4월 11일)된 바 있음	○ (①)년 이상 (②)년 이하의 징역 ○ (③)원 이상 (④)원 이하의 벌금 ○ 이를 병과할 수 있다.
B점포	원산지 표시를 혼동하게 할 목적으로 그 표시를 손상시킴, 이 점포는 과거에 원산지 표시 위반 사례는 없음.	○ (⑤)년 이하의 징역 ○ (⑥)원 이하의 벌금 ○ 이를 병과할 수 있다

정답 및 해설 ① 1년 ② 10년 ③ 500만원 ④ 1억5천만원 ⑤ 7년 ⑥ 1억원

조건에서 준 처벌 기준은 7년 이하 징역 1억원 이하의 벌금. 다만 제1항의 죄로 형을 선고받고 그 형이 확정된 후 5년 이내에 다시 제6조제1항 또는 제2항을 위반한 자는 1년 이상 10년 이하의 징역 또는 500만원 이상 1억5천만원 이하의 벌금에 처하거나 이를 병과할 수 있다.

[참고]

7년 이하의 징역이나 1억원 이하의 벌금

① 제6조제1항 또는 제2항을 위반한 자는 7년 이하의 징역이나 1억원 이하의 벌금에 처하거나 이를 병과(倂科)할 수 있다.

> 법 제6조(거짓 표시 등의 금지)
>
> ① 누구든지 다음 각 호의 행위를 하여서는 아니 된다.
>
> 1. 원산지 표시를 거짓으로 하거나 이를 혼동하게 할 우려가 있는 표시를 하는 행위
>
> 2. 원산지 표시를 혼동하게 할 목적으로 그 표시를 손상·변경하는 행위
>
> 3. 원산지를 위장하여 판매하거나, 원산지 표시를 한 농수산물이나 그 가공품에 다른 농수산물이나 가공품을 혼합하여 판매하거나 판매할 목적으로 보관이나 진열하는 행위
>
> ② 농수산물이나 그 가공품을 조리하여 판매·제공하는 자는 다음 각 호의 행위를 하여서는 아니 된다.
>
> 1. 원산지 표시를 거짓으로 하거나 이를 혼동하게 할 우려가 있는 표시를 하는 행위

> 2. 원산지를 위장하여 조리·판매·제공하거나, 조리하여 판매·제공할 목적으로 농수산물이나 그 가공품의 원산지 표시를 손상·변경하여 보관·진열하는 행위
> 3. 원산지 표시를 한 농수산물이나 그 가공품에 원산지가 다른 동일 농수산물이나 그 가공품을 혼합하여 조리·판매·제공하는 행위

② 형벌과 벌금의 병과

> 제1항의 죄로 형을 선고받고 그 형이 확정된 후 5년 이내에 다시 제6조제1항 또는 제2항을 위반한 자는 1년 이상 10년 이하의 징역 또는 500만원 이상 1억5천만원 이하의 벌금에 처하거나 이를 병과할 수 있다.

4. A씨는 상추를 재배하면서 2020년 7월1일자로 농산물우수관리인증을 취득하였으나 시장의 수급문제로 상추 대신 딸기로 품목을 변경하여 농산물우수관리인증을 신청하고자 한다. 농수산물 품질관리법령에 따라 A씨의 향후 농산물우수관리인증 변경 신청서 제출과 관련한 다음을 답하시오. [3점]

> ○ 제출처: (①)
> ○ 우수관리인증 변경 신청서 첨부서류: (②)
> ○ 신청가능 최종일 (③)

정답 및 해설 ① 우수관리인증기관

② 우수관리인증농산물의 위해요소관리계획 중 생산계획(품목, 재배면적, 생산계획량, 수확 후 관리시설)

③ 2022년 5월 31일

법제6조 ①우수관리인증을 받으려는 자는 우수관리인증기관에 우수관리인증의 신청을 하여야 한다.

④ 우수관리인증의 유효기간이 끝나기 전에 생산계획 등 농림축산식품부령으로 정하는 중요 사항을 변경하려는 자는 미리 우수관리인증의 변경을 신청하여 해당 우수관리인증기관의 승인을 받아야 한다.

시행규칙 제15조(우수관리인증의 갱신) ① 우수관리인증을 받은 자가 법 제7조제2항에 따라 우수관리인증을 갱신하려는 경우에는 별지 제1호서식의 농산물우수관리인증 (신규·갱신)신청서에 제10조제1항 각 호의 서류 중 변경사항이 있는 서류를 첨부하여 그 유효기간이 끝나기 1개월 전까지 우수관리인증기관에 제출하여야 한다.

법제7조(우수관리인증의 유효기간 등) ① 우수관리인증의 유효기간은 우수관리인증을 받은 날부터 2년으로 한다. 다만, 품목의 특성에 따라 달리 적용할 필요가 있는 경우에는 10년의 범위에서 농림축산식

품부령으로 유효기간을 달리 정할 수 있다.

시행규칙 제17조(우수관리인증의 변경) ① 법 제7조제4항에 따라 우수관리인증을 변경하려는 자는 별지 제5호서식의 농산물우수관리인증 변경신청서에 제10조제1항 각 호의 서류 중 변경사항이 있는 서류를 첨부하여 우수관리인증기관에 제출하여야 한다.

② 법 제7조제4항에서 "농림축산식품부령으로 정하는 중요 사항"이란 다음 각 호의 사항을 말한다.

1. 우수관리인증농산물의 위해요소관리계획 중 생산계획(품목, 재배면적, 생산계획량, 수확 후 관리시설)
2. 우수관리인증을 받은 생산자집단의 대표자(생산자집단의 경우만 해당한다)
3. 우수관리인증을 받은 자의 주소(생산자집단의 경우 대표자의 주소를 말한다)
4. 우수관리인증농산물의 재배필지(생산자집단의 경우 각 구성원이 소유한 재배필지를 포함한다)

③ 우수관리인증의 변경신청에 대한 심사 절차 및 방법에 대해서는 제11조제1항부터 제5항까지 및 제7항을 준용한다.

5. 다음 (　)에 들어갈 올바른 내용을 <보기>에서 찾아 쓰시오. [4점]

원예산물에서는 일반적으로 (　①　) 고형물의 함량을 당도로 표현하며, 표시단위는 (　②　)(으)로 한다. 고형물의 함량은 (　③　)당도계를 이용하여 측정하는데 이를 과즙을 통과하는 빛이 녹아 있는 고형물에 의해 (　④　)지는 원리를 이용한 것이다.

<보기>
°Brix,　RPM,　굴절,　회절,　가용성,　불용성,　느려,　빨라

정답 및 해설 ① 가용성 ② °Brix ③ 굴절 ④ 느려

굴절당도계

빛의 굴절 현상을 이용하여 과즙의 당 함량을 측정하는 기계. 굴절 당도는 100g의 용액에 녹아 있는 자당의 그램 수를 기준으로 하지만 과실은 과즙에 녹아 있는 가용성 고형물 함량을 측정하여 당도(°Brix)로 표시한다. 과즙을 통과하는 빛이 녹아 있는 고형물에 의해 느려지는 원리를 이용한 것이다.

6. 딸기와 복숭아에서 상업적으로 이용되고 있는 물질로서 10%~20% 정도의 고농도로 처리 했을 때 수확후 부패방지 및 품질유지에 효과적인 가스형태의 물질명을 쓰시오.

[3점]

> **정답 및 해설** N2O(아산화질소)
> N2O는 매우 안정한 기체이기 때문에 특히 대표적인 불활성 가스인 Ar과 함께 혼합하여 채소에 처리함으로써 효소의 작용을 억제하여 특히 호흡을 억제할 수 있다

7. 다음은 원예산물에서 무기원소에 관한 설명이다. (   )에 들어갈 물질를 쓰시오.
[3점]

> o (①): 엽록소의 성분이며 원예산물에서 녹색의 정도와 관계된다.
> o (②): 주로 세포벽에 결합되어 있으며 사과의 고두병, 토마토의 배꼽썩음병과 관련이 있다.
> o (③): 세포막 구성 지질의 주요 성분이며 탄수화물대사와 에너지 전달에 중요한 역할을 한다.

> **정답 및 해설** ① 마그네슘 ② 칼슘 ③ 단백질
> ① 엽록소는 pyrrole(피롤)이 4개 모여서 고리를 만들며, 고리의 한복판에 마그네슘 분자가 있고, 네 번째 pyrrole 분자에 긴 꼬리 모양의 phytol(파이톨)이 부착되어 있어서 엽록체 전체로 볼 때 비극성 화합물(유기물의 경우 산소원자가 극히 적고, 탄소와 수소로 이루어져 있는 화합물)이기 때문에 물에는 잘 녹지 않으며, 에테르에 잘 녹는 지질(lipid) 화합물이다.
> ② Ca이 부족할 때 세포벽이 헐거워지고 사과의 고두병, 토마토의 배꼽썩음병이 발생한다.

8. 다음 (   )에 들어갈 올바른 내용을 쓰시오. [4점]

> 원예산물에서 수확후 증산작용에 의한 (①)손실은 세포팽압, 중량 등의 감소로 인한 품질저하를 가져온다. 증산계수란 단위무게, 단위시간당 발생하는 수분증발을 말하며 수치가 (②)수록 수분증발이 심한 것을 의미한다. 0℃, 상대습도 80%, 공기유동이 없는 동일조건에서 당근, 시금치, 토마토 중 증산계수가 가장 낮은 작물은 (③)이다. 일반적으로 사과, 자두 등은 저장 및 유통기간 중 감모율을 줄이기 위해 과피에 (④)와(과) 같은 코팅제를 처리하기도 한다.

> **정답 및 해설** ① 수분 ② 클 ③ 당근 ④ 왁스

> 증산계수
> 건물(乾物) 1g을 생산하는 데 필요한 수분의 양으로 전체증산량/전체건물중으로 계산한다. 요수량(要水量, water requirement)은 증산계수의 동의어이다.

9. 다음 (   )에 들어갈 올바른 내용을 쓰시오. [3점]

> 농업인 A씨는 농산물품질관리사로부터 딸기 '설향'을 (①) 저장하면 비타민 C의 함량 저하가 지연되고 과피색도 양호하게 유지된다는 설명을 들었다. 그러나 (①)저장은 질소발생기 등 자재 및 시설을 구축하여야 하므로 실용적으로 실시가 어려운 점이 있어 폴리에틸렌 필름을 이용한 (②)저장을 이용하기로 결정하였다. 이에 농업인 A씨는 (②)저장의 효과를 최대화하기 위해 필름의 두께와 (③)의 투과성 등을 고려하여 구매하고 이용하려고 한다.

정답 및 해설 ① CA ① CA ② MA ② MA ③ 이산화탄소

10. B농가에서는 <보기>에 있는 품목의 원예산물을 수확하였다. 수확후 즉시 저장을 하였으나 상처부위가 아물지 않아 상품성이 떨어진 품목이 있었다. 농산물품질관리사가 B농가에게 수확후 치유(큐어링)를 하면 품질을 향상시키고 저장성을 높일 수 있다고 지도한 원예산물을 <보기>에서 찾아 모두 쓰시오. [2점]

> <보기>
> 오이,   감자,   고구마,   브로콜리,   상추

정답 및 해설

감자, 고구마

큐어링

상처를 치유한다는 뜻이다. 고구마의 경우 수확 직후 고온(32℃ 정도)과 고습(90% 상대습도)에 3~4일간 보관한 후에 저장한다. 이것이 큐어링인데 큐어링을 하면 수확 시의 상처, 병해충에 의한 상처가 잘 아물어 저장력을 크게 높인다.

11. 다음은 농산물 지리적표시권의 승계와 관련하여 개인자격으로 지리적표시를 등록한 A씨(지리적표시권자)와 B씨(담당공무원) 간의 대화 내용이다. A씨의 고충을 상담한 담당공무원 B씨의 (   )에 들어갈 답변을 간략히 쓰시오. (주어진 내용 이외는 고려하지 않음) [5점]

< 대화 내용 >
o A씨: 지리적표시권의 승계에 대해 궁금해서 전화 드렸습니다.
o B씨: 농수산물 품질관리법 제35조에 따라 지리적표시권은 타인에게 이전하거나 승계를 할 수가 없으나 합당한 사유에 해당하면 (①)의 사전 승인을 받아 승계를 할 수 있습니다.
o A씨: 아, 그렇군요. 제가 승계를 고민하는 이유가 있습니다. 저는 조상의 전통을 계승하여 가업으로 물려받은 독보적인 기술을 보유하고 있으며, 국내에서 지리적 특성을 가진 유일한 제품을 독자적으로 제조 및 가공 생산하고 있으며 재정상태도 매우 우수합니다. 이제 나이가 들어 자녀에게 승계하고 3년 정도 함께 일하면서 기술을 전수하고 은퇴하고 싶어서 승계를 고민하고 있습니다. 이런 경우 지리적표시권이 자녀에게 승계가 가능한가요? 불가능한가요?
o B씨: 현시점에서 승계는 불가합니다. 그 이유는 (②).
o A씨: 예, 잘 알겠습니다.

정답 및 해설 ① 농림축산식품부장관
② 개인 자격으로 등록한 지리적표시권자가 사망한 경우에만 승계가 가능하기 때문

제35조(지리적표시권의 이전 및 승계) 지리적표시권은 타인에게 이전하거나 승계할 수 없다. 다만, 다음 각 호의 어느 하나에 해당하면 농림축산식품부장관 또는 해양수산부장관의 사전 승인을 받아 이전하거나 승계할 수 있다.
1. 법인 자격으로 등록한 지리적표시권자가 법인명을 개정하거나 합병하는 경우
2. 개인 자격으로 등록한 지리적표시권자가 사망한 경우

12. C영농조합법인에서는 품온이 27℃인 참외를 5℃ 냉각수를 이용하여 예냉하고자 한다. 1회 반감기까지 20분이 소요되었고. 일반적으로 권장되는 경제적 예냉수준(7/8수준)까지 예냉하였을 때 ①반감기 경과 횟수에 따른 품온과 ②소요시간을 계산하시오. (단, 주어진 조건 이외는 고려하지 않음) [6점]

정답 및 해설 ① 반감시간과 목표온도 : 20분후 1/2, 40분후 3/4, 60분후 7/8

20분후 : $\dfrac{27+5}{2} = 16^0\text{C}$

40분후 : $\dfrac{16}{2} = 8^0\text{C}$

60분후 : $\dfrac{8}{2} = 4^0\text{C}$

② 60분

13. 사과, 토마토 등에서 상업적으로 사용되고 있는 AVG(aminoethoxyvinyl glycine)와 과망간산칼륨($KMnO_4$)의 에틸렌에 대한 화학적 제어원리를 각각 설명하시오.[6점]

정답 및 해설 AVG : 식물체 내 에틸렌 생합성 과정에 관여하는 효소를 특이적으로 억제

과망간산칼륨(KMnO) : 에틸렌의 이중결합을 깨뜨려 저장공간 내의 에틸렌을 제거하는 방법

14. 농산물품질관리사 A씨가 녹숙상태의 토마토와 감귤을 상온에 저장하였는데, 저장 7일 후 과실표면의 착색변화가 관찰되었다. 두 작물의 ①호흡특성과 ②색소대사에 대해 각각 설명하시오. [8점]

정답 및 해설 ① 토마토 : 호흡상승과, 감귤 : 호흡 비급등형
② 색소대사 : 엽록소가 감소되고 카로티노이드와 안토시아닌이 증가한다.

15. 농산물품질관리사 H씨가 당근 1상자(10kg)에 대해서 품위를 계측한 결과 다음과 같다. 농산물 표준규격상 낱개의 고르기 및 손질상태의 등급, 경결점과의 비율을 쓰고, 종합 판정한 등급과 그 이유를 쓰시오. (단, 주어진 항목 이외는 등급판정에 고려하지 않으며, 비율은 소수점 첫째자리까지 구함) [7점]

계측수량	1상자 무게(g) 분포	항목별 계측결과
45개	o 160g이상 ~ 180g미만: 520g o 180g이상 ~ 200g미만: 570g o 200g이상 ~ 215g미만: 3,180g o 215g이상 ~ 235g미만: 3,220g o 235g이상 ~ 250g미만: 1,470g o 250g이상 ~ 265g미만: 1,040g	o 표면이 매끈하고 꼬리 부위의 비대가 양호하다 o 잎은 1.0cm이하로 자르고 흙과 수염 뿌리가 제거 되어 있다. o 선충에 의한 피해가 표면에 발생한 흔적이 있는 것이 3개가 있다. o 품종 고유의 모양이 아닌 것이 1개가 있다.

〈등급판정〉

낱개의 고르기	손질상태	경결점과 비율	종합판정 등급 및 이유	
등급: (①)	등급: (②)	(③)%	등급: (④)	이유: (⑤)

※ 이유 답안 예시: △△ 항목이 OO%로 "O"등급 기준의 OO%이하(미만) 또는 이상(초과)에 해당됨

정답 및 해설 ① 보통 ② 특 ③ 8.8 ④ 보통

⑤ 고르기 항목이 21.3%로 "보통"등급 기준의 20% 초과에 해당됨

① 낱개고르기 : 2L(250이상) 1,040g, L(200~250미만) 7,870g, M(150~200미만) 1,090g

무게가 다른 것의 비율 : 2,130/10,000 = 21.3% 보통

② 손질상태(특) : 잎은 1.0cm이하로 자르고 흙과 수염 뿌리가 제거 되어 있다.

③ 경결점과 비율(상) : 품종 고유의 모양이 아닌 것이 1개가 있다.
　　　　　　　　　선충에 의한 피해가 표면에 발생한 gms적이 있는 것이 3개가 있다.
　　　　　　　　　4/45 =8.8%

모양 : 특

등급 항목	특	상	보통
① 낱개의 고르기	별도로 정하는 크기 구분표 [표 1]에서 무게가 다른 것이 10% 이하인 것	별도로 정하는 크기 구분표 [표 1]에서 무게가 다른 것이 20% 이하인 것	특·상에 미달하는 것
② 색택	품종 고유의 색택이 뛰	품종 고유의 색택이 양호	특·상에 미달하는 것

	어난 것	한 것	
③ 모양	표면이 매끈하고 꼬리 부위의 비대가 양호한 것	표면이 매끈하고 꼬리 부위의 비대가 양호한 것	특·상에 미달하는 것
④ 손질	잎은 1.0cm 이하로 자르고 흙과 수염뿌리를 제거한 것	잎은 1.0cm 이하로 자르고 흙과 수염뿌리를 제거한 것	잎은 1.0cm 이하로 자른 것
⑤ 중결점과	없는 것	없는 것	5% 이하인 것(부패·변질된 것은 포함할 수 없음)
⑥ 경결점과	5% 이하인 것	10% 이하인 것	20% 이하인 것

16. 참외 생산자 H씨가 농산물 도매시장에 표준규격품으로 출하하고자 1상자(20kg, 40개 들이)를 계측한 결과가 다음과 같다. 농산물 표준규격상의 각 항목별 등급과 종합판정 등급 및 그 이유를 쓰시오.(단, 주어진 항목 이외에는 등급판정에 고려하지 않음) [7점]

항목	낱개의 고르기	색택	경결점과
계측 결과	500g이상 ~ 715g미만: 2개 375g이상 ~ 500g미만: 38개	착색비율 95%	품종 고유의 모양이 아닌 것: 1개
항목별 등급	(①)	(②)	(③)
종합판정 및 이유	○ 종합판정 등급: (④) ○ 이유: (⑤)		

※ 이유 답안 예시: △△ 항목이 OO%로 "O"등급 기준의 OO%이하(미만) 또는 이상(초과)에 해당됨

정답 및 해설 ① 상 ② 특 ③ 특 ④ 상

⑤ 고르기 항목이 5%로 "상"등급 기준의 5%이하에 해당됨

① 낱개고르기(상) : 2L(2개), L(38개) 2/40 = 5%

② 색택(특) : 특 90% 이상

③ 경결점과(특) : 2.5%로 3% 이하 특

항목 \ 등급	특	상	보통
① 낱개의 고르기	별도로 정하는 크기 구분표 [표 1]에서 무게가 다른 것이 3% 이하인 것. 단, 크기 구분표의 해당 무게에서 1단계를 초과할 수 없다.	별도로 정하는 크기 구분표 [표 1]에서 무게가 다른 것이 5% 이하인 것. 단, 크기 구분표의 해당 무게에서 1단계를 초과할 수 없다.	특상에 미달하는 것
② 색택	착색비율이 90% 이상인 것	착색비율이 80% 이상인 것	특상에 미달하는 것
③ 신선도, 숙도	과육의 성숙 정도가 적당하며, 과피에 갈변현상이 없고 신선도가 뛰어난 것	과육의 성숙 정도가 적당하며, 과피에 갈변현상이 경미하고 신선도가 양호한 것	특상에 미달하는 것
④ 중결점과	없는 것	없는 것	5% 이하인 것(부패·변질과는 포함할 수 없음)
⑤ 경결점과	3% 이하인 것	5% 이하인 것	20% 이하인 것

구분 \ 호칭	3L	2L	L	M	S	2S	3S
1개의 무게 (g)	715 이상	500 이상 ~ 715 미만	375 이상 ~ 500 미만	300 이상 ~ 375 미만	250 이상 ~ 300 미만	214 이상 ~ 250 미만	214 미만

〈 용어의 정의 〉

① 착색비율은 낱개별로 전체 면적에 대한 품종 고유의 색깔이 착색된 면적의 비율을 말한다.

② 중결점과는 다음의 것을 말한다.

㉠ 이품종과 : 품종이 다른 것

㉡ 부패, 변질과 : 과육이 부패 또는 변질된 것

㉢ 과숙과 : 성숙이 지나치거나 과육이 연화된 것

㉣ 미숙과 : 당도, 경도, 착색으로 보아 성숙이 현저하게 덜된 것

㉤ 병충해과 : 탄저병 등 병해충의 피해가 있는 것. 다만, 경미한 것은 제외한다.

㉥ 상해과 : 열상, 자상 또는 압상 등이 있는 것. 다만, 경미한 것은 제외한다.

㉦ 모양 : 모양이 불량한 것

③ 경결점과는 다음의 것을 말한다.

㉠ 병충해, 상해의 피해가 경미한 것

　　ⓒ 품종 고유의 모양이 아닌 것
　　ⓒ 기타 결점의 정도가 경미한 것

17. C씨는 2019년에 수확한 들깨를 저온저장고에 보관하던 중 2021년 7월에 소분해서 판매하고자 1kg을 계측한 결과 다음과 같았다. 농산물 표준규격에 따라 각 항목별 등급과 종합판정 등급 및 그 이유를 쓰시오. (단, 주어진 조건 및 항목 이외에는 등급판정에 고려하지 않음) [7점]

○ 품위에 영향을 미치는 충해립의 무게: 1.5g
○ 파쇄된 들깨의 무게: 2.5g
○ 껍질의 색깔이 현저하게 다른 들깨의 무게: 18g
○ 들깨 외의 흙이나 먼지의 무게: 4g

〈등급판정〉

항목	해당 등급	종합판정 등급 및 이유
피해립	(①)	종합판정 등급: (④)
이종피색립	(②)	이유: (⑤)
이물	(③)	

정답 및 해설 ① 특 ② 특 ③ 특 ④ 특 ⑤ 모든 항목이 "특"에 해당됨

① 피해립(특) : 품위에 영향을 미치는 충해립의 무게 1.5g,
　　　　　　　파쇄된 들깨의 무게: 2.5g
　　　　　　　4/1,000 = 0.4%

② 이종피색립(특) : 껍질의 색깔이 현저하게 다른 들깨의 무게 18g 18/1,000 = 1.8%

③ 이물(특) : 들깨 외의 흙이나 먼지의 무게 4g 4/1,000 = 0.4%

등급 항목	특	상	보통
① 모양	낱알의 모양과 크기가 균일하고 충실한 것	낱알의 모양과 크기가 균일하고 충실한 것	특·상에 미달하는 것
② 수분	10.0% 이하인 것	10.0% 이하인 것	10.0% 이하인 것

③ 용적중 (g/L)	500 이상인 것	470 이상인 것	440 이상인 것
④ 피해립	0.5% 이하인 것	1.0% 이하인 것	2.0% 이하인 것
⑤ 이종곡립	0.0% 이하인 것	0.3% 이하인 것	0.5% 이하인 것
⑥ 이종피색립	2.0% 이하인 것	5.0% 이하인 것	10.0% 이하인 것
⑦ 이물	0.5% 이하인 것	1.0% 이하인 것	2.0% 이하인 것
⑧ 조건	생산 연도가 다른 들깨가 혼입된 경우나, 수확 연도로부터 1년이 경과되면 「특」이 될 수 없음		

18. 농산물품질관리사 A씨가 11월에 출하한 온주밀감 1상자(10kg, 100개들이)를 농산물 표준규격 등급판정을 위해 계측한 결과가 다음과 같았다. 항목 등급, 결점과 종류와 비율, 종합판정 등급과 그 이유를 쓰시오. (단 비율은 소수점 첫째자리까지 구하고, 주어진 항목 이외는 등급 판정에 고려하지 않음) [7점]

계측수량	껍질 뜬 정도	색택	결점과
50개	껍질 내표면적의 11%	착색 비율 86%	ㅇ 꼭지가 퇴색된 것: 1개 ㅇ 지름 3mm 일소 피해: 1개

〈등급판정〉

껍질 뜬 것	결점과 종류	경결점과 비율	종합판정 등급 및 이유	
등급: (①)	등급: (②)	(③)%	등급: (④)	이유: (⑤)

※ 이유 답안 예시: △△ 항목이 OO%로 "O"등급 기준의 OO%이하(미만) 또는 이상(초과)에 해당됨

정답 및 해설 ① 상 ② 경결점 ③ 4% ④ 상

⑤ 껍질 뜬 것 항목이 11%로 "상"등급 기준 20%이하에 해당됨

① 껍질 뜬 것(상) : 껍질 내표면적의 11% 가벼움(1)

② 결점과 종류(경결점) : ㅇ 꼭지가 퇴색된 것: 1개 ㅇ 지름 3mm 일소 피해: 1개

③ 결점과 비율(특) : 2/50 = 4%

색택 : 특

항목 \ 등급	특	상	보통
① 낱개의 고르기	별도로 정하는 크기 구분표 [표 1]에서 무게 또는 지름이 다른 것이 5%이하인 것. 단, 크기 구분표의 해당 크기(무게)에서 1단계를 초과 할 수 없다.	별도로 정하는 크기 구분표 [표 1]에서 무게 또는 지름이 다른 것이 10% 이하인 것. 단, 크기 구분표의 해당 무게에서 1단계를 초과 할 수 없다.	특·상에 미달하는 것
② 색택	별도로 정하는 품종별/등급별 착색비율[표 2]에서 정하는 "특" 이외의 것이 섞이지 않은 것	별도로 정하는 품종별/등급별 착색비율 [표 2]에서 정하는 "상"에 미달하는 것이 없는 것	별도로 정하는 품종별/등급별 착색비율 [표 2]에서 정하는 "보통"에 미달하는 것이 없는 것
③ 과피	품종 고유의 과피로써, 수축현상이 나타나지 않은 것	품종 고유의 과피로써, 수축현상이 나타나지 않은 것	특·상에 미달하는 것
④ 껍질뜬 것 (부피과)	별도로 정하는 껍질 뜬 정도 [그림 1]에서 정하는 "없음(○)"에 해당하는 것	별도로 정하는 껍질 뜬 정도 [그림 1]에서 정하는 "가벼움(1)" 이상에 해당하는 것	별도로 정하는 껍질 뜬 정도 [그림 1]에서 정하는 "중간정도(2)" 이상에 해당하는 것
⑤ 중결점과	없는 것	없는 것	5% 이하인 것(부패·변질과는 포함할 수 없음)
⑥ 경결점과	5% 이내인 것	10% 이하인 것	20% 이하인 것

[표 2] 품종별/등급별 착색 비율(%)

품종	등급	특	상	보통
온주밀감	5~10월 출하	70 이상	60 이상	50 이상
	11~4월 출하	85 이상	80 이상	70 이상
한라봉, 천혜향, 청견, 황금향 진지향 및 이와 유사한 품종		95 이상	90 이상	90 이상

[그림 1] 껍질 뜬 정도

없음(○)	가벼움(1)	중간정도(2)	심함(3)
껍질이 뜨지 않은 것	껍질 내표면적의 20%이하가 뜬 것	껍질 내표면적의 20~50%가 뜬 것	껍질 내표면적의 50%이상이 뜬 것

〈 용어의 정의 〉

① 착색비율은 낱개별로 전체 면적에 대한 품종고유의 색깔이 착색된 면적의 비율을 말한다.
② 중결점과는 다음의 것을 말한다.
  ㉠ 이품종과 : 품종이 다른 것, 숙기(조생종, 중생종, 만생종)가 다른 것
  ㉡ 부패, 변질과 : 과육이 부패 또는 변질된 것(과숙에 의해 육질이 변질된 것을 포함한다)
  ㉢ 미숙과 : 당도, 색택으로 보아 성숙이 현저하게 덜 된 것(덜익은 과일을 수확하여 아세틸렌, 에틸렌 등의 가스로 후숙한 것을 포함한다.)
  ㉣ 일소 : 지름 또는 길이 10mm 이상의 일소 피해가 있는 것
  ㉤ 병충해과 : 더뎅이병, 궤양병, 검은점무늬병, 곰팡이병, 깍지벌레, 으름나방 등 병해충의 피해가 있는 것
  ㉥ 상해과 : 열상, 자상 또는 압상이 있는 것. 다만, 경미한 것은 제외한다.
  ㉦ 모양 : 모양이 심히 불량한 것, 꼭지가 떨어진 것
  ㉧ 경결점과에 속하는 사항으로 그 피해가 현저한 것
③ 경결점과는 다음의 것을 말한다.
  ㉠ 품종 고유의 모양이 아닌 것
  ㉡ 경미한 일소, 약해 등으로 외관이 떨어지는 것
  ㉢ 병해충의 피해가 과피에 그친 것
  ㉣ 경미한 찰상 등 중결점과에 속하지 않는 상처가 있는 것
  ㉤ 꼭지가 퇴색된 것
  ㉥ 기타 결점의 정도가 경미한 것

19. 한라봉(1과 무게 375g) 100과를 선별하여 농산물 표준규격품(상자당 7.5kg, 20과들이)으로 출하 하고자 한다. 이 농가의 최대 수익차원(정상과와 결점과는 반드시 혼합 구성)에서의 한라봉 출하 상자를 구성하시오. (단, 주어진 항목이외에는 등급판정을 고려하지 않으며, 동일 등급 상자의 구성 내용은 모두 같음) [8점]

정상과	A형	○ 결점과 없는 것: 85과
결점과	B형	○ 꼭지가 떨어진 것과 깍지벌레 피해가 있는 것: 2과
	C형	○ 품종 고유의 모양이 아닌 것과 꼭지가 퇴색된 것: 13과

등급	최대 상자수	1상자 구성 내용
특	1상자	(①)
상	(②)상자	(③)
보통	(④)상자	(⑤)

※ 구성 내용 예시: A형 OO과 + B형 OO과 + C형 OO과 98과로 구성

정답 및 해설 ① A형 19과 + C형 1과

② 1

③ 상자구성 A형 18과 + C형 2과

④ 3

⑤ 상자구성

　A형 16과 + C형 4과

　A형 16과 + B형 1과 + C형 3과

　A형 16과 + B형 1과 + C형 3과

		A형(85과)		B형(중결점2과)		C형(결결점13과)	
		입상	잔여과	입상	잔여과	입상	잔여과
특		19과	66과	○	2과	1과	12과
상		18과	48과	○	2과	2과	10과
보통		16과	32과	○	2과	4과	6과
		16과	16과	1과	1과	3과	3과
		16과	0	1과	0	3과	0

	특	상	보통
중결점과	없는 것	없는 것	5% 이하인 것(부패・변질과는 포함할 수 없음)
경결점과	5% 이내인 것	10% 이하인 것	20% 이하인 것

〈 용어의 정의 〉

① 착색비율은 낱개별로 전체 면적에 대한 품종고유의 색깔이 착색된 면적의 비율을 말한다.

② 중결점과는 다음의 것을 말한다.

　㉠ 이품종과 : 품종이 다른 것, 숙기(조생종, 중생종, 만생종)가 다른 것

　㉡ 부패, 변질과 : 과육이 부패 또는 변질된 것(과숙에 의해 육질이 변질된 것을 포함한다)

　㉢ 미숙과 : 당도, 색택으로 보아 성숙이 현저하게 덜된 것(덜익은 과일을 수확하여 아세틸렌, 에틸렌 등의 가스로 후숙한 것을 포함한다.)

　㉣ 일소과 : 지름 또는 길이 10mm 이상의 일소 피해가 있는 것

　㉤ 병충해과 : 더뎅이병, 궤양병, 검은점무늬병, 곰팡이병, 깍지벌레, 으름나방 등 병해충의 피해가 있는 것

　㉥ 상해과 : 열상, 자상 또는 압상이 있는 것. 다만, 경미한 것은 제외한다.

　㉦ 모양 : 모양이 심히 불량한 것, 꼭지가 떨어진 것

ⓒ 경결점과에 속하는 사항으로 그 피해가 현저한 것

③ 경결점과는 다음의 것을 말한다.
 ㉠ 품종 고유의 모양이 아닌 것
 ㉡ 경미한 일소, 약해 등으로 외관이 떨어지는 것
 ㉢ 병해충의 피해가 과피에 그친 것
 ㉣ 경미한 찰상 등 중결점과에 속하지 않는 상처가 있는 것
 ㉤ 꼭지가 퇴색된 것
 ㉥ 기타 결점의 정도가 경미한 것

20. 국립농산물품질관리원 소속 공무원 A씨는 도매시장에 농산물 표준규격품 사후관리를 위한 출장 시 표준규격품으로 출하된 고구마 15kg 1상자를 전량 계측한 결과, 출하자에게 표준규격품 등급 표시위반으로 행정처분 하였다. 계측 결과에 따라 낱개의 고르기 등급과 비율, 결점의 종류와 비율을 쓰시오. (단, 비율은 소수점 첫째자리까지 구함) [7점]

1상자 무게(g) 분포	결점과
o 100 ~ 120g 범위: 22개 o 121 ~ 130g 범위: 58개 o 131 ~ 149g 범위: 19개 o 150 ~ 159g 범위: 21개	o 검은무늬병이 외피에 발생한 것: 10개

낱개의 고르기		결점의 종류	결점 비율
등급: (①)	비율: (②)%	(③)	(④)%

정답 및 해설 ① 상 ② 17.5 ③ 경결점 ④ 8.3

① 낱개의 고르기 등급 : 상
② 고르기 비율 : L(150~250미만) 21개, M(150~250미만) 99개 21/120 = 17.5%
③ 결점의 종류(경결점) : 검은무늬병이 외피에 발생한 것: 10개
④ 결점비율 : 10/120 = 8.3%

항목 \ 등급	특	상	보통
① 낱개의 고르기	별도로 정하는 크기 구분표 [표 1]에서 무게가 다른 것이 10% 이하인 것	별도로 정하는 크기 구분표 [표 1]에서 무게가 다른 것이 20% 이하인 것	특·상에 미달하는 것
② 손질	흙, 줄기 등 이물질 제거정도가 뛰어나고 표면이 적당하게 건조된 것	흙, 줄기 등 이물질 제거정도가 양호하고 표면이 적당하게 건조된 것	흙, 줄기 등 이물질을 제거하고 표면이 적당하게 건조된 것
③ 중결점	없는 것	없는 것	5% 이하인 것(부패·변질된 것은 포함할 수 없음)
④ 경결점	5% 이하인 것	10% 이하인 것	20% 이하인 것

구분 \ 호칭	2L	L	M	S
1개의 무게(g)	250 이상	150 이상 ~ 250 미만	100 이상 ~ 150 미만	40 이상 ~ 100 미만

〈 용어의 정의 〉

① 중결점은 다음의 것을 말한다.

 ㉠ 이품종 : 품종이 다른 것

 ㉡ 부패, 변질 : 고구마가 부패 또는 변질된 것

 ㉢ 병충해 : 검은무늬병, 검은점박이병, 근부병, 굼벵이 등의 피해가 육질까지 미친 것

 ㉣ 자상, 찰상 등 상처가 심한 것

② 경결점은 다음의 것을 말한다.

 ㉠ 품종 고유의 모양이 아닌 것

 ㉡ 병충해가 외피에 그친 것

 ㉢ 상해 및 기타 결점의 정도가 경미한 것

부록 제19회 기출문제

1. 농수산물 품질관리법령상 농산물 지리적표시권은 타인에게 이전하거나 승계할 수 없다. 다만, 농림축산식품부장관의 사전 승인을 받은 경우 이전이나 승계가 가능하다. 사전 승인을 받으면 이전 또는 승계가 가능한 경우를 쓰시오. [2점]

> **정답 및 해설**
>
> 1. 법인 자격으로 등록한 지리적표시권자가 법인명을 개정하거나 합병하는 경우
> 2. 개인 자격으로 등록한 지리적표시권자가 사망한 경우
>
> 제35조(지리적표시권의 이전 및 승계) 지리적표시권은 타인에게 이전하거나 승계할 수 없다. 다만, 다음 각 호의 어느 하나에 해당하면 농림축산식품부장관 또는 해양수산부장관의 사전 승인을 받아 이전하거나 승계할 수 있다. 〈개정 2013. 3. 23.〉
> 1. 법인 자격으로 등록한 지리적표시권자가 법인명을 개정하거나 합병하는 경우
> 2. 개인 자격으로 등록한 지리적표시권자가 사망한 경우

2. 농수산물의 원산지 표시 등에 관한 법률상 수입농산물 등의 유통이력관리에 관한 내용이다. ( )에 알맞은 내용을 쓰시오. [3점]

> ○ 자료보관: 유통이력 신고 의무가 있는 자는 유통이력을 장부에 기록하고, 그 자료를 거래일부터 (①)년간 보관하여야 한다.
> ○ 신고: 유통이력 신고 의무가 있는 자는 유통이력관리 수입농산물의 양도일부터 (②)일 이내에 수입농산물등유통이력관리시스템에 접속하여 신고하여야 한다.
> ○ 과태료: 유통이력 신고 의무가 있는 자가 유통이력을 신고하지 않은 경우 과태료 부과기준은 1차 위반은 (③)만원이다.

> **정답 및 해설** ① 1 ② 5 ③ 50만원
>
> 제10조의2(수입 농산물 등의 유통이력 관리) ② 제1항에 따른 유통이력 신고의무가 있는 자(이하 "유통이력신고의무자"라 한다)는 유통이력을 장부에 기록(전자적 기록방식을 포함한다)하고, 그 자료를 거래일부터 1년간 보관하여야 한다.
> 제6조의2(수입 농산물 등의 유통이력 신고 절차 등) ① 법 제10조의2제1항에 따른 유통이력 신고는 법

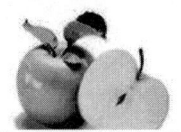

제10조의2제1항에 따른 유통이력관리수입농산물등의 양도일부터 5일 이내에 영 제6조의2제2항에 따른 수입농산물등유통이력관리시스템에 접속하여 제1조의2 각 호의 사항을 입력하는 방식으로 해야 한다.

시행령 [별표2] 과태료의 부과기준

위반행위	과태료			
	1차 위반	2차 위반	3차 위반	4차 이상 위반
1) 유통이력을 신고하지 않은 경우	50만원	100만원	300만원	500만원

3. 농수산물 품질관리법령상 농산물우수관리인증의 유효기간과 갱신에 관한 설명이다. (　　)에 알맞은 내용을 쓰시오. [3점]

> 농산물우수관리인증의 유효기간은 우수관리인증을 받은 날부터 (①)년으로 한다. 다만, 품목의 특성에 따라 달리 적용할 필요가 있는 경우에는 (②)년의 범위에서 농림축산식품부령으로 유효기간을 달리 정할 수 있으며, 우수관리인증을 받은 자가 우수관리인증을 갱신하려는 경우에는 그 유효기간이 끝나기 (③)개월 전까지 우수관리인증기관에 농산물우수관리인증 신청서를 제출하여야 한다.

정답 및 해설 ① 2 ② 10 ③ 1

제7조(우수관리인증의 유효기간 등) ① 우수관리인증의 유효기간은 우수관리인증을 받은 날부터 2년으로 한다. 다만, 품목의 특성에 따라 달리 적용할 필요가 있는 경우에는 10년의 범위에서 농림축산식품부령으로 유효기간을 달리 정할 수 있다.

시행규칙 제15조(우수관리인증의 갱신) ① 우수관리인증을 받은 자가 법 제7조제2항에 따라 우수관리인증을 갱신하려는 경우에는 별지 제1호서식의 농산물우수관리인증 (신규·갱신)신청서에 제10조제1항 각 호의 서류 중 변경사항이 있는 서류를 첨부하여 그 유효기간이 끝나기 1개월 전까지 우수관리인증기관에 제출하여야 한다.

4. 다음은 농수산물 품질관리법령상 지리적표시의 심판에 관한 내용이다. ①~④ 중 틀린 내용의 번호와 밑줄 친 부분을 옳게 수정하시오. (수정 예: ① ○○○ → □□□) [2점]

> ① 지리적표시 심판위원회는 위원장 1명을 포함한 10명 이내의 심판위원으로 구성한다.
> ② 취소심판은 취소 사유에 해당하는 사실이 없어진 날부터 5년 이내에 청구해야한다.
> ③ 등록거절 또는 등록취소에 대한 심판은 통보받은 날부터 3개월 이내에 심판을 청구할 수 있다.

> ④ 심판은 3명의 심판위원으로 구성되는 합의체가 한다.

정답 및 해설 ② 5년 → 3년 ③ 3개월 → 30일

제42조(지리적표시심판위원회) ② 심판위원회는 위원장 1명을 포함한 10명 이내의 심판위원(이하 "심판위원"이라 한다)으로 구성한다.

제44조(지리적표시의 취소심판) ② 제1항에 따른 취소심판은 취소 사유에 해당하는 사실이 없어진 날부터 3년이 지난 후에는 청구할 수 없다.

제45조(등록거절 등에 대한 심판) 제32조제9항에 따라 지리적표시 등록의 거절을 통보받은 자 또는 제40조에 따라 등록이 취소된 자는 이의가 있으면 등록거절 또는 등록취소를 통보받은 날부터 30일 이내에 심판을 청구할 수 있다.

제49조(심판의 합의체) ① 심판은 3명의 심판위원으로 구성되는 합의체가 한다.

5. 농산물을 필름 포장했을 때 수증기 포화에 의해 포장 내부에 물망울이 형성되어 농산물의 품질 확인이 어려운 문제를 방지하기 위해 표면에 계면활성제를 처리하여 만든 기능성 필름은 무엇인지 쓰시오. [2점]

> **정답 및 해설** 방담필름

6. 다음은 농산물의 수확 후 품질관리 기술에 관한 설명이다. 설명이 옳으면 ○, 옳지 않으면 ×를 순서대로 쓰시오. [4점]

> ① 딸기의 수확 후 품온 급등을 막기 위해 차압 예냉을 실시한다. ---------- (   )
> ② 감자는 저온저장시 전분이 당으로 전환되는 대사가 억제된다. ---------- (   )
> ③ 옥수수는 수확 후 예조처리를 통해 당 함량을 증가시킨다. ------------- (   )
> ④ 생강은 상처부위의 코르크층 형성 촉진을 위해 저온건조를 실시한다. ----- (   )

정답 및 해설 ① ○ ② ○ ③ × ④ ×

③ 옥수수 : 수확 후 $-18^{\circ}C$ 냉동저장으로 환원당 변화를 억제시킬 수 있다.
④ 생강 : 수확하고 나서 큐어링을 25℃, 습도 93% 공간에서 3일 정도 큐어링한다.

7. 농산물의 증산작용에 관한 내용이다. 틀린 설명을 모두 골라 번호를 쓰고 옳게 수정하여 쓰시오. [6점]

> 대부분의 농산물은 수분함량이 90% 이상이며 생체중량의 5~10 %까지 줄어들면 상품성이 상실되므로 증산을 억제하는 것이 매우 중요하다. 증산작용은 ①상대습도가 높아질수록 증가하고, ②작물의 부피 대비 표면적의 비율이 높을수록 감소하며, ③표피가 두껍고 치밀할수록 감소하고, ④과실이 성숙될수록 증가하는 표면의 왁스물질에 의해 감소한다.

정답 및 해설 ① 상대습도가 높아질수록 감소하고
② 작물의 부피 대비 표면적의 비율이 높을수록 증가하며

8. '후지'사과에서 많이 발생되는 밀증상(water core) 부위에 ①비정상적으로 축적되는 성분명을 쓰고, 이 증상이 있는 과실을 장기저장하거나 저장고 내부의 이산화탄소 농도가 높을 때 발생이 촉진되는 ②생리장해를 쓰시오. [4점]

정답 및 해설 ① 솔비톨 ② 내부갈변
① 사과나무는 광합성을 통해 잎에서 만들어진 포도당을 과실로 운반해 저장한다. 수확 시기가 늦거나 햇빛에 과다 노출돼 과실이 지나치게 익게 되면 포도당이 당알코올의 일종인 '솔비톨(Sorbitol)' 형태로 변한다.
② 밀 증상이 많은 과실은 즉시 판매용으로 하면 문제가 되지 않지만, 장기 저장할 경우는 생리적 장해를 유발하기 때문 저장을 피한다. 특히 CA저장을 할 경우에는 과실이 내부갈변 장해를 쉽게 받으므로 밀 증상이 어느 정도 소실된 이후에 CA환경 조성을 한다.

9. 다음은 MA 저장기술에 관한 설명이다. 옳은 설명이 되도록 ( )에 알맞은 내용을 순서대로 쓰시오. [3점]

> 인위적인 기체 조절 장치 없이 수확된 농산물의 (①) 작용을 통한 공기 조성 변화를 이용하는 방식을 MA 저장이라 한다. 저장되고 있는 농산물 주변의 (②) 농도는 낮아지고 (③) 농도는 높아져 농산물의 저장성을 높이는 효과를 가져온다.

정답 및 해설 ① 호흡 ② 산소 ③ 이산화탄소

> 과실을 폴리에틸렌 필름으로 밀봉 포장하면 과실의 호흡과 필름의 투과성에 의해 고농도의 이산화탄소와 저농도의 산소 조건을 이루게 된다. 따라서 MA저장은 호흡과 증산을 억제하여 저장성을 증가시키며, 적절한 포장재의 이용으로 상품성을 향상시키는 효과가 있다.

10. 다음은 농산물의 품질평가 방법을 서술한 것이다. 각 문장에서 틀린 부분을 쓰고 옳게 고치시오. [4점]

> ① 조직감을 나타내는 경도는 물성분석기를 통해 측정하며 % 로 나타낸다.
> ② 당도는 과즙의 고형물에 의해 통과하는 빛의 속도가 빨라지는 원리를 이용하여 측정한다.
> ③ 적정산도 산출식에 대입하는 딸기의 주요 유기산 지표는 주석산이다.
> ④ 색차측정값 중 CIE L*값은 붉은 정도를 나타낸다.
>
> **정답 및 해설** ① % -> 뉴턴
> ② 빨라지는 -> 느려지는
> ③ 주석산 -> 구연산
> ④ 붉은 정도 -> 밝은 정도(명도)

11. 다음은 농산물 원산지표시 위반과 관련하여 식품접객업을 운영하는 음식점 업주와 조사 공무원간의 전화통화 내용이다. ( )에 들어갈 내용을 쓰시오. (단, 쇠고기 식육종류 표시여부와 과태료 감경 조건은 고려하지 않음) [3점]

> 〈 대화내용 〉
> ○ 음식점 업주 : 음식점 원산지표시 과태료 부과에 대해 문의하고자 합니다. 국산닭고기와 수입산 오리고기를 각각 조리하여 원산지를 표시하지 않고 판매 과정에 적발되면 과태료 부과 금액은 얼마인가요?
> ○ 조사 공무원 : 농수산물 원산지 표시 등에 관한 법률상 1차 위반인 경우 품목별 (①)원입니다.
> ○ 음식점 업주 : 과태료 처분을 받은 날 이후 1년이 지나 같은 식당에서 쇠고기구이, 돼지고기찌개, 쌀밥, 배추김치의 고춧가루를 원산지 미표시위반으로 적발되면 품목별 과태료는 얼마인가요?

○ 조사 공무원 : (②)원 입니다.

정답 및 해설

① 30만원 ② 쇠고기구이 200만원, 돼지고기찌개, 쌀밥, 배추김치의 고춧가루 각 60만원

시행령 [별표2] 과태료의 부과기준

위반행위	과태료			
	1차 위반	2차 위반	3차 위반	4차 이상 위반
가. 법 제5조제1항을 위반하여 원산지 표시를 하지 않은 경우	5만원 이상 1,000만원 이하			
나. 법 제5조제3항을 위반하여 원산지 표시를 하지 않은 경우				
1) 쇠고기의 원산지를 표시하지 않은 경우	100만원	200만원	300만원	300만원
2) 쇠고기 식육의 종류만 표시하지 않은 경우	30만원	60만원	100만원	100만원
3) 돼지고기의 원산지를 표시하지 않은 경우	30만원	60만원	100만원	100만원
4) 닭고기의 원산지를 표시하지 않은 경우	30만원	60만원	100만원	100만원
5) 오리고기의 원산지를 표시하지 않은 경우	30만원	60만원	100만원	100만원
6) 양고기 또는 염소고기의 원산지를 표시하지 않은 경우	품목별 30만원	품목별 60만원	품목별 100만원	품목별 100만원
7) 쌀의 원산지를 표시하지 않은 경우	30만원	60만원	100만원	100만원
8) 배추 또는 고춧가루의 원산지를 표시하지 않은 경우	30만원	60만원	100만원	100만원

일반기준

위반행위의 횟수에 따른 과태료의 가중된 부과기준은 최근 2년간 같은 유형(제2호 각목을 기준으로 구분한다)의 위반행위로 과태료 부과처분을 받은 경우에 적용한다. 이 경우 기간의 계산은 위반행위에 대하여 과태료 부과처분을 받은 날과 그 처분 후 다시 같은 위반행위를 하여 적발된 날을 기준으로 한다.

12. 아래 농산물을 동시에 취급해야 할 때 각 품목의 생리적 특성을 고려하여 3개 저장고에 나누어 저장하도록 분류하고 그 이유를 각각 설명하시오. [10점]

사과, 가지, 아스파라거스, 브로콜리, 오이

> **정답 및 해설** ① 사과, 아스파라거스 : 저장적온 0~2^{0}C
>
> ② 오이, 가지 : 저장적온 7~13^{0}C
>
> ③ 브로콜리 : 저장적온 동결점~0^{0}C

저장적온	원예산물
동결점~0^{0}C	브로콜리, 당근, 시금치, 상추, 마늘, 양파, 셀러리 등
0~2^{0}C	아스파라거스, 사과, 배, 복숭아, 포도, 매실, 단감 등
3~6^{0}C	감귤
7~13^{0}C	바나나, 오이, 가지, 수박, 애호박, 감자, 완숙 토마토 등
13^{0}C 이상	고구마, 생강, 미숙 토마토 등

13. 사과의 수확기를 판정하는 방법 중 ①요오드반응 검사와 관련된 숙성과정에서의 성분변화, ②요오드반응 검사 방법, ③검사결과 해석 방법을 서술하시오. [7점]

> **정답 및 해설**
>
> 사과의 수확기를 판정하는 방법 중 ①요오드반응 검사와 관련된 숙성과정에서의 성분변화, ②요오드반응 검사 방법, ③검사결과 해석 방법을 서술하시오. [7점]

14. 에틸렌 제거 방식 중 ①과망간산칼륨(KMnO4)과 ②활성탄 처리 방식 각각의 작용원리와 사용 시 유의사항을 설명하시오. [8점]

> **정답 및 해설** ① 과망간산칼륨이 에틸렌의 이중결합을 깨뜨려 산화시킴. 신체에 직접 접촉 금지
>
> ② 활성탄의 기공안으로 에틸렌을 흡착시킴

15. 농산물 유통업체에서 근무하는 농산물품질관리사가 풋고추 1상자(5 kg)를 품질평가한 결과이다. 농산물 표준규격에서 규정하고 있는 기준에 따라 이 제품에 대한 항목별 등급 및 종합판정 등급을 쓰고, 그 판정이유를 쓰시오. (단, 주어진 항목 이외에는 등급판정에 고려하지 않음) [6점]

항목	품질평가 결과	비고
낱개의 고르기	평균 길이에서 ±2.0 cm를 초과하는 것이 10%	
색택	짙은 녹색이 균일하고 윤기가 뛰어남	
경결점과	4 %	

〈등급판정〉

낱개의 고르기	색택	경결점과	종합판정 등급 및 이유	
등급: (①)	등급: (②)	등급: (③)	등급: (④)	이유: (⑤)

※ 이유 답안 예시: △△항목이 ○○ %로 "○"등급 기준의 ○○%이하(미만) 또는 이상(초과)에 해당됨

정답 및 해설 ① 특 ② 특 ③ 상 ④ 상

⑤ 경결점과 항목이 "상"등급 기준의 5% 이하에 해당됨

등급 항목	특	상	보통
① 낱개의 고르기	평균 길이에서 ±2.0cm를 초과하는 것이 10% 이하인 것(꽈리고추는 20% 이하)	평균 길이에서 ±2.0cm를 초과하는 것이 20% 이하(꽈리고추는 50% 이하)로 혼입된 것	특상에 미달하는 것
② 길이 (꽈리고추에 적용)	4.0~7.0cm인 것이 80% 이상		
③ 색택	- 풋고추, 꽈리고추 : 짙은 녹색이 균일하고 윤기가 뛰어난 것 - 홍고추(물고추) : 품종고유의 색깔이 선명하고 윤기가 뛰어난 것	- 풋고추, 꽈리고추 : 짙은 녹색이 균일하고 윤기가 있는 것 - 홍고추(물고추) : 품종고유의 색깔이 선명하고 윤기가 있는 것	특상에 미달하는 것
④ 신선도	꼭지가 시들지 않고 신선하며, 탄력이 뛰어난 것	꼭지가 시들지 않고 신선하며, 탄력이 양호한 것	특상에 미달하는 것
⑤ 중결점과	없는 것	없는 것	5% 이하인 것(부패·변질과는 포함할 수 없음)
⑥ 경결점과	3% 이하인 것	5% 이하인 것	20% 이하인 것

16. 생산자 A는 복숭아(품종: 백도)를 생산하여 농산물 도매시장에 표준규격 농산물로 출

하하려고 1상자(10 kg, 45과)를 농산물 표준규격에 따라 계측한 결과가 다음과 같았다. 농산물 표준규격에 따른 항목별 등급을 쓰고, 종합판정 등급과 그 이유를 쓰시오. (단, 주어진 항목 이외에는 등급판정에 고려하지 않음) [6점]

크기 구분(g)	색택	결점과
○ 250 이상: 1과 ○ 215 이상~250 미만: 43과 ○ 188 이상~215 미만: 1과	품종 고유의 색택이 뛰어남	○ 외관상 씨 쪼개짐이 경미한 것: 2과 ○ 병충해의 피해가 과피에 그친 것: 1과

〈등급판정〉

항목	해당 등급	종합판정 등급 및 이유
낱개의 고르기	(①)	등급: (④)
색택	(②)	이유: (⑤)
결점과	(③)	

※이유 답안 예시: △△항목이 ○○ %로 "○"등급 기준의 ○○ %이하(미만) 또는 이상(초과)에 해당됨

정답 및 해설 ① 보통 ② 특 ③ 보통 ④ 보통
⑤ 결점과 항목이 6.6%로 "보통"등급 기준의 20% 이하에 해당됨

항목 \ 등급	특	상	보통
① 낱개의 고르기	별도로 정하는 크기 구분표 [표 1]에서 무게가 다른 것이 섞이지 않은 것	별도로 정하는 크기 구분표 [표 1]에서 무게가 다른 것이 5% 이하인 것. 단, 크기 구분표의 해당 크기에서 1단계를 초과 할 수 없다.	특·상에 미달하는 것
② 색택	품종 고유의 색택이 뛰어난 것	품종 고유의 색택이 양호한 것	특·상에 미달하는 것
③ 중결점과	없는 것	없는 것	5% 이하인 것(부패·변질과는 포함할 수 없음)
④ 경결점과	없는 것	5%이하인 것	20% 이하인 것

1개의 무게 (백도) :
2L(1과), L(43과), M(1과) 무게 다른 것이 5% 이하이나 1단계 초과로 특, 상에 미달 보통

2L	L	M	S
250 이상	215 이상 ~ 250 미만	188 이상 ~ 215 미만	150 이상 ~ 188 미만

경결점과 항목

㉠ 품종 고유의 모양이 아닌 것

㉡ 외관상 씨 쪼개짐이 경미한 것

㉢ 병해충의 피해가 과피에 그친 것

㉣ 경미한 일소, 약해, 찰상 등으로 외관이 떨어지는 것

㉤ 기타 결점의 정도가 경미한 것

17. 농산물품질관리사 A가 오이(계통: 다다기) 1상자(100개)를 농산물 표준규격에 따라 계측한 결과가 다음과 같았다. 낱개의 고르기, 모양 및 결점과의 등급을 쓰고, 종합판정등급 및 그 이유를 쓰시오. (단, 주어진 항목 이외에는 등급판정에 고려하지 않음) [6점]

낱개의 고르기	모양	결점과
○ 평균 길이에서 ±1.5cm 이하인 것 : 46개 ○ 평균 길이에서 ±1.5cm를 초과하는 것 : 4개	○ 품종 고유의 모양을 갖춘 것으로 처음과 끝의 굵기가 일정하며 구부러진 정도가 1cm 이내인 것	○ 형상불량 정도가 경미한 것 : 2개 ○ 병충해의 정도가 경미한 것 : 1개

〈등급판정〉

낱개의 고르기	모양	결점과		종합판정 등급 및 이유	
등급: (①)	등급: (②)	혼입율: (③)	등급: (④)	등급: (⑤)	이유: (⑥)

※ 이유 답안 예시: △△항목이 ○○ %로 "○"등급 기준의 ○○ %이하(미만) 또는 이상(초과)에 해당됨

정답 및 해설 ① 특 ② 특 ③ 6% ④ 보통 ⑤ 보통

⑥ 결점과 항목이 6%로 "보통"등급기준의 20% 이하에 해당됨

등급	특	상	보통

항목			
① 낱개의 고르기	평균 길이에서 ±2.0cm(다다기계는 ±1.5cm)를 초과하는 것이 10% 이하인 것	평균 길이에서 ±2.0cm(다다기계는 ±1.5cm)를 초과하는 것이 20% 이하인 것	특상에 미달하는 것
② 색택	품종 고유의 색택이 뛰어난 것	품종 고유의 색택이 양호한 것	특상에 미달한 것
③ 모양	품종 고유의 모양을 갖춘 것으로 처음과 끝의 굵기가 일정하며 구부러진 정도가 다다기·취청계는 1.5㎝ 이내, 가시계는 2.0㎝ 이내인 것	품종 고유의 모양을 갖춘 것으로 처음과 끝의 굵기가 대체로 일정하며 구부러진 정도가 다다기·취청계는 3.0㎝ 이내, 가시계는 4.0㎝ 이내인 것	특상에 미달한 것
④ 신선도	꼭지와 표피가 메마르지 않고 싱싱한 것	꼭지와 표피가 메마르지 않고 싱싱한 것	특상에 미달한 것
⑤ 중결점과	없는 것	없는 것	5% 이하인 것(부패·변질과는 포함할 수 없음)
⑥ 경결점과	없는 것	5% 이하인 것	20% 이하인 것

경결점과
㉠ 형상불량 정도가 경미한 것
㉡ 병충해, 상해의 정도가 경미한 것
㉢ 기타 결점의 정도가 경미한 것

18. 국립농산물품질관리원 소속 조사공무원 A는 생산자 B가 농산물도매시장에 출하한 감자(품종: 수미) 중에서 등급이 '특'으로 표시된 1상자(20 kg)를 표본으로 추출하여 계측하였더니 다음과 같았다. 계측 결과를 종합하여 판정한 등급과 그 이유를 쓰고, 농수산물 품질관리법령상 국립농산물품질관리원장이 생산자 B에게 조치하는 행정처분 기준을 쓰시오. (단, 의무표시사항 중 등급 이외 항목은 모두 적정하게 표시되었으며 주어진 항목 이외에는 등급판정에 고려하지 않음. 생산자 B는 농수산물 품질관리법령 위반 이력이 없으며 감경사유 없음) [7점]

1개의 무게(개수)	결점과
300 g (8개), 270 g (35개), 240 g (4개), 210 g (2개), 180 g (1개)	○ 병충해가 외피에 그친 것: 1개 ○ 품종 고유의 모양이 아닌 것: 1개

〈등급판정〉

종합판정 등급	이유	행정처분 기준
(①)	(②)	(③)

※ 이유 답안 예시: △△항목이 ○○ %로 "○"등급 기준의 ○○ %이하(미만) 또는 이상(초과)에 해당됨

정답 및 해설 ① 보통

② 낱개의 고르기 항목이 22%로 "보통" 등급 기준의 20% 초과에 해당됨

③ 표시정지 1개월

크기구분(수미) : 3L(8개), 2L(39개), L(3개) 무게가 다른 것의 비율 11/50 = 22% 보통

3L	2L	L	M	S	2S
280 이상	220 이상 ~ 280 미만	160 이상 ~ 220 미만	100 이상 ~ 160 미만	40 이상 ~ 100 미만	40 미만

등급규격

등급 항목	특	상	보통
① 낱개의 고르기	별도로 정하는 크기 구분표 [표 1]에서 무게가 다른 것이 10% 이하인 것	별도로 정하는 크기 구분표 [표 1]에서 무게가 다른 것이 20% 이하인 것	특·상에 미달하는 것
② 손질	흙 등 이물질 제거 정도가 뛰어나고 표면이 적당하게 건조된 것	흙 등 이물질 제거 정도가 양호하고 표면이 적당하게 건조된 것	특·상에 미달하는 것
③ 중결점	없는 것	없는 것	5% 이하인 것(부패·변질된 것은 포함할 수 없음)
④ 경결점	5% 이하인 것	10% 이하인 것	20% 이하인 것

경결점 : 2/50 = 4% 특

㉠ 품종 고유의 모양이 아닌 것

㉡ 병충해가 외피에 그친 것

㉢ 상해 및 기타 결점의 정도가 경미한 것

표준규격품(시정명령 등의 처분기준) 시행령 [별표1]

위반행위	행정처분 기준		
	1차 위반	2차 위반	3차 위반
1) 법 제5조제2항에 따른 표준규격품 의무표	시정명령	표시정지 1개월	표시정지 3개월

	시사항이 누락된 경우			
2)	법 제5조제2항에 따른 표준규격이 아닌 포장재에 표준규격품의 표시를 한 경우	시정명령	표시정지 1개월	표시정지 3개월
3)	법 제5조제2항에 따른 표준규격품의 생산이 곤란한 사유가 발생한 경우	표시정지 6개월		
4)	법 제29조제1항을 위반하여 내용물과 다르게 거짓표시나 과장된 표시를 한 경우	표시정지 1개월	표시정지 3개월	표시정지 6개월

19. 농산물품질관리사 A가 시중에 유통되고 있는 피땅콩(1포대, 20kg)을 농산물 표준규격에 따라 품위를 계측한 결과 다음과 같았다. 농산물 표준규격에 따른 항목별 등급을 쓰고, 종합하여 판정한 등급과 그 이유를 쓰시오. (단, 주어진 항목 이외에는 등급 판정에 고려하지 않음) [6점]

구 분	빈 꼬투리	피해 꼬투리	이물
계측결과	3.8 %	1.2 %	0.2 %

〈등급판정〉

빈 꼬투리	피해 꼬투리	이물	종합판정 등급 및 이유	
등급: (①)	등급: (②)	등급: (③)	등급: (④)	이유: (⑤)

※ 이유 답안 예시: △△항목이 ○○ %로 "○"등급 기준의 ○○ %이하(미만) 또는 이상(초과)에 해당됨

정답 및 해설 ① 상 ② 특 ③ 특 ④ 상

⑤ 빈꼬투리 항목이 3.8%로 "상"등급 기준의 5.0% 이하에 해당됨

항목 \ 등급	특	상	보통
① 모양	품종 고유의 모양과 색택으로 크기가 균일하고 충실한 것	품종 고유의 모양과 색택으로 크기가 균일하고 충실한 것	특상에 미달하는 것
② 수분	10.0% 이하인 것	10.0% 이하인 것	10.0% 이하인 것
③ 빈 꼬투리	3.0% 이하인 것	5.0% 이하인 것	10.0% 이하인 것
④ 피해 꼬투리	3.0% 이하인 것	5.0% 이하인 것	10.0% 이하인 것

| ⑤ 이물 | 0.5% 이하인 것 | 1.0% 이하인 것 | 2.0% 이하인 것 |

20. ○생산자 A는 수확한 사과(품종: 후지)를 선별하였더니 다음과 같았다. 선별한 사과를 이용하여 5kg들이 상자에 담아 표준규격품으로 출하하려고 할 때 '특'등급에 해당하는 최대 상자 수와 그 구성내용을 쓰시오. (단, 상자의 구성은 1과당 무게와 색택이 우수한 것부터 구성하고, 주어진 항목 이외에는 등급판정에 고려하지 않음) [8점]

1과당 무게	개수	중량	착색비율별 개수
400g	13개	5,200g	●: 2개, ◐: 9개, ◑: 2개
350g	13개	4,550g	●: 3개, ◐: 8개, ◑: 2개
300g	14개	4,200g	◐: 11개, ◑: 2개, ◔: 1개
250g	20개	5,000g	●: 4개, ◐: 12개, ◑: 2개, ◔: 2개
계	60개	18,950g	●: 9개, ◐: 40개, ◑: 8개, ◔: 3개

착색비율: ● 70%, ◐ 60%, ◑ 50%, ◔ 40%

등급	최대 상자 수	상자별 구성 내용
특	(①)상자	(②)

※ 구성 내용 예시: ○○○ g(색택, ◇◇ %) □개 + ○○○ g(색택, ◇◇ %) □개 + . 350*10+300*5

정답 및 해설 ① 1 ② 350g(색택, 70%)3개 + 350g(색택, 60%)7개 + 300g(색택, 60%)5개

항목＼등급	특	상	보통
① 낱개의 고르기	별도로 정하는 크기 구분표 [표 1]에서 무게가 다른 것이 섞이지 않은 것	낱개의 고르기: 별도로 정하는 크기 구분표 [표 1]에서 무게가 다른 것이 5% 이하인 것. 단, 크기 구분표의 해당 무게에서 1단계를 초과할 수 없다.	특·상에 미달하는 것
② 색택	별도로 정하는 품종별/등급별 착색비율 [표 2]에서 정하는 「특」이외의 것이 섞이지 않은 것. 단, 쓰가루(비착색계)는 적용하지 않음	별도로 정하는 품종별/등급별 착색비율 [표 2]에서 정하는 「상」에 미달하는 것이 없는 것. 단, 쓰가루(비착색계)는 적용하지 않음	별도로 정하는 품종별/등급별 착색비율 [표 2]에서 정하는 「보통」에 미달하는 것이 없는 것

③ 신선도	윤기가 나고 껍질의 수축현상이 나타나지 않은 것	껍질의 수축현상이 나타나지 않은 것	특상에 미달하는 것
④ 중결점과	없는 것	없는 것	5% 이하인 것(부패·변질과는 포함할 수 없음)
⑤ 경결점과	없는 것	10% 이하인 것	20% 이하인 것

착색비율(후지사과)

특	상	보통
60% 이상	40% 이상	20% 이상

크기구분(g)

3L	2L	L	M	S	2S
375 이상	300 이상 ~ 375 미만	250 이상 ~ 300 미만	214 이상 ~ 250 미만	188 이상 ~ 214 미만	167 이상 ~ 188 미만

제 20회 기출문제

1. A업체가 '들깨미숫가루'라는 상품을 출시하려고 한다. 이 제품에 사용된 원료의 배합비율을 보고 농수산물의 원산지 표시 등에 관한 법령상 원산지 표시대상을 순서대로 쓰시오. (단, 원산지표시를 생략할 수 있는 원료는 제외함) [3점]

원료	쌀	보리쌀	당류	율무	현미	들깨	기타
비율(%)	50	15	12	10	8	3	2

정답 및 해설 쌀, 보리쌀, 율무, 들깨

원산지표시법 시행령 제3조(원산지 표시대상)

1) 원료 배합 비율에 따른 표시대상
가. 사용된 원료의 배합 비율에서 한 가지 원료의 배합 비율이 98퍼센트 이상인 경우에는 그 원료
나. 사용된 원료의 배합 비율에서 두 가지 원료의 배합 비율의 합이 98퍼센트 이상인 원료가 있는 경우에는 배합 비율이 높은 순서의 2순위까지의 원료
다. 가목 및 나목 외의 경우에는 배합 비율이 높은 순서의 3순위까지의 원료

2) 농수산물의 명칭을 제품명 또는 제품명의 일부로 사용하는 경우에는 그 원료 농수산물이 같은 항에 따른 원산지 표시대상이 아니더라도 그 원료 농수산물의 원산지를 표시해야 한다.

3) 물, 식품첨가물, 주정(酒精) 및 당류(당류를 주원료로 하여 가공한 당류가공품을 포함한다)는 배합 비율의 순위와 표시대상에서 제외한다.

2. 농수산물 품질관리법령상 지리적표시의 등록거절 사유의 세부기준에 관한 내용의 일부이다. ( )에 들어갈 내용을 쓰시오. [3점]

> ○ 해당 품목의 (①)과 (②) 또는 그 밖의 특성이 본질적으로 특정지역의 생산 환경적 요인과 인적 요인 모두에 기인하지 아니한 경우
> ○ 해당 품목이 지리적표시 대상지역에서 생산된 (③)가 깊지 않은 경우

정답 및 해설 ① 명성 ② 품질 ③ 역사

농수산물품질법 시행령 제15조(지리적표시의 등록거절 사유의 세부기준)

법 제32조제9항에 따른 지리적표시 등록거절 사유의 세부기준은 다음 각 호와 같다.

1. 해당 품목이 농수산물인 경우에는 지리적표시 대상지역에서만 생산된 것이 아닌 경우
1의2. 해당 품목이 농수산가공품인 경우에는 지리적표시 대상지역에서만 생산된 농수산물을 주원료로 하여 해당 지리적표시 대상지역에서 가공된 것이 아닌 경우
2. 해당 품목의 우수성이 국내 및 국외에서 모두 널리 알려지지 아니한 경우
3. 해당 품목이 지리적표시 대상지역에서 생산된 역사가 깊지 않은 경우
4. 해당 품목의 명성·품질 또는 그 밖의 특성이 본질적으로 특정지역의 생산환경적 요인과 인적 요인 모두에 기인하지 아니한 경우
5. 그 밖에 농림축산식품부장관 또는 해양수산부장관이 지리적표시 등록에 필요하다고 인정하여 고시하는 기준에 적합하지 않은 경우

3. 노점상을 하는 A씨는 중국산으로 표시된 볶은 땅콩 15kg 1상자를 도매상으로부터 75,000원(kg당 5,000원)에 구입하였다. 이를 용기에 소분하여 K전통시장에서 kg당 8,000원씩 판매를 목적으로 5kg을 진열하여 소비자에게 원산지를 표시하지 않고 판매하다가 원산지 미표시로 적발되었다. 이 때 원산지조사 공무원이 노점상 A씨에게 부과할 과태료 금액을 쓰시오. (단, 1차위반이며, 감경사유는 없음) [3점]

정답 및 해설 30만원

원산지표시법 제5조(원산지 표시) ① 대통령령으로 정하는 농수산물 또는 그 가공품을 수입하는 자, 생산·가공하여 출하하거나 판매(통신판매를 포함한다. 이하 같다)하는 자 또는 판매할 목적으로 보관·진열하는 자는 다음 각 호에 대하여 원산지를 표시하여야 한다.

1. 농수산물
2. 농수산물 가공품(국내에서 가공한 가공품은 제외한다)
3. 농수산물 가공품(국내에서 가공한 가공품에 한정한다)의 원료

시행령 [별표2] 과태료의 부과기준

위반행위	과태료			
	1차 위반	2차 위반	3차 위반	4차 위반
9) 콩의 원산지를 표시하지 않은 경우	30만원	60만원	100만원	100만원

4. 국립농산물품질관리원 특별사법경찰관 L주무관은 농산물 원산지 표시를 조사하던 중 K농산물 판매점에서 다음과 같이 콩의 원산지 표시방법 위반사례를 적발하였다. K농산

물 판매점에 부과할 과태료 금액을 쓰시오. (단, 1차위반이며, 감경사유는 없음) [4점]

○ 적발된 경위 : 중국산 콩 1kg 포장품 40개를 진열·판매하다가 적발됨
○ 소비자 판매가격: 7,000원/kg
○ 원산지 표시 : 글자색이 내용물의 색깔과 동일한 색깔로 선명하지 않게 표시됨

정답 및 해설 280,000원

과태료 부과금액 = 7,000원/kg × 40개 = 280,000원

과태료 부과금액은 원산지 표시를 하지 않은 물량(판매를 목적으로 보관 또는 진열하고 있는 물량을 포함한다)에 적발 당일 해당 업소의 판매가격을 곱한 금액으로 하고, 위반행위의 횟수에 따른 과태료의 부과기준은 다음 표와 같다.

시행령 [별표2] 과태료 부과기준

위반행위	과태료			
	1차 위반	2차 위반	3차 위반	4차 위반
다. 법 제5조제4항에 따른 원산지의 표시방법을 위반한 경우	5만원 이상 1,000만원 이하			

5. 농수산물품질관리법상 지리적표시의 등록에 관한 내용이다. 밑줄 친 것 중 잘못된 부분을 모두 찾아 수정하시오. (수정 예: ①○○○ → □□□) [4점]

지리적표시의 등록은 ①특정지역에서 지리적 특성을 가진 농수산물 또는 농수산가공품을 생산하거나 ②제조·가공하는 자로 구성된 ③단체만 신청할 수 있다. 다만, 지리적 특성을 가진 농수산물 또는 농수산가공품의 생산자 또는 가공업자가 ④5인 미만인 경우에는 예외적으로 등록신청을 할 수 있다.

정답 및 해설 ③ 단체 - 법인 ④ 5인 미만 - 1인

농수산물품질관리법 제32조(지리적표시의 등록)
① 농림축산식품부장관 또는 해양수산부장관은 지리적 특성을 가진 농수산물 또는 농수산가공품의 품질 향상과 지역특화산업 육성 및 소비자 보호를 위하여 지리적표시의 등록 제도를 실시한다.
② 제1항에 따른 지리적표시의 등록은 특정지역에서 지리적 특성을 가진 농수산물 또는 농수산가공품을 생산하거나 제조·가공하는 자로 구성된 법인만 신청할 수 있다. 다만, 지리적 특성을 가진 농수산물 또는 농수산가공품의 생산자 또는 가공업자가 1인인 경우에는 법인이 아니라도 등록신청을 할 수

있다.

6. 다음은 원예작물의 숙성과정에서 일어나는 일련의 대사과정에 관한 설명이다. 설명이 옳으면 O, 옳지 않으면 ×를 쓰시오. [4점]

① 바나나는 숙성이 진행되면서 환원당인 포도당과 과당의 결합으로 전분이 합성되어 단맛이 증가한다. ……… (   )
② 사과는 적색으로 착색이 진행되면서 안토시아닌(anthocyanin)이 감소하고 엽록소가 증가한다. 이 때 측정된 Hunter 'a'값은 양에서 음으로 전환된다. ……… (   )
③ 포도는 숙성이 진행되면서 주요 유기산인 주석산과 말산이 감소되어 신맛이 약해진다. ……… (   )
④ 토마토는 polygalacturonase(PG)가 발현되어 세포벽의 펙틴(pectin)을 가수분해하여 과실의 연화를 촉진한다. ……… (   )

정답 및 해설 ① O ② × ③ O ④ O

② 사과는 적색으로 착색이 진행되면서 안토시아닌(anthocyanin)이 증가하고 엽록소가 감소한다. 이 때 측정된 Hunter 'a'값은 음에서 양으로 전환된다.
※ L*a*b* 색 공간에서 L* 값은 밝기를 나타낸다. L* = 0 이면 검은색이며, L* = 100 이면 흰색을 나타낸다. a*은 빨강과 초록 중 어느 쪽으로 치우쳤는지를 나타낸다. a*이 음수이면 초록에 치우친 색깔이며, 양수이면 빨강/보라 쪽으로 치우친 색깔이다. b*은 노랑과 파랑을 나타낸다. b*이 음수이면 파랑이고 b*이 양수이면 노랑이다.
④ 말산 : 히드록시숙신산에 해당하는 물질. l-말산(L-말산)은 식물체에 널리 분포하고, 특히 사과나 포도 등의 과실에 많다.

7. 증산계수란 단위무게, 단위수증기압차, 단위시간당 발생하는 수분증발을 말한다. <보기>의 수확적기에 수확된 원예산물 중 증산계수가 높은 것부터 낮은 것 순서로 해당 번호를 쓰시오. (단, 온도 0°C, 상대습도 80%, 공기유동이 없는 동일조건) [4점]

① 셀러리   ② 시금치   ③ 토마토   ④ 오이

정답 및 해설

> 작물의 건물(乾物) 1g을 생산하는 데 소비된 수분량(g)을 요수량이라고 하며, 건물 1g을 생산하는 데 소비된 증산량을 증산계수(蒸散係數, transpiration coefficient)라고 한다.
> 오이 : 증산계수 713

8. 다음 (   )에 있는 옳은 것을 선택하여 쓰시오. [4점]

> 원예산물에서는 일반적으로 호흡기질의 ①(합성, 분해)에 따라 수분과 ②(산소, 이산화탄소)가 생성된다. 이 때 발생한 호흡열은 생체중량의 부가적인 ③(감소, 증가)를 초래하며 호흡열에 의해 높아진 조직 내의 열은 대기 쪽으로 전이되어 수분증발을 ④(낮추, 높이)게 된다.

정답 및 해설 ① 합성 ② 이산화탄소 ③ 감소 ④ 높이

9. 다음 (   )에 들어갈 올바른 내용을 <보기>에서 찾아 쓰시오. [3점]

> 고구마는 수확 후 상처 입은 표피조직을 아물게 하여 미생물 침입을 방지하고, 저장성을 향상시키고자 (①) 처리를 하는데, 이 때 적정온도의 범위는 약 (②), 상대습도는 (③)수록 코르크 층 형성에 효과적이다.
>
> <보기>
> 예건, 큐어링, 9-12 °C, 29-32 °C, 낮을, 높을

정답 및 해설 ① 큐어링 ② 29-32 °C ③ 높을

큐어링	큐어링	수확시 상처치료/코르크층 형성 등으로 수분증발 및 미생물의 침입을 줄이는 방법	
	농산물별 큐어링	감자	2주간 온도 16~20℃, 습도 85~90%
		고구마	수확 후 1주일 내 4~5일간 30~33℃, 습도 85~95%
		양파.마늘	1차(밭), 2차(선별장-완전건조) 장기저장습도 65~75%
		생강	부패억제를 위한 큐어링

10. 다음의 원예산물에 대하여 5 °C 동일조건에서 호흡속도를 측정하였다. 각 호흡속도 (mg CO_2/kg·hr)의 범위 (A, B)에 해당하는 품목을 〈보기〉에서 모두 찾아 쓰시오. [4점]

> 〈보기〉
> 버섯, 양파, 사과, 아스파라거스
>
> ○ A (5~10mg CO2/kg · hr) : ①
> ○ B (>60 mg CO2/kg · hr) : ②

정답 및 해설 ① 버섯, 양파　② 사과, 아스파라거스

원예생산물별 호흡속도
① 복숭아＞배＞감＞사과＞포도＞키위
② 딸기＞아스파라거스＞완두＞시금치＞당근＞오이＞토마토＞무＞수박＞양파

11. 토마토를 4°C에서 20일 동안 저장한 후 상온에서 3일 동안 유통 시 비정상적인 착색, 부패, 과일 표면이 움푹 패는 현상 등 저온장해가 발생하였다. 이 때 전기전도계로 측정된 전해질누출량이 저장 초기보다 증가되었다. 전해질누출량이 높아진 원인을 세포막의 이중층을 구성하는 막지질의 특성과 관련하여 설명하시오. [6점]

정답 및 해설
막지질은 세포막의 수용체 및 통로 구멍으로 작용하는 지질 및 다양한 단백질들의 배열은 세포의 물질대사의 일부로서 다른 분자 및 이온의 출입을 조절한다. 전해질누출량이 증가되었다는 것은 막지질의 조성에 변화가 있었음을 말한다.

12. 사과(후지)와 브로콜리를 0.03mm PE 필름으로 혼합·밀봉하여 상온에서 3일간 저장하였더니 브로콜리에서 황화현상이 발생했다. 이러한 생리장해의 원인이 되는 ①식물 호르몬의 명칭과 이것을 ②흡착하여 제거할 수 있는 물질 2가지를 쓰시오.(6점)

정답 및 해설 ① 에틸렌　② 과망간산칼륨, 목탄, 활성탄, 오존, 자외선 등

에틸렌의 제거
① 흡착식, 자외선파괴식, 촉배분해식

② 흡착제 : 과망간산칼륨, 목탄, 활성탄, 오존, 자외선 등

③ 1-MCP
- 식물체의 에틸렌 결합 부위를 차단하는 작용
- 과실의 연화나 식물의 노화를 감소시켜 수확 후 저장성을 향상
- 1,000ppm의 농도로 12~24시간 처리 : 과일과 채소류의 저장성과 품질 향상

④ 기타 에틸렌 발생 억제제
- STS, NBA, ethanol, 6%이하의 저농도 산소

13. 다음은 생산자 A씨 (양파, 생산계획량 OO톤, 재배면적 5,000m2 등으로 농산물 우수관리인증을 받은 자) 와 B씨 (담당공무원) 간의 대화 내용 중 (   )에 들어갈 답변을 간략히 쓰시오. (단, 주어진 내용 외에는 고려하지 않음) [6점]

〈 대화 내용 〉

A씨: 2022년 9월에 1,000 m2 농지를 타인에게 매각하여 2023년 5월부터 4,000m2에서 양파를 우수관리인증농산물로 출하중인 데 우수관리인증과 관련한 법 위반사항이 발생하여 저에게 행정처분을 한다고 연락을 받았습니다.

B씨: 처분사유는 농수산물 품질관리법 위반사항에 해당됩니다.

A씨: 위반한 행위가 무엇인지 알 수 있을까요?

B씨: 귀하가 위반한 사항은 (①) 한 경우에 해당됩니다.

A씨: 아! 제가 잘못을 했네요. 그렇다면 위반행위에 대한 처분기준은 어찌되나요?

B씨: 1차 위반이고 경감사항이 없으므로 (②) 입니다.

A씨: 혹시, 제가 해외에 있어 행정조치를 이행하지 못하여 2차 위반에 해당될 경우에는 어찌되나요?

B씨: 2차 위반 시에는 (③) 입니다.

정답 및 해설

① 중요사항에 대하여 변경승인 없이 중요사항을 변경 ② 표시정지 1개월
③ 표시정지 3개월

농수산물품질관리법 제7조(우수관리인증의 유효기간 등) ④ 제1항에 따른 우수관리인증의 유효기간이 끝나기 전에 생산계획 등 농림축산식품부령으로 정하는 중요 사항을 변경하려는 자는 미리 우수관리인증의 변경을 신청하여 해당 우수관리인증기관의 승인을 받아야 한다.

시행규칙 제17조(우수관리인증의 변경) ① 법 제7조제4항에 따라 우수관리인증을 변경하려는 자는 별지 제5호서식의 농산물우수관리인증 변경신청서에 제10조제1항 각 호의 서류 중 변경사항이 있는 서류를 첨부하여 우수관리인증기관에 제출하여야 한다.

② 법 제7조제4항에서 "농림축산식품부령으로 정하는 중요 사항"이란 다음 각 호의 사항을 말한다.

1. 우수관리인증농산물의 위해요소관리계획 중 생산계획(품목, <u>재배면적</u>, 생산계획량, 수확 후 관리시설)
2. 우수관리인증을 받은 생산자집단의 대표자(생산자집단의 경우만 해당한다)
3. 우수관리인증을 받은 자의 주소(생산자집단의 경우 대표자의 주소를 말한다)
4. 우수관리인증농산물의 재배필지(생산자집단의 경우 각 구성원이 소유한 재배필지를 포함한다)

<u>우수관리인증의 취소 및 표시정지에 관한 처분기준</u>

위반행위	위반횟수별 처분기준		
	1차 위반	2차 위반	3차 위반
가. 거짓이나 그 밖의 부정한 방법으로 우수관리인증을 받은 경우	인증취소	-	-
나. 우수관리기준을 지키지 않은 경우	표시정지 1개월	표시정지 3개월	인증취소
다. 전업(轉業)·폐업 등으로 우수관리인증농산물을 생산하기 어렵다고 판단되는 경우	인증취소	-	-
라. 우수관리인증을 받은 자가 정당한 사유 없이 조사·점검 또는 자료제출 요청에 응하지 않은 경우	표시정지 1개월	표시정지 3개월	인증취소
마. 우수관리인증을 받은 자가 법 제6조제7항에 따른 우수관리인증의 표시방법을 위반한 경우	시정명령	표시정지 1개월	표시정지 3개월
바. 법 제7조제4항에 따른 우수관리인증의 변경 승인을 받지 않고 중요 사항을 변경한 경우	**표시정지 1개월**	**표시정지 3개월**	**인증취소**
사. 우수관리인증의 표시정지기간 중에 우수관리인증의 표시를 한 경우	인증취소	-	-

14. 사과, 배의 유관 속 조직 주변이 투명해지는 수침현상을 밀증상(water core)이라고 한다. 이러한 현상이 발생하는 기작을 설명하시오. [6점]

> **정답 및 해설**
>
> 사과의 경우 솔비톨이라는 당류가 과육에 축적되면 과육의 일부가 투명해지는 현상

15. 화훼농가인 B씨가 농산물 표준규격으로 출하하고자 선별한 장미 (스탠다드) 에 대해 농산물품질관리사 A씨가 9묶음 (90본) 에 대해 점검한 결과는 아래와 같다. ①~⑤에 해당하는 답을 쓰시오. (단, 주어진 항목 외에는 등급판정에 고려하지 않으며, 경결점은 소수점 한 자리까지만 기재함) [6점]

꽃대의 길이(cm)	개화정도	결점의 정도
○ 31 ~ 40 cm : 1본 ○ 41 ~ 50 cm : 86본 ○ 51 ~ 60 cm : 3본	꽃봉오리가 2/5정도 개화됨	○ 품종 고유의 모양이 아닌 것 : 1본 ○ 농약살포로 외관이 떨어지는 것 : 1본 ○ 열상의 상처가 있는 것 : 1본 ○ 손질 정도가 미비한 것: 1본 ○ 생리장해로 외관이 떨어지는 것 : 1본

크기의 고르기	개화정도	결결점	종합판정	
등급 : (①)	등급 : (②)	비율 : (③)%	등급 : (④)	이유 : (⑤)

정답 및 해설

① 특 ② 상 ③ 보통 ④ 보통

⑤ 크기의 고르기 특, 개화정도 상, 경결점 보통 5% 이하로 종합판정은 보통

① 크기의 고르기 : 모두 3급으로 크기 구분표 [표 1]에서 크기가 다른 것이 없는 것(특)

② 개화정도 : 스탠다드 : 꽃봉오리가 2/5정도 개화된 것(상)

③ 경결점 : 90본 중 경결점 4본(4.4%, 보통)

　○ 품종 고유의 모양이 아닌 것 : 1본(경)

　○ 농약살포로 외관이 떨어지는 것 : 1본(경)

　○ 열상의 상처가 있는 것 : 1본(중)

　○ 손질 정도가 미비한 것: 1본(경)

　○ 생리장해로 외관이 떨어지는 것 : 1본(경)

④ 종합판정 : 보통

⑤ 크기의 고르기 특, 개화정도 상, 경결점 보통 5% 이하로 종합판정은 보통

장미 등급규격

등급 항목	특	상	보통
① 크기의 고르기	크기 구분표 [표 1]에서 크기가 다른 것이 없는 것	크기 구분표 [표 1]에서 크기가 다른 것이 5% 이하인 것	크기 구분표 [표 1]에서 크기가 다른 것이 10% 이하인 것

② 꽃	품종 고유의 모양으로 색택이 선명하고 뛰어난 것	품종 고유의 모양으로 색택이 선명하고 양호한 것	특상에 미달하는 것
③ 줄기	세력이 강하고, 휘지 않으며 굵기가 일정한 것	세력이 강하고, 휘어진 정도가 약하며 굵기가 비교적 일정한 것	특상에 미달하는 것
④ 개화정도	- 스탠다드 : 꽃봉오리가 1/5정도 개화된 것 - 스프레이 : 꽃봉오리가 1~2개 정도 개화된 것	- 스탠다드 : 꽃봉오리가 2/5정도 개화된 것 - 스프레이 : 꽃봉오리가 3~4개 정도 개화된 것	특상에 미달하는 것
⑤ 손질	마른 잎이나 이물질이 깨끗이 제거된 것	마른 잎이나 이물질 제거가 비교적 양호한 것	특상에 미달하는 것
⑥ 중결점	없는 것	없는 것	5% 이하인 것
⑦ 경결점	3% 이하인 것	5% 이하인 것	10% 이하인 것

[표 1] 크기 구분

구분	호칭	1급	2급	3급	1묶음의 본수(본)
1묶음 평균의 꽃대 길이(cm)	스탠다드	80이상	70이상 ~ 80미만	20이상 ~ 70미만	10
	스프레이	70이상	60이상 ~ 70미만	30이상 ~ 60미만	5 또는 10

〈 용어의 정의 〉

① 크기의 고르기는 매 포장 단위마다 상단·중단·하단에서 각각 3묶음씩 총 9묶음의 표본을 추출하여 해당 크기 구분표 [표 1]에서 크기가 다른 것의 개수비율을 말한다.

② 결점 혼입률은 포장 단위별로 전체 본에 대한 결점본의 개수비율을 말한다.

③ 중결점은 다음의 것을 말한다.

　㉠ 이품종화 : 품종이 다른 것

　㉡ 상처 : 자상, 압상 동상, 열상 등이 있는 것

　㉢ 병충해 : 병해, 충해 등의 피해가 심한 것

　㉣ 생리장해 : 꽃목굽음, 기형화 등의 피해가 심한 것

　㉤ 형상불량, 파손, 굽힘, 개화 차이가 심히 불량한 것

　㉥ 기타 결점의 정도가 현저하게 품위에 영향을 미치는 것

④ 경결점은 다음의 것을 말한다.

　㉠ 품종 고유의 모양이 아닌 것

　㉡ 경미한 약해, 생리장해, 상처, 농약살포 등으로 외관이 떨어지는 것

ⓒ 손질 정도가 미비한 것

ⓔ 기타 결점의 정도가 경미한 것

16. 농산물품질관리사 A씨가 농산물 도매시장에 출하된 난지형 마늘 1망 (50개) 에 대해서 농산물 표준규격에 따라 계측한 결과이다. 항목별 등급과 종합판정 등급 및 그 이유를 쓰시오. (단, 주어진 항목 외에는 등급판정에 고려하지 않음) [6점]

낱개의 고르기 (1개의 지름, cm)	결점의 정도
○ 4.5 이상 ~ 5.0 cm 미만 : 3개 ○ 5.0 이상 ~ 5.5 xm 미만 : 6개 ○ 5.5 이상 ~ 6.0cm 미만 : 25개 ○ 6.0 이상 ~ 6.5cm 미만 : 16개	○ 마늘쪽이 마늘통의 줄기로부터 1/4 이상 떨어져 나간 것 : 3개 ○ 외피에 기계적 손상을 입은 것 : 4개 ○ 뿌리 턱이 빠진 것: 2개

낱개의 고르기		경결점	종합판정	
등급 : (①)		비율 : (②)%	등급 : (③)	이유 : (④)

※ 이유 답안 예시 : △△ 항목이 ○○%로 "○"등급 기준의 ○○% 이하 (미만) 또는 이상 (초과) 에 해당함

정답 및 해설

① 상 ② 18% ③ 보통 ④ 경결점 항목이 18%로 "보통" 등급 기준의 20% 이하에 해당함

① 낱개의 고르기 : 9/50 = 18%(20% 이하로 상)

  ○ 4.5 이상 ~ 5.0 cm 미만 : 3개(L)

  ○ 5.0 이상 ~ 5.5 xm 미만 : 6개(L)

  ○ 5.5 이상 ~ 6.0cm 미만 : 25개(2L)

  ○ 6.0 이상 ~ 6.5cm 미만 : 16개(2L)

② 경결점 : 9/50 = 18%(20% 이하로 보통)

  ○ 마늘쪽이 마늘통의 줄기로부터 1/4 이상 떨어져 나간 것 : 3개(경)

  ○ 외피에 기계적 손상을 입은 것 : 4개(경)

  ○ 뿌리 턱이 빠진 것: 2개(경)

③ 등급 : 보통

④ 이유 : 경결점 항목이 18%로 "보통" 등급 기준의 20% 이하에 해당함

마늘 등급규격

항목 \ 등급	특	상	보통
① 낱개의 고르기	별도로 정하는 크기 구분표 [표 1]에서 크기가 다른 것이 10% 이하인 것. 단, 크기 구분표의 해당 크기에서 1단계를 초과할 수 없다.	별도로 정하는 크기 구분표 [표 1]에서 크기가 다른 것이 20% 이하인 것. 단, 크기 구분표의 해당 크기에서 1단계를 초과할 수 없다.	특상에 미달하는 것
② 모양	품종 고유의 모양이 뛰어나며, 각 마늘쪽이 충실하고 고른 것	품종 고유의 모양을 갖추고 각 마늘쪽이 대체로 충실하고 고른 것	특상에 미달하는 것
③ 손질	- 통마늘의 줄기는 마늘통으로부터 2.0㎝ 이내로 절단한 것 - 풋마늘의 줄기는 마늘통으로부터 5.0㎝ 이내로 절단한 것	- 통마늘의 줄기는 마늘통으로부터 2.0㎝ 이내로 절단한 것 - 풋마늘의 줄기는 마늘통으로부터 5.0㎝ 이내로 절단한 것	- 통마늘 줄기는 마늘통으로부터 2.0㎝ 이내로 절단한 것 - 풋마늘의 줄기는 마늘통으로부터 5.0㎝ 이내로 절단한 것
④ 열구 (난지형에 한한다)	20% 이하인 것	30% 이하인 것	특상에 미달하는 것
⑤ 쪽마늘	4% 이하인 것	10% 이하인 것	15% 이하인 것
⑥ 중결점과	없는 것	없는 것	5% 이하인 것(부패·변질구는 포함할 수 없음)
⑦ 경결점과	5% 이하인 것	10% 이하인 것	20% 이하인 것

[표 1] 크기 구분

구분 \ 호칭		2L	L	M	S
1개의 지름 (㎝)	한지형	5.0 이상	4.0 이상 ~ 5.0 미만	3.0 이상 ~ 4.0 미만	2.0 이상 ~ 3.0 미만
	난지형	5.5 이상	4.5 이상 ~ 5.5 미만	4.0 이상 ~ 4.5 미만	3.5 이상 ~ 4.0 미만

※ 크기는 마늘통의 최대 지름을 말한다.

〈 용어의 정의 〉

① 마늘의 구분은 다음과 같다.

　㉠ 통마늘 : 적당히 건조되어 저장용으로 출하되는 마늘

　㉡ 풋마늘 : 수확후 신선한 상태로 출하되는 마늘(4~6월중에 출하되는 것에 한함)

② 열구 : 마늘쪽의 일부 또는 전부가 줄기로부터 벌어져 있는 것으로 포장단위 전체 마늘에 대한 개

　　　수 비율을 말한다. 단, 마늘통 높이의 3/4 이상이 외피에 싸여 있는 것은 제외한다.

　③ 쪽마늘 : 포장단위별로 전체 마늘 중 마늘통의 줄기로부터 떨어져 나온 마늘쪽을 말한다.

　④ 중결점구는 다음의 것을 말한다.

　　㉠ 병충해구 : 병충해의 증상이 뚜렷하거나 진행성인 것

　　㉡ 부패, 변질구 : 육질이 부패 또는 변질된 것

　　㉢ 형상불량구 : 기형 및 벌마늘(완전한 줄기가 2개 이상 발생한 2차 생성구), 싹이 난 것, 뿌리가 난 것

　　㉣ 상해구 : 기계적 손상이 마늘쪽의 육질에 미친 것

　⑤ 경결점구는 다음의 것을 말한다.

　　㉠ 마늘쪽이 마늘통의 줄기로부터 1/4 이상 떨어져 나간 것

　　㉡ 외피에 기계적 손상을 입은 것

　　㉢ 뿌리 턱이 빠진 것

　　㉣ 기타 중결점구에 속하지 않는 결점이 있는 것

17. 단감 1상자에 20개씩 담아 농산물 표준규격품으로 공영도매시장에 출하하고자 한다. 출하 시 도매시장의 상자당 가격(특품: 30,000원 / 상품: 25,000원 / 보통품: 20,000원)을 감안하여 높은 등급부터 출하상자를 구성하고자 한다. 결점과 삽입여부가 등급에 영향을 미치지 않는 경우 정상과를 우선 사용하여 단감 모두를 출하하고자 한다. 이 농가의 최대수익을 위한 포장방법 ①~⑦에 해당하는 답을 쓰시오. (단, 주어진 항목 외에는 등급판정에 고려하지 않음) [8점]

1과 무게(g)	총개수 (과)	색택(착색비율)			결점의 정도
		90% 이상	80% 이상	70% 이상	
310 3L	4	10과	60과	30과	A : 미숙과 1과
250 2L	90				B : 품종 고유의 모양이 아닌 것 1과
240 L	6				C : 꼭지와 과육 사이에 틈이 있는 것 1과
					D : 꼭지가 돌아간 것 1과

등급	최대 상자수	상자별 구성내용	상자별 결점과 포함내용

		(000g 0과 + 000g 0과 •••)	
특	(①)상자	(②)	0
상	(③)상자	(④)	(⑤)
보통	1 상자	(⑥)	(⑦)

정답 및 해설

① 3 ② (250g*19과 + 310g*1과) ③ 1 ④ (250g*19과 + 310g*1과) ⑤ 경결점 1과

⑥ (250g*14과 + 240g*6과) ⑦ 중결점 1과, 경결점 2과

등급	최대 상자수	상자별 구성내용 (000g 0과 + 000g 0과 •••)	상자별 결점과 포함내용
특	(3)상자	(②) (250*19과 + 310*1과)	0
상	(1)상자	(④) 250*19과 + 310*1과	(경결점 1과)
보통	1 상자	(⑥) 250*14과 240*6과	(중결점 1과 경결점 2과)

단감 등급규격

항목 \ 등급	특	상	보통
① 낱개의 고르기	별도로 정하는 크기 구분표 [표 1]에서 무게가 다른 것이 5% 이하인 것. 단, 크기 구분표의 해당 무게에서 1단계를 초과 할 수 없다.	별도로 정하는 크기 구분표 [표 1]에서 무게가 다른 것이 10% 이하인 것. 단, 크기 구분표의 해당 무게에서 1단계를 초과 할 수 없다.	특상에 미달하는 것
② 색택	착색비율이 80% 이상인 것	착색비율이 60% 이상인 것	특상에 미달하는 것
③ 숙도	숙도가 양호하고 균일한 것	숙도가 양호하고 균일한 것	특상에 미달하는 것
④ 중결점과	없는 것	없는 것	5% 이하인 것(부패·변질과는 포함할 수 없음)
⑤ 경결점과	3% 이하인 것	5%이하인 것	20% 이하인 것

[표 1] 크기 구분

구분\호칭	3L	2L	L	M	S	2S	3S
g/개	300 이상	250 이상 ~ 300 미만	214 이상 ~ 250 미만	188 이상 ~ 214 미만	167 이상 ~ 188 미만	150 이상 ~ 167 미만	150 미만

〈 용어의 정의 〉

① 착색비율은 낱개별로 전체 면적에 대한 품종 고유의 색깔이 착색된 면적의 비율을 말한다.

② 중결점과는 다음의 것을 말한다.
  ㉠ 이품종과 : 품종이 다른 것
  ㉡ 부패, 변질과 : 과육이 부패 또는 변질된 것(과숙에 의해 육질이 변질된 것을 포함한다.)
  ㉢ 미숙과 : 당도(맛), 경도 및 색택으로 보아 성숙이 덜된 것(덜익은 과일을 수확하여 아세틸렌, 에틸렌 등의 가스로 후숙한 것을 포함한다.)
  ㉣ 병충해과 : 탄저병, 검은별무늬병, 감꼭지나방 등 병해충의 피해가 있는 것
  ㉤ 상해과 : 열상, 자상 또는 압상이 있는 것. 다만 경미한 것을 제외한다.
  ㉥ 꼭지 : 꼭지가 빠지거나, 꼭지 부위가 갈라진 것
  ㉦ 모양 : 모양이 심히 불량한 것
  ㉧ 기타 : 경결점과에 속하는 사항으로 그 피해가 현저한 것

③ 경결점과는 다음의 것을 말한다.
  ㉠ 품종 고유의 모양이 아닌 것
  ㉡ 경미한 일소, 약해 등으로 외관이 떨어지는 것
  ㉢ 그을음병, 깍지벌레 등 병충해의 피해가 과피에 그친 것
  ㉣ 꼭지가 돌아갔거나, 꼭지와 과육 사이에 틈이 있는 것
  ㉤ 경미한 찰상 등 중결점과에 속하지 않는 상처가 있는 것
  ㉥ 기타 결점의 정도가 경미한 것

18. M작목반은 양파를 수확하여 1망 8kg (50개) 단위로 포장을 마친 후 K농산물품질관리사에게 등급판정을 의뢰하였다. 이에 K농산물품질관리사가 계측한 결과는 다음과 같았다. 농산물 표준규격에 따른 ① ~ ③에 해당하는 답을 쓰시오. (단, 주어진 항목 외에는 등급판정에 고려하지 않음》 [6점]

구분	크기 구분(개)	결점 내용

계측결과	2L(7개), L(43개)	병해충 피해가 외피에 그친 것 : 2개	
낱개의 고르기		종합판정	
등급 : (①)		등급 : (②)	이유 : (③)

※ 이유 답안 예시 : △△ 항목이 ○○%로 "○"등급 기준의 ○○% 이하(미만) 또는 이상(초과)에 해당함

정답 및 해설

① 상 ② 특 ③

① 낱개 고르기 : 7/50 = 14%(상)

② 결점과 : 경결점 2/50 = 4%(특)

③ 이유 : 낱개의 고르기 항목이 14%로 "상" 등급기준의 20% 이하에 해당함

양파 등급규격

등급 항목	특	상	보통
① 낱개의 고르기	별도로 정하는 크기 구분표 [표 1]에서 크기가 다른 것이 10% 이하인 것	별도로 정하는 크기 구분표 [표 1]에서 크기가 다른 것이 20% 이하인 것	특·상에 미달하는 것
② 모양	품종 고유의 모양인 것	품종 고유의 모양인 것	특·상에 미달하는 것
③ 색택	품종 고유의 선명한 색택으로 윤기가 뛰어난 것	품종 고유의 선명한 색택으로 윤기가 양호한 것	특·상에 미달하는 것
④ 손질	흙 등 이물이 잘 제거된 것	흙 등 이물이 제거된 것	특·상에 미달하는 것
⑤ 중결점과	없는 것	없는 것	5% 이하인 것(부패·변질구는 포함할 수 없음)
⑥ 경결점과	5% 이하인 것	10% 이하인 것	20% 이하인 것

[표 1] 크기 구분

구분	호칭	2L	L	M	S
1구의 지름 (cm)		9.0 이상	8.0 이상 ~ 9.0 미만	6.0 이상 ~ 8.0 미만	6.0 미만

〈 용어의 정의 〉

① 중결점구는 다음의 것을 말한다.

  ㉠ 부패·변질구 : 엽육이 부패 또는 변질된 것

   ⓒ 병충해 : 병해충의 피해가 있는 것
   ⓒ 상해구 : 자상, 압상이 육질에 미친 것, 심하게 오염된 것
   ② 형상 불량구 : 쌍구, 열구, 이형구, 싹이 난 것, 추대된 것
   ⑩ 기타 : 경결점구에 속하는 사항으로 그 피해가 현저한 것
  ② 경결점구는 다음의 것을 말한다.
   ㉠ 품종 고유의 모양이 아닌 것
   ⓒ 병해충의 피해가 외피에 그친 것
   ⓒ 상해 및 기타 결점의 정도가 경미한 것

19. 자두 (대과종)를 생산하는 M씨가 농산물 도매시장에 표준규격 농산물로 출하하고자 1상자 (10kg)에서 50개를 무작위 추출하여 계측한 결과가 다음과 같았다. 농산물 표준규격상 다음 ① ~ ④해당하는 답을 쓰시오. (단, 주어진 항목 외에는 등급판정에 고려하지 않음) [6점]

1과의 무게 (g)	색택	결점의 정도	
○ 150 이상 ~ 160g 미만: 1개 ○ 130 이상 ~ 150g 미만: 48개 ○ 120 이상 ~ 130g 미만: 1개	착색비율: 45 ~ 55%	○ 품종 고유의 모양이 아닌 것: 1개 ○ 약해 피해가 경미한 것: 1개	
낱개의 고르기	착색 비율	종합판정	
등급: (①)	등급: (②)	등급: (③)	이유: (④)

※ 이유 답안 예시 : △△ 항목이 ○○%로 "○"등급 기준의 ○○% 이하(미만) 또는 이상(초과)에 해당함

정답 및 해설

① 특 ② 특 ③ 상 ④ 경결점 항목이 4%로 "상" 등급기준의 5% 이하에 해당함

① 낱개의 고르기 : 1/50 = 2%(특)
 ○ 150 이상 ~ 160g 미만: 1개(2L)
 ○ 130 이상 ~ 150g 미만: 48개(L)
 ○ 120 이상 ~ 130g 미만: 1개(L)
② 착색비율 : 45 ~ 55%(40% 이상 특)
③ 등급 : 상, 결점과 2/50 = 4%(5% 이하 상)
④ 이유 : 경결점 항목이 4%로 "상" 등급기준의 5% 이하에 해당함
자두 등급규격

항목 \ 등급	특	상	보통
① 낱개의 고르기	별도로 정하는 크기 구분표 [표 1]에서 무게가 다른 것이 5% 이하인 것. 단, 크기 구분표의 해당 무게에서 1단계를 초과 할 수 없다.	별도로 정하는 크기 구분표 [표 1]에서 무게가 다른 것이 10% 이하인 것. 단, 크기 구분표의 해당 무게에서 1단계를 초과 할 수 없다.	특·상에 미달하는 것
② 색택	착색비율이 40% 이상인 것	착색비율이 20% 이상인 것	특·상에 미달하는 것
③ 중결점과	없는 것	없는 것	5% 이하인 것(부패·변질과는 포함할 수 없음)
④ 경결점과	3% 이하인 것	5% 이하인 것	20% 이하인 것

[표 1] 크기 구분

품종 \ 호칭			2L	L	M	S
1과의 기준 무게 (g)	대과종	포모사, 솔담, 산타로사, 캘시(피자두) 및 이와 유사한 품종	150 이상	120 이상 ~ 150 미만	90 이상 ~ 120 미만	90 미만
	중과종	대석조생, 비유티 및 이와 유사한 품종	100 이상	80 이상 ~ 100 미만	60 이상 ~ 80 미만	60 미만

〈용어의 정의〉

① 착색비율은 낱개별로 전체 면적에 대한 품종 고유의 색깔이 착색된 면적의 비율을 말한다.

② 중결점과는 다음의 것을 말한다.

    ㉠ 이품종과 : 품종이 다른 것

    ㉡ 부패, 변질과 : 과육이 부패 또는 변질된 것(과숙에 의해 육질이 변질된 것을 포함한다.)

    ㉢ 미숙과 : 맛, 육질, 색택 등으로 보아 성숙이 현저하게 덜된 것

    ㉣ 병충해과 : 검은무늬병, 심식충 등 병충해의 피해가 있는 것

    ㉤ 상해과 : 찰상, 자상, 압상 등의 상처가 있는 것. 다만 경미한 것은 제외한다.

    ㉥ 모양 : 모양이 심히 불량한 것

    ㉦ 기타 : 오염된 것 등 그 피해가 현저한 것

③ 경결점과는 다음의 것을 말한다.

    ㉠ 품종 고유의 모양이 아닌 것

ⓒ 약해, 일소 등 피해가 경미한 것
ⓓ 병충해, 상해의 정도가 경미한 것
ⓔ 기타 결점의 정도가 경미한 것

20. K농가는 배를 수확하여 선별 후 동일 중량 200과(1과의 무게 500g) 전량에 대해 상자당 20개씩 넣어 10kg들이 상자에 포장하여 거래처로 출하하고자 선별한 결과는 다음과 같았다. 상자당 가격이 특품 90,000원 / 상품 80,000원 / 보통품 60,000원일 경우, K농가의 최대 수익을 위한 포장방법 ①~⑤에 해당하는 답을 쓰시오. (단, 주어진 항목 외에는 등급판정을 고려하지 않으며, '상'등급 상자에는 동일 경결점 유형이 포함되지 않아야 함) [8점]

선별 결과		개수(과)
정상과	결점이 없는 것(A형)	191
결점과	경미한 찰상이 있는 것(B형)	2
	꼭지가 빠진 것(C형)	6
	품종이 다른 것(D형)	1

등급	상자수	1상자 구성 내용
특	(①)	(②)
상	(③)	(④)
보통	1	A형 15개 + (⑤)형 1개 + C형 4개

※ 1상자 구성 내용 예시 : A형 00과, B형 00과 + C형 00과 + •••

보통 D형

정답 및 해설

① 7 ② A형 20개 ③ 2 ④ A형 18개 + B형 1개 + C형 1개 ⑤ D

배 등급규격

항목 \ 등급	특	상	보통
① 낱개의 고르기	별도로 정하는 크기 구분표 [표 1]에서 무게가 다른 것이 섞이지 않은 것	별도로 정하는 크기 구분표 [표 1]에서 무게가 다른 것이 5%이하인 것. 단, 크기 구분표의 해당 무게에서 1	특상에 미달하는 것

		단계를 초과 할 수 없다.	
② 색택	품종 고유의 색택이 뛰어난 것	품종 고유의 색택이 양호한 것	특상에 미달하는 것
③ 신선도	껍질의 수축현상이 나타나지 않은 것	껍질의 수축현상이 나타나지 않은 것	특상에 미달하는 것
④ 중결점과	없는 것	없는 것	5% 이하인 것(부패·변질과는 포함할 수 없음)
⑤ 경결점과	없는 것	10% 이하인 것	20% 이하인 것

[표 1] 크기 구분

구분 \ 호칭	3L	2L	L	M	S	2S
g/개	750 이상	600 이상 ~ 750 미만	500 이상 ~ 600 미만	430 이상 ~ 500 미만	375 이상 ~ 430 미만	333 이상 ~ 375 미만

〈 용어의 정의 〉

① 중결점과는 다음의 것을 말한다.

　㉠ 이품종과 : 품종이 다른 것

　㉡ 부패, 변질과 : 과육이 부패 또는 변질된 것

　㉢ 미숙과 : 당도, 경도 및 색택으로 보아 성숙이 현저하게 덜된 것(성숙 이전에 인공 착색한 것을 포함한다.)

　㉣ 과숙과 : 경도, 색택으로 보아 성숙이 지나치게 된 것

　㉤ 병해충과 : 붉은별무늬병(적성병), 검은별무늬병(흑성병), 겹무늬병, 심식충류, 매미충류 등 병해충의 피해가 과육까지 미친 것

　㉥ 상해과 : 열상, 자상 또는 압상이 있는 것. 다만 경미한 것은 제외한다.

　㉦ 모양 : 모양이 심히 불량한 것

　㉧ 기타 : 경결점과에 속하는 사항으로 그 피해가 현저한 것

② 경결점과는 다음의 것을 말한다.

　㉠ 품종 고유의 모양이 아닌 것

　㉡ 경미한 과피흑점, 얼룩, 녹, 일소 등으로 외관이 떨어지는 것

　㉢ 병해충의 피해가 과피에 그친 것

　㉣ 경미한 찰상 등 중결점과에 속하지 않는 상처가 있는 것

　㉤ 꼭지가 빠진 것

　㉥ 기타 결점의 정도가 경미한 것

부록 제 21회 기출문제

1. 농수산물의 원산지 표시 등에 관한 법률상 수입농산물등의 유통이력에 관한 사항이다. 유통이력신고 의무자가 다음의 내용을 신고하는 전산시스템의 명칭을 쓰시오. [2점]

   〈 유통이력의 범위 〉
   ○ 양수자의 업체(상호)명·주소·성명(법인인 경우 대표자의 성명) 및 사업자등록번호 (법인인 경우 법인등록번호)
   ○ 양도 물품의 명칭, 수량 및 중량
   ○ 양도일

   정답 및 해설 수입농산물등유통이력관리시스템
   시행규칙 제6조의2(수입 농산물 등의 유통이력 신고 절차 등) ① 법 제10조의2제1항에 따른 유통이력 신고는 법 제10조의2제1항에 따른 유통이력관리수입농산물등의 양도일부터 5일 이내에 영 제6조의2제2항에 따른 수입농산물등유통이력관리시스템에 접속하여 제1조의2 각 호의 사항을 입력하는 방식으로 해야 한다.

2. 농수산물 품질관리법령상 지리적표시품 위반행위에 대한 행정처분 기준이다. 잘못된 부분을 모두 찾아 수정하시오. (단, 일반기준과 감경조건은 고려하지 않음. 수정 예: ① ○○○ → □□□) [4점]

   ① 등록된 지리적표시품 생산계획의 이행이 곤란하다고 인정되는 경우(1차 위반)
     – 등록 취소
   ② 등록된 지리적표시품이 아닌 제품에 지리적 표시를 한 경우(1차 위반)
     – 표시정지 3개월
   ③ 지리적표시품이 등록기준에 미치지 못하게 된 경우(2차 위반)
     – 표시정지 3개월
   ④ 내용물과 다르게 과장된 표시를 한 경우(1차 위반)
     – 표시정지 1개월

정답 및 해설

② 표시정지 3개월 -> 등록 취소

③ 표시정지 3개월 -> 등록 취소

위반행위	근거 법조문	행정처분 기준		
		1차 위반	2차 위반	3차 위반
1) 법 제32조제3항 및 제7항에 따른 지리적 표시품 생산계획의 이행이 곤란하다고 인정되는 경우	법 제40조 제3호	등록 취소		
2) 법 제32조제7항에 따라 등록된 지리적표시품이 아닌 제품에 지리적표시를 한 경우	법 제40조 제1호	등록 취소		
3) 법 제32조제9항의 지리적표시품이 등록기준에 미치지 못하게 된 경우	법 제40조 제1호	표시정지 3개월	등록 취소	
4) 법 제34조제3항을 위반하여 의무표시사항이 누락된 경우	법 제40조 제2호	시정명령	표시정지 1개월	표시정지 3개월
5) 법 제34조제3항을 위반하여 내용물과 다르게 거짓표시나 과장된 표시를 한 경우	법 제40조 제2호	표시정지 1개월	표시정지 3개월	등록 취소

3. **농수산물 품질관리법령상 농산물검사에 관한 내용이다. ① ~ ④ 중 틀린 내용의 번호를 쓰고 옳게 수정하시오. (수정 예: ① ○○○ → □□□) [4점]**

① 농산물의 검사를 받으려는 자는 국립농산물품질관리원장에게 검사를 받으려는 날의 5일 전까지 농산물 검사신청서를 제출하여야 한다.
② 재검사 결과에 이의가 있는 자는 재검사일로부터 7일 이내에 농산물검사관이 소속된 농산물검사기관의 장에게 이의신청을 할 수 있다.
③ 11월 1일에 검사를 받은 사과의 검사 유효기간은 30일이다.
④ 농산물검사관이 고의적인 위격검사를 한 경우 1회 위반일 때의 처분기준은 6개월 정지이다.

정답 및 해설

① 5일 -> 3일

④ 6개월 -> 자격취소

① **제96조(농산물의 검사신청 절차 등)** ① 법 제79조에 따른 농산물의 검사를 받으려는 자는 국립농산물품질관리원장, 시·도지사 또는 법 제80조제1항에 따라 지정받은 농산물검사기관(이하 "농산물지정검사기관"이라 한다)의 장에게 검사를 받으려는 날의 3일 전까지 별지 제52호서식의 농산물검사신청서(국립농산물품질관리원장 또는 시·도지사가 따로 정한 서식이 있는 경우에는 그 서식을 말한다)를 제출하여야 한다

② **제85조(재검사 등)** ② 제1항에 따른 재검사의 결과에 이의가 있는 자는 재검사일부터 7일 이내에 농산물검사관이 소속된 농산물검사기관의 장에게 이의신청을 할 수 있으며, 이의신청을 받은 기관의 장은 그 신청을 받은 날부터 5일 이내에 다시 검사하여 그 결과를 이의신청자에게 알려야 한다.

③ 농산물검사의 유효기간(시행규칙 제109조 관련)

종류	품 목	검사시행시기	유효기간 (일)
곡류	벼·콩	5.1. ~ 9.30.	90
		10.1. ~ 4.30.	120
	겉보리·쌀보리·팥·녹두·현미·보리쌀	5.1. ~ 9.30.	60
		10.1. ~ 4.30.	90
	쌀	5.1. ~ 9.30.	40
		10.1. ~ 4.30.	60
특용작물류	참깨·땅콩	1.1. ~ 12.31.	90
과실류	**사과·배**	5.1. ~ 9.30.	15
		10.1. ~ 4.30.	30
	단감	1.1. ~ 12.31.	20
	감귤	1.1. ~ 12.31.	30
채소류	고추·마늘·양파	1.1. ~ 12.31.	30
잠사류(蠶絲類)	누에씨	1.1. ~ 12.31.	365
	누에고치	1.1. ~ 12.31.	7
기타	농림축산식품부장관이 검사대상 농산물로 정하여 고시하는 품목의 검사유효기간은 농림축산식품부장관이 정하여 고시한다.		

④ 농산물검사관의 자격 취소 및 정지에 대한 세부 기준(시행규칙 제106조 관련)

위반행위	근거 법조문	위반횟수별 처분기준		
		1회	2회	3회
가. 거짓이나 그 밖의 부정한 방법으로	법 제83조			

	검사나 재검사를 한 경우	제1항제1호			
	1) 검사나 재검사를 거짓으로 한 경우		자격취소	–	–
	2) 거짓 또는 부정한 방법으로 자격을 취득하여 검사나 재검사를 한 경우		자격취소	–	–
	3) 삭제 〈2022. 1. 6.〉				
	4) 자격정지 중에 검사나 재검사를 한 경우		자격취소	–	–
	5) 고의적인 위격검사를 한 경우		자격취소	–	–
	6) 1등급 착오 20% 이상, 2등급 착오 5% 이상에 해당되는 위격검사를 한 경우		6개월 정지	자격취소	
	7) 1등급 착오 10% 이상 20% 미만, 2등급 착오 3% 이상 5% 미만에 해당되는 위격검사를 한 경우		3개월 정지	6개월 정지	자격취소
나. 법 또는 법에 따른 명령을 위반하여 현저히 부적격한 검사 또는 재검사를 하여 정부나 농산물검사기관의 공신력을 크게 떨어뜨린 경우		법 제83조 제1항제2호	자격취소	–	–
다. 법 제82조제7항을 위반하여 다른 사람에게 그 명의를 사용하게 하거나 자격증을 대여한 경우		법 제83조 제1항제3호	자격취소		

4. 국립농산물품질관리원 소속 원산지 단속 공무원은 정육점과 일반음식점을 같이 운영하고있는 K씨 정육식당의 원산지표시 위반여부에 대해 조사한 결과, 쇠고기 및 돼지고기 찌개, 배추김치의 배추와 고춧가루의 원산지를 표시하지 않고 판매한 사실을 적발하였다.

정육점 조사결과	일반음식점 조사결과
○ 판매할 목적으로 보관·진열한 쇠고기 원산지 미표시 - 물량: 30 kg - 판매단가: 6만원/kg	돼지고기 찌개, 배추김치(배추 및 고춧가루) 원산지 미표시

농수산물의 원산지 표시 등에 관한 법률상 K씨에게 부과할 수 있는 정육점 과태료(①)

와 일반음식점 과태료(②)를 각각 쓰시오. (단, 각 위반횟수는 1회이며, 감경사유는 고려하지 않으며, 주어진 정보 외에는 고려하지 않음) [4점]

> **정답 및 해설**
>
> ① 100만원
>
> ② 60만원
>
> 과태료의 부과기준(시행령 제10조 관련)
>
> | 위반행위 | 근거 법조문 | 과태료 | | | |
> |---|---|---|---|---|---|
> | | | 1차 위반 | 2차 위반 | 3차 위반 | 4차 이상 위반 |
> | 나. 법 제5조제3항을 위반하여 원산지 표시를 하지 않은 경우 | 법 제18조 제1항제1호 | | | | |
> | 1) 쇠고기의 원산지를 표시하지 않은 경우 | | 100만원 | 200만원 | 300만원 | 300만원 |
> | 3) 돼지고기의 원산지를 표시하지 않은 경우 | | 30만원 | 60만원 | 100만원 | 100만원 |
> | 8) 배추 또는 고춧가루의 원산지를 표시하지 않은 경우 | | 30만원 | 60만원 | 100만원 | 100만원 |

5. 다음 ( )에 들어갈 올바른 내용을 쓰시오. [4점]

> 농산물의 저장유통 중 발생되는 수분 손실은 품질과 경제적 손실을 초래하므로 저장고 내부의 습도 조절은 매우 중요하다. 습도는 공기 중의 수증기 양을 무게로 표시하는 (①)습도와 특정 온도에서의 포화 수증기 양에 대한 실질 수증기 함량의 비율을 나타내는 (②)습도로 나타낼 수 있으며, 저장고 온도를 낮추면 포화수증기 양이 낮아지므로 (②)습도는 (③)진다.

> **정답 및 해설**
>
> ① 절대습도
>
> ② 상대습도
>
> ③ 높아

> 절대습도 : 대기 중에 포함된 수증기의 양을 표시하는 방법으로 단위 부피당 수증기의 질량을 말한다. 공기 1㎥ 중에 포함된 수증기의 양을 g으로 나타낸다.
> 상대습도 : 현재 포함한 수증기량과 공기가 최대로 포함할 수 있는 수증기량(포화수증기량)의 비를 퍼센트(%)로 나타낸다. 포화수증기량은 온도에 따라서 변하기 때문에 공기가 포함한 수증기량이 일정하여도 상대습도는 온도에 따라 다른 값을 가진다.
> 상대습도 값 : 습한 공기의 수증기압 e와 같은 온도에서의 포화 공기의 수증기압 E와의 비 백분율과 같다. 즉, $R=(e/E)\times 100[\%]$이다.

6. 다음은 수확 후에 나타나는 농산물의 생리현상에 관한 설명이다. 설명이 옳으면 O, 옳지않으면 X를 순서대로 쓰시오. [4점]

> ○ 상추는 성숙기에 이르면 호흡이 급증한다. ……………… ( )
> ○ 배추는 수확후 호흡열을 낮추기 위해 차압예냉을 실시한다. ……… ( )
> ○ 옥수수는 수확후 전분이 감소하고 당은 증가한다. ………… ( )
> ○ 과망간산 칼리 처리 시 복숭아의 연화가 느려진다. ………… ( )

정답 및 해설

× ○ ○ ×

상추는 비호흡상승과이다.
채소류는 진공예냉방식 또는 차압예냉방식으로 호흡열을 낮춘다.
복숭아 연화를 방지를 위해 칼슘처리를 한다.

7. 다음은 농산물 선별기술에 관한 설명이다. ① ~ ④ 중 밑줄 친 부분이 틀리게 설명된 번호 2개를 찾아 옳게 수정하여 쓰시오. [4점]

> ① 스크린 선별기는 <u>비중 선별을 위해 사용된다.</u>
> ② 카메라를 이용한 영상처리기술을 통해 <u>외관 선별이 가능하다.</u>
> ③ 분광스펙트럼 측정을 통해 <u>당도 선별이 가능하다.</u>
> ④ 음파센서는 <u>과피장해 선별에 이용된다.</u>

정답 및 해설

① 색깔, 외관 선별을 위해 사용한다.
④ 공동과 선별에 이용된다.

8. 농산물품질관리사 H팀장은 APC에서 딸기 수확후 품질관리를 담당하고 있는데, 딸기수확후 선도유지 상품화를 위한 일련의 올바른 조치를 A와 B 중에서 선택하여 순서대로 쓰시오. [4점]

○ 딸기 유통기간을 연장하기 위해서 수확은 (A) 이른 아침에 / (B) 정오 이후 에한다.
○ 수확된 딸기는 호흡 억제를 위해서 (A) 상온 저장고에 / (B) 예냉고에 일정시간 둔다.
○ 딸기 단단함(경도)을 유지하기 위해서 (A) 열수 세척 처리 / (B) 이산화탄소 처리를 한다.
○ 딸기 유통 중 미생물 제어와 호흡 억제를 위해서 (A)MA 저온유통/(B)MA 상온유통을 한다.

정답 및 해설

A B B A
딸기는 5℃에 보관하거나 이산화탄소 처리하면 상품성 유지기간 늘고, 경도가 유지된다.

9. 과실 APC에서 수확후 선도유지를 위한 품질관리 공정 중 ( )에 들어갈 올바른용어를 〈보기〉에서 찾아 각각 하나씩 쓰시오. [5점]

○ 감귤 수확후 (①)의 목적은 과피에 잔존하는 미생물 및 먼지 등을 제거함에 있다.
○ 과실 (②) 선별 방식에는 전투과식, 반사식, 반투과식 등이 있다.
○ 배의 선도유지를 위한 적정 저장 습도는 90~95 % RH 이고, 이와 같은 조건은(③)억제에 효과적이다.
○ 사과 장기 저온 저장 시 저장고내 (④) 축적에 의해 발생하는 과육 내부갈변은 환기로 완화 시킬 수 있다.
○ 포도 저온 저장(0℃) 후 출하 시에는 (⑤) 방지를 위하여 상온유통보다는 저온유통(콜드체인)을 이용하는 것이 바람직하다.

〈 보 기 〉
예냉, 습도, 결로, 예건, 세척, 비파괴, 이산화탄소,
중량, 증산, 맹아, 산소, 유황, 훈증, 큐어링(치유)

정답 및 해설 ① 세척 ② 비파괴 ③ 증산 ④ 이산화탄소 ⑤ 결로

10. 농산물품질관리사 자격을 가지고 있는 P마트의 A팀장은 온도가 유지되는 판매대(10 ±2℃)에서 참외 과피에 갈변이 생긴 것을 발견하였다. 참외가 노화되기 이전에 발생되는 갈변은 과피의 하얀골과 노란 부분이 갈색으로 골고루 발생하는데 이에 대한 원인과 현상을 기술하였다. ( )에 알맞은 용어를 쓰시오. [3점]

○ 참외 과피 갈변은 (①) 증상의 일종으로 일반적으로 4~5℃ 이하의 저온에서 많이 발생한다.
○ 참외 과피 갈변은 과채류의 일종인 (②)의 태좌 부위에 씨가 갈변되는 원인과 비슷하다.
○ 참외 과피 갈변은 7~10℃ (③)포장 조건에서 골판지 상자 유통 조건보다 덜 나타난다.

정답 및 해설 ① 저온장해 ② 멜론 ③ MA

11. 일반음식점 A식당을 운영하는 업주 B는 냉면에 들어가는 쇠고기의 원산지를 거짓으로 표시하여 2024년 6월 1일에 국립농산물품질관리원 소속 단속공무원에게 적발되었다. 해당 업주는 2022년 11월 1일에도 적발된 사실이 있어 농수산물의 원산지 표시 등에 관한 법률상 과징금 부과 처분대상에 해당된다. A식당의 위반행위에 의한 냉면 판매 세부내역이 다음과 같을 때 과징금 부과기준에 의한 각 위반행위에 따른 위반금액(①~②)을 산출하고, 과징금(③)을 산정하시오. [6점]

적발일	판매 세부내역
1차 (2022년 11월 1일)	○ 냉면 판매가격: 12,000원 / 1인분 ○ 냉면에 사용된 쇠고기의 원가: 2,000원 / 1인분 ○ 냉면에 사용된 총 원료 원가: 4,000원 / 1인분 ○ 냉면의 판매인분 수: 1,000인분
2차 (2024년 6월 1일)	○ 냉면 판매가격: 15,000원 / 1인분 ○ 냉면에 사용된 쇠고기의 원가: 2,000원 / 1인분 ○ 냉면에 사용된 총 원료 원가: 5,000원 / 1인분 ○ 냉면의 판매인분 수: 2,000인분

위반 금액 산출	1차 위반에 따른 위반금액	(①)원
	2차 위반에 따른 위반금액	(②)원
과징금		(③)원

정답 및 해설

① $12,000 \times \dfrac{2,000}{4,000} \times 1,000 = 600$만원

② $15,000 \times \dfrac{2,000}{5,000} \times 2,000 = 1,200$만원

③ 1,800만원

1. 법 제6조의2제2항에 따라 법 제6조제2항 위반 시 각 위반행위에 의한 판매금액은 다음 1) 및 2)에 따라 산출한다.

    1) [음식 판매가격 × (음식에 사용된 원산지를 거짓표시한 해당 농수산물이나 그 가공품의 원가 / 음식에 사용된 총 원료 원가)] × 해당 음식의 판매인분 수

    2) 1)에 따른 판매금액 산출이 곤란할 경우, 원산지를 거짓표시한 해당 농수산물이나 그 가공품(음식에 사용되어 판매한 것에 한정한다)의 매입가격에 3배를 곱한 금액으로 한다.

2.
   가. 과징금 부과기준은 2년 이내 2회 이상 위반한 경우에 적용한다. 이 경우 위반행위로 적발된 날부터 다시 위반행위로 적발된 날을 각각 기준으로 하여 위반 횟수를 계산한다.

   나. 2년 이내 2회 위반한 경우에는 <u>각각의 위반행위에 따른 위반금액을 합산한 금액을 기준으로 과징금을 산정·부과</u>하고, 3회 이상 위반한 경우에는 해당 위반행위에 따른 위반금액을 기준으로 과징금을 산정·부과한다.

12. 농산물을 PE 필름 등으로 포장하여 저장 또는 유통하면 수분손실이 억제될 뿐아니라 호흡이 억제되는 효과도 나타난다. ①포장에 의해 농산물의 호흡이 억제되는 이유와 ②산소 투과도가 낮은 포장재를 사용할 때 나타날 수 있는 품질의 저하 증상에 대해 쓰시오. [6점]

정답 및 해설

① 포장 내 호흡에 의한 산소 농도 저하와 이산화탄소의 농도 증가

② 지나친 차단성은 이산화탄소 축적을 야기하고 생리적 장해와 결로현상이나 미생물 증식의 위험이 나타난다.

13. 성숙된 사과는 수확후 장기 저온 저장 시 경도 저하와 푸석함이 증가하는 노화현상이 발생하고, 미숙 상태의 녹색 바나나는 식용에 적합하지 않아 후숙처리를 한다. 이와 같이 사과와 바나나에서 발생하는 미숙-성숙-후숙-노화에 관여하는 ①식물 호르몬의 명칭, ②사과의 노화 억제 방법, ③바나나의 후숙 촉진 방법과 조건을 쓰시오. [6점]

> **정답 및 해설**
>
> ① 에틸렌
> ② 저온저장, 재배 중 칼슘처리
> ③ 종이봉지에 담아 실온 보관

14. 9월 중순에 수확된 고구마를 바로 큐어링한 후 12℃(80±3 % RH)에서 5개월 저장하였다. 이후 세척-건조 후 다음 〈조건〉의 저온 및 CA 컨테이너를 이용하여 싱가포르에 수출하였는데, 싱가포르 도착 후 저온 컨테이너 고구마가 30% 정도 부패하였고 CA 컨테이너는 부패가 없었다. 저온 컨테이너 고구마 부패의 원인 2가지와 대책 3가지를 쓰시오. [6점]

저온 컨테이너(12 feet)	CA 컨테이너(12 feet)
○ 포장단위: 골판지 상자 5kg	○ 포장단위: 골판지 상자 5kg
○ 온도: 2℃	○ 온도: 12℃
○ 습도: 90% RH	○ 습도: 90% RH
	○ CA 조건: O2 5% / CO2 12%

* 부패의 증상: 곰팡이 발생, 과피 및 과육의 괴사, 붕괴
* 부산-싱가포르 운송 소요일: 15일

> **정답 및 해설**
>
> 부패의 원인 : 저온 수송
> 대책 : 수송 중 저장 적온 12~15℃ 유지

15. 시장에 유통되는 홍고추(물고추) 1상자(400개들이, 10kg)를 농산물품질관리사 L이농

산물 표준규격에 따라 계측한 결과가 다음과 같았다. 농산물 표준규격상의 항목별 등급(①~④)과 종합판정 등급(⑤) 및 그 이유(⑥)를 쓰시오. (단, 주어진 항목 외에는 등급판정에 고려하지 않음) [6점]

낱개의 고르기	색택	신선도	결점의 정도
평균 길이에서 ±2.0 cm를 초과하는 것: 4개	품종 고유의 색깔이 선명하고 윤기가 있는 것	꼭지가 시들지 않고 신선하며, 탄력이 뛰어난 것	○ 색택으로 보아 성숙이 덜된 녹색과: 5개 ○ 꼭지 빠진 것: 7개 ○ 갈라진 것: 8개 ○ 발육이 덜 된 것: 3개

낱개의 고르기	색택	신선도	경결점과	종합판정 등급 및 이유	
등급: (①)	등급: (②)	등급: (③)	등급: (④)	등급: (⑤)	등급: (⑥)

※이유 답안 예시: △△항목이 ○○%로 "○"등급 기준의 ○○%이하(미만) 또는 이상(초과)에 해당함

정답 및 해설

① 특 ② 상 ③ 특 ④ 보통 ⑤ 보통

⑥ 이유 : 경결점과 항목이 5.75%로 "보통" 등급 기준의 20%이하에 해당함

낱개의 고르기 :

경결점과 23개 : 5.75%(23/400) 보통

등급 규격

등급 항목	특	상	보통
① 낱개의 고르기	평균 길이에서 ±2.0cm를 초과하는 것이 10% 이하인 것(꽈리고추는 20% 이하)	평균 길이에서 ±2.0cm를 초과하는 것이 20% 이하(꽈리고추는 50% 이하)로 혼입된 것	특·상에 미달하는 것

② 길이 (꽈리고추에 적용)	4.0~7.0cm인 것이 80% 이상		
③ 색택	- 풋고추, 꽈리고추 : 짙은 녹색이 균일하고 윤기가 뛰어난 것 - 홍고추(물고추) : 품종 고유의 색깔이 선명하고 윤기가 뛰어난 것	- 풋고추, 꽈리고추 : 짙은 녹색이 균일하고 윤기가 있는 것 - <u>홍고추(물고추) : 품종 고유의 색깔이 선명하고 윤기가 있는 것</u>	특상에 미달하는 것
④ 신선도	<u>꼭지가 시들지 않고 신선하며, 탄력이 뛰어난 것</u>	꼭지가 시들지 않고 신선하며, 탄력이 양호한 것	특상에 미달하는 것
⑤ 중결점과	없는 것	없는 것	5% 이하인 것(부패·변질과는 포함할 수 없음)
⑥ 경결점과	3% 이하인 것	5% 이하인 것	20% 이하인 것

〈 용어의 정의 〉

① 길이 : 꼭지를 제외한다.

② 중결점과는 다음의 것을 말한다

 ㉠ 부패, 변질과 : 부패 또는 변질된 것

 ㉡ 병충해 : 탄저병, 무름병, 담배나방 등 병해충의 피해가 현저한 것

 ㉢ 기타 : 오염이 심한 것, 씨가 검게 변색된 것

③ 경결점과는 다음의 것을 말한다

 ㉠ 과숙과 : 붉은색인 것(풋고추, 꽈리고추에 적용)

 ㉡ <u>미숙과 : 색택으로 보아 성숙이 덜된 녹색과(홍고추에 적용)</u>

 ㉢ 상해과 : 꼭지 빠진 것, 잘라진 것, 갈라진 것

 ㉣ <u>발육이 덜 된 것</u>

 ㉤ 기형과 등 기타 결점의 정도가 경미한 것

16. 농산물품질관리사 A가 농산물 도매시장에 출하된 참외(15 kg들이)를 농산물 표준규격에 따라 품위를 계측한 결과가 다음과 같았다. 농산물 표준규격에 따른 항목별 등급(①~③)을 쓰고 종합판정 등급(④)과 그 이유(⑤)를 쓰시오. (단, 주어진 항목 외에

는 등급판정에 고려하지 않음) [6점]

낱개의 고르기 (1개의 무게)	착색비율	결점의 정도
○ 400 g: 2개 ○ 370 g: 7개 ○ 340 g: 31개 ○ 330 g: 3개 ○ 280 g: 1개	85 %	○ 품종 고유의 모양이 아닌 것: 1개 ○ 탄저병의 피해가 경미한 것: 1개

낱개의 고르기	색택	경결점과	종합판정 등급 및 이유	
등급: (①)	등급: (②)	등급: (③)	등급: (④)	이유: (⑤)

※이유 답안 예시: △△항목이 ○○%로 "○"등급 기준의 ○○%이하(미만) 또는 이상(초과)에 해당함

정답 및 해설

① 특 ② 상 ③ 특 ④ 보통

⑤ 이유 : 중결점과 항목이 2.27%로 "보통"등급 기준의 5%이하에 해당함

낱개의 고르기 : 330이상 500미만 L 43개, 250이상 330미만 M 1개 => 1/44(2.27%) "특"

착색비율 85% : 80%이상 90% 미만 "상"

결점의 정도 :

탄저병 "중결점" 1/44(2.27%) "보통", 품종 고유의 모양이 아닌 것 "경결점"(2.27%) "특"

II. 등급 규격

등급 항목	특	상	보통
① 낱개의 고르기	별도로 정하는 크기 구분표 [표 1]에서 무게가 다른 것이 3% 이하인 것. 단, 크기 구분표의 해당 무게에서 1단계를 초과할 수 없음	별도로 정하는 크기 구분표 [표 1]에서 무게가 다른 것이 5% 이하인 것. 단, 크기 구분표의 해당 무게에서 1단계를 초과할 수 없음	특상에 미달하는 것
② 색택	착색비율이 90% 이상인 것	착색비율이 80% 이상인 것	특상에 미달하는 것
③ 신선도, 숙도	과육의 성숙 정도가 적당	과육의 성숙 정도가 적당	특상에 미달하는 것

	하며 과피에 갈변현상이 없고 신선도가 뛰어난 것	하며 과피에 갈변현상이 경미하고 신선도가 양호한 것	
④ 중결점과	없는 것	없는 것	5% 이하인 것(부패·변질 과는 포함할 수 없음)
⑤ 경결점과	3% 이하인 것	5% 이하인 것	20% 이하인 것

[표 1] 크기 구분

호칭 구분	2L	L	M	S	2S	3S
1개의 무게 (g)	500이상	330이상~ 500미만	250이상~ 330미만	200이상~ 250미만	165이상~ 200미만	165미만

〈 용어의 정의 〉

① 착색비율은 낱개별로 전체 면적에 대한 품종 고유의 색깔이 착색된 면적의 비율을 말한다.

② 중결점과는 다음의 것을 말한다.

    ㉠ 이품종과 : 품종이 다른 것

    ㉡ 부패, 변질과 : 과육이 부패 또는 변질된 것

    ㉢ 과숙과 : 성숙이 지나치거나 과육이 연화된 것

    ㉣ 미숙과 : 당도, 경도, 착색으로 보아 성숙이 현저하게 덜된 것

    ㉤ <u>병충해과 : 탄저병 등 병해충의 피해가 있는 것</u>. 다만, 경미한 것은 제외한다.

    ㉥ 상해과 : 열상, 자상 또는 압상 등이 있는 것. 다만, 경미한 것은 제외한다.

    ㉦ 모양 : 모양이 불량한 것

③ 경결점과는 다음의 것을 말한다.

    ㉠ 병충해, 상해의 피해가 경미한 것

    ㉡ <u>품종 고유의 모양이 아닌 것</u>

    ㉢ 기타 결점의 정도가 경미한 것

17. A농가에서 생산하여 농산물 표준규격품으로 농산물 도매시장에 출하한 참다래(스위트골드) 1상자(50개들이, 5kg)에 대해 농산물품질관리사 B씨가 품위를 계측한 결과가 다음과 같았다. 농산물 표준규격상의 항목별 등급(①~④)을 쓰고 종합판정 등급

(⑤)과 그 이유(⑥)를 쓰시오. (단, 주어진 항목 외에는 등급판정에 고려하지 않음) [6점]

낱개의 고르기 (1개의 무게)	색택	털	결점의 정도
○ 95g이상~115g미만: 47개 ○ 75g이상~95g미만: 3개	품종 고유의 색택이 뛰어남	털의 탈락이 없음	○ 품종 고유의 모양이 아닌것: 1개 ○ 병충해의 피해가 경미한 것: 1개

낱개의고르기	색택	털	경결점과	종합판정 등급 및 이유	
등급: (①)	등급: (②)	등급: (③)	등급: (④)	등급:(⑤)	이유:(⑥)

※이유 답안 예시: △△항목이 ○○%로 "○"등급 기준의 ○○%이하(미만) 또는 이상(초과)에 해당함

정답 및 해설

① 상 ② 특 ③ 특 ④ 특 ⑤ 상

⑤ 이유 : 낱개의 고르기 항목이 6%로 "상"등급 기준의 10%이하에 해당함

낱개의 고르기 : 3/50 6% "상"

○ 95g이상~115g미만: 47개 2L
○ 75g이상~95g미만: 3개 L

색택 : 품종 고유의 색택이 뛰어난 것 "특"

털 : 털의 탈락이 없는 것 "특"

경경점과 : 2/50 4% "특"

○ 품종 고유의 모양이 아닌것: 1개 "경결점"
○ 병충해의 피해가 경미한것: 1개 "경결점"

등급 규격

항목＼등급	특	상	보통
① 낱개의 고르기	별도로 정하는 크기 구분표 [표 1]에서 무게가 다른 것이 5% 이하인 것. 단, 크기 구분표의 해당 무게에서 1단계를 초과 할	별도로 정하는 크기 구분표 [표 1]에서 무게가 다른 것이 10% 이하인 것. 단, 크기 구분표의 해당 무게에서 1단계를 초과 할	특상에 미달하는 것

	수 없음	수 없음	
② 색택	품종 고유의 색택이 뛰어난 것	품종 고유의 색택이 양호한 것	특상에 미달하는 것
③ 향미	품종 고유의 향미가 뛰어난 것	품종 고유의 향미가 양호한 것	특상에 미달하는 것
④ 털	털의 탈락이 없는 것	털의 탈락이 경미한 것	털의 탈락이 심하지 않은 것
⑤ 중결점과	없는 것	없는 것	5% 이하인 것(부패·변질과는 포함할 수 없음)
⑥ 경결점과	5% 이하인 것	10% 이하인 것	20% 이하인 것

[표 1] 크기 구분

구분	호칭	2L	L	M	S	2S
1개의 무게(g)	홍양	95이상	75이상~95미만	55이상~75미만	40이상~55미만	40미만
	스위트골드	115이상	95이상~115미만	75이상~95미만	60이상~75미만	60미만
	헤이워드, 해금	125이상	105이상~125미만	85이상~105미만	70이상~85미만	70미만
	골드원	140이상	120이상~140미만	100이상~120미만	90이상~100미만	90미만

〈 용어의 정의 〉

① 중결점과는 다음의 것을 말한다.

  ㉠ 이품종과 : 품종이 다른 것

  ㉡ 부패, 변질과 : 과육이 부패 또는 변질된 것

  ㉢ 과숙과 : 육질, 경도로 보아 성숙이 지나치게 된 것

  ㉣ 병충해과 : 연부병, 깍지벌레, 풍뎅이등 병해충의 피해가 있는 것

  ㉤ 상해과 : 열상, 자상 또는 압상이 있는 것. 다만 경미한 것은 제외한다.

  ㉥ 모양 : 모양이 심히 불량한 것.

  ㉦ 기타 : 바람이 들어 육질에 동공이 생긴 것, 시든 것, 기타 경결점과에 속하는 사항으로 그 피해가 현저한 것

② 경결점과는 다음의 것을 말한다.
  ㉠ 품종 고유의 모양이 아닌 것
  ㉡ 일소, 약해 등으로 외관이 떨어지는 것
  ㉢ 병해충의 피해가 경미한 것
  ㉣ 경미한 찰상 등 중결점과에 속하지 않는 상처가 있는 것
  ㉤ 녹물에 오염된 것, 이물이 붙어 있는 것
  ㉥ 기타 결점의 정도가 경미한 것

18. 농산물품질관리사 A가 시중에 유통되고 있는 현미(1포대, 10 kg들이)를 농산물 표준규격에 따라 품위를 계측한 결과가 다음과 같았다. 농산물 표준규격에 따른 항목별등급(①~③)을 쓰고, 종합판정 등급(④)과 그 이유(⑤)를 쓰시오. (단, 주어진 항목외에는 등급판정에 고려하지 않음) [6점]

구 분	용적중	사미	피해립
계측결과	824 g/L	4.6 %	2.2 %

용적중	사미	피해립	종합판정 등급 및 이유	
등급: (①)	등급: (②)	등급: (③)	등급: (④)	이유: (⑤)

※ 이유 답안 예시: △△항목의 ○○ %는 "○"등급 기준의 ○○ %이하(미만) 또는 이상(초과)에 해당함

정답 및 해설

① 특 ② 상 ③ 특 ④ 상

⑤ 이유 : 사미항목의 4.6%는 "상"등급 기준의 6.0%이하에 해당함

용적중 : 810 이상인 것 "특"

사미 : 6.0% 이하인 것 "상"

피해립 : 5.0% 이하인 것 "특"

등급 규격

항목＼등급	특	상	보통

①모양	품종 고유의 모양으로 낟알 표면의 굵힘이 거의 없고 광택이 뛰어나며 낟알이 충실하고 고른 것	품종 고유의 모양으로 낟알 표면의 굵힘이 거의 없고 광택이 뛰어나며 낟알이 충실하고 고른 것	특상에 미달하는 것
②용적중(g/L)	810 이상인 것	800 이상인 것	780이상인 것
③정립	85.0% 이상인 것	75.0% 이상인 것	70.0%이상인 것
④수분	16.0% 이하인 것	16.0% 이하인 것	16.0% 이하인 것
⑤사미	3.0% 이하인 것	6.0% 이하인 것	10.0% 이하인 것
⑥피해립	5.0% 이하인 것	7.0% 이하인 것	10.0% 이하인 것
⑦열손립	0.0% 이하인 것	0.1% 이하인 것	0.3% 이하인 것
⑧메현미 혼입	3.0% 이하인 것(찰현미에만 적용)	8.0% 이하인 것(찰현미에만 적용)	15.0% 이하인 것(찰현미에만 적용)
⑨돌	없는 것	없는 것	없는 것
⑩뉘, 이종곡립(15kg중)	없는 것	없는 것	3개 이하인 것
⑪이물	0.0% 이하인 것	0.3% 이하인 것	0.5% 이하인 것
⑫조건	생산연도가 다른 현미가 혼입된 경우나 수확 연도로부터 1년이 경과되면 「특」이 될수 없음		

19. 농산물품질관리사 B가 시중에 유통되고 있는 사과(품종: 후지, 10 kg들이)를 농산물 표준규격에 따라 품위를 계측한 결과가 다음과 같았다. 농산물 표준규격에 따른 항목별등급(①~③)을 쓰고, 이를 종합하여 판정한 등급(④)과 그 이유(⑤)를 쓰시오. (단, 주어진항목 외에는 등급판정에 고려하지 않음) [6점]

낱개의 고르기(1개의 무게)	착색비율	결점과 정도
○ 300g : 1개 ○ 280g : 33개 ○ 260g : 2개	73 %	○ 일소의 피해로 외관이 떨어지는 것: 1개 ○ 고두병이 과실표면에 있는 것: 1개 ○ 품종 고유의 모양이 아닌 것: 1개

〈등급판정〉

낱개의 고르기	색택	중결점과	종합판정 등급 및 이유	
등급: (①)	등급: (②)	등급: (③)	등급: (④)	이유: (⑤)

※ 이유 답안 예시: △△항목이 ○○ %로 "○"등급 기준의 ○○ %이하(미만) 또는 이상(초과)에 해당함

정답 및 해설

① 상 ② 특 ③ 보통 ④ 보통

⑤ 이유 : 중결점과 항목이 2.7%로 "보통"등급 기준의 5%이하에 해당함

낱개의 고르기 : 2/36 5.5% 무게가 다른 것이 5% 이하인 것 "상"

○ 300g : 1개 2L

○ 280g : 33개 L

○ 260g : 2개 L

색택 : 60% 이상 "특"

결점과 : 중결점 1/36 2.7% 5% 이하 "보통", 경결점 2/36 5.5% 10% 이하 "상"

○ 일소의 피해로 외관이 떨어지는 것: 1개 "경결점"

○ 고두병이 과실표면에 있는 것: 1개 "중결점"

○ 품종 고유의 모양이 아닌 것: 1개 "경결점"

등급 규격

등급 항목	특	상	보통
① 낱개의 고르기	별도로 정하는 크기 구분표 [표 1]에서 무게가 다른 것이 섞이지 않은 것	별도로 정하는 크기 구분표 [표 1]에서 무게가 다른 것이 5% 이하인 것. 단, 크기 구분표의 해당 무게에서 1단계를 초과 할 수 없음	특상에 미달하는 것
② 색택	별도로 정하는 품종별/등급별 착색비율 [표 2]에서 정하는 「특」이외의 것이 섞이지 않은 것 단, 쓰가루(비착색계)는 적용하지 않음	별도로 정하는 품종별/등급별 착색비율 [표 2]에서 정하는 「상」에 미달하는 것이 없는 것 단, 쓰가루(비착색계)는 적용하지 않음	별도로 정하는 품종별/등급별 착색비율 [표 2]에서 정하는 「보통」에 미달하는 것이 없는 것
③ 신선도	윤기가 나고 껍질의 수축현상이 나타나지 않은 것	껍질의 수축현상이 나타나지 않은 것	특상에 미달하는 것

④ 중결점과	없는 것	없는 것	5% 이하인 것(부패·변질과는 포함할 수 없음)
⑤ 경결점과	없는 것	10% 이하인 것	20% 이하인 것

[표 1] 크기 구분

구분＼호칭	3L	2L	L	M	S	2S
1개의 무게(g)	375이상	300이상~375미만	250이상~300미만	214이상~250미만	188이상~214미만	167이상~188미만

[표 2] 품종별/등급별 착색비율

품종＼등급	특	상	보통
홍옥, 홍로, 화홍, 양광 및 이와 유사한 품종	70% 이상	50% 이상	30% 이상
후지, 조나골드, 세계일, 추광, 서광, 선홍, 새나라 및 이와 유사한 품종	60% 이상	40% 이상	20% 이상
쓰가루(착색계) 및 이와 유사한 품종	20% 이상	10% 이상	-

〈 용어의 정의 〉

① 착색비율은 낱개별로 전체 면적에 대한 품종 고유의 색깔이 착색된 면적의 비율을 말한다.

② 중결점과는 다음의 것을 말한다.

  ㉠ 이품종과 : 품종이 다른 것

  ㉡ 부패, 변질과 : 과육이 부패 또는 변질된 것(과숙에 의해 육질이 변질된 것을 포함한다.)

  ㉢ 미숙과 : 당도, 경도, 착색으로 보아 성숙이 현저하게 덜된 것(성숙 이전에 인공 착색한 것을 포함한다.)

  ㉣ 병충해과 : 탄저병, 검은별무늬병(흑성병), 겹무늬썩음병, 복숭아심식나방 등 병해충의 피해가 과육까지 미친 것

  ㉤ 생리장해과 : 고두병, 과피 반점이 과실표면에 있는 것

  ㉥ 내부갈변과 : 갈변증상이 과육까지 미친 것

  ㉦ 상해과 : 열상, 자상 또는 압상이 있는 것. 다만 경미한 것은 제외한다.

  ㉧ 모양 : 모양이 심히 불량한 것

  ㉨ 기타 : 경결점과에 속하는 사항으로 그 피해가 현저한 것

③ 경결점과는 다음의 것을 말한다.

  ㉠ 품종 고유의 모양이 아닌 것

  ㉡ 경미한 녹, 일소, 약해, 생리장해 등으로 외관이 떨어지는 것

  ㉢ 병해충의 피해가 과피에 그친 것

  ㉣ 경미한 찰상 등 중결점과에 속하지 않는 상처가 있는 것

  ㉤ 꼭지가 빠진 것

  ㉥ 기타 결점의 정도가 경미한 것

20. APC에서 B농가가 수확한 멜론(네트계)을 선별하였더니 다음과 같았다. 선별한 멜론을 포장할 때 농산물 표준규격상 '상' 등급으로 표기 가능한 최대 상자수(①)와 상자별 구성내용(②)을 쓰시오. [8점]

〈 조 건 〉
○ 포장 순서: '특', '상', '보통' 순으로 포장
○ 포장 단위: 4개/상자
○ 당도 적용: 농산물 표준규격상 표준규격품의 표시방법의 '권장 표시사항' 적용
○ 주어진 항목 외에는 등급에 고려하지 않음

1개의 무게(kg)	당도(°Bx)	총 개 수	정상과 개 수	결점과 개 수	결점과 정도
2.7	14	4	3	1	○ 탄저병의 피해가 있는것
2.7	13	3	2	1	○ 과육의 성숙이 지나친것
2.3	14	7	6	1	○ 품종고유의 모양이 아닌것
2.3	13	1	1		
1.9	13	4	4		
1.9	12	4	4		
1.5	12	6	6		
1.5	11	3	2	1	○ 열상이 있는 것

답:

등급	최대 상자수	상자별 구성 내용
상	(①)	(②)

※구성 내용 예시: (○○ kg 당도(△△) ◇◇개), (○○ kg 당도(△△) ◇◇개 + ○○ kg당도(△△) ◇◇개)

정답 및 해설

① 2개

② 상자별 구성 내용 :

1) 상 (1.9 kg 당도(12) 4개)

2) 상 (1.5 kg 당도(12) 4개)

무게 : 2.7kg 2L, 2.3kg L, 1.9kg M, 1.5kg S

2.7kg 1상자 : 특 => (2.7 kg 당도(14) 3개), (2.7 kg 당도(13) 1개), 상 없음

2.3kg : 특 (2.3 kg 당도(14) 4개) 상 없음.

1.9kg : 특 (1.9 kg 당도(13) 4개), 상 (1.9 kg 당도(12) 4개

1.5kg : 상 (1.5 kg 당도(12) 4개)

멜론 당도 등급규격 : 특 13^0Brix 이상, 상 11^0Brix 이상

등급 규격

항목 \ 등급	특	상	보통
① 낱개의 고르기	별도로 정하는 크기 구분표 [표 1]에서 무게가 다른 것이 섞이지 않은 것	별도로 정하는 크기 구분표 [표 1]에서 무게가 다른 것이 섞이지 않은 것	특·상에 미달하는 것
② 색택	품종 고유의 모양과 색택이 뛰어나며 네트계 멜론은 그물 모양이 뚜렷하고 균일한 것	품종 고유의 모양과 색택이 양호하며 네트계 멜론은 그물 모양이 양호한 것	특·상에 미달하는 것
③ 신선도, 숙도	꼭지가 시들지 아니하고 과육의 성숙도가 적당한 것	꼭지가 시들지 아니하고 과육의 성숙도가 적당한 것	특·상에 미달하는 것
④ 중결점과	없는 것	없는 것	5% 이하인 것(부패·변질과는 포함할 수 없음)
⑤ 경결점과	없는 것	없는 것	20% 이하인 것

[표 1] 크기 구분

품종 \ 호칭		2L	L	M	S
1개의 무게(kg)	네트계	2.6이상	2.0이상~2.6미만	1.6이상~2.0미만	1.6미만
	백피계·황피계	2.2이상	1.8이상~2.2미만	1.3이상~1.8미만	1.3미만
	파파야계	1.0이상	0.75이상~1.0미만	0.6이상~0.75미만	0.6미만

〈 용어의 정의 〉

① 중결점과는 다음의 것을 말한다.
  ㉠ 이품종과 : 품종이 다른 것
  ㉡ 부패, 변질과 : 과육이 부패 또는 변질된 것
  ㉢ 과숙과 : 과육의 연화 등 성숙이 지나친 것
  ㉣ 미숙과 : 과육의 성숙이 현저하게 덜된 것
  ㉤ 병충해과 : 탄저병, 딱정벌레 등 병충해의 피해가 있는 것.
  ㉥ 상해과 : 열상, 자상, 압상 등이 있는 것. 다만 경미한 것은 제외한다.
  ㉦ 모 양 : 모양이 심히 불량한 것
  ㉧ 기타 결점의 정도가 심한 것

② 경결점과는 다음의 것을 말한다.
  ㉠ 병충해, 상해의 피해가 경미한 것
  ㉡ 품종 고유의 모양이 아닌 것
  ㉢ 기타 결점의 정도가 경미한 것

MEMO

참고문헌

○ 원예사전(표현구 외), 농경과 원예농원
○ 원예학범론(최병렬 외), 향문사
○ 농업기초기술(한국직업능력개발원)
○ 재배학범론(김기준 외), 향문사
○ 농약사용지침서(농약공업협회)
○ GAP 인증심사원 교육교재(농촌진흥청)
○ 유기농업기능사(부민문화사)
○ 수출농산물 수확 후 관리기술과 상품화방안(김종기), 유통공사
○ 원예학(박효근 등), 한국방송통신대학교 출판부
○ 원예학 개론(김종기 외), 농민신문사
○ 농산물품질관리사(양용준 외), 부민문화사
○ 농산물품질관리사(조규태 외), 시대고시기획

품질관리실무와 품위판정

초판 인쇄 / 2012년 1월 5일
17판 발행 / 2025년 5월 10일
편저 / 사마자격증수험서연구원
감수 / 윤종하
발행인 / 이지오
발행처 / 사마출판
주소 / 서울시 중구 퇴계로45길 19, 402호
등록 / 제301-2011-049호
전화 / 02)3789-0909
팩스 / 02)3789-0989
ISBN / 979-11-92118-45-1 13520
정가 28,000원

저자와의 협의에 의해 인지 첨부를 생략합니다.

· 이 책의 모든 출판권은 사마출판에 있습니다.
· 본서의 독특한 내용과 해설의 모방을 금합니다.
· 잘못된 책은 판매처에서 바꿔 드립니다.